Krankengymnastik, Band 8

Krankengymnastik

Taschenlehrbuch in elf Bänden

Herausgegeben von
H. Cotta, W. Heipertz, A. Hüter-Becker,
G. Rompe

Georg Thieme Verlag Stuttgart · New York

Übersicht über die weiteren Bände

Band 1	Grundlagen der Krankengymnastik I
Band 2	Grundlagen der Krankengymnastik II
Band 3	Grundlagen der Krankengymnastik III
Band 4	Funktionelle Anatomie des Bewegungsapparates, Physiologie, allgemeine Krankheitslehre
Band 5	Orthopädie
Band 6	Traumatologie
Band 7	Chirurgie, Frauenheilkunde
Band 9	Neurologie
Band 10	Psychiatrie, Querschnittlähmungen
Band 11	Infantile Zerebralparese und Kinderheilkunde

Anschriften

Andrassy, K., Prof. Dr., Medizinische Klinik der Universität, Bergheimer Str. 58, 6900 Heidelberg

Augustin, J., Dr., Medizinische Klinik der Universität, Bergheimer Str. 58, 6900 Heidelberg

Bühner, R., Dr., Internist, Sofienstr. 11, 6900 Heidelberg 1

Christian, P., Prof. Dr., Abteilung für Allgemeine klinische Medizin am Institut der Medizinischen Klinik der Universität, Bergheimer Str. 58, 6900 Heidelberg

Cotta, H., Prof. Dr., Direktor der Orthopädischen Klinik und Poliklinik der Universität Heidelberg, Schlierbacher Landstr. 200a, 6900 Heidelberg

Czygan, P., Priv.-Doz. Dr., Medizinische Klinik der Universität, Bergheimer Str. 58, 6900 Heidelberg

Diehm, C., Dr., Medizinische Klinik der Universität, Bergheimer Str. 58, 6900 Heidelberg

Eberspächer, Trude, Hilgardstr. 24, 6720 Speyer

Göhring, Hanne, Schule für Krankengymnastik an der Orthopädischen Klinik der Universität Heidelberg, Schlierbacher Landstr. 200a, 6900 Heidelberg

Greten, H., Prof. Dr., Ärztlicher Direktor der Medizinischen Kernklinik und Poliklinik des Universitätskrankenhauses Eppendorf, Martinistr. 52, 2000 Hamburg 20

Heipertz, W., Prof. Dr., Direktor der Orthopädischen Universitätsklinik und Poliklinik Friedrichsheim, Marienburgstr. 2, 6000 Frankfurt/M. 71

Hillenbrand, J. K., Dr., Facharzt für Orthopädie, Rheumatologie, Chirotherapie, Kinderdorfstr. 22, 6719 Eisenberg

Hüter-Becker, Antje, Leiterin der Krankengymnastikschule der Orthopädischen Universitätsklinik, Schlierbacher Landstr. 200a, 6900 Heidelberg

Klose, G., Prof. Dr., Medizinische Kernklinik und Poliklinik des Universitätskrankenhauses Eppendorf, Martinistr. 52, 2000 Hamburg 20

Liersch, M., Priv.-Doz. Dr., Gastroenterologische Abteilung des Evangelischen Krankenhauses Hamm, Werler Str. 110, 4700 Hamm

Matthes, D., Dr., Facharzt für Innere Medizin, Sportmedizin, Tannenwaldklinik, Martha-von-Opel-Weg 31, 6208 Bad Schwalbach

Rapp, W., Prof. Dr., Chefarzt der Medizinischen Abteilung, Elisabeth Klinik, Kapuzinerstr. 4, 6630 Saarlouis

Rinck, P., Dr., Deutsche Klinik für Diagnostik, Abteilung Radiologie, Aukammallee 32, 6200 Wiesbaden

Ritz, E., Prof. Dr., Medizinische Klinik der Universität, Bergheimer Str. 58, 6900 Heidelberg

Rompe, G., Prof. Dr., Orthopädische Klinik und Poliklinik der Universität Heidelberg, Schlierbacher Landstr. 200a, 6900 Heidelberg

Schimpf, K., Prof. Dr., Direktor der Rehabilitationsklinik und des Hämophiliezentrums, Stiftung Rehabilitation, Bonhoefferstr., 6900 Heidelberg

Vorwort der Herausgeber zum Gesamtwerk

Das 1959 von K. Lindemann, H. Teirich-Leube und W. Heipertz herausgegebene Lehrbuch der Krankengymnastik wurde als Zusammenfassung des Wissensstoffes der Freiburger und Heidelberger Krankengymnastikschulen konzipiert. In 5 Auflagen waren wiederholt Neubearbeitungen erforderlich, um vor allem erweiterten Indikationen und neuen Techniken in operativen Fächern Rechnung zu tragen.

In den vergangenen 20 Jahren hat sich das Buch zum Standardwerk der Krankengymnastik entwickelt und den Anstoß gegeben zu einer Vereinheitlichung des Lehrstoffangebotes der Krankengymnastikschulen und zur Einrichtung einer Weiterbildungsstätte für Lehrkräfte der Krankengymnastik an der Orthopädischen Klinik und Poliklinik der Universität Heidelberg.

Der rasche Fortschritt in der Medizin einerseits und die Entwicklung kostengünstiger Druckverfahren andererseits gaben nun die Veranlassung zu einer völlig neuen Konzeption. Durch die Gliederung in 11 Bände wird es schneller als bisher möglich sein, die einzelnen Beiträge zu aktualisieren. Dies ist von besonderem Vorteil, da die Diskussion um Lehrinhalte und Lehrziele in der Krankengymnastik durch die zunehmende Zahl von Schulneugründungen stark belebt wurde. Die zu erwartenden Ergebnisse dieser Diskussionen können bei der neuen Konzeption des Lehrbuches schneller berücksichtigt werden als bisher. Der Gedankenaustausch zwischen Herausgebern, Autoren und unterrichtenden Krankengymnasten ist dazu unerläßlich und sei hiermit ausdrücklich angeregt.

Unser gemeinsames Anliegen ist es, eine Gesamtdarstellung der Krankengymnastik vorzulegen, die internationalen Ansprüchen genügt. Die Herausgeber hoffen, daß dieses Werk den auf dem Gebiet der Krankengymnastik Tätigen und allen an der Physiotherapie Interessierten, insbesondere den Schülern der Lehranstalten, solide Informationen bietet, die dieser wertvollen Behandlungsmethode zu immer größerem Nutzen verhelfen mögen.

Frankfurt a. M. und Heidelberg,
im Winter 1981/82

H. Cotta
W. Heipertz
A. Hüter-Becker
G. Rompe

Vorwort

Krankengymnastik in der inneren Medizin hat sich mehr noch als in anderen Fachgebieten im letzten Jahrzehnt entscheidend gewandelt. Forschungsergebnisse, vor allem auf dem Sektor Kardiologie, haben dazu geführt, daß die krankengymnastischen Behandlungstechniken überprüft und manche herkömmlichen Meinungen revidiert werden mußten. Die Autoren dieses Bandes haben unter diesem Gesichtspunkt ihre Inhalte ausgewählt und Befunde, Übungspläne und Übungsvorschläge dem derzeitigen Kenntnisstand entsprechend formuliert. Dabei gehen sie von der Erfahrung aus, daß es Krankengymnastikschülern zu Beginn schwerfällt, mit den Problemen der inneren Medizin vertraut zu werden, weil zwar der Bewegungsapparat Ansatz der krankengymnastischen Behandlung ist, die Wirkung aber an inneren Organsystemen erwartet wird. Diesen Denkansatz, der in Fachgebieten wie Orthopädie, Chirurgie oder Neurologie in den Hintergrund tritt, haben die Autoren durch straffe Systematik faßbar gemacht, um auf diese Weise den Gebrauch des Buches für den Unterricht und die rasche Orientierung am Krankenbett zu erleichtern.

Erkrankungen des Herz-Kreislauf-Systems, des Atmungssystems und des Stoffwechsels stehen im Mittelpunkt der Darstellung, da hier die Hauptaufgaben der Krankengymnastik in der inneren Medizin liegen. Das Kapitel über Herzkrankheiten entstand unter Mithilfe von HILLA EHRENBERG. Neuesten Gesichtspunkten bei der Behandlung von Patienten mit Hämophilie ist Rechnung getragen, und auch der psychosomatische Aspekt, der der Krankengymnastik wichtige Impulse gibt, wurde berücksichtigt.

Heidelberg, im Mai 1983 ANTJE HÜTER-BECKER

Inhaltsverzeichnis

1. Erkrankungen der Atemwege und der Lungen

R. BÜHNER und T. EBERSPÄCHER

Allgemeine Pathophysiologie der Atmung

Pathophysiologische Grundlagen

Die Pathophysiologie ist definitionsgemäß die Lehre von den abnorm ablaufenden Funktionen, die den verschiedenen Krankheitsbildern zugrunde liegen. Auch im Bereich der Erkrankungen des Lungen- und Bronchialsystems ist daher die Pathophysiologie ein wesentlicher Schlüssel zum Verstehen krankhafter Vorgänge. Ohne tiefere Kenntnisse auf diesem Gebiet sind eine genaue Diagnostik und eine erfolgversprechende Therapie kaum möglich.

Die im folgenden zusammengefaßten pathophysiologischen Syndrome sollen helfen, Zusammenhänge besser zu verstehen und dadurch die tägliche Arbeit am Krankenbett zu erleichtern.

Restriktion und Obstruktion

Unter *Restriktion* versteht man definitionsgemäß die temporäre oder definitive Einschränkung der Totalkapazität. Entsprechend den allgemein üblichen volumetrischen Bestimmungsmethoden bezieht sich der Begriff der Restriktion auf das blähungsfähige Lungenvolumen und nicht auf die ventilierte und durchblutete Lungenoberfläche. Pathophysiologische Folgen der Restriktion sind die Diffusionsstörungen aufgrund einer reduzierten Diffusionsoberfläche, ein erhöhter Lungengefäßwiderstand wegen der Einschränkung des Gefäßbettes sowie eine verminderte Lungendehnbarkeit.

An pathologisch veränderten Meßwerten ist die Total- und Vitalkapazität sowie die Compliance (Dehnbarkeit) reduziert. Die vorwiegend restriktiven Lungenerkrankungen sind die kongenitale Zystenlunge mit progredienter Fibrose, die erworbene Zystenlunge bei Bronchiolitis obliterans (Honigwabenlunge), die Sarkoidose (Morbus Boeck) sowie diffuse Lungenfibrosen verschiedener Ätiologie. Weiterhin zählen zu den restriktiven Lungenerkrankungen Pneumokoniosen, also vorwiegend Silikose und Asbestose, dann die Lungentuberkulose im ausgedehnten Stadium mit Vernarbung bei Mitbeteiligung der Pleura, z. B. Pleuraschwarten, bei der Kollapstherapie, nach ausgedehnten

Resektionen sowie bei Thoraxdeformitäten und Lähmungen der Atemmuskulatur.

Unter *Obstruktion* versteht man jede Stenosierung, die die Gasströme im Larynx, in der Trachea sowie in den Bronchien und Bronchiolen während der Atemphasen behindert. Es handelt sich also um pathologisch erhöhte Strömungswiderstände in den Luftwegen sowohl bei Inals auch bei Exspiration. Es lassen sich insgesamt 3 Möglichkeiten unterscheiden:

- vorwiegend inspiratorisch wirksame Stenose,
- in- und exspiratorisch wirksame Stenose mit oder ohne bronchialspastische Komponente,
- vorwiegend exspiratorisch wirksame Stenose.

Die pathophysiologischen Folgen sind Vergrößerung der funktionellen Residualkapazität, ungleichmäßige Ventilation mit regionärer und schließlich allgemeiner alveolärer Hypoventilation, Erhöhung des Lungengefäßwiderstandes durch Konstriktion der Arteriolen sowie der sog. „Check valve"-Mechanismus, ein Ventilmechanismus, der durch den zu hohen Druckabfall zwischen überblähten Alveolen und den Bronchiolen entsteht. Dieser Mechanismus führt zu einer Kompression der Bronchiolen proximal der Stenose.

Pathologisch veränderte Meßwerte sind Erhöhung der Strömungswiderstände, Reduzierung der Sekundenkapazität, Einschränkung des Atemgrenzwertes, Vergrößerung des Residualvolumens, inspiratorische Verschiebung der Atemmittellage.

Vorwiegend obstruktive Lungenerkrankungen sind das Asthma bronchiale, die chronisch asthmoide Emphysembronchitis sowie das obstruktive Lungenemphysem.

Ventilationsstörungen

Zu den Ventilationsstörungen rechnet man die Hyperventilation, die Verteilungsstörung (Partialinsuffizienz) sowie die alveoläre Hypoventilation (Globalinsuffizienz)

Hyperventilation

Die Ruheventilation ist beim Gesunden so einreguliert, daß alveoläre und arterielle Gasdrücke sowie der pH-Wert im Blut konstant gehalten werden. Die Hyperventilation ist eine übermäßige Steigerung der Atmung und führt zu einer Senkung des arteriellen pCO_2 sowie zu einer Alkalose. Die wichtigsten Ursachen der alveolären Hyperventilation lassen sich folgendermaßen einteilen:

- Hyperventilation bei primär normaler Sauerstoff- und Wasserstoffionenkonzentration im Blut:
  - direkte Stimulierung der Atemzentren durch lokale Prozesse oder über das Blut (pharmakologisch, Gravidität, Coma hepaticum);
  - psychisch bedingte Hyperventilation (Hyperventilationssyndrom oder sog. nervöses Atemsyndrom).
- Kompensatorische Hyperventilation:
  - Gewebehypoxie:
    a) arterielle Hypoxämie (atmosphärisch, pulmonal, kardial),
    b) erniedrigter venöser Sauerstoffpartialdruck (Anämie, kleines Herzminutenvolumen);
  - metabolische Azidose (z. B. Diabetes mellitus).

Diese alveoläre Hyperventilation führt zu folgenden sekundären Veränderungen, die schon nach wenigen Minuten nachweisbar sind:

- respiratorische Alkalose,
- neuromuskuläre Übererregbarkeit (Tetanie),
- Parästhesien,
- Pulsfrequenzanstieg.

Verteilungsstörung (Partialinsuffizienz)

Unterschiedliche Strömungswiderstände in den Luftwegen durch Obstruktion sowie verschiedene Dehnbarkeit des Parenchyms durch Fibrosierung oder Pleuraverschwartung sind häufigste Ursachen einer Verteilungsstörung, also einer ungleichmäßigen Verteilung des inspirierten Luftvolumens. In den minderdurchbluteten Abschnitten der Lunge kommt es zu einer Erhöhung der CO_2-Spannung, die durch eine Verminderung der CO_2-Spannung in den vermehrt durchbluteten Bezirken kompensiert wird. Die Verminderung der Sauerstoffspannung in den minderdurchbluteten Abschnitten der Lunge jedoch kann nicht vollständig in den hyperventilierten Bezirken kompensiert werden. Im Blutgas ist die Verteilungsstörung also durch eine leichte Hypoxämie bei normalem oder erniedrigtem pCO_2 charakterisiert.

Diese Verteilungsstörungen können z. B. im Asthmaanfall mit akuter Obstruktion der kleinen Luftwege auftreten.

Alveoläre Hypoventilation (Globalinsuffizienz)

Bei der Verteilungsstörung oder Partialinsuffizienz kommt es zu einem Nebeneinander von hypo- und hyperventilierten Abschnitten in der Lunge. Bei der alveolären Hypoventilation oder Globalinsuffizienz hingegen liegt eine Hypoventilation der Mehrzahl der durchbluteten Alveolen zugrunde. Dies führt zu einer Erhöhung des alveolären CO_2-

Partialdrucks und zu einer Senkung des alveolären O_2-Partialdrucks und damit zu einer arteriellen Hypoxämie und Hyperkapnie. Ursache dieser alveolären Hypoventilation sind entweder direkte Schädigung der Atemzentren oder eine Schwäche bzw. Lähmung der Atemmuskulatur. Hauptsächlich bei obstruktiven Lungenerkrankungen kommt es zu einer pulmonal bedingten Globalinsuffizienz (Asthma bronchiale, chronisch asthmoide Bronchitis, fortgeschrittene Stadien des Lungenemphysems).

Die Senkung des alveolären Sauerstoffpartialdrucks führt zu einer Zunahme des Lungengefäßwiderstandes, damit zu einer pulmonalen Hypertonie und im chronischen Falle zu einem Cor pulmonale.

Krankengymnastische Behandlung

Die Behandlung aller Erkrankungen der Atemwege und der Lungen richtet sich nach der jeweiligen Pathophysiologie der einzelnen Krankheitsbilder. Die Wirkungen, die wir mit unseren Techniken erreichen, sind nur zum Teil objektivierbar.

Andere, nicht meßbare Maßnahmen haben aber genauso ihre Berechtigung, auch wenn sie zuweilen nur eine subjektive Besserung bringen. Das gilt in besonderem Maße bei Krankheiten, die die Atmung betreffen. Die Wechselbeziehung zwischen Atmung und Psyche ist bekannt und wird bei vielen Maßnahmen mit einbezogen.

Wenn die krankengymnastischen Techniken gezielt eingesetzt werden sollen, muß man sich, soweit möglich, über die Wirkungsweise klar werden.

Ansatzpunkte der einzelnen Maßnahmen:

- Wirkung auf die Atembewegung (direkt/indirekt):
  - Vergrößerung der Atembewegungen
  - Herabsetzen erhöhter Gewebswiderstände in Haut und Muskulatur,
  - Verbesserung der Verschieblichkeit der Pleurablätter,
  - Entfaltung des Sinus phrenicocostalis,
  - Verbesserung von Atemmuskelkoordination und Atemmuskelkraft,
  - Mobilisation des Thorax.
- Wirkung auf die Atemwege:
  - Sekrettransport,
  - Hustenprovokation und -hilfe,

  - Vermindern und Vermeiden exspiratorischer Kompression auf die Atemwege bei druckabhängiger Obstruktion der Atemwege,
  - Dämpfen eines Reizhustens,
  - Vermeiden von unproduktiven Hustenattacken, die u. U. zu Bronchospasmus führen könnten,
  - Husten mit geringem thorakalem Druck,
  - Verlangsamung der Luftströmung,
  - Erweitern der Atemwege bei volumenabhängiger Obstruktion der Atemwege.

- Wirkung auf die Ventilation und Perfusion:
  - Eröffnung von Atelektasen,
  - Umverteilung des Blutes im kleinen Kreislauf,
  - Durchblutungsförderung durch Atempumpe,
  - Verbesserung der Belüftungs- und Durchblutungsverhältnisse.
- Wirkung auf die Psyche:
  - Entspannung und Lösung (Spannungsregulation der Muskulatur),
  - Förderung des Selbstvertrauens in die eigene Leistung (z. B. zur Disziplinierung während eines Asthmaanfalls),
  - Bewußtwerden sonst unbewußter Atemvorgänge durch Körpererfahrung.

Voraussetzung für eine optimale Behandlung aller Erkrankungen der Atemwege und der Lungen ist eine sorgfältige Befundaufnahme.

Welche der in Tab. **1** aufgeführten Punkte bei den einzelnen Krankheitsbildern besonders wichtig sind, wird im einzelnen noch erwähnt. Eine Übersicht über die Techniken in der Atemtherapie und ihre Wirkungen gibt Tab. **2**.

Tabelle **1** Krankengymnastische Atembefunderhebung

I. Beschwerden (gegenwärtig und früher)
1. Atemnot: in Ruhe, als Anfall (Angst), bei körperlicher Belastung (An-/Auskleiden, schnelles Gehen und Steigen), bei psychischer Erregung, bei Nebel und Rauch, nach Husten
2. Husten: produktiv – unproduktiv – mit Schwindel
3. Gefühl, nicht „durchatmen" zu können (Reifengefühl um die Brust), viel Seufzen, Hyperventilationsneigung, Schmerzen beim Atmen, Globusgefühl im Hals
II. Atemform
Körperstellung: Rückenlage (flach/Oberkörper erhöht), Sitz, Bauchlage
1. Atemweg: Mund – Nase, Atemnebengeräusche, verkürzte Sprechweise, Kehlkopfmitbewegungen
2. Atemfrequenz/min

(Fortsetzung nächste Seite)

Tabelle **1** Krankengymnastische Atembefunderhebung (Fortsetzung)

3. Atembewegungen:
   - kostosternal nach ventral, kranial
   - kostal nach dorsal symmetrische oder asymmetrische
   - kostoabdominal nach ventral, lateral, medial
   - kostoabdominal nach lumbodorsal
   - inspiratorischer Atemhilfsmuskeleinsatz
   - exspiratorischer Bauchmuskeleinsatz
   - inspiratorische Einziehungen: interkostal, jugular
   - „Nachschleppen" der Rippen: rechts, links
   - kostosternale Atembewegungen überwiegen
   - kostoabdominale Atembewegungen überwiegen
4. Atemrhythmus: unauffällig, verlängerte Ausatmung, keine endexspiratorische Pause, häufige Seufzer, Wechsel von flachen und tiefen Atemzügen

III. Vitalkapazität

IV. Allgemeinbefund

1. Kräftezustand: gut, mäßig, schlecht
2. Gewicht im Verhältnis zu Größe: normal, Unter-/Übergewicht
3. Gesichtsausdruck: gespannt, entspannt
4. Bewegungen: hastig, schnell, angemessen, verlangsamt

V. Hautfarbe – Puls

1. Zyanose: Lippen, Gesicht, Extremitäten
2. Puls: Frequenz/min, Rhythmus: regelmäßig, unregelmäßig
   Füllung: gut, mäßig, schlecht

VI. Oberkörper – Thoraxform und -beweglichkeit

1. Muskelverspannung: Nacken-Schulter-Bereich, Rücken, Thoraxbereich, Bauch
2. Bindegewebsbefund s. Extrablatt
3. Bauch: unauffällig, adipös, muskelschwach, muskelkräftig
4. Oberkörperform: unauffällig, LWS-Hyperlordose, BWS-Kyphose, Skoliose
5. Thoraxform: unauffällig, gewölbt, Trichterbrust, Thorax piriformis, Asymmetrie, thorakale Skoliose
6. Thoraxbeweglichkeit – Umfangmaße: maximale Ein- und Ausatmung

	Achsel			Sternumspitze			5–8 cm unter Sternum		
Datum	Insp.	Exsp.	Diff.	Insp.	Exsp.	Diff.	Insp.	Exsp.	Diff.

VII. Belastungsprobe

Belastungsart	Dyspnoe	Atemfrequenz/min	Puls/Blutdruck
1. Gehen im Tempo 60–80–100–120	nach Minuten:	vorher: nachher:	vorher: nachher: Erholung:
2. Treppensteigen Tempo 2 Stufen	nach wieviel Stufen:	vorher: nachher:	vorher: nachher: Erholung:

Tabelle **2** Übersicht über Techniken in der Atemtherapie nach ihren Wirkungen

Einzelne Techniken	Wirkungen auf Atembewegungen einschließlich Pleuraraum und Rumpfmuskulatur	Wirkung auf obere und untere Atemwege	Wirkung auf Ventilation und Perfusion	Wirkung auf psychisches Befinden	Wirkung auf andere Körperfunktionen
Dehnlagerungen	Herabsetzung erhöht Gewebswiderstände Umstellung auf kostoabdominellen Atemmechanismus Lösen von Pleuraschwarten	Herabsetzung von Strömungswiderständen bei Senkung der Atemfrequenz	Perfusion von Schwerkraft beeinflußt	Beruhigung und Lösung durch vorherige Dehnung Schulung des Körpergefühls „Erleben" der Nachatmung	
Drainagelagerungen	je nach Lage erhöhte Zwerchfellarbeit (s. oben)	Sekretförderung	Perfusionsänderung durch veränderte Schwerkraftverhältnisse		je nach Lage karciale Belastung
Packegriffe Massagegriffe	Herabsetzung erhöhter Gewebswiderstände durch Lockerung	Herabsetzung von Strömungswiderständen (reflektorisch)		Erlebnis von Wärme „Weite" bringt Bewußtseinseinengung auf den Körper und auf Atembewegungen	
Vibrationen	Herabsetzung erhöhter Gewebswiderstände durch Lockerung	Förderung des Sekrettransports		Lockerung erleichtert	

(Fortsetzung nächste Seite)

Tabelle **2** (Fortsetzung)

Einzelne Techniken	Wirkungen auf Atembewegungen einschließlich Pleuraraum und Rumpfmuskulatur	Wirkung auf obere und untere Atemwege	Wirkung auf Ventilation und Perfusion	Wirkung auf psychisches Befinden	Wirkung auf andere Körperfunktionen
Wärmeanwendungen, heiße Rolle usw.	Herabsetzung erhöhter Gewebswiderstände durch Lockerung	Herabsetzung von Strömungswiderständen (reflektorisch) Sekrettransportförderung spasmolytische Wirkung auf die Bronchien		Lockerung erleichtert	
Gähnendes Einatmen		Herabsetzung der Strömungswiderstände	Verbesserung von Ventilation und Perfusion	Angstminderung Förderung des Selbstvertrauens in eigene Leistung zur Beeinflussung des Bronchospasmus	
Lippenbremse		Exspiration: Druckabfall im Tracheobronchialsystem wird gleichmäßiger	Ventilationsverbesserung durch bessere Strömungsverhältnisse	Angstminderung	Rechtsherzbelastung wird geringer durch geringeren intrapulmonalen Druckanstieg in der Lunge

Tabelle **2** (Fortsetzung)

Einzelne Techniken	Wirkungen auf Atembewegungen einschließlich Pleuraraum und Rumpfmuskulatur	Wirkung auf obere und untere Atemwege	Wirkung auf Ventilation und Perfusion	Wirkung auf psychisches Befinden	Wirkung auf andere Körperfunktionen
Nasenwegsübungen Nasenstenose Phonationsübungen	Aktivitätszunahme des Zwerchfells und der Interkostalmuskulatur	Verlangsamung des Atemstromes	Bessere Verteilung und Diffusion infolge längerer Kontaktzeit von Hb und O_2		Durch intrapulmonalen Druckabfall weniger Rechtsherzbelastung
Atemerleichternde Körperstellung (Sitz mit aufgestützten Armen)	Gewicht des Schultergürtels wird abgenommen Thorax in Einatmungsstellung	Atemarbeit herabgesetzt durch erhöhte funktionelle Residualkapazität (F.R.K.) Erleichterung der passiven Exspiration	Erweiterung der Bronchien durch Vermeidung des Ventilmechanismus bringt bessere Ventilation	Angstminderung durch Atemerleichterung	
Hustenhilfe	Unterstützung des Hustenstoßes durch manuelle Hilfe (Tuch) Hilfe durch Exspirationsmuskulatur	Vermeidung hoher intrathorakaler Drücke Guter Sekrettransport (produktiver Husten)			s. Nasenwegsübungen
Manuelle Richtungshilfen	z. B. bei Nachschleppen einer Seite gegen Widerstand zur Kräftigung der Inspirationsmuskulatur		durch vertiefte und langsame Atemzüge längere Kontaktzeit zwischen Blut und Alveolarluft	beruhigende Wirkung auf ängstlich-nervöse Patienten	

Krankheitsbilder

Erkrankungen der Bronchien (bronchitisches Syndrom)

Bronchitis

Definition und Einteilung. Entzündung der intrapulmonalen Atemwege mit Husten, Auswurf und Dyspnoe. Eine Bronchitis wird als chronisch bezeichnet, wenn ihre Symptome an den meisten Tagen, aber wenigstens 2 Monate lang im Jahr in zumindest 2 aufeinanderfolgenden Jahren auftreten.

Einteilung der chronischen Bronchitiden:

- einfache chronische Bronchitis: schleimige Bronchialsekretion mit Auswurf;
- chronisch oder rezidivierend eitrige Bronchitis: intermittierend oder dauernd eitriges Sputum;
- chronische Bronchitis mit Asthma (asthmoide Bronchitis): chronische Bronchitis mit intermittierender, reversibler, generalisierter Atemwegsobstruktion;
- chronisch obstruktive Bronchitis: chronische Bronchitis mit dauernder, generalisierter Obstruktion der intrapulmonalen Atemwege.

Ätiologie. Exogene Faktoren: Zigarettenrauchen, Klima, Staubexposition, Virusinfekte. Endogene Faktoren: Hyperreaktivität der Bronchialschleimhaut gegenüber diversen Noxen, Mukoviszidose.

Pathophysiologie und Pathologie. Im trockenen Stadium der Bronchitis findet sich eine Hyperämie und eine Schwellung der Mukosa, im zweiten Stadium eine seröse Sekretion mit Hypertrophie und Hyperplasie der Drüsen, im dritten Stadium eitrige Sekretion mit zahlreichen polymorphkernigen Leukozyten.

Klinisches Bild. Entsprechend den entzündlichen Veränderungen der Luftröhre besteht hinter dem Sternum ein Gefühl des Wundseins. Hinzu kommt ein ausgesprochener Hustenreiz. Die mechanische Beanspruchung der Thoraxmuskulatur beim Husten führt zu Brustschmerzen.

Der Auswurf ist zunächst spärlich, glasig und zäh. Er wird in den nächsten Tagen flüssiger und nimmt schließlich nach Einwanderungen von Leukozyten schleimig-eitrigen Charakter an. Die einfache akute Bronchitis kann zu Fieber führen. Der Perkussionsbefund ist meist normal. Der Auskultationsbefund ist zunächst noch unauffällig, es werden dann verschärftes Vesikuläratmen, trockene Rasselgeräusche, weiterhin Pfeifen und Giemen bemerkt. Bei Verflüssigung des Bronchialsekrets treten feuchte Rasselgeräusche auf. Bei Infiltrationen des peribronchialen Gewebes können klingende Rasselgeräusche zu hören sein. Die Blutkörperchensenkungsgeschwindigkeit (BSG) ist bei eitriger Bronchitis beschleunigt, die Leukozytenzahl vermehrt.

Bei fortgeschrittener chronischer Bronchitis ist der Patient dyspnoisch, zyanotisch. Hämatokrit und Hämoglobin sind oft erhöht. Über die chronische Rechtsherzbelastung (Cor pulmonale) kommt es zur Rechtsherzinsuffizienz mit Halsvenenstauung, Lebervergrößerung und Knöchelödemen.

Elektrokardiographisch finden sich bei fortgeschrittenen Fällen Zeichen eines chronischen Cor pulmonale. Die Thorax-Röntgenuntersuchung läßt lediglich Komplikationen der Bronchitis erkennen wie Emphysem, peribronchitische Infiltrate, Cor pulmonale.

Therapie. Allgemeine Maßnahmen: Rauchverbot, Einschränkung des Alkoholkonsums, Vermeidung von Erkältung, Anfeuchtung zu trokkener Raumluft, bei erheblicher Staubexposition Wechsel des Arbeitsplatzes.

Medikamentöse Therapie: Expektorantien, Sekretolytika, Antitussiva; bei eitrigem Sputum Antibiotika; bei chronischer Bronchitis mit Asthma oder bei chronisch obstruktiver Bronchitis Bronchospasmolytika, evtl. Kortikosteroide.

Krankengymnastische Behandlung

Bronchitis

Die krankengymnastische Behandlung richtet sich nach den medizinischen Einteilungen und dem Schweregrad.

Die einfache Bronchitis, oft im Zuge eines grippalen Infekts, wird meist nicht krankengymnastisch behandelt, obwohl die Behandlung zur Beschleunigung des Heilungsprozesses beiträgt.

Befund

Eine Befundaufnahme dürfte sich in diesem Fall ausnahmsweise erübrigen.

Gesichtspunkte

- Lösen des zähen Schleims;
- Linderung der Schmerzen beim Husten;
- Erleichterung des Sekrettransports;
- Dämpfung des Hustenreizes und unproduktiven Hustens;
- Pneumonieprophylaxe.

Maßnahmen

- Heiße Rolle über dem Sternum und nachfolgend über dem ganzen Thorax;
- Vibrationen auf dem Sternum und Thorax möglichst während oder gleich nach Inhalation mit Sekretolytika;
- Üben des Hustens nach ruhiger Inspiration durch die Nase oder mit gähnendem Einatmen – kurzem Luftanhalten und danach mit breitgezogenem Mund kurzes Anhusten.

Chronisch eitrige Bronchitis

Es handelt sich um Patienten, die immer wieder, meist im Frühjahr und Herbst, mit akuten Bronchitiden in die Klinik kommen.

Die Behandlung richtet sich nach dem oft sehr reduzierten Allgemeinzustand des Patienten und seiner kardialen Belastbarkeit. Für den weiteren Verlauf des Leidens ist die Einstellung des Patienten zu seiner Krankheit entscheidend. Er muß lernen, sich mit seinen Leistungen den reduzierten Kräften anzupassen.

Befund

Besonderer Wert ist auf die Punkte I 1–3, II 1–4, IV 1, V 1–2, VI 1, 3–5 des Befundschemas (s. Tab. **1**, S. 5f.) zu legen.

Ist schon ein Emphysem diagnostiziert, sind auch die Maße der thorakalen Atembewegungen von Bedeutung, um bei einer späteren Weiterbehandlung eine eventuelle Verbesserung der Thoraxbeweglichkeit zu dokumentieren.

Die Vitalkapazität kann im akuten Zustand nicht gemessen werden, da die forcierte Ausatmung eine druckabhängige Obstruktion noch verschlimmert.

Gesichtspunkte

Die Behandlungsgesichtspunkte bei der einfachen Bronchitis werden erweitert um folgende:

- Erleichterung beim Husten, besonders bei muskelschwachen und adipösen Patienten;
- Vermindern oder Vermeiden exspiratorischer Kompression der Atemwege;
- Verlangsamung der inspiratorischen Luftströmung.
  (Bei angerissener, kurzer Inspiration wird Sekret wieder in tiefer gelegene Bronchialabschnitte gerissen und die ohnehin sehr gereizten Bronchien werden noch mehr irritiert. Es kommt dann zu immer

neuen Hustenattacken mit vermehrten Schmerzen. Die Dyspnoe wird verstärkt, die Rechtsherzbelastung durch hohe intrathorakale Drücke auf die Lungengefäßbahn noch verschlimmert.)
- Herabsetzen hoher intrathorakaler Drücke durch entsprechende Hustentechnik;
- Vermeiden einer Bronchopneumonie;
- Lockerung der oft schmerzhaft verspannten In- und Exspirationsmuskulatur;
- Perfusionsverbesserung durch Umlagerungen.

Maßnahmen

Neben den schon beschriebenen Maßnahmen bei der einfachen Bronchitis müssen noch andere Punkte beachtet werden. Die Patienten dürfen nicht mit stark flektierter Wirbelsäule im Bett „hängen“, die Atembedingungen sind in dieser Lage am schlechtesten. Weil flaches Liegen aber meist nicht möglich ist, sollen die Patienten mit gestreckter Wirbelsäule im Bett aufgesetzt werden mit einer Rolle unter den Knien und der Möglichkeit, die Füße gegen das Fußende oder eine Kiste zu stemmen. Das erleichtert das Husten.

Eine weitere Hustenhilfe, besonders auch bei Lähmungen und Schwäche der Bauchmuskulatur, ist die Bauchbinde, die sehr einfach aus Baumwollstoff angefertigt werden kann (altes Laken) (Abb. **1 a–c**).

Der Krankengymnast kann so ohne weiteres Thorax und Bauch bei jedem Hustenstoß fixieren und bei der Inspiration loslassen, was auch nach Laparotomien eine große Hilfe ist.

Es ist darauf zu achten, daß der Patient genügend Luft *langsam* hinter den Sekretpfropfen bringt, um dann mit möglichst wenig Druckaufwand, also mit kleinen Hustenstößen das Sekret abzuhusten.

Wenn es das Alter des Patienten, Ausmaß der Dyspnoe und kardiale Situation erlauben, bringen Drainagelagerungen – möglichst gleichzeitig mit oder kurz nach einer Inhalation – einen schnellen Sekrettransport. Die immer wieder erwähnte Quincke-Hängelage wird fast nie lange genug vertragen, aber eine einfache Erhöhung des Fußendes um 30–45 cm für die Dauer von etwa 30 Minuten bringt auch einen beschleunigten Sekrettransport.

Bekommt der Patient aber schon im Liegen schlecht Luft, sollte auch diese Lagerung vermieden werden.

Bei Atemübungen ist in erster Linie die oft mitbeteiligte Obstruktion durch Bronchospasmus zu beeinflussen. Das gähnende Einatmen ist dazu sehr geeignet, kann aber erst geübt werden, wenn der Patient nicht mehr allzu kurzatmig ist.

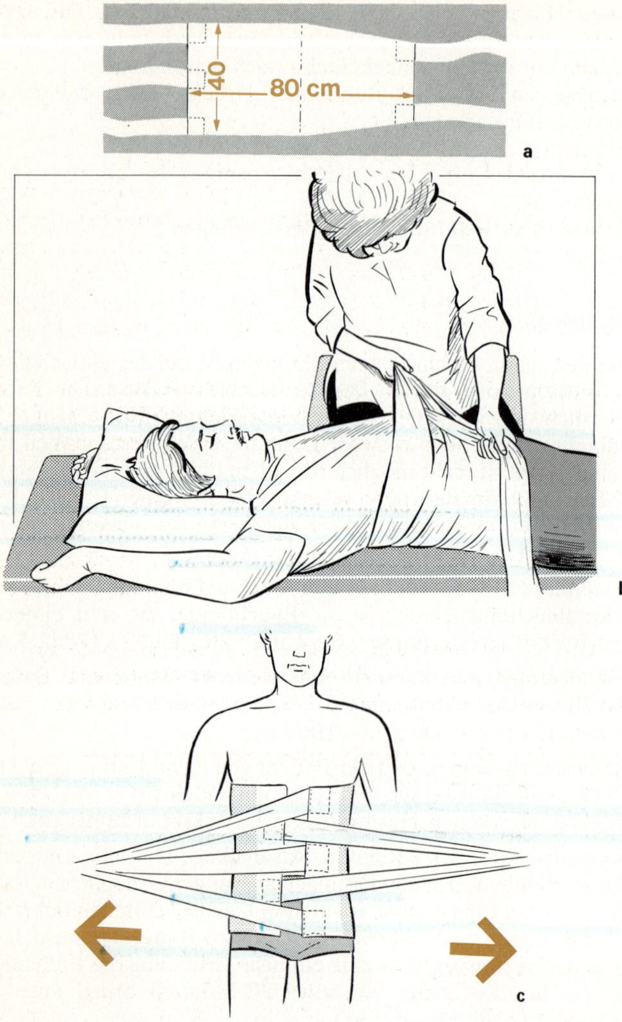

Abb. **1a–c** Hustenhilfe. Länge und Breite des Tuches müssen je nach Umfang des Patienten verschieden sein. Man kommt im allgemeinen mit zwei Größen aus.

Zur Beruhigung und zur Verlangsamung des inspiratorischen Atemstroms sind manuelle Richtungshilfen am Thorax auch gegen leichten Widerstand und feinschlägige Vibrationen bei der Exspiration wirkungsvoll und hilfreich.

Die Exspiration wird entweder mit Lippenbremse, auf einen Vokal oder auf Summen geübt.

Um die Exspiration ohne wesentlich größere intrapulmonale Drucksteigerung durch Pressen zu erreichen, hat sich eine modifizierte Drehseitlagerung im Atemrhythmus bewährt:

Aus der Seitlage läßt der Patient – eventuell mit leichtem Zug des Behandlers an der Schulter – bei der Exspiration den Oberkörper nach hinten fallen. Bei der Inspiration wird er durch den Behandler wieder in die Ausgangsstellung zurückgeschoben. Ein leichter Führungswiderstand bei beiden Bewegungen führt zu einer Verlängerung der In- und Exspiration. Dadurch, daß der Widerstand bei der Drehung nach hinten gegeben wird, kann die Bauchpresse kaum wirksam werden, da die Rückenmuskeln eingesetzt werden müssen.

Diese Art der Dehnlagerung hat den Vorteil, daß sie auch noch von Patienten mit schon sehr starrem Thorax und eingeschränkter Wirbelsäulenmobilität ausgeführt werden kann. Außerdem ist es eine einfache Entspannungsübung.

Einen ähnlichen Effekt erreicht man, indem sich der Patient gegen einen Widerstand am Kopf während der Exspiration streckt. Eine Lordosierung der Halswirbelsäule vermeidet man durch die Angabe, den Kopf mit „Doppelkinn" gegen die Hand des Behandlers zu schieben (Abb. **2**).

Bleibt der Patient auch nach der akuten Phase in krankengymnastischer Behandlung, ist neben der Obstruktion auch das nach langjähriger Krankheitsdauer auftretende Emphysem und die damit verbun-

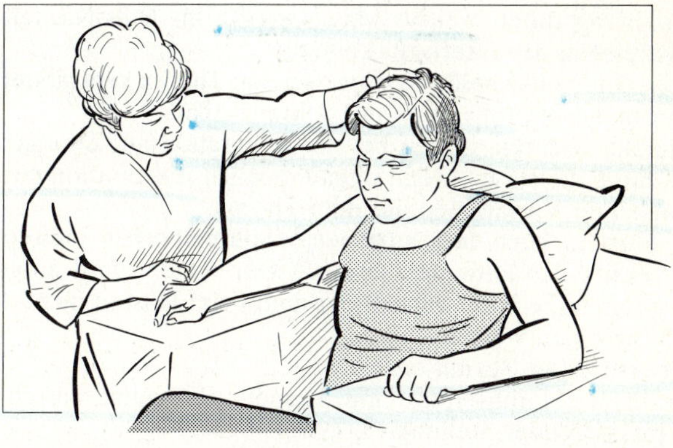

Abb. **2** Widerstand am Kopf während der Exspiration (hier mit Üben der „Lippenbremse"). Diese Übung kann aus verschiedenen Ausgangsstellungen ausgeführt werden.

dene Restriktion zu berücksichtigen (s. Behandlung des Emphysems, S. 37). Wenn irgend möglich, sollte dann Nasenatmung angestrebt und geübt werden, da sie zum Schutz der Bronchien gerade in diesem Fall sehr wichtig ist.

Nasenwegsübungen:

- Bewußtwerden des Luftstroms in der Nase durch Zirkelungen an den Nasenflügeln, Wahrnehmung von Temperaturunterschieden;
- Verstärkung der physiologischen Nasenstenose durch Zuhalten eines Nasenloches;
- Schnüffeln (sakkadierend einatmen).

Die beiden letzten Übungen bringen gleichzeitig eine Verstärkung der Einatemmuskeltätigkeit und eine Verlängerung der einzelnen Atemphasen.

Übungsbeispiel

Behandlung bei chronisch asthmoider Bronchitis mit Dyspnoe, Rasselgeräuschen und eitrigem Auswurf. Der Patient ist adipös mit schlaffen Bauchmuskeln und schwachem Hustenstoß.

Lagerung: fast Sitz, Rolle unter die Knie, Füße gegen Fußende abgestützt.

Hustenhilfstuch wird gleich so gelegt, daß es jederzeit ohne Umlagerung benützt werden kann.

Behandlungsaufbau:

- Beruhigung durch weiche Massagegriffe im Hals-Nacken-Gebiet, Ausstreichen der Interkostalräume.
- Heiße Rolle oder heiße Kompressen am Thorax ventral und lateral, dabei möglichst Inhalation mit Sekretolytika.
- Manuelle Richtungshilfen bei der Inspiration am Thorax. Inspiration durch die Nase – wenn irgend möglich. Exspiration mit Lippenbremse und Vibrationen auf dem Thorax.
- Bei Husten Tuch fest anziehen. (Sputumbecher muß immer in Reichweite des Patienten stehen.) Der Patient wird aufgefordert, ruhig durch die Nase einzuatmen und beim Husten nicht den Kopf nach hinten zu werfen.
- Packegriffe (zu Beginn einseitig).
- Modifizierte Drehseitlage mit kleinem Bewegungsausschlag auch aus fast sitzender Stellung.
- Packegriffe auf der anderen Seite.
- Drehseitlage auf die andere Seite (mit der beschriebenen Atmung verbunden).

Der Patient sollte nach der Behandlung mit niedrigerer Frequenz und ruhiger atmen. Er sollte möglichst viel abgehustet haben. Rasselgeräusche und Giemen sollten verringert, Pulsfrequenz sollte niedriger sein. Der Patient sollte angenehm müde sein.

Asthma bronchiale

Definition. Intermittierende, zumindest teilweise reversible, generalisierte Obstruktion der intrapulmonalen Atemwege.

Ätiologie. Das typische Anfallsasthma ist sehr häufig durch eine Allergie bedingt. Häufige Allergene sind Pollen von Bäumen, Gräsern und Kräutern, Pilzsporen, Hausstaub, Federn und Tierhaare, daneben auch Medikamente, wie z. B. Antibiotika, Quecksilber, Chrom und Nickel.

Das Asthma bronchiale kann durch unspezifische Reize ausgelöst werden, unter anderem auch durch bakterielle Infekte.

Das rein psychogene Asthma bronchiale ist selten, eine psychogene Überlagerung des Krankheitsbildes ist jedoch häufig anzutreffen.

Pathologie und Pathophysiologie. Es finden sich eine eosinophile Bronchitis, Bronchokonstriktion und Epithelverschleimung; im Bronchialsekret eosinophile Granulozyten. Bronchokonstriktion, Schleimhautschwellung und Hypersekretion eines zäh-glasigen Schleims bedingen eine totale oder partielle Verlegung zahlreicher Atemwege mit schwerer Dyspnoe, gleichzeitig eine akute Überblähung der Lunge.

Klinisches Bild. Die Patienten sind unruhig, angespannt und ängstlich. Die Atmung verläuft keuchend unter Einsatz der Atemhilfsmuskulatur. Die Atemmittellage ist zur Inspirationsseite hin verschoben, die Lungengrenzen sind dabei tiefstehend, wenig verschieblich; der Klopfschall ist etwas sonor. Auskultatorisch finden sich diffuses Giemen und Brummen. Es besteht eine Tachykardie mit kleiner Blutdruckamplitude.

Im Blut Eosinophilie, im Sputum eosinophile Zellen. Elektrokardiographisch Sinustachykardie und evtl. reversible Zeichen der Rechtsherzbelastung.

Therapie. Falls eine Allergie durch Hauttestung oder durch inhalative Belastung nachgewiesen wurde, ist eine *ätiologische* Therapie möglich. Falls der Patient nicht von den Allergenen fernzuhalten ist, kann eine gezielte Desensibilisierung versucht werden. Bei polyvalenter Allergie jedoch bestehen geringe Erfolgsaussichten. Das psychogene Asthma kann mit Psychotherapie, autogenem Training, evtl. unterstützt durch Psychopharmaka, geheilt oder zumindest gebessert werden.

Symptomatische Therapie: Im akuten Anfall Bronchospasmolytika; weiterhin Sedativa, die jedoch bei Hypoventilation wegen der Gefahr der Atemdepression kontraindiziert sind.

Bei länger anhaltendem Asthmaanfall Bronchosekretolytika; bei schwerem, chronisch rezidivierendem Asthma bronchiale Kortikosteroide oder ACTH (hierbei sind die Kontraindikationen wie aktive Tuberkulose, Ulkusneigung, Hypertonie und Diabetes zu beachten).

Antibiotische Behandlung bei Komplikationen wie Fieber nach entsprechendem Keimnachweis.

Krankengymnastische Behandlung

Man muß bei der Behandlung dieses Krankheitsbildes ganz klar unterscheiden zwischen dem Status asthmaticus und dem anfallsfreien Intervall.

Alle Techniken, sollen sie bei Bronchospastik erfolgreich angewandt werden, müssen im anfallsfreien Intervall gelernt und sicher beherrscht werden. Nur unter diesen Voraussetzungen kann sich der Asthmatiker bei beginnendem Bronchospasmus selbst helfen. Im schweren Anfall diktiert jedoch die Angst zu ersticken das Handeln, und dem Patienten kann nur durch medikamentöse Maßnahmen – Broncholyse und Sekretolyse – geholfen werden.

Hat der Patient aber gelernt, sich mit den geübten Atemtechniken zu disziplinieren, kann er die extreme Angst mindern. Dies allein schon hilft, den Spasmus der Bronchien nicht noch zusätzlich zu steigern. Die Behandlung eines Patienten im Status asthmaticus wird also ganz anders aussehen müssen als die im Intervall – unabhängig von häufigen Folgekrankheiten (Emphysem und Cor pulmonale), die aber auch noch zusätzlich den Zustand bedrohlich werden lassen.

Befund

Eine genaue Befundaufnahme *im Anfall* ist nicht möglich und sollte auch gar nicht erst versucht werden, soweit sie die Mitarbeit des Patienten erfordert. Es kommen in Frage die Punkte I 1–2, II 1–4, IV 1–4, V 1–2 (Tab. **1,** S. 5f.). Zu Punkt VI (Thoraxform) kann man in diesem Zustand meist nicht viel sagen. Im schweren Anfall sieht man bei mageren Patienten häufig einen sog. Zwerchfell-Thoraxwand-Antagonismus (inspiratorische Einziehung der Interkostalräume). Pulsfrequenz und Pulsqualität sind wichtig zur Beurteilung der Herz- und Kreislaufbelastung.

Zu den Beschwerden des Patienten sollte nur das notiert werden, was kein langes Fragen erfordert.

Messen der Vitalkapazität und der Thoraxbeweglichkeit sind in diesem Zustand nicht nur unnötig, sondern können den Zustand noch verschlechtern.

Gesichtspunkte

- Herabsetzen der durch Bronchospasmus erhöhten Strömungswiderstände als Unterstützung der medikamentösen Behandlung.
  Bei Strömungswiderständen, die überwiegend auf starke Schleimhautschwellungen zurückzuführen sind, führen krankengymnastische Techniken nicht zum Erfolg.
- Angstminderung und Beruhigung.

Maßnahmen

Auf keinen Fall darf dem Patienten eine Lage aufgezwungen werden, die er nicht will. Die meisten Asthmatiker kennen ihre atemerleichternden Stellungen, in denen sie ihre Atemhilfsmuskeln am besten einsetzen können.

So verschieden diese Körperstellungen auch sein mögen, sie haben alle gemeinsam, daß das Gewicht des Schultergürtels abgenommen und gleichzeitig durch Aufstützen der Arme der optimale Einsatz der inspiratorischen Atemhilfsmuskulatur ermöglicht wird.

Die häufigsten Körperstellungen, die dem Patienten nach Möglichkeit noch erleichtert werden sollten, sind:

- Sitz mit auf dem Tisch aufgestützten Armen (Abb. **3**),
- Kutschersitz (Abb. **4**),
- im Bett (Abb. **5**).

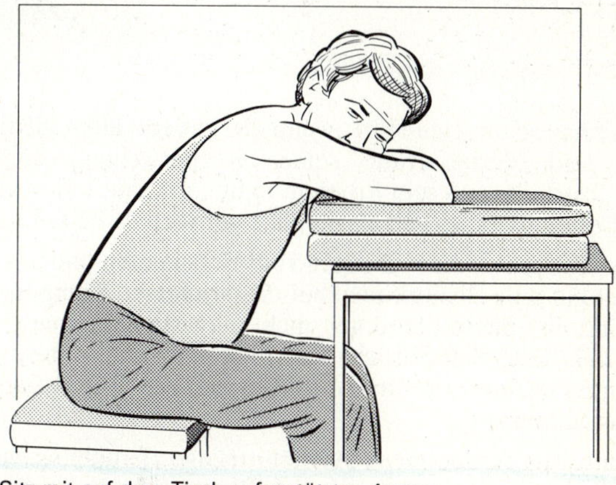

Abb. **3** Sitz mit auf dem Tisch aufgestützten Armen.

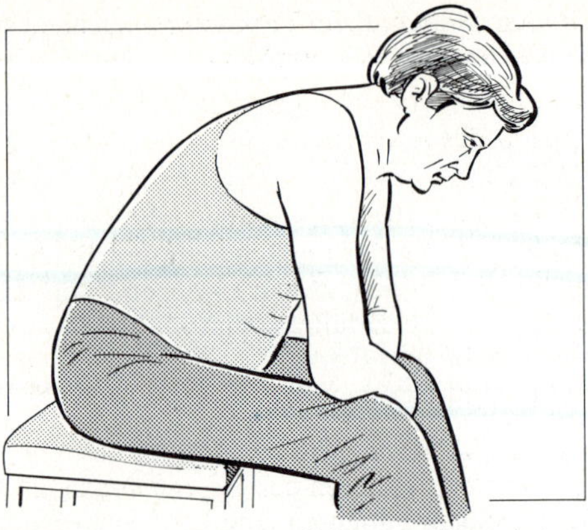

Abb. **4** Kutschersitz. Eine der häufigsten Haltungen während eines Asthmaanfalls.

Abb. **5** Lagerung bei Asthmaanfall im Bett.

Es ist manchmal schon eine Hilfe, wenn der Patient durch sachkundige Änderung und Verbesserung seiner Körperstellung durch den Behandler feststellt, daß sein Problem richtig erkannt und verstanden wird. Am besten ist es, soweit als möglich nonverbale Hilfen zu geben.

Verhaltensmaßregeln, Anweisungen zum Entspannen und „richtigen" Atmen oder gar eine Bemerkung über die psychische Komponente des Leidens sind in diesem Stadium nicht nur sinnlos, sondern auch quälend und können den Zustand verschlimmern. Ein weiterer, häufig anzutreffender Fehler ist die Aufforderung des Behandlers, doch „mehr" auszuatmen.

Die inspiratorisch verschobene Atemmittellage (Erhöhung der funktionellen Residualkapazität) bringt eine Blähung der Lunge. In dieser

Inspirationsstellung sind die Bronchialradien größer. Der erhöhte Widerstand in den Atemwegen nimmt ab.

Die Inspirationsstellung ist also nicht nur eine Folge, sondern auch eine Kompensation des Asthmas.

Weitere Hilfen:

- weiche Massagegriffe im Hals-Nacken-Gebiet und am Thorax;
- Packegriffe am Thorax und evtl. auch am Bauch, wenn die oberen Bauchdecken sehr verspannt sind;
- heiße Rolle oder heiße Kompressen entweder am Rücken oder ventral am Thorax und über dem Sternum (abhängig von der Lage, die man dazu nicht ändern sollte);
- manuelle Richtungshilfen am Thorax;
- evtl. Hustenhilfe durch Fixieren des Thorax und Bauches bei schwachen Bauchmuskeln.

Behandlung im anfallsfreien Intervall

Befund

Hier ist nun Wert auf eine genaue Befunderhebung nach Schema zu legen. Es ist wichtig zu wissen, wie stark die Atmung durch restriktive Veränderungen (Emphysem und starrer Thorax) beeinträchtigt ist.

Die Maße der thorakalen Atembewegungen sind in diesem Zusammenhang aussagekräftiger als die Vitalkapazität. Letztere kann manchmal im anfallsfreien Intervall erstaunlich hoch sein und ist erst spät, nach langjähriger Krankheit und entsprechenden emphysematischen Veränderungen, eingeschränkt. Sie kann durch Thoraxmobilisation etwas verbessert werden. Bei auch nur geringem Bronchospasmus sollte man diese Messung ganz weglassen. Die Belastungsprobe ist hier angezeigt, nicht zuletzt, um dem Patienten seine Leistungsgrenze klar zu machen.

Gesichtspunkte

- Erlernen der Methoden zur Herabsetzung erhöhter Strömungswiderstände;
- Angstreduzierung durch Wissen um eigene Möglichkeiten zur Beeinflussung der Bronchospastik;
- Thoraxmobilisation;
- Spannungsregulation und Kräftigung der Inspirationsmuskeln, um die Atembewegungen und die Thorax-Compliance positiv zu beeinflussen;
- Spannungsausgleich der Bauchmuskeln.

Maßnahmen

Die Techniken müssen so einfach sein, daß der Patient sie jederzeit und in jeder Situation ausführen kann. Sie müssen richtiggehend „eingeschliffen“ werden.

Hat der Patient kein Emphysem und ist er im Intervall völlig beschwerdefrei, gilt es, mit ihm nur die Techniken zur Selbsthilfe im Falle einer beginnenden leichten bis mittleren Bronchospastik zu üben.

- *Ausatemtechnik.* Durch die sog. Lippenbremse, den leichten peripheren Widerstand der Lippen während der Exspiration, kann ein Tracheobronchialkollaps der instabilen Bronchien vermieden werden. Dieser Kollaps, auch als „check valve“ oder Ventilmechanismus bekannt, wird um so schwerwiegender, je höher der intrathorakale Druck z. B. beim forcierten Ausatmen und Pressen wird und je instabiler das Bronchialsystem durch vorangegangene Entzündungsprozesse der Lunge ist.
  Durch die Kompression der poststenotischen Bronchialabschnitte bleibt sog. Fesselluft in der Lunge, ein Phänomen, das auch als „air trapping“ bekannt ist.
  Wird nun durch die Lippenbremse der Druck in den Bronchien leicht erhöht, so wird der exspiratorische Druckabfall gleichmäßiger, und die Luft kann ausströmen.
  Wenn diese Technik geübt wird, solange noch exspiratorische Geräusche zu hören sind, gibt man dem Patienten ein Stethoskop und läßt ihn während der Ausatmung selbst die Geräusche in der Lunge hören. Bei richtiger Ausführung, d. h. mit nicht zu viel und nicht zu wenig Widerstand der Lippen wird das Geräusch deutlich geringer oder verschwindet ganz. Der Patient lernt durch dieses Feedback den Druck bzw. den Widerstand selbst richtig zu dosieren.
- *Konzentration auf die kostoabdominalen Atembewegungen.* Durch die Bewußtseinseinschränkung auf die Atembewegung wird etwas von der Atemnot abgelenkt (vorausgesetzt, es handelt sich nicht um einen schweren Anfall), und die Entspannung wird erleichtert. Die Atemfrequenz sinkt dadurch meist, und die Luft strömt langsamer bei der Inspiration und weniger forciert bei der Exspiration.
- *Einatemtechnik.* Gähnendes Einatmen bei geschlossenem Mund – kurzes Atemanhalten – Ausatmen mit Lippenbremse. Das hat nachgewiesenermaßen einen bronchodilatorischen Effekt und fördert gleichzeitig den Sekrettransport.

Geht man davon aus, daß mit einem länger bestehenden Asthma bronchiale sehr häufig auch ein irreversibles Emphysem einhergeht, so handelt es sich um eine kombinierte Ventilationsstörung. Diese restriktiven Veränderungen verschlechtern den Zustand besonders bei einem Asthmaanfall. Die Atemarbeit wird vermehrt, und es muß mit höheren Frequenzen und mehr Muskeleinsatz geatmet werden.

Dadurch erhöht sich wieder der intrathorakale Druck, der das poststenotische Bronchialsystem noch mehr komprimiert und die Exspiration weiter erschwert.

Der Lungengefäßwiderstand wird außerdem erhöht und die Diffusionskapazität erniedrigt.

Auch schon geringe Verbesserungen der Thoraxdehnbarkeit, die oft beim Messen kaum ins Gewicht fallen, erleichtern die Atemarbeit und bessern die Verteilungsstörungen.

Dehnlagerungen

Sie werden angewendet je nach Alter und Allgemeinzustand und müssen so modifiziert werden, daß der Patient nicht in eine Preßatmung gezwungen wird (Drehseitlage, Bauchdrehlage u. a.).
Wirkungen:

- Umstellung von kostosternalen zu kostoabdominalen Atembewegungen;
- Entspannung, Lösung und damit Herabsetzung von Gewebswiderständen der Haut und der Muskulatur.

Diese Lösungs- und Mobilisationstechniken sollten in Verbindung mit Packegriffen über dem Thorax und Massagegriffen dem Patienten auch ein Bewußtwerden der Atembewegungen erleichtern. Es wird nach der Übung oft ein Gefühl der „Weite und Wärme" der gedehnten und behandelten Seite angegeben, was als sehr angenehm und erleichternd empfunden wird. Auch die Übungen aus der Gymnastik auf dem Hocker oder Thoraxgymnastik mit oder ohne willentliche Atembeeinflussung kommen hier zur Anwendung.

Zur Kräftigung der Inspirationsmuskeln eignen sich Bewegungsmuster aus der PNF-Technik, besonders auch bei Patienten, die wenig Körpergefühl haben.

Nasenwegsübungen, z. B. Intensivierung der physiologischen Nasenstenose durch Zuhalten eines Nasenloches, bringen eine verstärkte Tätigkeit der Interkostalmuskulatur und des Zwerchfells.

Das gilt auch für sakkadierendes Einatmen (Schnüffeln) und Phonationsübungen. Bei letzteren beruht die Kräftigung der Inspirationsmuskeln auf exzentrischer Muskelarbeit.

Obwohl die Bauchmuskeln als Ausatemmuskeln oft sehr verspannt sind, müssen die unteren Anteile meist doch – im Sinne eines Spannungsausgleichs – gekräftigt werden bei gleichzeitiger Dehnung der oberen Abschnitte.

a

b

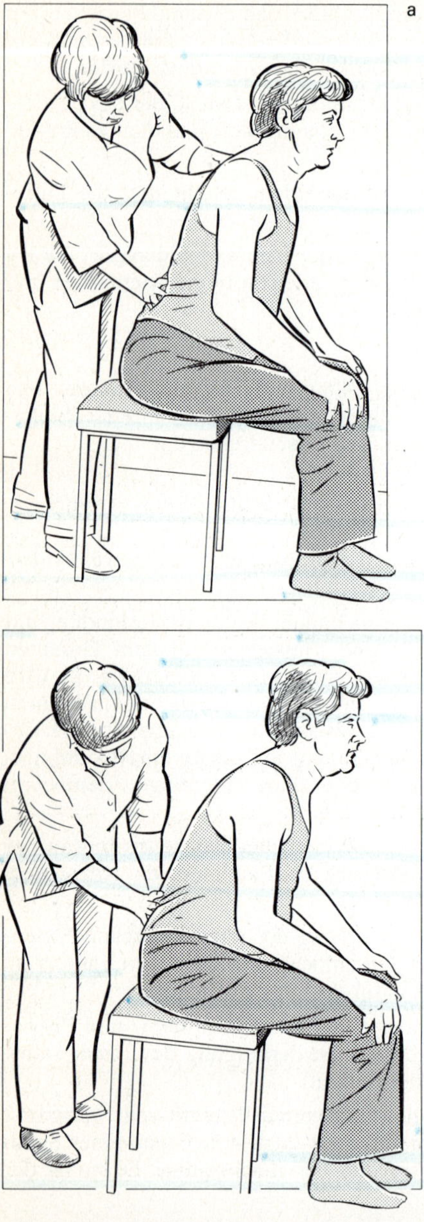

Abb. **6a** u. **b** Sitz auf dem Hocker. Der Patient gibt Widerstand gegen den Druck der im Lumbalgebiet liegenden Hand des Krankengymnasten.

Übungsbeispiel

1. Sitz auf dem Hocker: Wirbelsäule gestreckt und so weit wie möglich lordosiert, Hüfte flektiert, Kopf in Verlängerung der Wirbelsäule. Der Patient versucht, aus dieser Stellung nur Druck gegen den Widerstand der im Lumbalgebiet liegenden Hand des Behandlers zu geben (Abb. **6a** u. **b**).
2. Beckenmuster aus der PNF-Technik:
   Seitlage, Hüfte und Knie in Mittelstellung. Widerstand ventral in Leistenbeuge gegen Extension, Abduktion, Innenrotation. Bewegungsrichtung: gegenüberliegendes Schultergelenk.
   Durch gleichzeitiges Ausführen des Schulterblattmusters „Depression-Adduktion" erreicht man eine Stimulation der Extensoren im BWS-Bereich und damit eine Dehnung der oberen Anteile der Bauchmuskeln.

Beispiel einer Behandlung bei Asthma bronchiale im Intervall:

Der Patient leidet seit 20 Jahren an Asthma und hat schon ein Emphysem. Er wurde desensibilisiert und ist seit etwa 5 Jahren sehr anfällig für Bronchitiden mit Bronchospasmus.

Da die inspiratorischen Hilfsmuskeln meist sehr verspannt sind, ist eine weiche Hals-Nacken-Massage ein guter Behandlungsbeginn.

Rückenlage:

- Packegriffe auf einer Seite,
- Rückendrehlage,
- Nasenwegsübungen (wobei die Nachatmung der Dehnlage ausgenützt werden kann).
- Während der Inspiration mit verstärkter Nasenstenose verlängert ein Zug des Behandlers an den Beinen des Patienten die Inspirationsphase, während kurze Stöße gegen die Fersen bei gestreckten Beinen in den Bauchraum weitergeleitet werden und während der Exspiration eine Lockerung des Diaphragmas bewirken.
- Packegriffe und Drehlage auf der anderen Seite.
- Dazwischengeschaltet schnelle, einfache Übungen mit oberer und unterer Extremität, bis eine leichte Frequenzsteigerung von Puls und Atmung erreicht wird (z. B. Faustschluß, Fuß-Spitze-Ferse).
- Päckchensitz (Abb. **7**): Durch die vorangegangene leichte Mehratmung ist es leichter, den Patienten die kostoabdominalen Atembewegungen nach dorsal bei eingeschränktem Bauchraum und ventraler Thoraxwand spüren zu lassen. Manueller Kontakt und evtl. leichter Widerstand im hinteren unteren Thoraxgebiet helfen zusätzlich.

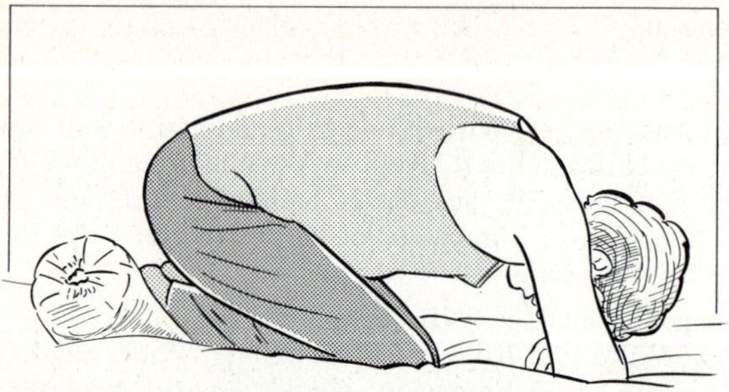

Abb. 7 Päckchensitz. Muß je nach Zustand des Patienten modifiziert werden.

Die gähnende Einatmung, die Lippenbremse und Hustentechniken zur Vermeidung hoher intrathorakaler Drücke werden während einiger Behandlungen hintereinander möglichst immer mit den gleichen verbalen Informationen und Sequenzen weitergegeben; z. B. bei der Gähnatmung: „Ziehen Sie den Unterkiefer nach unten und die Zunge bei geschlossenem Mund nach hinten. Wiederholen Sie das viermal.

Machen Sie die Zungenbewegung langsam und gähnend, halten Sie kurz die Luft an – mit Lippenbremse ausatmen."

Zum Üben als Wortsignale: Gähnen – Halten – Lippenbremse.

Ob und wann Bindegewebsmassage indiziert ist, richtet sich nach der Reaktion des Patienten. Reagiert der Patient parasympathisch, was meist der Fall ist, ist eine Verschlechterung des Bronchospasmus die Folge; es muß ausprobiert werden. Einige Patienten geben auch ein Gefühl der Erleichterung an.

Die erwähnte Thoraxgymnastik käme dann noch dazu und sollte vom Patienten nach genauer Instruktion täglich selbst durchgeführt werden.

Bronchiektasen

Definition: Irreversible Erweiterung von Bronchien.

Einteilung und Ätiologie:

- zylindrische Bronchiektasen: gradlinig begrenzte erweiterte Bronchien;
- variköse Bronchiektasen: unregelmäßige Form und Größe der erweiterten Bronchien;
- sackförmige (meist angeborene) Bronchiektasen: kontinuierlich an Durchmesser zunehmende Bronchien, die in großen Säcken blind enden.

Pathologie. In 70% sind die Unterlappen betroffen, nur bei einem Drittel der Patienten sind beide Lungen befallen. Es finden sich Wandzerstörungen und Beteiligung von Knorpel, elastischen Fasern, Muskulatur; gleichzeitig häufig Atelektasen, Fibrose und Emphysem.

Klinisches Bild. Führendes Symptom ist Husten mit voluminösem Auswurf. Typisch die morgendliche „maulvolle" Expektoration mit Entleerung eines dreischichtigen Sputums, häufig mit Blutbeimengung.

Die Auskultation ergibt besonders über den abhängigen Lungenpartien feuchte, meist klingende Rasselgeräusche. Trommelschlegelfinger, Fieber, Blutsenkungsbeschleunigung und Leukozytose.

Röntgenologisch lassen sich lediglich bei fortgeschrittenen Fällen bereits auf der Übersichtsaufnahme Hinweise von Bronchiektasen in Form von streifig-doppelkonturierter Zeichnungsvermehrung, außerdem Sekretspiegel und bronchopneumonische Infiltrationen finden. Eine Bronchographie zur Sicherung der Diagnose ist meist unerläßlich.

Prognose und Verlauf. Die Prognose und der Verlauf sind abhängig von der Ausdehnung des Prozesses sowie auftretenden Komplikationen wie Pneumonien, Pleuritiden, Pleuraempyem, Spontanpneumothorax, Amyloidose und chronisches Cor pulmonale.

Therapie. Bei begrenzter Ausdehnung der Bronchiektasen und ausreichender Funktion der Restlunge kann durch chirurgische Resektion der betroffenen Lungenabschnitte eine bleibende Besserung bzw. Heilung erzielt werden.

Ist eine Operation kontraindiziert, so stehen sorgfältige „Bronchialtoilette" und die Infektionsbekämpfung im Vordergrund. Die Patienten sind anzuhalten, regelmäßig morgens – entsprechend der Lage der Bronchiektasen – in Drainagelagerung abzuhusten. Die Expektoration ist durch Inhalation mit Sollösungen und durch Atemgymnastik zu fördern. Gleichzeitig erfolgt eine langfristige gezielte Antibiotikatherapie.

Krankengymnastische Behandlung

Sekundäre Bronchiektasen beeinflussen im Vergleich zu den Grundkrankheiten (Silikose, chronisch obstruktive Bronchitis) die Lungenfunktion funktionell nur wenig.

Man muß also bei der Behandlung immer zusätzlich die Grundkrankheiten im Auge behalten. Da die Restriktion durch Verlust von funktionsfähigem Lungenparenchym bei kleineren Bronchiektasen eher gering ist, steht häufig die Behandlung der Obstruktion der Begleitkrankheit im Vordergrund.

Befund

Siehe Tab. **1,** S. 5f. Auch hier sind die Atemmaße von Bedeutung, um die Thoraxbeweglichkeit und die eventuelle Besserung durch die Behandlung festhalten zu können.

Die Vitalkapazität sollte, wenn nicht zusätzlich schwere obstruktive Veränderungen vorliegen, ebenfalls gemessen werden, vor allem bei jüngeren Patienten, bei denen es sich bei verringerter Vitalkapazität oft einfach um ein Trainingsdefizit handelt.

Gesichtspunkte

- Erlernen der gezielten Drainagelagerung der Bronchiektasen und damit Förderung des Sekrettransports;
- kurzfristige Steigerung der Atemfrequenz zur besseren Expektoration;
- Herabsetzen erhöhter Strömungswiderstände bei obstruktiven Begleit- oder Grundkrankheiten;
- Herabsetzen von erhöhten Gewebswiderständen in Haut und Muskulatur;
- Thoraxmobilisation;
- allgemeines Ausdauertraining und Haltungsschulung, besonders auch bei Jugendlichen.

Maßnahmen

Die richtige Behandlung inoperabler Bronchiektasen hat heute um so größere Bedeutung, als vor allem jüngere Patienten umgeschult und wieder in den Arbeitsprozeß eingegliedert werden, die früher sicher berentet werden mußten.

Durch den ständigen Husten mit Expektoration großer Mengen von Sekret werden diese Patienten als Mitarbeiter nur sehr widerwillig geduldet.

Nur wenn der Patient gelernt hat, in der für ihn optimalen Drainagelagerung dreimal täglich, aber auf jeden Fall morgens und abends, gründlich abzuhusten, wird er sich wieder in einen normalen Arbeitsprozeß einfügen können.

Abgesehen von diesen Gesichtspunkten ist aber auch gegen die zu erwartenden Komplikationen eine Drainage unumgänglich. Durch die ständige Sekretansammlung in den Bronchiektasen wird die Anfälligkeit für Bronchopneumonien gesteigert.

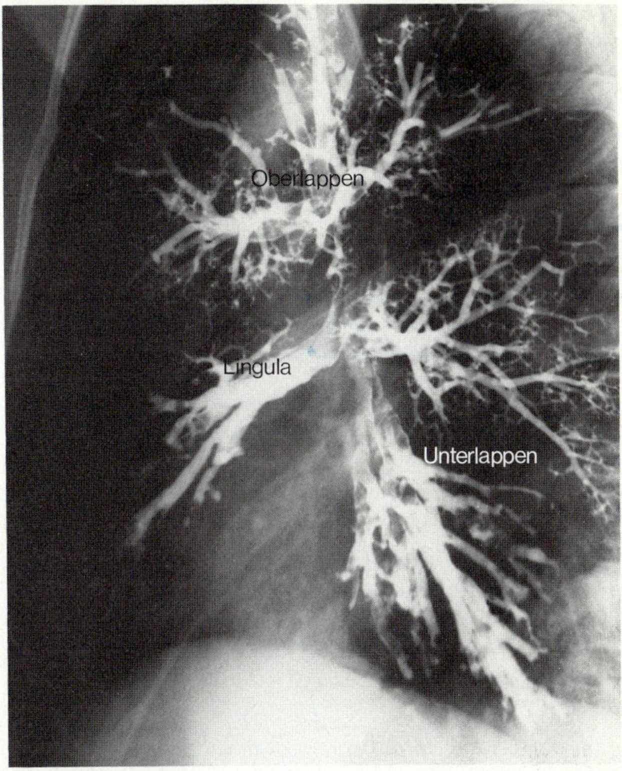

Abb. **8** Mögliche Lokalisation von Bronchiektasen.

Da die meisten Krankenkassen den Patienten Inhalationsapparate genehmigen, kann während der Drainagelagerung auch zu Hause inhaliert werden.

Um eine gezielte Drainage zu ermöglichen, muß man die Lokalisation der Bronchiektasen genau kennen. Meist ist das nur anhand einer Bronchographie und nach Absprache mit dem Arzt möglich. Da in den meisten Fällen die unteren Lungenabschnitte betroffen sind und oft auch nur einseitig, kann man bei Unkenntnis des Röntgenbildes mit den Lagerungen für die Unterlappen beginnen. Ebenso häufig sind Bronchiektasen in der Lingula; obwohl zum Oberlappen gehörend, reicht dieses Segment sehr weit nach kaudal (Abb. **8**).

Werden diese Patienten angewiesen, in der Quincke-Hängelage abzuhusten, so ergibt sich aus der anatomischen Lage, daß ablaufendes

Sekret häufig nicht zum Stammbronchus fließt, von wo aus es abgehustet werden kann, sondern in die apikalen Segmente verlagert wird und nachher bei aufrechtem Stand u. U. wieder in die Lingula zurückfließt.

Inhalation während der Lagerung verstärkt und beschleunigt den Sekrettransport.

Drainagelagerungen

Einige wichtige Gesichtspunkte zu den Lagerungen:

- Der Patient muß so entspannt wie möglich liegen können. Man achte besonders auf die optimale Lagerung des Kopfes und die Entspannung der Bauchmuskeln.
- Die Lage sollte mindestens 30 Minuten eingehalten werden. Bei mehreren zu drainierenden Segmenten muß mit einer Stunde gerechnet werden. Die Gesamtzeit sollte eine Stunde nicht überschreiten.
- Müssen mehrere Lappen drainiert werden, beginnt man mit den oberen Anteilen und lagert dann erst für die unteren Segmente.
- Sputumbecher muß in Reichweite des Patienten stehen.
- Der Behandler steht immer hinter dem Patienten.

Ausführung:

1. *Apikale Segmente:*
   aufrecht sitzend.

2. *Linker Oberlappen, posteriores Segment:*
   ¼-Drehung aus Bauchlage auf die rechte Seite (nicht Seitlage) rechter Arm gestreckt nach hinten, drei Kissen unter Kopf und Schultern.

3. *Rechter Oberlappen, posteriores Segment:*
   linke Seite. ¼-Drehung aus Bauchlage. Linker Arm nach hinten gestreckt, Knie gebeugt, Kissen unter rechten gebeugten Arm, Kissen unter Kopf, so daß zum Abhusten die Lage nicht gewechselt werden muß.

4. *Oberlappen, anteriore Segmente (beide Seiten):*
   flach auf dem Rücken, Kissen unter Kopf, Rolle unter Knien.

5. *Lingula (linker Oberlappen):*
   ¼-Drehung aus Rückenlage. Linke Seite liegt oben, Knie gebeugt, um Bauchmuskeln zu entspannen. Nicht Seitlage! Fußende des Bettes 30 cm erhöht. Vibrationen auf dem befallenen Gebiet (Abb. **9a** u. **b**).

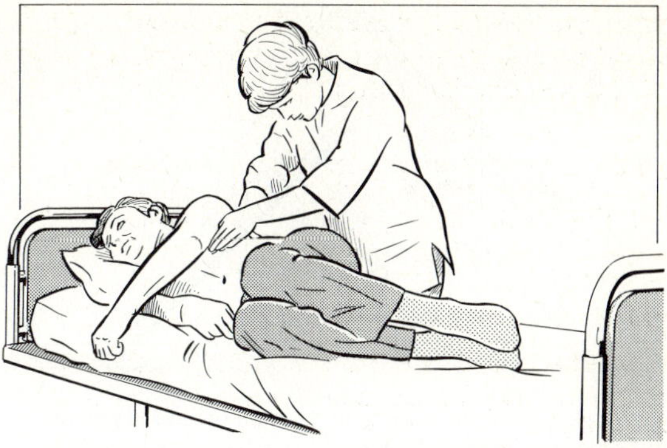

Abb. **9a** Drainagelagerung für Lingulavibrationen über dem befallenen Gebiet. Fußende des Bettes 30 cm erhöht.

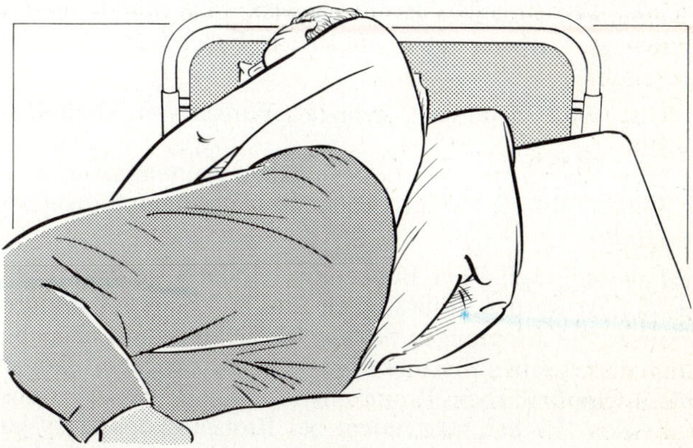

Abb. **b** Rückenansitz. Halbe Drehung aus Rückenlage.

6. *Mittellappen:*
   wie 5., nur rechte Seite gekippt.
7. *Unterlappen, apikale Segmente:*
   Bauchlage, Kissen unter dem Bauch.
8. *Linker Unterlappen, laterales Basalsegment:*
   Seitlage, linke Seite oben, Kissen in Taillendreieck, Schultern nicht auf dem Kissen, Fußende des Bettes 45–50 cm erhöht, Kissen unter dem Kopf.
9. *Unterlappen, basalis anterior:*
   Rückenlage, Rolle unter den Knien, Kissen unter dem Kopf, Fußende 45–50 cm erhöht.

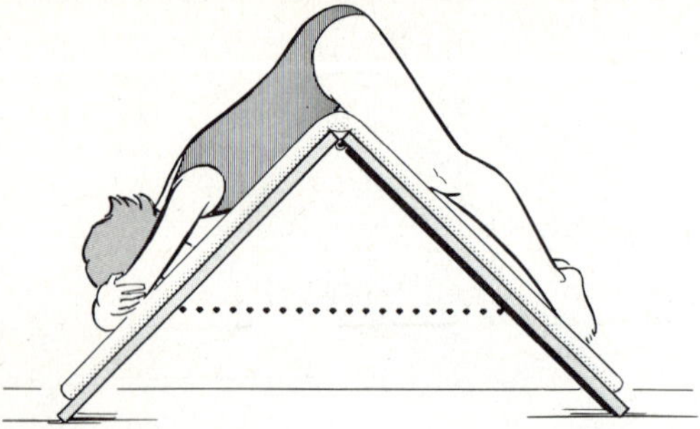

Abb. **10** Eine Möglichkeit der Lagerung für posteriore Basalsegmente der Unterlappen. Das Brett muß gut gepolstert sein.

10. *Unterlappen, posteriore Basalsegmente:*
Bauchlage, 2 Kissen unter dem Bauch, Fußende des Bettes 45–50 cm erhöht.

11. *a)* Über Bett (gepolstert) gelagert, Winkel von 90 Grad (Abb. **10**).
b) Über die Seite des Bettes, Schaumgummimatte auf dem Boden, Kissen darauf, Hängelage in einem Winkel von 45 Grad.

Ist die Lagerung Teil einer Behandlung, sollte über dem befallenen Gebiet vibriert werden. Vibrationen sind in jedem Fall Klopfungen vorzuziehen. Bei Klopfungen besteht die Gefahr von Lungenblutungen durch diese groben Erschütterungen. Außerdem kann dadurch bei instabilem, empfindlichem Bronchialsystem ein Bronchospasmus ausgelöst werden. Es hat sich zudem bei Bronchoskopien in Narkose gezeigt, daß Vibrationen für den Sekrettransport effektiver sind.

Unter Umständen hilft auch ein Schluck Wasser zum besseren Abhusten.

Hört man auch nach mehrfachem produktivem Husten immer noch feuchte Rasselgeräusche als Hinweis auf noch vorhandenes Sekret, so kann man jüngere Patienten anschließend in Bauchlage über den Pezzi-Ball rollen lassen (Abb. **11 a–d**). Danach werden oft noch erhebliche Sekretmengen abgehustet, die vorher evtl. in andere Bronchialabschnitte verlagert wurden. Wenn es der Allgemeinzustand des Patienten zuläßt, bringen einige schnelle Übungen im Sitzen auf dem Pezzi-Ball eine Atemfrequenzsteigerung und damit Expektorationsförderung. Ist es zeitlich möglich, kann man gegebenenfalls auch gleich eine Haltungsschulung auf dem Ball anschließen, verbunden mit Atemübungen und Thoraxmobilisation.

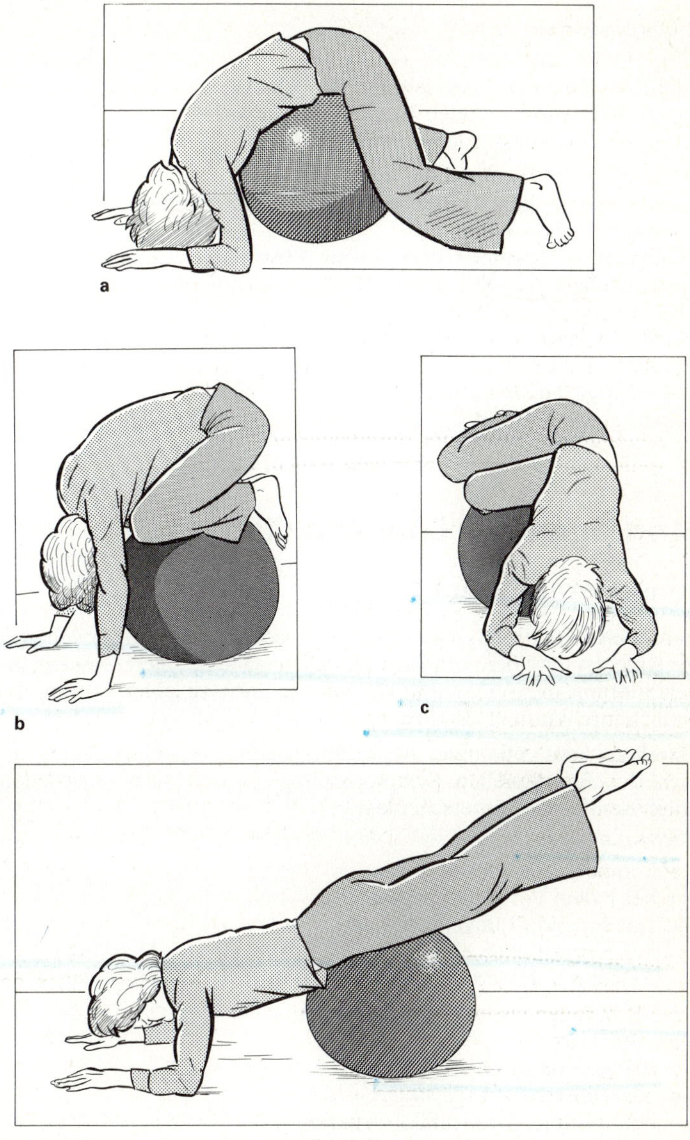

Abb. **11a–d** Übungen auf dem Pezzi-Ball zur Sekretförderung.

Übungsbeispiel

Patient leidet unter ausgedehnten Bronchiektasen im rechten Mittellappen und rezidivierenden Bronchitiden. Die größeren Bronchiektasen in der Lingula wurden operativ entfernt.

- Lagerung wie beschrieben.
- Solange noch kein Hustenreiz entsteht: Packegriffe über der oben liegenden Thoraxseite.
- Gähnendes Einatmen üben, wenn obstruktive Atembehinderung festzustellen ist. Mit Lippenbremse ausatmen. Dabei manuelle Richtungshilfe am Thorax.
  Oder: Inspiration schnüffelnd (bringt manchmal Hustenreiz). Exspiration auf UUU und dabei Vibrationen am Thorax. Dem Patienten ist richtige Hustentechnik beizubringen: Nach ruhiger Inspiration etwas ausatmen und auf einige Hustenstöße abhusten.

Störungen der Lungenbelüftung

Lungenemphysem

Definition. Das Emphysem wird anatomisch als definitive Erweiterung der Alveolen und der peripheren Lungengefäße definiert. Neben einer Behinderung der Ventilation kommt es auch zu einer Störung der Lungendurchblutung (Perfusion).

Einteilung und Ätiologie. Nach ätiologischen Gesichtspunkten und nach der funktionellen Symptomatologie lassen sich verschiedene Emphysemformen unterscheiden.

- *Nichtobstruktiv:*
  - kompensatorisch
    bei jedem Parenchymverlust;
  - zunehmende Lungendehnbarkeit
    bei Verlust von elastischen Fasern, z. B. im Alter oder beim seltenen „idiopathischen" Emphysem.
- *Obstruktiv:*
  - lokalisiert
    bei regionärer Obstruktion;
  - generalisiert
    bei multipler Bronchialobstruktion
    a) in- und exspiratorische Obstruktionen,
    b) vorwiegend *exspiratorische* Obstruktion wegen Bronchialkollaps;

- bullös und destruktiv
  bei Verlust an Lungenoberfläche durch Blasenbildung und Kompression von Alveolen in der Umgebung der Blasen.

Amerikanische und englische Autoren unterscheiden nach klinischen Gesichtspunkten die Emphysemtypen „blue bloater" (Typ BB) und „pink puffer" (Typ PP). Der Typ BB mit deutlicher Zyanose und subjektiv eher leichter Dyspnoe entspricht dem obstruktiven Emphysem mit Globalinsuffizienz. Der Typ PP zeichnet sich bei ähnlichen spirometrischen Befunden durch eine viel stärkere Dyspnoe, insbesondere bei Anstrengung, eine fehlende oder nur geringe Hyperkapnie und ein gegenüber der Norm deutlich reduziertes Herzzeitvolumen aus. Der Blue bloater hat im Gegensatz zum Pink puffer meist eine Polyglobulie, einen deutlich erhöhten intrakraniellen Druck, *injizierte* Konjunktiven und ist zudem normal- oder übergewichtig, während der Typ PP meist ausgesprochen mager ist. Beim Blue bloater führen O_2-Atmung oder Sedativa zu einer gefährlichen CO_2-Retention. Beim Pink puffer bessern O_2 und Sedativa die Situation zumindest subjektiv.

Klinisches Bild. Das Altersemphysem tritt erst ab dem 55. Lebensjahr auf, das obstruktive Emphysem am häufigsten im Alter zwischen 50 und 60 Jahren. Dem Hauptsymptom, der Dyspnoe, geht oft eine 10–15 Jahre zurück reichende Anamnese mit Husten voraus, häufig mit Auswurf.

Der Thorax ist faßförmig, der epigastrische Winkel stumpf. Die Lungengrenzen stehen tief, sind wenig verschieblich. Der Lungenklopfschall ist hypersonor, die Atemgeräusche sind abgeschwächt.

Röntgenologisch sind die Lungen vermehrt strahlendurchlässig, das Zwerchfell ist gesenkt, die Interkostalräume sind verbreitert. Die Hili erscheinen betont infolge vermehrter Strahlendurchlässigkeit des umgebenden Lungengewebes. Bronchien und Gefäße sind vielfach als Stränge weit in das Lungengewebe hinein zu verfolgen.

Funktionsbefunde. Das Lungenemphysem ist primär eine Ventilationsstörung. Dementsprechend liegt der Schwerpunkt der Emphysemdiagnostik in der Bestimmung der ventilatorischen Reserven. Diffusions- und Perfusionsstörungen, die sich im Verlauf der Erkrankung einstellen, sind Sekundärerscheinungen.

Das Lungenemphysem ist funktionell charakterisiert durch ein vergrößertes Residualvolumen. Das maximale Lungenvolumen (Totalkapazität) steigt im allgemeinen nicht an, so daß das maximale Atemvolumen (Vitalkapazität) entsprechend der Zunahme des Residualvolumens abnimmt. Die Verschlechterung der Relation von Ventilationsvolumen zu Totraumluft in den Lungen führt zu einer verlängerten intrapulmonalen Durchmischung. Da das Emphysem, wenn es klinische Bedeutung erlangt, von einer Bronchialobstruktion begleitet ist, findet man auch eine Minderung des Atemstoß- und des Atemgrenzwertes.

Die funktionelle Einteilung des Schweregrades des Emphysems berücksichtigt die Größe des Residualvolumens, die Einschränkung des Atemgrenzwertes, die bronchialen Strömungswiderstände und die Sekundenkapazität sowie die arteriellen Blutgase in Ruhe und bei Arbeit. Die Erhöhung der direkt gemessenen bronchialen Strömungswiderstände ist in leichten und mittelschweren Fällen gut mit der Einschränkung der Sekundenkapazität verhältnismäßig stärker reduziert, weil wegen des Elastizitätsverlustes des Lungenparenchyms ungenügend stabilisierte Luftwege beim forcierten Exspirationsstoß zusätzlich obstruieren.

Mit der Obstruktion entstehen Bezirke, die an der Exspiration nicht mehr teilnehmen („trapped air"). Diese nicht belüfteten Räume werden mit der Ganzkörperplethysmographie erfaßt.

Auf spirographischen Größen basierend unterteilt man das Emphysem in 3 Schweregrade:

1. *Mäßiges Emphysem:* Residualvolumen über 35–45% des maximalen Lungenvolumens; Sekundenkapazität auf 65% (normal 80%); Atemgrenzwert auf 78 l im Mittel reduziert; eine Belastung mit 90 Watt wird im allgemeinen noch toleriert.
2. *Mittelschweres Emphysem:* Vergrößerung des Lungenresidualvolumens auf 45–55% des maximalen Lungenvolumens; Sekundenkapazität 55–60%; Atemgrenzwert 50 l; die tolerierte Belastungshöhe liegt bei 50–70 Watt.
3. *Schweres Emphysem:* Residualvolumen über 55% des maximalen Lungenvolumens; Sekundenkapazität unter 50%, Atemgrenzwert unter 35 l; Belastungen von 30–40 Watt werden, soweit die Patienten nicht ruhedyspnoeisch sind, auch toleriert.

Mit zunehmender Lungenüberdehnung und Verschlechterung der intrapulmonalen Gasdurchmischung nimmt der O_2-Druck im arteriellen Blut ab, der CO_2-Druck steigt an. Die Zunahme des CO_2-Drucks kann durch eine Erhöhung der Bikarbonatpuffer des Blutes kompensiert werden, so daß der pH-Wert des Blutes lange Zeit noch normal gehalten wird (kompensierte respiratorische Azidose).

Therapie. Die chirurgische Entfernung der Emphysemblasen kann zu einer wesentlichen Besserung der Lungenfunktion mit Zunahme der Vitalkapazität, der Sekundenkapazität, des Atemgrenzwertes und zu einer besseren pulmonalen Anpassung der Arbeit führen.

Schwerpunkt der konservativen Therapie:

- Atemgymnastik zur Ökonomisierung der Ventilation und zur Vermeidung des „trapped air“-Phänomens, besonders unter körperlicher Belastung;
- Anregung des Atemzentrums, dessen Schwelle gegenüber CO_2 erhöht ist, durch Gabe von Atemanaleptika;
- Vermeidung bronchitischer Komplikationen durch Inhalationsbehandlung und antibiotische Therapie.

Krankengymnastische Behandlung

Die Behandlung des Emphysems richtet sich hauptsächlich nach dem Schweregrad der Begleitobstruktion.

Das nichtobstruktive Emphysem, also die irreversible Erweiterung der Alveolen, wie es beim Altersemphysem der Fall ist, bedarf meist nicht der krankengymnastischen Behandlung.

Da die Leistungsfähigkeit im Alter sowieso mehr oder minder nachläßt, genügt das noch funktionstüchtige Lungengewebe für ausreichende Diffusion und Perfusion.

Handelt es sich aber beispielsweise um ein Emphysem als Folge von chronisch obstruktiver Bronchitis, so wird die Ventilation durch Vermehrung der elastischen Widerstände (Herabsetzen von Lungendehnbarkeit) und durch mangelnde Thoraxbeweglichkeit eingeschränkt. Zusätzlich wird durch Verengung der Bronchien der Strömungswiderstand erhöht.

Durch Einschränkung der ventilierten und durchbluteten Lungenoberfläche und durch Engstellung der Gefäße in den durch Obstruktion minderbelüfteten Lungenbezirken kommt es zu einer Rechtsherzbelastung.

Die Mechanismen der Restriktion, z. B. hohe Ruheatemfrequenz mit niedrigem Atemzugvolumen, erschweren nun die obstruktive Behinderung zusätzlich, da die hohen Strömungsgeschwindigkeiten bei hoher Frequenz zu vermehrten Turbulenzen führen und damit eine weitere Erhöhung des Strömungswiderstandes bewirken. Die Steigerung des intrathorakalen Druckes durch vermehrten Bauchmuskeleinsatz führt einmal zu zusätzlicher Kompression durch Bronchialkollaps, der um so stärker ist, je größer der Elastizitätsverlust des Parenchyms ist. Zum anderen führt diese Kompression auch zu einer Einschränkung des venösen Zuflusses mit weiterer Rechtsherzbelastung. Die unter Überdruck stehenden Emphysemblasen komprimieren zusätzlich das noch funktionstüchtige Lungengewebe.

Durch den Kollaps der Atemwege kann das im Übermaß produzierte Sekret schlecht abgehustet werden. Der Kollaps trägt weiter zur Obstruktion bei und verursacht Atelektasen.

Befund

Siehe Tab. **1,** S. 5f. Der faßförmige Thorax ist zwar häufig, aber nicht immer zu beobachten. Die Thoraxbeweglichkeit ist meist sehr eingeschränkt.

Die Patienten scheinen fast alle einen kurzen Hals zu haben, da die inspiratorischen Atemhilfsmuskeln hypertrophiert und sehr verspannt sind. Der ganze Thorax scheint sich en bloc nach kranial und kaudal zu bewegen.

Auffällig ist außerdem eine wenig verschiebliche (verbackene) Körperdecke. Die Haut läßt sich kaum abheben.

Die Belastungsprobe kann nur durchgeführt werden, wenn nicht schon eine Ruhedyspnoe erkennbar ist.

Allerdings kann bei den „blue bloater"-Typen aus ihrer eher leichten Dyspnoe nicht auf die Schwere der Erkrankung geschlossen werden. Die verstärkte Zyanose und die Blutgasveränderungen (Hypoxie und Hyperkapnie) zeigen die Schwere der Krankheit.

Die Behandlung des kaum zyanotischen „pink puffer"- oder „fighter"-Typs bringt mehr Erfolg als die des erstgenannten Typs. Der Befund muß zeigen, um welche Typen es sich beim fortgeschrittenen Emphysem handelt.

Gesichtspunkte

Die ersten 6 Behandlungsgesichtspunkte bei chronisch eitriger Bronchitis (S. 12f.) werden ergänzt durch

- Entspannung, besonders bei den sog. Fighter-Typen;
- Erlernen einer schonenden Hustentechnik;
- Thoraxmobilisation und Herabsetzen der sehr erhöhten Gewebswiderstände in Haut und Muskulatur;
- Verbesserung der Blutgase bei Verteilungsstörungen durch Erlernen der für die Obstruktion adäquaten Atemtechniken;
- Fördern der Einsicht des Kranken in seine eingeschränkte Leistungsfähigkeit.

Maßnahmen

Die bei der chronischen Bronchitis beschriebenen Maßnahmen gelten auch hier (S. 13ff.).

Drainlagelagerungen sind allerdings in fortgeschrittenem Zustand und bei einem Cor pulmonale kontraindiziert.

Die zu erlernenden Atemtechniken zur Herabsetzung erhöhter Strömungswiderstände sind schon bei der Behandlung des Asthma bronchiale im Intervall (S. 21ff.) beschrieben.

Bei leichtem bis mittelschwerem obstruktivem Emphysem mit einer Sekundenkapazität von 51–60% der Vitalkapazität und leichter Hypoxämie in Ruhe (etwa 92% O_2-Sättigung) bessert sich bei mittlerer körperlicher Belastung (100 Watt) oder Treppensteigen die O_2-Sättigung. Dies ist vermutlich auf die Verbesserung der Verteilungsstörung zurückzuführen. Bei allen schwereren Formen verschlechtern sich bei Belastung die Blutgaswerte. Dem Patienten ist zu erklären, daß er, wenn er sich anstrengen muß, dies ohne die Luft anzuhalten durchführen soll, um so schonend wie möglich zu arbeiten. Man sollte deshalb, um gezielt behandeln zu können, zumindest die Sekundenkapazität als Maßstab der Obstruktion und die Blutgaswerte kennen.

Bei schwerem obstruktivem Emphysem mit Ruhedyspnoe, Hypoxämie und Hyperkapnie kann die Behandlung nur noch überwiegend passiv sein:

Packegriffe, weiche Massagegriffe zur Lockerung der bretthart verspannten Muskulatur bringen dem Patienten wenigstens eine subjektive Erleichterung, die aber in Anbetracht der bekannten Wechselwirkung von Psyche und Bronchospasmus nicht unterschätzt werden sollte.

Auch Hustenhilfen, wie das schon beschriebene Tuch, sind eine Erleichterung für den erschöpften Patienten.

Heiße Kompressen, bei denen die feuchtheißen Tücher den Thorax vorne oder hinten ganz bedecken sollten, sind angenehm, beruhigen und haben eine bronchodilatatorische und sekretfördernde Wirkung. Diese Kompressen können auch im Sitzen aufgelegt werden. Flache Lagerung wird in diesem Stadium nicht mehr toleriert, manchmal muß sogar das Fußende des Bettes gesenkt werden, um bei Rechtsherzinsuffizienz den venösen Rückstrom etwas zu verringern.

Übungsbeispiel

Behandlung bei obstruktivem Emphysem (pink puffer).

Der Patient ist mager, nicht zyanotisch, wirkt sehr erschöpft. Bretthart verspannte In- und Exspirationsmuskulatur. Sekundenkapazität unter 50%. Keine Hyperkapnie und nur eine leichte Hypoxie.

Bei geringster Anstrengung schwere Dyspnoe, exspiratorisches Giemen und Brummen, wenig Auswurf, trockener Husten. Hohe Pulsfrequenz bei niedrigem systolischem Blutdruck.

- Patienten richtig lagern (s. Asthma im Anfall, S. 18).
- Heiße Kompressen erst auf den Rücken – Patient sitzt auf dem Hocker, stützt die Arme auf einen Tisch –, dann mit angelehntem Rücken und aufgestützten Armen Kompresse auf Brust und Bauch.
- Packegriffe und weiche Massagegriffe auf dem Thorax und der Hals-Nacken-Muskulatur. Werden die inspiratorischen Hilfsmuskeln vermehrt eingesetzt und kann der Patient nicht lockerlassen, nur Vibrationen auf diesen Muskeln.
- Bei Exspiration (mit Lippenbremse, die auch leicht und schnell zu erlernen ist) Vibrationen auf dem Sternum.
- Wenn der Patient ruhiger wirkt, Versuch einer kurzdauernden Rückendrehlage, um evtl. die Atemfrequenz zu vermindern.

Wenn der körperliche und vor allem der psychische Zustand des Patienten es zuläßt, kann man versuchen, die Gähnatmung und/oder Nasenwegsübungen zur Verlängerung der Inspiration zu üben. Mit ruhiger und längerer Inspiration und mit weniger intrathorakalem Druck und gleichmäßigerem Druckabfall während der Exspiration läßt meist auch der Hustenreiz nach.

Wenn es gelingt, durch passive Maßnahmen den Patienten zu entspannen und seine ausgeprägte Atemnot zu mildern, kann die Obstruktion durch die hohen intrathorakalen Drücke herabgesetzt werden. Es werden weniger Beruhigungsmittel gebraucht, die Pulsfrequenz wird niedriger und das Schlagvolumen größer.

Lungenembolie und Lungeninfarkt

Definition. Unter Lungenembolie versteht man die Verschleppung eines Thrombus in das Pulmonalarteriensystem.

Der Lungeninfarkt ist, bedingt durch eine vorausgegangene Embolie, eine hämorrhagische Infarzierung des Lungengewebes.

Häufigkeit. Aufgrund großer Sektionsstatistiken ist die unmittelbare Todesursache bei etwa 5% aller zur Obduktion kommenden Patienten eine Lungenembolie. Frauen sind etwas häufiger als Männer, die älteren Jahrgänge häufiger als die jüngeren betroffen.

Ätiologie. Die Voraussetzung für eine thromboembolische Erkrankung der Lunge ist eine Thrombose, meist aus den Venen der unteren Extremitäten, des Beckens und des Abdomens.

Die Entstehung einer Thrombose wird durch eine erhöhte Gerinnungstendenz des Blutes, eine Schädigung der Gefäßinnenschicht sowie durch eine Verlangsamung des Blutstromes gefördert. Als Folge dieser Faktoren treten Thromboembolien besonders bei bettlägerigen Patienten auf, insbesondere dann, wenn eine Erkrankung vorliegt, die mit einem erniedrigten Herzzeitvolumen einhergeht. Gefährdet sind daher Patienten mit Herzinsuffizienz, absoluter Arryhthmie, Herzinfarkt oder Herzklappenfehlern. Besonders nach Unfällen und bei frisch operierten Patienten ist die Gefahr einer Thrombose und Embolie stark erhöht.

Klinisches Bild. Kleinere Lungenembolien verursachen nur geringe Symptome, vor allem plötzlich auftretende Atemnot, Tachykardie und gelegentlich auch subfebrile Temperaturen.

Große Embolien führen zu Atemnot, starken Schmerzen im Thorax, Übelkeit und im schwersten Stadium zu den Symptomen des Schocks mit Bewußtseinstrübung bzw. Bewußtlosigkeit. Die Atmung und der Puls sind beschleunigt, der Blutdruck ist erniedrigt. Aufgrund pektanginöser Beschwerden ist die Differentialdiagnose eines Myokardinfarkts gegeben.

Beim Lungeninfarkt findet man häufig Husten, Hämoptoe, Schmerzen beim Atmen mit Pleurareiben sowie einen oft hämorrhagischen Pleuraerguß.

Laborbefunde. Leukozytose, beschleunigte Blutsenkung, Erhöhung von GOT, GPT, LDH, nicht jedoch CPK.

Röntgenuntersuchungen. Die Diagnose soll nach Möglichkeit klinisch gestellt werden. Röntgenologisch nachweisbare Verschattungen sind erst 12–24 Stunden nach Eintritt des Ereignisses zu erkennen. Aufwendigere Untersuchungen wie Lungenszintigraphie gestatten es, eine Diagnose schon nach wenigen Stunden zu diagnostizieren.

EKG. Nur in schwereren Fällen verwertbare Hinweise. Die Veränderungen sind die Folge der akuten Druckerhöhung im kleinen Kreislauf und werden durch eine Drehung des rechten Herzens um seine anatomische Achse sowie durch hämodynamisch bedingte Koronarinsuffizienz hervorgerufen.

Differentialdiagnose. Myokardinfarkt; akute unspezifische Perikarditis; gelegentlich Cholezystitis, Appendizitis und Pankreatitis.

Therapie. Morphium zur Sedierung; Schockbehandlung; Stützung der Herztätigkeit mit Digitalis; Sauerstoffzufuhr. Falls keine Kontraindikationen vorliegen, Behandlung mit Streptokinase, später mit Antikoagulantien.

Krankengymnastische Behandlung

Die Lungenembolie ist nicht selten die Ursache für plötzliche Todesfälle, auch während der krankengymnastischen Behandlung, und muß in fast allen Fachrichtungen der Krankengymnastik bedacht werden.

Da wir in der Klinik meist Patienten mit erhöhtem Thromboserisiko behandeln, müssen frühe Anzeichen auch der sog. kleinen Embolie erkannt und ernstgenommen werden. Oft sind solche kleinen Embolien Vorboten einer fulminanten Embolie. Da etwa 90% der Embolien aus den Venen der unteren Extremität und des Beckens stammen, muß sehr sorgfältig auf die Entstehung und Verhütung einer Thrombose geachtet werden. Die Lungenembolie kann aber – ohne Entzündungs- und Stauungserscheinungen der unteren Extremität – das erste „Symptom" einer Thrombose sein.

Im Gefolge von Herzinsuffizienz, Immobilisation, Operation, Geburt usw. kommt es zu Thrombosen und oft im Verlauf von ca. 2 Wochen zur Anlagerung von Appositionsthromben. Durch häufig in diese Zeit fallende vermehrte Mobilisationsversuche, anstrengende Muskelarbeit, Gangschulung und Stehversuche (z. B. bei apoplektischem Insult mit Hemiparese) können sich Teile des lockeren Appositionsthrombus losreißen und eine Lungenembolie verursachen. Die Gefahr ist noch größer, wenn im Vertrauen auf die „Mobilisation" Patient und Behandler glauben, auf Kompressionsstrümpfe und Kompressionsverbände verzichten zu können. Das mag auch der Grund dafür sein, daß einige Patienten im warmen Bewegungsbad oder kurz danach eine Lungenembolie bekommen. Je wärmer das Wasser (32°C und mehr), um so größer die Vasodilatation.

In den *weiten* Venen kommt es durch die im Wasser oft größeren Bewegungen und den Druck des Wassers zur stärkeren Rückflußanregung.

Der Thrombus flottiert in dem weiten Gefäß, und Teile davon können leicht in die Lunge verschleppt werden.

Befund

Alle Punkte des Befundschemas für die Erkrankungen der Atemwege und der Lunge.

Punkt sieben kommt jedoch bei akutem Geschehen nicht in Betracht.

Wichtig: die Beschwerden des Patienten.

Da, wie gesagt, die ersten Symtome nicht selten während der krankengymnastischen Behandlung auftreten, achte man besonders auf plötzliches, oft kurzfristiges Einsetzen von Atemnot, Angstgefühl, Schwindel und etwas später Schmerzen beim Atmen und beim Husten (Pleuraschmerz); ferner auf Auswurf, evtl. mit Blut vermischt. Oft bleibt ein Gefühl des „Nichtdurchatmenkönnens". Es kann sich dann um eine kleine Embolie handeln ohne hämodynamische Folgen. Das sollte aber sehr ernst genommen werden als Warnzeichen für unter Umständen nachfolgende größere Embolien.

Bei diesen treten plötzlich Dyspnoe, Pleuraschmerz, Husten, Unruhe, Angst, Schwitzen, Tachypnoe und Tachykardie und Pleurareiben auf.

Bei einer massiven Embolie kann es zusätzlich zu Synkopen, Blutdruckabfall und zum Schock kommen.

Doch wird in diesem Stadium sowieso schnell der Arzt gerufen werden. Die Miniembolien dagegen werden oft entweder kaum bemerkt oder bagatellisiert.

Gesichtspunkte

- Verhinderung weiterer Embolien und Thromboseprophylaxe;
- Pneumonieprophylaxe;
- Linderung von Schmerzen beim Atmen und Husten;
- Beruhigung;
- Ventilationsverbesserung;
- Verhinderung von Pleuraschwarten.

Maßnahmen

Je nach Schweregrad des Krankheitsbildes werden die Maßnahmen sehr verschieden sein.

Auf alle Fälle müssen *beide* Beine sorgfältig gewickelt werden. Dazu sollte man zu zweit sein, damit das Bein ohne Mithilfe des Patienten vorsichtig zum Wickeln angehoben werden kann. Das gilt in besonderem Maße bei Oberschenkel- und Beckenvenenthrombose.

Da die Lokalisation des Thrombus oft unklar ist und man auch ohne schwere Symptome an der unteren Extremität mit einer Phlebothrombose der großlumigen Oberschenkel- und Beckenvenen rechnen muß, sollte der Patient anfänglich keine großen Bewegungen machen.

Wegen Luftnot wird mit angehobenem Oberkörper gelagert. Eine zusätzliche Hochlagerung der Beine würde einen zu starken Knick in der Leiste bewirken und dadurch einen gleichmäßigen Rückfluß behindern.

Bei schwerem Krankheitsbild mit akutem Cor pulmonale kann ohnehin der Rückfluß nicht gesteigert werden. Es ist besser, die Beine flach liegen zu lassen! Ein Schaumgummipolster am Fußende des Bettes dient je nach Schwere des Erscheinungsbilds nur als Sohlendruck oder wenn möglich als nachgiebiger Widerstand für Fußtretbewegungen zur Rückflußbeschleunigung.

Als Pneumonieprophylaxe sollte eine bessere Belüftung und Verteilung angestrebt werden. Das wird oft schon erreicht, wenn man bei Pleuraschmerzen die schmerzhafte Thoraxseite bei der Inspiration fixiert.

Die Bewegung der Rippen auf einer Seite wird so zwar eingeschränkt, aber wenn dadurch die Schmerzen gelindert werden, wird die Atmung trotzdem vertieft und die Strömung verlangsamt.

Packegriffe am Thorax werden atemerleichternd empfunden. Um das Abhusten zu verbessern und die Pleuraschmerzen zu lindern, kann das schon beschriebene Hustenhilfstuch zur Unterstützung der Bauchpresse und Fixation des Thorax hilfreich sein.

Eine weiche Hals-Nacken-Massage wirkt oft sehr beruhigend. Klatschen und Klopfen ist absolut kontraindiziert.

Sobald der Zustand es erlaubt, sollte der Patient zur Pneumonieprophylaxe zeitweise auch auf die Seite gelagert werden. Es darf daraus aber keine Dyspnoe resultieren. Außerdem klagen manche Patienten über Herzdruck, wenn sie auf der linken Seite liegen.

Da sich in der Akutphase der Blutzufluß zum linken Herzen abrupt vermindern kann, kommt es in der Folge zur Erniedrigung des Schlag- und Zeitvolumens mit Druckabfall und unter Umständen zu Angina pectoris.

Diesbezügliche Klagen des Patienten sind sehr ernst zu nehmen und sofort dem Arzt zu melden.

Als Spätfolge kann es infolge eines Pleuraexsudates zu Pleuraverklebungen und Schwarten kommen (S. 59f.).

Ausgedehnte, schon lange bestehende Schwarten (z. B. nach Pleuraempyem) lassen sich höchstwahrscheinlich durch krankengymnastische Techniken nicht mehr beeinflussen.

Bei der Mobilisation nach überstandener Lungenembolie äußerste Vorsicht!
Nur langsam steigende Belastung.
Folgendes ist zu beachten:

- Gute Kompression der Beine mit einer zweiten übergewickelten Bindentour beim Aufstehen dient sowohl der Thromboseprophylaxe und dem Embolieschutz als auch der Vermeidung orthostatischer Beschwerden. Der Blutdruckabfall durch Versacken größerer Blutmengen in die untere Extremität wird durch die kräftige Kompression der Beine verhindert.
- Pulsfrequenz und Pulsqualität;
- Atemfrequenzsteigerungen;
- subjektive Äußerungen des Patienten;
- Symptome der Rechtsherzinsuffizienz.

Deformierungen des Thorax

Deformierungen des Thorax haben nur dann klinische Bedeutung, wenn sie mit einer Beeinträchtigung der Funktion des rechten Herzens und der Lunge einhergehen. Selbst schwere Kyphosen ohne Bronchialobstruktion sind ohne entscheidende Auswirkung auf die pulmonale Funktion.

Lungenfibrosen

Definition. Verstärkung des Lungengerüstes durch neugebildetes Bindegewebe.

Einteilung:

- herdförmige Fibrosen (Silikose und Morbus Boeck);
- diffuse interstitielle Fibrosen:
  - exogene Ursachen (anorganische und organische Stäube, Gase, Dämpfe, Aerosole, Viren, Röntgenstrahlen, Medikamente);
  - endogene Ursachen (Heredität, Speicherkrankheiten, Kollagenosen);
  - idiopatische Formen (akute und chronisch verlaufende Formen: Hamman-Rich-Syndrom).

Silikose

Definition. Herdförmige Lungenfibrose durch langdauernde Quarzstaubinhalation.

Die Silikose ist eine meldepflichtige Berufskrankheit. Mit einem Anteil von 73% an den entschädigungspflichtigen Berufskrankheiten in Deutschland die volkswirtschaftlich bedeutendste Erkrankung. Betroffen sind in erster Linie Erz- und Kohlenbergbauarbeiter sowie Arbeiter in Mineralmahlwerken, Porzellan- und Steingutfabriken sowie Sandstrahlbläser.

Ätiologie und Pathogenese. Alleinige Ursache der Silikose ist die freie Kieselsäure, die in quarzhaltigen Stäuben mit einer Korngröße mit 1–8 μm die Alveolen erreicht. Von dort aus gelangt sie in die Lymphgefäße und verursacht reaktiv fibroplastische Bindegewebswucherungen mit Bildung silikotischer Granulome.

Im Steinbergbau tritt die Silikose nach 10- bis 15jähriger Exposition auf, bei ekzessiver Staubbelastung bereits nach wenigen Jahren.

Klinisches Bild. Die Diagnose wird bei entsprechender Anamnese aufgrund des Röntgenbefundes gestellt. Zunächst tritt eine Hilusvergröberung auf mit netzig-streifiger Lungenzeichnung, später entwikkeln sich multiple Herde, beginnend in der Peripherie der Mittelgeschosse, die an Größe zunehmen und bis zum Vollbild der Schrotkornlunge konfluieren.

Der physikalische Lungenbefund kann trotz ausgeprägter röntgenologischer Veränderungen weitgehend unauffällig sein, ebenso Allgemeinzustand, Blutbild und Blutsenkung. Fortgeschrittene Stadien der Silikose sind gekennzeichnet durch die Symptome der Lungenfibrose sowie der Bronchitis mit dem entsprechenden physikalischen Lungenbefund. Eine chronisch obstruktive Bronchitis mit Emphysem entwikkelt sich in ca. 50%. Darüber hinaus kann es zur Verziehung der Bronchien, Bronchiektasen, Pleuraverschwartung, Verlagerung von Herz und Mediastinum, Zerfall, Einschmelzung und Erweichung silikotischer Herde kommen.

Die wichtigsten Komplikationen sind:

- Begleittuberkulose in über 30% mit Bevorzugung der Spitzenoberfelder und Neigung zur Ausbildung von Kavernen,
- chronisches Cor pulmonale bei 35% der Spätfälle.

Therapie. Die Behandlung beschränkt sich auf die übliche Therapie von Bronchitis sowie einer evtl. zusätzlich vorliegenden Tuberkulose.

Andere Lungenfibrosen

Weitere Lungenfibrosen sind die Asbestose, die Bestrahlungsfibrose, die diffuse interstitielle Lungenfibrose (Hamann-Rich-Syndrom), der Morbus Boeck (Sarkoidose), die Sklerodermie und die Wabenlunge.

Da klinisches Bild und Therapie bei all diesen Erkrankungen ähnlich sind wie bei der Silikose, soll auf eine eingehende Darstellung der einzelnen Krankheitsbilder hier verzichtet werden.

Krankengymnastische Behandlung

Lungenfibrosen

Bei allen Fibrosen handelt es sich primär um restriktive Ventilationsstörungen mit irreversibler Verminderung von blähungsfähigem Lungenvolumen und ventilierter und durchbluteter Lungenoberfläche. Die krankengymnastische Behandlung kann nur bewirken, daß durch Herabsetzen von elastischen Widerständen an Haut und Muskulatur und durch einen möglichst beweglichen Thorax die erschwerte Atemarbeit erleichtert wird.

Kommen obstruktive Ventilationsstörungen hinzu, so werden diese wie schon beschrieben behandelt.

Befund

Siehe Tab. **1,** S. 5f. Die Atemfrequenz ist erhöht und liegt in schweren Fällen über 30/min. Die Atemmaße sind deutlich reduziert, ebenso die Vitalkapazität. Die Haut über dem Thorax ist schlecht verschieblich, die In- und Exspirationsmuskulatur sehr verspannt infolge der erhöhten Atemarbeit zur Überwindung der elastischen Widerstände von Lunge und Thorax. Der mangelnden Retraktionskraft der Lunge durch neugebildetes Bindegewebe muß in der Exspirationsphase muskulär nachgeholfen werden. Bei mageren Patienten sieht man deutlich den schon beschriebenen Zwerchfell-Thoraxwand-Antagonismus, d. h. inspiratorische Einziehung der Zwischenrippenräume.

Gesichtspunkte

- Herabsetzen der erhöhten Gewebswiderstände in Haut und Muskulatur und damit vorübergehend Atemerleichterung;
- Erhaltung von Thoraxbeweglichkeit und Atemmuskelkraft;
- Erlernen von Nasenatmung trotz hoher Atemfrequenzen, um das Bronchialsystem zu schonen.
- Bei Husten: Erlernen von schonenden Hustentechniken zur Vermeidung überhöhter intrathorakaler Drücke;
- Dämpfung eines unproduktiven Reizhustens.

Maßnahmen

Alle Dehnlagerungen, unterstützt von Packegriffen, sind hier angebracht und müssen dem Zustand des Patienten angepaßt werden. Die Dehnlagerungen sollten, wenn möglich, über längere Zeit eingehalten werden (5–20 min). Bei sehr eingeschränkter Beweglichkeit ist beispielsweise auch eine Sichel- oder Halbmondlagerung eine Dehnung, bei der nur der Oberkörper ganz wenig zu einer Seite gelegt wird. Die Dehnlagerungen müssen so modifiziert werden, daß sie für den jeweiligen Patienten eine Dehnung bringen, ohne daß dies so schmerzhaft ist, daß sich der Patient noch mehr verspannt.

Besonders bei sehr verspannter Hals-Nacken-Muskulatur und einem starren Rundrücken ist darauf zu achten, daß der Kopf richtig auf einem Kissen oder Polster gelagert wird. Sogenannte HWS-Syndrome sind sonst häufig die Folge, besonders bei Patienten, die nicht entspannen können.

In Seitlage muß der Abstand Kopf-Schulter mit Kissen ausgeglichen sein. Der Kopf darf nicht in Seitneigung liegen.

Die sehr frequente Atmung wird sich bei größerer Elastizität des Thorax und Spannungsminderung in Haut und Muskulatur selbst verlangsamen und vertiefen.

Man sollte den Patienten mit einer restriktiven Ventilationsstörung nicht unbedingt auf eine niedrigere Frequenz zu bringen versuchen. Die Atemarbeit ist hier bei frequenter und flacher Atmung geringer, da sehr viel Kraft aufgewendet werden müßte, um den erforderlichen Unterdruck für ein größeres Atemzugvolumen zu erreichen.

Durch Dehnlagerungen und damit Nachlassen der Spannung im Thorax wird die Atmung von selbst etwas verlangsamt. Der Patient ist anzuhalten, diese Dehnstellungen auch zu Hause regelmäßig auszuführen.

Pneumonien

Definition. Akut oder chronisch verlaufende Entzündungen der Lunge mit vorwiegendem Befall des Alveolarraumes (alveoläre Pneumonie) oder des Intestitiums (interstitielle Pneumonie).

Einteilung. Je nach der Ausdehnung unterscheidet man lobäre (Lappen-) und lobuläre (Broncho-)Pneumonien. Mehr ätiologisch orientiert ist die Unterscheidung in primäre und sekundäre Pneumonien:

- Primär akute Pneumonien (Bakterien, Viren, Rickettsien, Brucellosen, Spirochäten, Pilze),
- primär chronische Pneumonien und
- sekundäre Pneumonien
  - als Folge von Zirkulationsstörungen: Stauungspneumonie bzw. Lungenödem;
  - als Folge von Bronchusveränderungen: Aspirationspneumonie, Bronchusstenosen, Bronchuskarzinom, Bronchiektasen;
  - nach toxischen Einflüssen (exogen und endogen);
  - bakterielle Superinfektion bei verschiedenen Erkrankungen.

Lobäre Pneumonie

Die Lobärpneumonie zeigt 4 Stadien:

- Anschoppung mit Bildung eines fibrinreichen Exsudates,
- Übertritt von Erythrozyten in die Alveolen,
- Leukozyteneinwanderung etwa am 4. Krankheitstag,
- Lösung: Verflüssigung des Alveolarinhaltes durch Enzyme.

Bronchopneumonien sind durch übergreifende Entzündung auf die peribronchiolären Alveolen charakterisiert.

Klinisches Bild. Vielfach ohne Vorzeichen beginnt die Krankheit akut mit Schüttelfrost und Fieber. Über dem befallenen Bezirk bestehen häufig atmungsabhängige Pleuraschmerzen mit Zunahme bei tiefer Inspiration, bei Husten oder Bewegung. Die Atmung ist beschleunigt. Am 2.–3. Krankheitstag stellt sich meist ein blutiges bis rostbraunes Sputum ein, das später eitrig wird.

Perkutorisch findet sich über dem erkrankten Lungenbezirk Klopfschallverkürzung bis zur Dämpfung. Auskultatorisch finden sich ein abgeschwächtes Vesikuläratmen mit kleinblasigen, nichtklingenden Rasselgeräuschen, ein positiver Stimmfremitus, Bronchialatmen und Bronchophonie.

Das Blutbild zeigt eine Vermehrung der Granulozyten mit Linksverschiebung und Eosinopenie bei Leukozytenzahlen um 15000–20000. Die Blutkörperchensenkungsreaktion ist frühzeitig beschleunigt.

Verlauf. Die komplikationslose, unbehandelte Pneumonie fiebert nach 7 Tagen ab. Nach Einführung von Antibiotika findet man diese klassische Verlaufsform jedoch kaum mehr. Mit der vorzeitigen Abfieberung unter Medikation gehen die morphologischen Veränderungen in der Lunge nicht parallel. Sie zeigen unbeeinflußt die oben angeführten Stadien.

Röntgenologisch findet man eine diffuse Verschattung über dem infiltrierten Lungenbezirk.

Herdförmige Pneumonie (Bronchopneumonie)

Grundsätzlich sind alle Erreger, die eine lobäre Pneumonie auslösen können, auch in der Lage, eine herdförmige Pneumonie zu erzeugen. Besonders gilt das für die Virusinfektion der Lunge. Dabei kann ein nur umschriebener Teil eines Lungenlappens infiltriert sein (lobuläre Pneumonie), oder die Herde können in verschiedenen Lungenlappen verstreut sein, vielfach nicht an die Begrenzung der Lungenlappen gebunden. Sekundäre Pneumonien bei Infektionskrankheiten sind meist vom Typ der Bronchopneumonie. Hypostase oder Aspiration von Mageninhalt bei Bewußtlosen sind vielfach Ursache für eine herdförmige Pneumonie.

Klinisches Bild. Klinisch zeigt die Bronchopneumonie langsam ansteigende remittierende Temperaturen unterschiedlicher Dauer. In Abhängigkeit von der Ausdehnung des Prozesses ist das Allgemeinbefinden beeinträchtigt. Das Fieber fällt meist lytisch ab mit der Neigung zu Rezidiven. Der Auswurf ist eitrig-schleimig, auskultatorisch überwiegen bronchitische Geräusche.

Aspirationspneumonie

Sie entsteht durch Einatmung erbrochenen Mageninhaltes. Gefährdet sind grundsätzlich Bewußtlose, d. h. bei Schlafmittelintoxikation, bei Narkose, durch Alkoholeinwirkung oder bei nicht korrekt durchgeführten Magenspülungen. Wurde Mageninhalt aspiriert, ist gründliche Bronchialtoilette mit Absaugen, evtl. unter bronchoskopischer Kontrolle, notwendig. Neben dem Verschluß von Bronchialästen besteht die Gefahr der Gewebeverdauung. Daher sind Abszedierungen und Lungengangrän im Gefolge einer Apsirationspneumonie besonders häufig.

Therapie:

- Antibiotikatherapie (Breitbandantibiotika wie Ampicillin oder Tetrazykline);
- Herz-Kreislauf-Therapie, insbesondere bei schwerkranken und hochfieberhaften Patienten;
- Sauerstoff bei Zyanose und Dyspnoe;
- Expektorantien und Broncholytika.
- Allgemeinbehandlung: Bettruhe mit Atemgymnastik und Bewegungsübungen, insbesondere zur Stabilisierung des Kreislaufs.

Krankengymnastische Behandlung

Pneumonien

Von der Pneumonieprophylaxe, besonders bei alten, bettlägerigen und inaktiven Patienten, bis zur Pneumoniebehandlung gibt es fließende Übergänge.

Bei Sekundärpneumonien muß man wissen, welche Grundkrankheiten vorliegen. Handelt es sich z. B. um Bronchitiden oder Bronchiektasen, so steht der Sekrettransport im Vordergrund.

Pneumoniegefährdet sind alle Patienten, deren Resistenz vermindert ist, die inaktiv oder somnolent im Bett liegen und die die genannten Erstkrankheiten haben.

Befund

Siehe Tab. **1**, S. 5f. Auf die Ansprechbarkeit, Eigeninitiative und Beweglichkeit des Patienten ist besonders zu achten. Ist die Ventilation durch Behinderung der Atemmechanik zusätzlich gestört (Lähmungen, schwere Thoraxdeformitäten), so ist die Anfälligkeit für eine Pneumonie noch größer.

Atemmaße und Messen der Vitalkapazität sind, wenn es die Grundkrankheiten nicht erfordern, unwichtig.

Dagegen ist besonders auf Rasselgeräusche, erhöhte Körpertemperatur und auf Pulsfrequenz und Pulsqualität zu achten.

Gesichtspunkte

- Verbesserung der Ventilationsbedingungen;
- Vermeidung bzw. Eröffnung von Atelektasen;
- Perfusionsverbesserung durch Umverteilung des Blutes im kleinen Kreislauf;
- Förderung des Sekrettransports;
- Kreislaufstabilisierung in der Rekonvaleszenz.

Maßnahmen

Sind die Patienten wach, so sind sie zu tiefen Atemzügen mit Inspiration durch die Nase anzuhalten.

Wenn möglich, können diese auch mit Arm- und Oberkörperbewegungen gekoppelt werden, (z. B. Arm bei Inspiration neben dem Ohr nach oben ziehen, Oberkörper in Seitneigung).

Manueller Kontakt zur Förderung kostoabdomineller Atembewegungen wird erst vom Behandler auch als Widerstand gegeben. Der Patient kann sich diesen leichten Widerstand an den unteren seitlichen Thoraxabschnitten aber auch selbst geben.

Ist der Patient fähig, seine Lage zu wechseln (Bauch-, Rücken-, Seitlage), so sollte er das möglichst oft tun. Besonders nach Lungeninfarkten ist das Umlagern wichtig, da die Gefahr einer Infarktpneumonie gegeben ist. Auf die Wichtigkeit des Abhustens mit entsprechender Technik ist der Patient hinzuweisen.

Patienten mit Lähmungen der Bauch- und Interkostalmuskulatur sowie nach größeren Operationen und Rippenfrakturen kann man das Abhusten mit Hilfe des Tuches erleichtern (s. Abb. **1a–c**).

Behandlung somnolenter und nicht ansprechbarer Patienten:

- Umlagerungen alle zwei Stunden.
- Abklatschen mit Eiswasser zur reflektorischen Atemvertiefung.
- Vibrationen auf dem Thorax und kurzer intermittierender Druck auf dem Sternum am Ende einer Exspiration zur Hustenprovokation und Sekretionslösung.
- Der Patient muß abgesaugt werden, wenn nicht abgehustet werden kann.
  Das Absaugen kann aber das Husten nicht vollständig ersetzen. Es werden dabei überwiegend nur die Stammbronchien erfaßt, nicht aber das Sekret in den kleinen Atemwegen.
- Packegriffe über Thorax und Bauch bringen ebenfalls vergrößerte Atembewegungen und damit für den Moment eine Atemvertiefung.

- Eine Drainagelagerung verbietet sich meist wegen des schlechten Zustandes der Patienten.

Die früher häufige, schwere Lobärpneumonie sieht man heute selten in der klassischen Verlaufsform. Es gelten bei dieser Behandlung jedoch die gleichen Gesichtspunkte wie schon beschrieben.

Bei einer Begleitpleuritis muß man innerhalb weniger Tage nach der Entfieberung an die Verhinderung von Pleuraschwarten denken.

Patienten mit Pneumonie haben meist noch lange nach der Entfieberung orthostatische Beschwerden.

Es werden, sobald es Herz und Kreislauf zulassen, Übungen mit oberer und unterer Extremität zur Steigerung des Sympathikotonus und zur Muskeltonisierung durchgeführt. Damit beim Aufstehen die orthostatischen Beschwerden mit Schwindel und Schweißausbruch weniger unangenehm werden, empfiehlt es sich, die Beine im Liegen mit elastischen Binden zu wickeln und die obengenannten Übungen unmittelbar vor dem Aufstehen durchführen zu lassen (besonders mit der unteren Extremität). Es versackt dann weniger Blut in die unteren Extremitäten.

Lungenabszeß

Als Folge einer mangelnden Resorption eines bronchopneumonischen Herdes, bei Aspirationen oder durch Infektion eines älteren Lungeninfarktes kann ein Lungenabszeß auftreten. Nach dessen Entleerung durch den Bronchus treten typische Kavernensymptome auf. Im Röntgenbild findet man einen Ringschatten bei Vorhandensein von Sekret mit horizontaler Spiegelbildung. Die Lungengangrän unterscheidet sich im wesentlichen nur durch das Vorhandensein typischer Fäulniserreger.

Durch die Breitspektrumantibiotika hat sich die Zahl der nötigen chirurgischen Interventionen vermindert. Mit einer Heilungsdauer von 4–6 Wochen ist zu rechnen.

Therapie:

- Antibiotikatherapie je nach Biogramm;
- zusätzliche Kortikosteroidtherapie für schwere toxische Fälle;
- bronchoskospisches Absaugen, vor allem bei Stenosen;
- krankengymnastische Behandlung mit entsprechender Drainagelagerung, um die Abszeßhöhle jeden Tag möglichst vollkommen zu entleeren;
- Inhalationstherapie.

- Operative Behandlung: nur dann indiziert, wenn eine internistische Therapie nicht innerhalb von 3 Wochen eine deutliche Besserung erreicht hat.

Krankengymnastische Behandlung

Hat der Abszeß Bronchialanschluß, so kann er bei gezielter Lagerung abgehustet werden.

Auch hier ist die immer erwähnte Quincke-Hängelage ganz selten richtig. Die meisten Abszesse liegen im posterioren Segment des rechten Oberlappens oder im apikalen Segment des Unterlappens (s. Lagerungen, S. 30f.).

Befund

Siehe Tab. **1,** S. 5f. Besonderer Wert ist auf die ganaue Feststellung der Lokalisation des Abszesses zu legen. Nur dann kann effektiv gelagert werden.

Gesichtspunkte

- Entleerung des Abszesses;
- Ventilations- und Perfusionsverbesserung durch Verlangsamung und damit Vertiefung der Inspiration;
- Verhinderung von Pleuraschwarten bei Begleitpleuritis;
- Herabsetzen von Gewebswiderständen in Haut und Muskulatur.

Maßnahmen

Wichtigste krankengymnastische Maßnahme ist die Drainagelagerung, die jeweils möglichst 45 Minuten, aber mindestens eine halbe Stunde eingehalten werden sollte.

Da die Blutungsgefahr groß ist, dürfen auf keinen Fall grobe Erschütterungen wie Klatschen und Klopfen zur Anwendung kommen. Feinschlägige Vibrationen über dem befallenen Gebiet sind, wie bei Bronchiektasen, gefahrloser und wirksamer. Bei schmerzhafter Pleurabeteiligung sind aber auch Vibrationen kontraindiziert.

Pleuraempyem

Definition. Unter einem Pleuraempyem, einer weiteren Pneumoniekomplikation, versteht man einen eitrigen Pleuraerguß, der akut oder chronisch auftreten kann.

Ätiologie. Entstehung „per continuitatem" aus einer Pneumonie, einer Lungentuberkulose, einem Lungenabszeß, Bronchiektasen, einer Osteomyelitis der Rippen, einem subphrenischen Abszeß oder einer Perikarditis.

Durch hämatogene Aussaat (in Ausnahmefällen): Osteomyelitis, Angina, Scharlach, Otitis, Erysipel.

Klinisches Bild. Die Symptome des Empyems sind häufig durch die Grundkrankheit überdeckt. Bei einem sich schlecht resorbierenden Pleuraerguß, bei persistierendem Fieber, bei Tachykardie, Nachtschweiß sowie bei Thoraxschmerzen, weiterhin bei fortbestehender erhöhter Blutsenkungsgeschwindigkeit und einer Leukozytose sollte man an diese Komplikation denken.

Bei der Pleurapunktion läßt sich trübe, eitrige Flüssigkeit gewinnen, die zum Teil so zähflüssig ist, daß eine Punktion kaum möglich wird.

Eine bakteriologische Untersuchung soll in jedem Falle durchgeführt werden.

Therapie. Spülungen und intrapleurale Instillation von Antibiotika in Verbindung mit hochdosierter Antibiotikatherapie führen heute in etwa 80% zur Ausheilung. Eine chirurgische Therapie ist nur noch in ca. ⅕ aller Fälle notwendig. Sie sollte dann eingesetzt werden, wenn nicht innerhalb von 10 Tagen eine deutliche Besserung eintritt.

Kontraindikationen der konservativen Therapie sind mehrkammrige Empyeme sowie Interlobärempyeme und alle Fälle mit Bronchialfisteln. Hier ist sofort ein operatives Vorgehen angezeigt.

Bei dickflüssigem Eiter oder bei reichlich Fibrin injiziert man 1 Ampulle Streptokinase zur Verflüssigung des Sekrets und zur Vermeidung von Verwachsungen.

Krankengymnastische Behandlung

Im akuten Stadium sind krankengymnastische Behandlungen kontraindiziert. Nach Abklingen der Entzündungserscheinungen sind Maßnahmen zur Verhinderung einer Pleuraschwarte sehr wichtig. Wenn nicht frühzeitig intensiv mit der krankengymnastischen Behandlung begonnen wird, bilden sich schwere Schwarten, die zu restriktiven Ventilationsstörungen führen.

Maßnahmen

Siehe Pleuraverschwartung, S. 59f.

Lungentuberkulose

Die Tuberkulose wird durch das Mycobacterium tuberculosis hervorgerufen. Die Ansteckung erfolgt überwiegend aerogen von Mensch zu Mensch. Die Erstinfektion der Tuberkulose betrifft in 90% den Respirationstrakt. Nur bei 1% der Infizierten entwickelt sich eine manifeste Tuberkulose. Silikose, Diabetes mellitus, Magenresektion, Leberzirrhose oder länger dauernde Steroidgaben wirken tuberkulosebegünstigend.

Die Röntgenuntersuchung stellt insbesondere für die Tuberkulose der Atmungsorgane das dominierende diagnostische Verfahren dar. Zur Erhärtung der Diagnose sollte jedoch stets der Erregernachweis angestrebt werden.

Stadieneinteilung und Verlauf:

1. Erstinfektion,
2. hämatogene Streuungs- bzw. Generalisationsphase,
3. Organtuberkulose.

Das lokalisierte Infiltrat und die Kaverne haben keine sichere Einschränkung der Lungenfunktion zur Folge. Ausgedehnte Prozesse reduzieren im Stadium der Vernarbung Total- und Vitalkapazität. Gelegentlich läßt sich eine Verteilungsstörung und eine leicht vermehrte venöse Zumischung nachweisen. Schwere Funktionsstörungen beobachtet man bei Mitbeteiligung der Pleura, bei der Kollapstherapie und nach ausgedehnten Resektionen.

Krankengymnastische Behandlung

Nach Ablauf der akuten Phase handelt es sich bei ausgedehnten Vernarbungen um eine restriktive Ventilationsbehinderung, die durch eventuelle Pleuraschwarten noch erschwert wird.

Befund

Siehe Tab. **1**, S. 5f. Wichtig sind die Maße der Thoraxbeweglichkeit, die Vitalkapazität und die Atemfrequenz. Auf das „Nachschleppen" der Rippen auf einer Seite ist besonders zu achten.

Gesichtspunkte

- Herabsetzen von erhöhten Gewebswiderständen in Haut und Muskulatur;

- Mobilisation des Thorax, Erreichen optimaler Beweglichkeit der Rippen bei Atembewegungen;
- Dehnung frischer Pleuraschwarten;
- Kräftigung der Inspirationsmuskulatur, besonders des Zwerchfells;
- Haltungsschulung, besonders bei jüngeren Patienten.

Maßnahmen

Die bei den Lungenfibrosen (S. 46ff.) beschriebenen Techniken sind auch hier anzuwenden.

Die Kräftigungsübungen für Zwerchfell und Interkostalmuskulatur können mit Atemtechniken der PNF gekräftigt werden, aber auch durch Atemübungen.

Eine Verstärkung der Nasenstenose durch Zuhalten eines Nasenloches bringt eine Aktivitätszunahme des Zwerchfells und der Interkostalmuskulatur. Das sollte allerdings erst geübt werden, wenn der Thorax nicht mehr zu starr ist.

Durch manuellen Kontakt am unteren Thoraxrand mit leichtem Widerstand bei der Einatmung wird eine größere Thoraxexkursion erreicht und damit auch eine gewisse Dehnung von eventuell vorhandenen Pleuraverklebungen durch eine vorangegangene Pleuritis. Dehnlagerungen und Oberkörpergymnastik (sog. Atem-Brustkorb-Gymnastik) vervollständigen das Behandlungsprogramm.

Lungentumoren

Benigne Lungentumoren

Sie machen maximal 5% der Lungentumoren aus. 50% sind Adenome. Sie sind überwiegend in den großen Bronchien lokalisiert, imponieren gelegentlich als Rundherde.

Bronchuskarzinoide sind insbesondere in ihrer bösartigen Form hormonell aktiv, produzieren Serotonin.

Weitere überwiegend benigne Geschwülste: Angiome, Fibrome, Lipome, Chondrome.

Klinisches Bild. Je nach Sitz und Größe Reizhusten, Blutung, Atelektasen, Abszedierung.

Therapie. Resektion.

Maligne Lungentumoren

Unter den malignen Lungentumoren sind primäre und sekundäre Geschwülste zu unterscheiden. Bei den primären Tumoren spielt das Karzinom die Hauptrolle. Es geht in etwa 95% der Fälle von den Bronchien aus.

Bronchialkarzinom

Nach histologischem Bild lassen sich folgende 5 Gruppen einteilen:

- Plattenepithelkarzinom,
- undifferenziertes, solides Karzinom,
- kleinzelliges Karzinom,
- Adenokarzinom,
- Alveolarkarzinom.

Ätiologie. Der Zusammenhang zwischen Tabakkonsum und Lungenkrebs ist heute weitgehend gesichert; daneben treten andere Ursachen stark in den Hintergrund. Silikose fördert Lungenkrebs nicht. Viele Karzinome sind Narbenkrebse.

Pathologie. Die rechte Lunge ist gegenüber der linken, die Oberlappen sind gegenüber den Unterlappen bevorzugt befallen. Man unterscheidet zentrale von peripher gelegenen Krebsen. Die bronchialen und mediastinalen Lymphknoten sind am häufigsten und am frühesten von Metastasen befallen. Hämatogene Metastasen befallen vor allem Leber, Knochen, Knochenmark, Nieren, Nebennieren und Gehirn.

Klinisches Bild. Frühzeichen des Bronchialkarzinoms sind Beeinträchtigung des Allgemeinbefindens mit unerklärlicher Körperschwäche, außerdem ein unmotivierter Reizhusten. Eine Dyspnoe kann vorhanden sein, weiterhin ein unbestimmtes Druckgefühl im Thorax.

Die physikalische Untersuchung gibt in diesem Stadium keine spezifischen Hinweise.

Die Thoraxübersichtsaufnahme ist im Frühstadium noch wenig verdächtig. Manchmal findet man Zeichen geringer Verdichtungsbezirke des Primärtumors, selten Schrumpfungsphänomene einer Frühatelektase.

Zusammenfassend ist festzustellen, daß Anamnese, Symptomatik, physikalische Untersuchung und Röntgen-Thoraxübersichtsaufnahme im Frühstadium nur eine Verdachtsdiagnose ermöglichen.

Im Spätstadium physikalisch massiver Lungenbefund, venöse Einflußstauung. Einwachsen in den Ösophagus, Rekurrensparese mit Heiserkeit, hämorrhagischer, eitriger oder karzinomatöser Pleuraerguß, Phrenikusläsion mit behinderter Zwerchfellatmung, Schulterschmerzen, durch Einwachsen in das Perikard Rhythmusstörungen, ggf. Hämoperikard. Weiterhin Horner-Syndrom und Lähmungen im Medianus- und Ulnarisbereich.

Sekundäre, metastatische Lungentumoren (durch hämatogene oder lymphogene Aussaat), vor allem Metastasieren in die Lunge: Hypernephrome, Seminome, Prostata-, Mamma-, Magen- und Schilddrüsenkarzinome, Melanosarkome. Sie können in Form einer oder mehrerer Metastasen, evtl. auch in einer miliaren Aussaat auftreten. Sind die Lymphbahnen der Lunge mit Krebszellen ausgefüllt, entsteht röntgenologisch das Bild der Lymphangiosis carcinomatosa.

Therapie. Die Therapie des Bronchialkarzinoms muß, wenn irgend möglich, chirurgisch sein. Neben der operativen Therapie sind noch Strahlentherapie und Chemotherapie zu erwähnen. Entsprechend der Zellart des Karzinoms und der Ausbreitung werden heute diese Verfahren entweder einzeln oder in Kombination miteinander angewandt.

Noch einige pathophysiologische Bemerkungen zur Lungenfunktion nach Lobektomie und Pneumektomie, die häufig bei bösartigen Tumoren der Lunge durchgeführt werden:

Die Lobektomie führt im Mittel zu einer Einschränkung der Total- und Vitalkapazität um 10–15%. Die verbleibenden Lungenlappen werden im Sinne des kompensatorischen Emphysems gebläht. Das Residualvolumen wird prozentual größer. Die Atemreserven sind etwas stärker reduziert, als es der Einschränkung der Total- und Vitalkapazität entspricht.

Nach der Pneumektomie ist mit einer Einschränkung der Total- und Vitalkapazität um 40–50% zu rechnen, sofern vorher die verbleibende Lungenseite normal war. Die Pneumektomie hat eine ganz beträchtliche Blähung der verbleibenden Lunge zur Folge, die mit einer Deckplastik etwas eingeschränkt werden kann. Damit ergibt sich aber in der Regel eine zusätzliche Abnahme der Atemreserven. Die Einschränkung der Atemoberfläche um ca. die Hälfte mit entsprechender Reduktion der Diffusionskapazität hat eine leichte bis mittelschwere Hypoxämie bei größerer Arbeit zur Folge.

Die funktionelle Spätprognose ist weitgehend vom Zustand der verbleibenden Lunge zum Zeitpunkt der Resektion abhängig.

Eine spezielle *krankengymnastische Behandlung* ist hier nicht erforderlich.

Pleura- und Zwerchfellerkrankungen

Pleuraexsudat (Pleuritis exsudativa) und -transsudat, Hämatothorax, Pneumothorax

Eine Einengung der Lunge durch Flüssigkeit oder andere Substanzen im Intrapleuralspalt führt zur Abnahme der Blähungsfähigkeit und der Ventilation der betreffenden Seite. Dies gilt auch für den Pneumothorax bzw. Spannungspneumothorax. Ist die Ventilation der Gegenseite beeinträchtigt, so resultiert eine schwere respiratorische Insuffizienz. Vor allem wird der Kreislauf behindert durch Verschiebung des Mediastinums mit Kompression der Hohlvenen. Das Anfangsstadium der Pleuritis ist trocken (Pleuritis sicca).

Pleuraverschwartung

Als Folge einer Pleuritis kann es zu einer Verwachsung der Rippenfellblätter kommen, wobei die Bindegewebsbildung zu erheblicher Verschwartung führen kann. Es kommt durch Schrumpfung und Verziehung von Lungen- bzw. Mediastinalgefüge zu erheblicher Einschränkung der Respiration.

Mit der rechtzeitigen Dekortikation läßt sich eine wesentliche Funktionsbesserung erreichen.

Krankengymnastische Behandlung

Bei sehr alten Verschwartungen ist die Aussicht, die Pleurablätter zu lösen, sehr gering. Man kann nur versuchen, über eine allgemeine Thoraxmobilisation die restriktive Ventilationsbehinderung etwas zu bessern.

Wird die Behandlung aber begonnen, bevor es zur Organisation des Exsudates mit Bindegewebseinwucherungen kommt, kann ein Nachschleppen der betroffenen Seite bei der Atembewegung oft verhindert werden. Das gilt in verstärktem Maße auch nach einem Pleuraempyem.

Befund

Siehe Tab. **1**, S. 5f. Da eine Pleuritis fast nie primär auftritt, richtet sich die Befundaufnahme nach der Grundkrankheit. Wichtig sind die Angaben über atemabhängige Schmerzen, Schonhaltungen und Pleurareiben, das bei der Auskultation gehört wird, solange es sich um eine trockene Pleuritis handelt.

Gesichtspunkte

- Vermeiden von Pleuraschwarten,
- Pneumonieprophylaxe,
- Erreichen einer guten Ventilation aller Lungenabschnitte und Vermeiden von Atelektasen.

Maßnahmen

Solange der Patient noch über Schmerzen beim Atmen klagt, was bei einer Pleuritis sicca der Fall ist, liegt der Schwerpunkt der Behandlung auf einer Ventilationsverbesserung aller Lungenabschnitte. Damit sollen Atelektasen vermieden und einer Pneumonie vorgebeugt werden (sofern die Grundkrankheit nicht schon eine Pneumonie ist).

Man sollte in diesem Stadium der Krankheit nicht mit Dehnungen der betroffenen Seite anfangen. Es ist dann sogar besser, die Rippenbewegungen auf der schmerzenden Seite durch manuelle Fixierung oder Lagerung auf der Seite einzuschränken, da dann die Atembewegungen an der unbeteiligten Partie größer werden. Es resultiert sonst bei zu großen Schmerzen eine frequente, flache Atmung, die eine gleichmäßige Belüftung aller Lungenteile unmöglich macht. Ziel ist also Frequenzsenkung und Vertiefung der Atmung.

Abklatschen mit Eiswasser, beispielsweise bei Bronchopneumonie angezeigt, ist bei einer Begleitpleuritis nicht angebracht. Klatschen und Klopfen auf dem Thorax zur Sekretförderung ist ebenfalls kontraindiziert.

Wenn das Röntgenbild nur noch einen Resterguß zeigt, muß man mit vorsichtigen Dehnungen beginnen.

- Liegen auf beiden Seiten;
- Schnuppern und Schnüffeln;
- Packegriffe am Thorax, um die Atembewegungen reflektorisch zu vergrößern und zu erleichtern.
- Dreh-Dehn-Lagerung. Anfangs nur kurz und eventuell mit der Exspiration gedehnt, so wird die Pleura parietalis mit dem Thorax in Einatemstellung gehalten. Gleichzeitig wird die Pleura visceralis, dem Sog der elastischen Lunge folgend, etwas mehr gegen das parietale Blatt verschoben, und damit werden vermutlich vorhandene Verklebungen vorsichtig gelöst.
- Auch bei aktiven Dehnungen, z. B. durch Herausziehen eines Armes in Seitlage, kann dieser Effekt ausgenutzt werden. Hier kann man auch während der Inspiration den Arm herausziehen lassen und diese Dehnung dann während der Exspiration beibehalten.

Wie bei allen restriktiven Erkrankungen kann später die sog. Atem-Brustkorb-Gymnastik durchgeführt werden.

Erkrankungen des Zwerchfells

Das Zwerchfell als wichtigster Atemmuskel spielt eine entscheidende Rolle bei der Ventilation. Bei einseitiger Zwerchfellähmung oder Einschränkung der Beweglichkeit kommt es zu einer Einschränkung der Total- und Vitalkapazität und zu einer ungleichmäßigen Luftdurchmischung, die sich in einer Verteilungsstörung zeigen kann. Falls beide Zwerchfellseiten betroffen sind, kommt es zu einer lebensbedrohlichen Ventilationsstörung.

Mukoviszidose

Definition. Autosomal-rezessiv erbliche Funktionsstörung der schleim- und schweißproduzierenden Drüsen in allen drüsenhaltigen Organen des Körpers im Säuglings- und Kindesalter. Das Sekret der Schleimdrüsen ist zähflüssig und dick. Die Störung führt im *Pankreas* zur Verstopfung der Ausführungsgänge mit Zystenbildung. In der *Lunge* bildet sich zähflüssiges Bronchialsekret mit allmählicher Entwicklung von Bronchiektasen.

Klinisches Bild. Husten, ähnlich wie beim Keuchhusten, ohne die dafür typischen Blutbildveränderungen, rezidivierende Lungenentzündungen; Durchfälle und Dystrophie wegen Mangel an Pankreasenzymen. Bei angeborener Stuhleindickung Mekoniumileus.

Die Diagnose basiert auf der Laboruntersuchung der Drüsensekrete:

- Bestimmung des vermehrten Elektrolytgehaltes in Schweiß oder Speichel;
- Bestimmung des verminderten Enzymgehaltes des Duodenalsaftes;
- Untersuchung des Stuhls auf unverdaute Bestandteile.

Therapie. Bei Pneumonien Antibiotika, bei Bronchiektasen Antibiotika und Aerosoltherapie.

Prognose. Die Prognose hängt von der Schwere und Organlokalisation der einzelnen Störungen ab.

Die Lebenserwartung liegt normalerweise bei 20–30 Jahren.

Krankengymnastische Behandlung

Die krankengymnastische Behandlung der Mukoviszidose gleicht der von Bronchiektasen und Bronchitis.

Die multiple Verlegung der kleinen Luftwege mit zähem Schleim macht diese Patienten besonders infektanfällig. Diese Anfälligkeit wird noch durch den Kräftezerfall durch Malnutrition verstärkt.

Befund

Siehe Tab. **1,** S. 5f. Da es sich um eine Kombination von Obstruktion und Restriktion handelt, sind Vitalkapazität und die Maße der Thoraxbeweglichkeit von Bedeutung.

Die genaue Lage der Bronchiektasen ist beim Arzt zu erfragen. Der allgemeine Kräftezustand des Patienten ist bei diesem Krankheitsbild besonders bedeutsam.

Gesichtspunkte

- Erlernen der gezielten Drainagelagerung für die Bronchiektasen;
- Erleichterung des Sekrettransports;
- Lösen des viskösen Schleims und bessere Expektoration;
- Herabsetzen erhöhter Gewebswiderstände in Haut und Muskulatur;
- Kräftigung der Inspirationsmuskulatur;
- Haltungsverbesserung.

Maßnahmen

Fast alle Patienten, die das Erwachsenenalter erreichen, haben mehr oder weniger ausgedehnte Bronchiektasen. Behandlung s. dort (S. 27ff.).

Darüber hinaus muß die Expektoration des zähflüssigen Schleims durch Inhalation mit Sekretolytika und Vibrationen auf dem Thorax gefördert werden.

Als Prophylaxe für die immer drohenden pneumonischen Infekte ist eine gewissenhafte „Bronchialtoilette“ von größter Bedeutung.

Wenn es die kardiale Situation zuläßt, soll der Patient täglich mindestens 2mal in Bauchlage auf dem Pezzi-Ball üben. Wenn zuvor während der gezielten Lagerung für die Entleerung der Bronchiektasen inhaliert wurde, kann meist sehr gründlich abgehustet werden.

Mit dieser Expektorationshilfe können gleichzeitig Übungen zur Haltungsschulung auf dem Ball verbunden werden (s. Abb. **11a–d**).

Erst wenn die Obstruktion der Atemwege durch Drainage, Inhalationen und Expektoration beseitigt ist, hat es Sinn, Atemübungen einzuschalten.

Dehnlagerungen und Packgegriffe zur Herabsetzung der Widerstände in Haut und Muskulatur schaffen eine gute Voraussetzung für Atemübungen.

Nasenwegsübungen bringen außer einer Kräftigung der Inspirationsmuskulatur auch eine Verlangsamung des Atemstroms. Man erreicht so eine bessere Belüftung aller nicht durch Sekret verlegten Lungenabschnitte.

Der Patient soll lernen, durch leichten manuellen Widerstand am unteren Thoraxrand während der Inspiration die Atembewegungen zu spüren und zu vergrößern und damit die Frequenz zu senken. Bei starker Restriktion durch die Fibrosierung ist es allerdings besser, dem Patienten seine frequente Atmung zu lassen. Die Atemarbeit wird durch eine wesentliche Frequenzsenkung erschwert (s. Lungenfibrosen, S. 46ff.). Auf die Wichtigkeit von immer wieder bewußt eingeschalteten tiefen Atemzügen muß hingewiesen werden.

Nach den Dehnlagerungen ergibt sich die Atemvertiefung meist von selbst.

Die Behandlung bei Mukoviszidose ist eine Dauerbehandlung, die der Patient täglich, je nach Zustand und Arbeitsfähigkeit 2 bis 3mal, selbst ausführen muß.

Der Krankengymnast arbeitet zusammen mit dem Arzt einen Therapieplan aus und gibt dem Patienten genaue schriftliche Anweisungen mit nach Hause.

Übungsbeispiel

Häusliche Übungsbehandlung bei Mukoviszidose mit Bronchiektasen im linken Oberlappen (Lingula).

- Eine halbstündige Lagerung für die Lingula (s. Abb. **9a** u. **b**) bei gleichzeitiger Aerosoltherapie mit Sekretolytika; Sputumbecher muß greifbar sein.
- Übungen auf dem Pezzi-Ball, in Bauchlage und aus der Bauchlage entwickelt (gleichzeitig Muskelkräftigung und Haltungsschule).

Wenn danach ausgiebig abgehustet werden konnte:

- Rückendrehlage. Nach ca. 10 Minuten zurück in Rückenlage.
- Beide Hände an unteren Thorax legen und die vertiefte Nachatmung bewußt „erspüren".
- Drehlage zur anderen Seite.
- Zurück in Rückenlage. Zuhalten eines Nasenloches, und bei Inspiration die Kühle der Luft in der Nase spüren.
  Je 5 Atemzüge mit Zuhalten des einen und anderen Nasenloches.

Es können natürlich, je nach Zustand des Patienten, auch andere Atemübungen vermittelt werden. Wichtig ist die wenigstens momentane Vertiefung der Atmung und eine Umstellung auf kostoabdominale Atembewegungen.

Die ambulante krankengymnastische Behandlung soll zusätzlich Haltungsschulung und Kräftigung der Inspirationsmuskulatur beinhalten. Dazu eignet sich auch wieder die PNF-Technik.

2. Herzerkrankungen

C. Diehm und H. Göhring

Bedeutung der Herz-Kreislauf-Krankheiten

Die Herz-Kreislauf-Krankheiten stellen eines der wesentlichsten Probleme unseres Gesundheitswesens dar. In zivilisierten Ländern beanspruchen unter den Todesursachen die Herz- und Gefäßkrankheiten seit Jahrzehnten mit Abstand die erste Stelle. Nach Einschätzung der Weltgesundheitsorganisation wird in den kommenden Jahren die Morbiditäts- und Mortalitätsrate besonders wegen der koronaren Herzkrankheit und der Hypertonie weiter zunehmen.

Untersuchungsmethoden

Zum Basisprogramm einer Untersuchung des Herz-Kreislauf-Systems gehören die Anamnese, die klinische Untersuchung einschließlich Herz- und Gefäßpalpation, die Auskultation sowie Blutdruckmessung und Erfassung einer Organstauung, die Röntgenuntersuchung des Herzens in 2 Ebenen und das Elektrokardiogramm (EKG).

Bei speziellen Fragestellungen wird der Einsatz des Herzkatheters mit Druckmessungen und eine Koronarangiographie (Darstellung der Koronargefäße mittels Röntgenkontrastmittel), ferner die Oximetrie (Messung der Sauerstoffdrücke im Blut in verschiedenen Herzhöhlen) erforderlich. In der nichtinvasiven Vorfelddiagnostik spielen die Phonokardiographie und die Ergometrie sowie die Echokardiographie eine große Rolle.

Anamnese

Die Erhebung einer sorgfältigen Anamnese ist wie bei allen Krankheiten auch in der Kardiologie Grundlage einer jeden Untersuchung. Es ist wichtig zu wissen, ob im Familienkreis bereits Herzkrankheiten auftraten. Von besonderem Interesse ist die Frage nach besonderen Kinderkrankheiten (gehäufte Anginen, Rheumatismus, Infektionskrankheiten). Die körperliche Leistungsfähigkeit ergibt weitere wertvolle Hinweise.

Inspektion

Ein wichtiger Schritt bei der Untersuchung des Herzkranken ist die Inspektion. Ein blasses Gesicht mit einer blauvioletten Wangen- und Lippenzyanose ist oft Ausdruck eines schweren Mitralklappenfehlers. Die Inspektion des Thorax gibt z. B. Aufschlüsse über ein bestehendes Lungenemphysem (faßförmiger Thorax). Eine Vorwölbung der Brustwand findet sich häufig bei angeborenen Herzfehlern als Zeichen einer bereits in der Kindheit ausgebildeten Rechtsherzvergrößerung. Bei der Betrachtung des Herzspitzenstoßes, der normalerweise im 5. Interkostalraum links parasternal innerhalb der Medioklavikularlinie (MCL) liegt, kann sich eine Hypertrophie des linken Ventrikels durch einen hebenden Spitzenstoß anzeigen. Wichtig ist auch die Betrachtung der Halsregion nach Arterien- und Venenpulsationen (Halsvenenstauung). In der Abdominalgegend ist die Aufmerksamkeit auf epigastrische Pulsationen (Aorta, rechter Ventrikel), auf eine vermehrte Hautvenenzeichnung und auf die Form und Größe des Abdomens (Aszitesansammlung?) zu richten.

An den Extremitäten achtet man auf Ödeme, Hautverfärbungen, Uhrglasnägel und Trommelschlegelfinger.

Palpation

Neben der Beurteilung des Herzspitzenstoßes ist die Palpation des arteriellen Pulses bzw. der Pulswelle aufschlußreich. Es werden folende Pulsqualitäten unterschieden:

– Pulsus frequens	= schneller Puls	Frequenz
– Pulsus rarus	= langsamer Puls	
– Pulsus regularis	= regelmäßiger Puls	Rhythmus
– Pulsus irregularis	= unregelmäßiger Puls	
– Pulsus altus (fortis)	= hoher Puls	Größe der Pulswelle
– Pulsus parvus	= kleiner Puls	
– Pulsus durus	= harter Puls	Spannung
– Pulsus mollis	= weicher Puls	
– Pulsus celer (previs)	= schneller Anstieg der Pulswelle	Art des Druckablaufs
– Pulsus tardus (longus)	= langsamer Anstieg der Pulswelle	

Perkussion

Perkutorisch, durch Klopfen mit dem Mittelfinger der rechten Hand auf den Mittelfinger der linken Hand über der Brust, kann durch die Unterscheidung der unterschiedlichen Dämpfungen die Herzgröße bestimmt werden.

Auskultation

Durch das Verfolgen der vom Herzen ausgehenden Töne und Geräusche, die mit dem Stethoskop gehört und ergänzend mit der Phonokardiographie aufgezeichnet werden können, lassen sich Rückschlüsse auf die mechanischen Verhältnisse am Herzen ziehen.

Man unterscheidet allgemein zwischen dem ersten Herzton, der den Mitral- und Trikuspidalklappenschluß markiert, und dem zweiten Herzton, der beim Aorten- und Pulmonalklappenschluß ertönt. Darüber hinaus kommt beim Hochdruck und bei der Herzinsuffizienz gelegentlich ein dritter Herzton und bei weiteren Herzerkrankungen ein vierter Herzton hinzu. Herzgeräusche treten insbesondere dann auf, wenn die Herzklappen nicht normal arbeiten, sondern stenotisch oder insuffizient geworden sind.

Der Auskultationsbefund analysiert folgende Kriterien:

- Analyse von Rhythmusstörungen,
- Beurteilung des I. und II. Herztones,
- Schallcharakter und Lautstärke des I. und II. Tones an den verschiedenen Auskultationsstellen,
- Spaltung der Herztöne,
- Auftreten von Extratönen und ihre Einordnung in die Herzphasen,
- Einordnung von Geräuschen in die Herzphasen,
- Schallcharakter und Lautstärke der Geräusche mit Bestimmung des Punctum maximum (Ort der größten Lautstärke) und der Fortleitungsrichtung.

Die Lagerung des Patienten während der Untersuchung ist von großer Bedeutung. Manche Geräusche lassen sich besser bei Links- oder Rechtsseitenlagerung, im Sitzen oder Liegen, in halbsitzender Stellung oder bei nach vorn übergebeugtem Oberkörper auskultieren.

Phonokardiographie

Bei der Herzschallregistrierung werden die Schwingungen der Herztöne und Herzgeräusche durch ein Mikrophon erfaßt und graphisch registriert.

Elektrokardiographie (EKG)

Die Elektrokardiographie hat einen festen Platz im kardiologischen Diagnostikprogramm. Es werden dabei elektrische Signale registriert, die während der Herztätigkeit auftreten. Das EKG ermöglicht eine Beurteilung der elektrischen Aktivität des Herzens und in gewissem Umfang auch eine Aussage über die Herzfunktion. Bei Veränderungen am Herzen zeigen sich pathologische EKG-Bilder, die einen Rückschluß auf die zugrundeliegende Herzerkrankung ermöglichen.

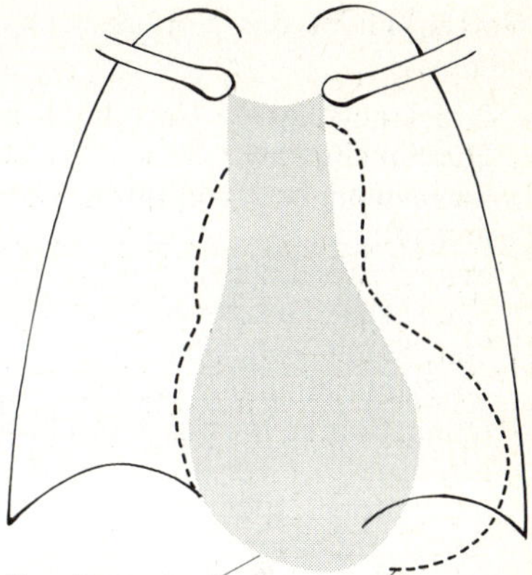

Abb. **1** Veränderungen der Herzsilhouette im Röntgennativbild bei Hypertonie – schematisch (aus *U. Gerlach, N. van Husen, H. Wagner, W. Wirth:* Innere Medizin für Krankenpflegeberufe. Thieme, Stuttgart 1981).

Diagnostische Möglichkeiten:

- Herzrhythmusstörungen;
- ischämische Herzkrankheit, besonders Herzinfarkt;
- Diagnostik und Verlaufskontrolle entzündlicher, toxischer und degenerativer Herzerkrankungen;
- Störungen des Metabolismus und des Mineralhaushalts.

Die EKG-Beurteilung muß grundsätzlich in Zusammenhang mit dem klinischen Gesamtbild erfolgen.

Röntgenuntersuchung

Als weiteres diagnostisches Hilfsmittel steht die standardisierte dorsoventrale Röntgenübersichtsaufnahme der Brust zur Verfügung. Hier lassen sich Herzgröße, Herzform, evtl. Veränderungen in den Ventrikeln und der Aorta sowie Stauungszeichen in der Lunge gut beurteilen (Abb. **1**).

Herzkatheterisierung

Zu den speziellen Herzuntersuchungen, die eine Schwerpunktklinik voraussetzen, gehören die radiologischen Untersuchungsmethoden der Herzkatheterisierung. Die Katheterisierung des Herzens und der

Gefäße bildet die Voraussetzung für folgende Untersuchungsverfahren:

- Druckmessung am Herzen und in den Gefäßen mittels elektrischer Druckmeßgeräte;
- Gewinnung von Blutproben zur Bestimmung der Blutgase (Oximetrie);
- quantitative Erfassung der Hämodynamik des kleinen und großen Kreislaufs (Herzminutenvolumen, Strömungswiderstände, Herzarbeit, Shunt-Volumina);
- Größenbestimmung der Herzinnenräume;
- unmittelbarer Nachweis von Scheidewanddefekten bzw. Gefäßanomalien;
- intrakardiale Elektrokardiographie und Phonokardiographie;
- Farbstoffdilution;
- Kontrastdarstellung des Herzens und der Gefäße (Angiokardiographie) einschließlich der Koronarangiographie.

Die Katheterisierung des Herzens erfordert eine strenge Indikationsstellung. Diese Untersuchung ist angezeigt, wenn es gilt, bei einem erworbenen oder angeborenen Herzfehler die Operationsindikation festzulegen, oder wenn die Klärung eines krankhaften Herz- oder Lungenbefundes mit den üblichen klinischen Mitteln nicht möglich ist.

Echokardiographie

Diese relativ neue nichtinvasive Methodik hat die kardiologische Diagnostik entscheidend erweitert. Sie beruht auf dem Prinzip der Reflexion von Ultraschall. Mittels der Echokardiographie werden der Herzmuskel, das Endo-, Epi- und Perikard, die Herzklappen und die Wände der großen Gefäße duchschallt. Diese Technik vermittelt ausgezeichnete Informationen z. B. über das interventrikuläre Septum, über die Beweglichkeit der Herzklappen, über einen selbst geringen Perikarderguß.

Herzinsuffizienz

Definition

Bei der Herzinsuffizienz ist der Herzmuskel aus sehr unterschiedlichen Gründen nicht mehr in der Lage, das den Ventrikeln in genügender Menge zuströmende Blut den physiologischen Anforderungen entsprechend störungsfrei in den großen und/oder kleinen Kreislauf zu befördern.

Tabelle **1** Entstehungsursache der Herzmuskelinsuffizienz

Kardiale Ursachen	
– diffuse Ernährungsstörungen	koronare Durchblutungsstörungen, aber auch Hypoxämie und Anämie
– Untergang von Herzmuskulatur	Myokardinfarkt multiple Narben infolge Ischämie
– Störungen der geometrischen Arbeitsbedingungen	extreme Dilatation Herzwandaneurysma
– andere Störungen der Kontraktilität	primäre und sekundäre Kardiomyopathien
– Rhythmusstörungen	extreme Tachykardie extreme Bradykardie
– Druck- oder Volumenüberlastung	Klappenfehler Herzmißbildung
– mechanische Behinderungen der Herztätigkeit	Pericarditis constrictiva Herzbeuteltamponade
Extrakardiale Ursachen	
– Druck- oder Volumenüberlastungen	Hypertonie im großen oder kleinen Kreislauf arteriovenöse Fisteln, Anämie, Hypoxie, Hyperthyreose, Morbus Paget usw.
– ungenügende Füllung des Herzens mit sekundärer Schädigung des Myokards	Hypovolämie, septischer Schock, peripheres Kreislaufversagen andere Ursachen

Die Herzinsuffizienz kann ihre Ursachen am Herzmuskel selbst haben, aber auch extrakardial bedingt sein (Tab. **1**). „Herzinsuffizienz" ist ein klinisches Symptom, keine Diagnose.

Die Herzinsuffizienz kann entweder nur die linke Kammer (Linksinsuffizienz) oder nur die rechte Kammer (Rechtsinsuffizienz) oder beide Herzkammern zusammen (globale Herzinsuffizienz) befallen.

Je nach Schweregrad differenzieren wir nach klinischen Gesichtspunkten in

– Belastungs- und
– Ruheinsuffizienz.

Weiterhin in Präinsuffizienz, latente oder manifeste, in kompensierte oder dekompensierte Insuffizienz.

Hinsichtlich des zeitlichen Ablaufs bei der Entwicklung einer Herzinsuffizienz werden akute von chronischen Formen unterschieden. Tab. **2** zeigt die klinischen Schweregrade einer Herzinsuffizienz, die auch allgemein für alle Herzkrankheiten Gültigkeit haben.

Tabelle **2** Schweregrade einer Herzerkrankung

Grad I	keine Einschränkung der Leistungsfähigkeit, auch nicht bei starker Belastung
Grad II	Leistungseinschränkung und Beschwerden bei starker körperlicher Belastung
Grad III	keine Beschwerden in Ruhe, Leistungseinschränkung schon bei normaler körperlicher Belastung
Grad IV	Beschwerden in Ruhe, keine körperliche Belastung möglich

Pathogenese

Auf alle Noxen, die zu einer Herzmuskelinsuffizienz führen, reagieren die Ventrikel mit einer Hypertrophie (Größenzunahme der Herzmuskelzellen). Die pathologischen Veränderungen im Myokard spielen sich sowohl auf submikroskopischer und mikroskopischer als auch auf makroskopischer Ebene ab. Diese Herzhypertrophie ist ein Anpassungsvorgang des Herzmuskels an eine erhöhte Belastung. Durch sie kann eine Mehrbelastung über längere Zeit kompensiert werden. Dem Prozeß der Herzvergrößerung sind jedoch durch eine Limitierung der Koronardurchblutung Grenzen gesetzt.

Das „kritische" Herzgewicht liegt bei 500 g. Falls dieses Gewicht überschritten wird, kann daraus eine relative Koronarinsuffizienz resultieren, d. h., der Sauerstoffbedarf des Herzmuskels kann u. U. – vorwiegend unter Belastung – nicht mehr voll gedeckt werden. Neben der Herzmuskelhypertrophie kommt es auch zu einer Dilatation der Herzhöhlen. Das insuffiziente dilatierte Herz ist nicht mehr in der Lage, sein Schlagvolumen zu steigern.

Nicht jedes dilatierte Herz darf als insuffizient betrachtet werden (z. B. bei Aorteninsuffizienz oder beim Sportherz).

Hochdruckherz

Bei einer chronischen Drucküberlastung des Herzmuskels durch erhöhten Gefäßwiderstand im großen Kreislauf kommt es zu einer Linksvergrößerung des Herzens.

Röntgenologische Kriterien sind

- eine Vergrößerung des Herzens,
- Veränderung der Herzkonfiguration.

Die röntgenologische Bestimmung der Herzgröße spielt in der Klinik eine wichtige Rolle. Für praktische Zwecke hat sich die Feststellung des Herz-Lungen-Quotienten (Abb. **2**) bewährt.

Das Verhältnis von größtem Herzdurchmesser zur Thoraxbreite beträgt normalerweise nicht über 0,5.

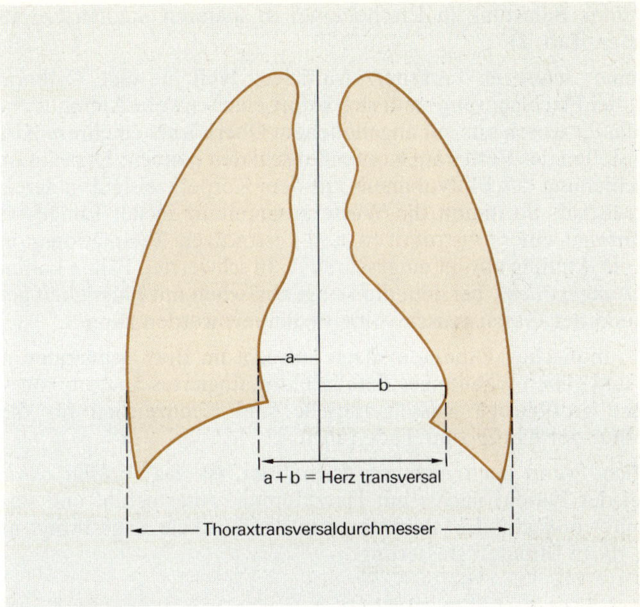

Abb. **2** Die Bestimmung des Herz-Lungen-Quotienten = Herztransversaldurchmesser : Thoraxtransversaldurchmesser (nach *Hegglin*).

Klinische Zeichen der Herzinsuffizienz

Bei der chronischen Herzinsuffizienz liegt in den meisten Fällen eine globale, also biventrikuläre Insuffizienz vor. Dennoch unterscheiden wir vorwiegend aus didaktischen Gründen zwischen Links- und Rechtsherzinsuffizienz.

Linksherzinsuffizienz

Bei der Linksherzinsuffizienz besteht eine Lungenstauung, weil die dem linken Ventrikel angebotene Blutmenge nicht mehr vollständig abtransportiert werden kann.

Typische Leitsymptome sind demnach:

- Dyspnoe,
- Tachypnoe,
- hartnäckiger Husten (Stauungsbronchitis).

Die chronische Linksherzinsuffizienz entwickelt sich langsam über Monate, gelegentlich über Jahre. Die Dyspnoe tritt dabei anfänglich nur unter Belastung in Erscheinung, in späteren Stadien bereits in Ruhe (s. Tab. **2**).

Bei einer schweren Linksherzinsuffizienz fehlt nie eine Orthopnoe, d. h., bei Flachlagerung stellt sich sofort eine schwere Atemnot ein, so daß die Patienten nur mit angehobenem Oberkörper (mehrere Kissen, Hochstellen des Bettes am Kopfende) schlafen können. Ursache ist die Verschiebung des Blutvolumens aus dem Körperkreislauf in den Lungenkreislauf. So nimmt die Wasseransammlung in der Lunge weiter zu. Infolge einer obstruktiven und restriktiven Ventilationsstörung wird die Atmung abrupt eingeschränkt. In schwersten Fällen kommt es zum *Lungenödem,* bei dem die Lungenbläschen mit Flüssigkeit gefüllt sind und der Gasaustausch völlig verhindert werden kann.

Die zyanotischen Patienten sitzen aufrecht im Bett, schnappen nach Luft und geben schaumiges, häufig blutig tingiertes Sputum von sich. Diffuse grobblasige Rasselgeräusche sind Kennzeichen für diesen Zustand, der häufig zum Tode führt.

Ähnlich, wenn auch nicht so dramatisch, ist das *Asthma cardiale,* wobei der Patient nachts mit Herzklopfen, Angstgefühl und starker Atemnot erwacht. Ein Aufrichten in die vertikale Lage bringt meist nach 10–15 Minuten Besserung.

Rechtsherzinsuffizienz

Eine allein auftretende Rechtsherzinsuffizienz wird selten angetroffen; oft tritt die Rechtsherzinsuffizienz als Ergänzung der Linksherzinsuffizienz auf. Subjektiv klagen Patienten mit einer Rechtsherzinsuffizienz in erster Linie über Müdigkeit, Abgeschlagenheit, Leistungsminderung, gastrointestinale Symptome infolge einer intestinalen Stauung (Meteorismus, Obstipation, Appetitlosigkeit).

Die objektiven Symptome der Rechtsherzinsuffizienz sind gestaute Halsvenen (Abb. **3**), gestaute Venen am Handrücken. Die Leber ist oft vergrößert (Hepatomegalie), in der Konsistenz weich und druckschmerzhaft unterhalb des rechten Rippenbogens tastbar. Infolge einer Leberstauung können die Transaminasen ansteigen, häufig kommt es zur Ausbildung eines Aszites. Immer gestört ist die Nierenfunktion, wobei die Urinproduktion zurückgeht (Oligurie). Oft tritt eine Nykturie auf. Der Urin ist hochkonzentriert.

Die Hauptsymtome der Rechtsherzinsuffizienz sind Ödeme. Sie machen sich zuerst an den Knöcheln und den Unterschenkeln bemerkbar und nehmen, ausgelöst durch die vertikale Körperhaltung des Patienten, im Laufe des Tages zu. Abends sind die Knöchel am stärksten angeschwollen. In der Nacht werden die Ödeme wieder ausgeschwemmt, wobei der Patient gezwungen ist, mehrmals die

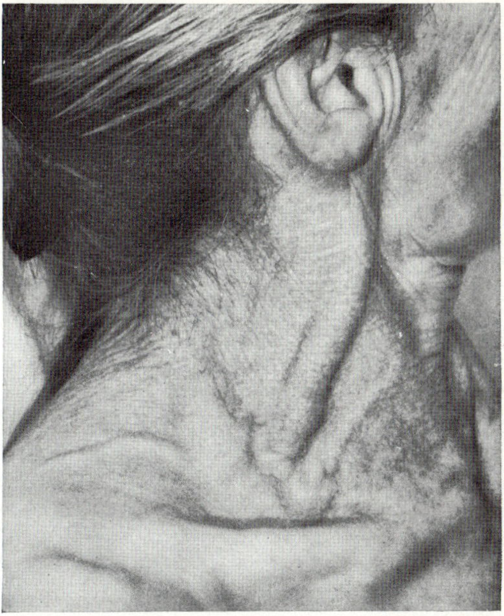

Abb. **3** Venenstauung am Hals bei Herzinsuffizienz (aus *M. Hegglin, W. Siegenthaler:* Differentialdiagnose innerer Krankheiten, 14. Aufl. Thieme, Stuttgart 1981).

Toilette aufzusuchen. Die Ödeme sind leicht mit dem Daumen eindrückbar, die entstandene Delle bildet sich nur langsam zurück.

Die Diagnose „Herzinsuffizienz" läßt sich in fast allen Fällen durch die klinische Symptomatik stellen (Tab. **3**).

Tabelle **3** Klinische Symptome der Herzinsuffizienz

Linksherzinsuffizienz	Rechtsherzinsuffizienz
– Stauungslunge, Lungenödem – Belastungsdyspnoe, Orthopnoe – Husten, Auswurf, Stauungsbronchitis – Hämoptyse, Hydrothorax oder Pleuraerguß – Tachykardie	– schmerzhafte Hepatomegalie – Einflußstauung, sichtbarer Halsvenenstau, Handrückenvenenstau – intestinale Stauungen – Ödeme in der Peripherie – Zyanose – Oligurie, Nykturie – Aszites, Anasarka (Wanderödeme) – Tachykardie – Dyspnoe je nach Ätiologie

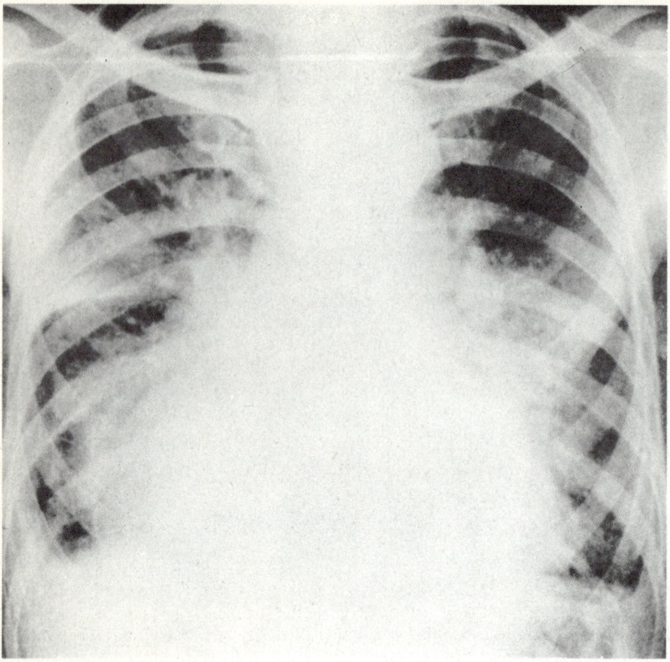

Abb. **4** Herzinsuffizienz mit großem Herzen, Lungenstauung, Stauungsergüssen beiderseits basal, Interlobärerguß rechts (aus *M. Hegglin, W. Siegenthaler:* Differentialdiagnose innerer Krankheiten, 14. Aufl. Thieme, Stuttgart 1981).

Gelegentlich tritt ein Aszites auf. Sowohl bei der Links- als auch bei der Rechtsherzinsuffizienz entwickelt sich häufig ein meist rechtsseitiger Pleuraerguß (Abb. **4**).

Zusätzliche Informationen bringen die Röntgenuntersuchungen mit Hinweisen auf Veränderungen der Herzgröße und -form, auf Lungenstauung und Pleuraergüsse. Das EKG zeigt Hypertrophiezeichen und häufig Rhythmusstörungen. Die Herzkatheterisierung und die Angiokardiographie ermöglichen eine darüber hinausgehende weitere Abgrenzung der Diagnose.

Therapie der Herzinsuffizienz

Beim therapeutischen Vorgehen stellt sich zuerst die Frage, ob es sich um eine vom Herzen ausgehende Erkrankung handelt oder ob die Herzinsuffizienz eine Folge anderer Krankheiten ist. So müssen beim

Vorliegen einer arteriellen Hypertonie zuerst der Blutdruck gesenkt, Herzrhythmusstörungen beseitigt und eine Überfunktion der Schilddrüse durch eine geeignete Behandlung in eine Normalfunktion übergeführt werden. Bei angeborenen Herzfehlern und Klappenfehlern müssen Operationen erwogen werden.

Allgemeinmaßnahmen

Dann erst erscheint die symptomatische Therapie der Herzinsuffizienz sinnvoll:

- allgemeine und diätetische Maßnahmen (*D*iät), } 3 „D“
- Behandlung mit *D*iuretika,
- Behandlung mit Herzglykosiden (*D*igitalis),
- Senkung der erhöhten Kammerdrucke im Herzen und Senkung des peripheren Gefäßwiderstandes.

Bei den Patienten ist in der Regel keine strenge Bettruhe notwendig, sie dürfen allerdings auch keine zu starken Anstrengungen auf sich nehmen. Nur in den allerschwersten Fällen ist eine absolute Bettruhe mit Tieflagerung der Beine und Erhöhung des Kopfendes („Herzbett“) erforderlich.

Beruhigungsmittel (Tranquilizer) können gelegentlich von Nutzen sein. Als Thromboseprophylaxe empfehlen sich das Tragen von gummielastischen Strümpfen sowie die Gabe von niedrig dosiertem Heparin („low dose“ = 3 × 5000 IE Heparin subkutan).

Die Zahl der Mahlzeiten sollte von 3 auf 4 oder 5 ausgedehnt werden mit Eiweißreichtum und Fettarmut und vielen kaliumreichen Obst- und Gemüsearten. Die Patienten bekommen eine kochsalzarme Diät bei einer Trinkmenge, die 1–1,5 l pro Tag nicht überschreiten sollte. Zur Entwässerung und Kaliumsubstitution sind bei übergewichtigen Patienten Reis- und Obstsafttage hilfreich.

Gleichzeitig mit Beginn der Glykosidtherapie müssen bei vielen Patienten Diuretika zur Entwässerung eingesetzt werden (z. B. Lasix, Dytide H, Diucomb, Aldactone). Die Diuretikatherapie dient dem Patienten nicht nur, sie gefährdet ihn auch durch die Erhöhung der Hämokonzentration intravasal, d. h., daß dadurch das Thromboembolierisiko erhöht wird. Das Gewicht des Patienten sollte täglich kontrolliert werden, darüber hinaus sind regelmäßige Flüssigkeitsbilanzen dringend erforderlich.

Da durch einen Teil der Diuretika Kalium über die Niere ausgeschieden wird, erhalten die Patienten eine kaliumreiche Ernährung und, falls zusätzlich erforderlich, eine medikamentöse Kaliumsubstitution (z. B. Kalinor-Brause). Auch beim Einsatz von kaliumeinsparenden Diuretika haben diese diätetischen Richtlinien volle Gültigkeit.

Gelegentlich kann eine Besserung der chronischen Herzinsuffizienz durch Medikamente erreicht werden, die eine längerdauernde Senkung der Herzfüllungsdrücke (engl. preload reduction = Abnahme der Vorspannung) und eine Abnahme des Herzauswurfwiderstandes (engl. after load reduction = Abnahme der Nachspannung des Herzens) bewirken. Zu diesen Medikamenten zählen unter anderem die Langzeitnitrate, z. B. Isoket retard, Corovliss, Dihydralazin, z. B. Nepresol und Prazosin (Minipress).

Glykosidtherapie und weitere medikamentöse Maßnahmen

Die Herzglykoside bilden heute die wichtigsten Medikamentengruppe bei der Behandlung von Herzerkrankungen. Sie sind Verbindungen pflanzlicher Herkunft. Die wesentlichen Wirkstoffe finden sich z. B. im Fingerhut (Digitalis purpurea und Digitalis lanata), in Maiglöckchen (Convallaria majalis) und in der Meerzwiebel (Scilla maritima).

Die Glykosidtherapie wurde zwar bereits in früheren Jahrhunderten betrieben, die klinische Einführung der chemisch rein hergestellten Glykoside begann jedoch erst nach dem Zweiten Weltkrieg.

Die Herzglykoside haben vier klassische Wirkungsweisen:

- Steigerung der Herzkontraktion (positiv-inotrope Wirkung),
- Abnahme der Herzfrequenz (negativ-chronotrope) Wirkung),
- Abnahme der Erregungsleitungsgeschwindigkeit (negativ-dromotrope Wirkung),
- Zunahme der Reizbildung (positiv-bathmotrope Wirkung).

Die Wirkung der einzelnen Glykoside ist qualitativ ähnlich. Differenzen bestehen in der Geschwindigkeit des Wirkungseintritts, in der Dosierung und in der Ausscheidungsrate.

Der gewünschte Effekt der Glykosidtherapie liegt in der Steigerung der Kraft und in der Steigerung der Geschwindigkeit der Herzkontraktion. Allerdings nimmt mit steigendem Glykosidspiegel im Organismus auch die Gefahr zu, daß Herzrhythmusstörungen auftreten, die zum Kammerflimmern führen können.

Digitalisüberdosierung. Bei der Digitalisintoxikation treten Symtome wie Appetitlosigkeit, Müdigkeit, Übelkeit, Erbrechen, Durchfälle, Desorientiertheit, Sehstörungen, Schwindel und Rhythmusstörungen wie Extrasystolen, Bradykardie oder Tachykardie auf.

Die Einführung der Digitalisspiegelbestimmungen im Serum von Patienten ist für den Arzt von großem Vorteil. In den meisten Fällen läßt sich die Frage nach einer eventuellen Digitalisüberdosierung, auch durch einen Auslaßversuch, leicht klären. Dabei wird für einige Tage das Digitalispräparat abgesetzt.

Bei der Glykosidintoxikation sind eine Unterbrechung der Glykosidzufuhr, eine Kontrolle der Elektrolyte sowie gelegentlich auch eine weitergehende medikamentöse Therapie notwendig.

Unterschieden werden 3 Gruppen von Glykosiden:

- Digoxin, z. B. Lanitop, Novodigal;
- Digitoxin, z. B. Digimerck;
- Strophanthin, z. B. Kombetin.

Digoxin und Digitoxin können oral verabreicht werden. Strophanthin muß intravenös injiziert werden, ist aber inzwischen weitestgehend durch die beiden erstgenannten Substanzen in den Hintergrund gedrängt worden, da es oral nicht resorbiert wird. Die therapeutische Breite aller herzwirksamen Glykoside ist klein, Überdosierungen und Unterdosierungen sind in gleichem Maße ungünstig.

Die Indikation zur Gabe der Glykoside besteht in erster Linie bei der manifesten und bei der latenten Herzinsuffizienz, der vollständigen zeitlichen Unregelmäßigkeit der Herztätigkeit (absolute Arrhythmie) und einem häufig wiederkehrenden Herzrasen mit Frequenzen über 100 Schlägen/min (Tachykardien).

Kontraindikationen für den Einsatz von Digitalis sind

- Hyperkalzämie,
- Vorliegen einer sog. obstruktiven hypertrophischen Kardiomyopathie.

Relative Kontraindikationen bestehen bei:

- Hypokaliämie,
- ausgeprägter Bradykardie,
- vor einer geplanten elektrischen Defibrillation.

*Krankengymnastische Behandlung bei Herzkrankheiten**

Einführung. Die krankengymnastische Behandlung von Herzkranken wird im Rahmen konservativer und operativer Herztherapie durchgeführt. Sie hat die Aufgabe, ungünstige Folgen der Therapie (im Akutkrankenhaus während Bettruhe und nach Operationen) zu vermeiden und die körperliche Leistungsfähigkeit der Kranken und Genesenden in Abhängigkeit von ihrer Belastbarkeit zu steigern oder bei irreversibler Organschädigung des Herzens zu erhalten.

* Nach H. Ehrenberg.

Wir unterscheiden Krankengymnastik im Akutkrankenhaus von der Krankengymnastik im Rehabilitationskrankenhaus bzw. im sog. Anschlußheilverfahren.

Am Heimatort wird in begrenztem Umfang eine Bewegungstherapie (bei entsprechender Schulung des Krankengymnasten) und auch Sporttherapie mit Menschen nach überstandenem Herzinfarkt in sog. Koronargruppen durchgeführt.

Krankengymnastik im Akutkrankenhaus

Die krankengymnastische Behandlung ist vornehmlich Einzelbehandlung und beginnt meist während Bettruhe. Sie wird daher im klinischen ärztlichen Sprachgebrauch als Mobilisation bezeichnet und für alle Herzkranken in gleicher Weise durchgeführt. Wir unterscheiden zwei Phasen der Mobilisation mit bestimmten Behandlungszielen und Gesichtspunkten, die je nach Art und Schweregrad der Herzkrankheit variieren.

Die Behandlung besteht aus der krankengymnastischen Befunderhebung bzw. aus den während jeder Behandlung durchzuführenden Kontrollen und den aktiven Techniken der Bewegungs- und Atemtherapie sowie den passiven Techniken der Massage (z. T. der Atemtherapie) und des Lagerns.

Befunderhebung beim Herzkranken

Der Befund besteht aus dem Anfangsbefund zur Aufstellung des Behandlungsplans und aus den vor, während und nach jeder Einzelbehandlung durchzuführenden Kontrollen bestimmter Größen und Belastungssymptome (Kriterien). Diese beziehen sich

- auf klinische Zeichen von Herz/Kreislauf und Atmung, d. h. Puls, u. U. Blutdruck, Atemform, Zyanose und subjektive Krankheitssymptome (Dyspnoe, stenokardische Beschwerden),
- auf Körpergewicht in Relation zur Größe, momentanen Bewußtseinszustand, Leistungsempfinden unter Belastung und die Motivation des Kranken zur aktiven Mitarbeit,
- auf Verhaftungen in Haut/Unterhaut und Verspannungen der Muskulatur des Oberkörpers (z. T. reflektorische Zonen), welche das Befinden des Kranken beeinträchtigen.

Der Befund wird durch optische, akustische und taktile Beobachtung (Sicht-, Hör-, Tastbefund), durch Befragung des Patienten und durch Messung (Puls-, Atemfrequenz, evtl. Blutdruck) erhoben. Die Dosierung der Belastung des Herzkranken hängt entscheidend von dem krankengymnastischen Befund ab. Darum gliedert sich das Befundschema, anhand dessen der Schüler die Leistungsfähigkeit und Belastbarkeit des Herzkranken beobachten und beurteilen lernt, nach den zu beurteilenden Kriterien. Das Befundschema weicht bewußt von dem in anderen medizinischen Fachgebieten (z. B. in Orthopädie, Neurologie, Chirurgie) ab, in welchem nach Beobachtung, Befragung, Messung usw. eingeteilt wird. Wir empfehlen das Schema Tab. **4**.

Tabelle **4** Krankengymnastische Befunderhebung beim Herzkranken

1. **Körperstellung bzw. -lagerung**
   - Rückenlage oder Seitenlage im Bett – Oberkörper erhöht gelagert
   - Rückenlage oder Seitenlage im Bett – Oberkörper flach gelagert
   - Sitz auf dem Stuhl oder Sessel
2. **Körpergewicht**
   - Gewicht im Verhältnis zur Größe: normal, Unter- oder Übergewicht
3. **Bewußtseinszustand – Reaktionen (Verhalten)**
   - Bewußtsein: klar, getrübt, bewußtlos
   - Reaktionen (Verhalten): unauffällig, gespannter – ängstlicher – müder Gesichtsausdruck, verzögerte oder schnelle Bewegungen
4. **Leistungsstand – Belastbarkeit**
   gegenwärtig:
   - Bewegen im Liegen (Bett), im Sitzen, im Stehen, Gehen (Zimmer, Flur, Gelände), Treppensteigen, Fahrradergometerbelastung
   - Leistungsgefühl, Ermüdung, Erholungsfähigkeit bei Ausdauerbelastung (lokal, allgemein)

   vor der Erkrankung bzw. vor dem Krankenhausaufenthalt:
   - Alltagsbelastung (An- und Auskleiden, Waschen, Essen), Hausarbeit, Beruf, Freizeit
5. **Beschwerden**
   Patienten äußern sich spontan oder auf Befragen über
   - Allgemeinsymptome: Müdigkeit, Abgeschlagenheit, Krankheitsgefühl, Appetitlosigkeit, Übelkeit, Unruhe und Unlust, leichte Erregbarkeit, Angst
   - Herzbeschwerden: Herzklopfen, Herzjagen (bei Tachykardie), Stenokardie (Schmerz hinter Brustbein) mit Ausstrahlen in linken Arm, Äußerungen wie „Herzstiche" und „Herzdruck"
   - kurzdauernden Bewußtseinsverlust (Synkope)
     - bei orthostatischer Belastung (Wechsel von horizontaler zu senkrechter Körperstellung), wenn zusätzlich eine hypotone Kreislaufdysregulation besteht
     - bei Ausdauerbelastung (z. B. beim Gehen), wenn infolge Herzinsuffizienz das Herzminutenvolumen absinkt
   - Atemnot bzw. Atemerschwerung in Ruhe und/oder bei geringer Belastung
6. **Puls**

6.1. Ruhe
   Frequenz
   - physiologisch: 60–80 Schläge/min
   - pathologisch: unter 50/min – über 100/min

(Fortsetzung nächste Seite)

Tabelle **4** (Fortsetzung)

Füllung
- physiologisch: gut zu fühlen – weicher Puls
- pathologisch: wenig gut zu fühlen – harter Puls (Hypertonie)

Rhythmus
- physiologisch: regelmäßige Schlagfolge (bei Jugendlichen evtl. respiratorische Arrhythmie und 1–2 Extrasystolen/min)
- pathologisch: unregelmäßige Schlagfolge

6.2. Belastung

Frequenz
- physiologisch: nach niedriger Belastung, z. B. 5 Minuten langsames Gehen (60–80 Schritte/min), Pulsfrequenzanstieg von ca. 5/min
- pathologisch: nach niedriger Belastung (s. oben) Pulsfrequenzanstieg von ca. 10–20/min oder Pulsfrequenzabfall unter 50/min (ein Absinken der Frequenz von hohem Ruhewert, z. B. 95/min auf 85/min nach niedriger Belastung – s. oben –, weist auf einen erhöhten Sympathikotonus hin, der sich nach Belastung senkt)

Füllung
- physiologisch: besser zu fühlen
- pathologisch: schlechter zu fühlen – sehr harter Puls (Hypertonie)

Rhythmus
- physiologisch: regelmäßige Schlagfolge
- pathologisch: unregelmäßige Schlagfolge – Zunahme einer unregelmäßigen Schlagfolge

6.3. Erholungszeit

Die Erholungszeit für Pulsfrequenz, Füllung, Rhythmus richtet sich nach der Belastungsintensität und ist nach Bewegen im Bett, im Sitz, nach Gehen und Treppensteigen im Niveau der Alltagsbewegungen
- physiologisch 1–3 Minuten
- pathologisch über 5 Minuten

7. Blutdruck

Blutdruckkontrollen werden durchgeführt, wenn
- der Patient im Liegen einen zu niedrigen Blutdruck hat, z. B. 100/60 mm Hg, oder beim Aufrichten blaß wird, nichts hört, vorübergehend das Bewußtsein aussetzt (Synkope); ist der systolische Blutdruck im Sitzen unter 100 mm Hg gesunken, dann Patienten nicht stellen
- der Arzt Blutdruckkontrollen nach Belastung anordnet (pathologische systolische Werte sind Anstieg auf 200 mm Hg und darüber und Abfall auf 100 mm Hg und darunter, pathologische diastolische Werte sind Anstieg über 100 mm Hg. Wichtig ist, daß unter zunehmender Belastung die Pulsfrequenz nicht abfallen darf (Hinweis für Belastungsherzinsuffizienz)

8. Atemform

Die Atemform des Herzkranken, d. h. die Art und Weise, wie die Luft in den Brustraum ein- und ausströmt und das erforderliche Atemminutenvolumen geleistet wird, ist abhängig
- von der Atemmechanik, d. h., ob infolge Lungenstauung oder fibrotischer Veränderungen des Lungengewebes nach wiederholten Lungenstauungen bei Linksherzinsuffizienz eine Einschränkung der Lungendehnbarkeit, d. h.

Tabelle **4** (Fortsetzung)

- eine Restriktion, besteht und ob infolge Stauungsbronchitis mit evtl. spastischer Komponente eine Obstruktion der Bronchien vorhanden ist
- von psychischen Faktoren, d. h., ob Zeichen des nervösen Atmungssyndroms erkennbar sind

Die Atemform kann aber auch ganz unauffällig sein

8.1. Atemweg

Ruhe
- physiologisch: Nase
- pathologisch: Mund, Atemnebengeräusche und Husten (Stauungsbronchitis)

Belastung
- physiologisch: Nase und Mund
- pathologisch: Mund (schon bei geringer Belastung), Atemnebengeräusche (Trachealrasseln, Stridor) bei Stauungsbronchitis

8.2. Atembewegungen

Ruhe
- physiologisch: kostoabdominale Atembewegungen überwiegen
- pathologisch: kostosternale Atembewegungen nach kranial überwiegen, wenig kostoabdominale Atembewegungen, gelegentlich Seitendifferenzen, d. h. Nachschleppen der linken Thoraxwand beim Ein- und Ausatmen (besonders bei koronarer Herzerkrankung)

Belastung
- physiologisch: Zunahme der kostoabdominalen Atembewegungen mit ko stosternalen Atembewegungen
- pathologisch: Überwiegen der kostosternalen Atembewegungen bei geringen kostoabdominalen Atembewegungen

8.3. Atemhilfsmuskeleinsatz

Ruhe
- physiologisch: kein Atemhilfsmuskeleinsatz
- pathologisch: inspiratorisch Atemhilfsmuskeleinssatz am Hals, exspiratorisch Bauchmuskeleinsatz

Belastung
- physiologisch: bei stärkerer Belastung (größeres Atemminutenvolumen) exspiratorischer Bauchmuskeleinsatz
- pathologisch: schon bei geringer Belastung inspiratorisch starker Atemhilfsmuskeleinsatz am Hals, exspiratorisch starker Bauchmuskeleinsatz

8.4. Atemfrequenz

Ruhe
- physiologisch: 12–20 Atemzüge/min
- pathologisch: 20–40 Atemzüge bei Linksherzinsuffizienz mit Lungenstauung, 20–30 Atemzüge beim nervösen Atmungssyndrom (emotional verursachte hohe Frequenz sinkt beim Entspannen ab)

Belastung
- physiologisch: 12–20 Atemzüge/min, wenn das größere Atemminutenvolumen über die Zunahme der Atemzugstiefe geleistet wird, 20–30 Atemzüge/min bei stärkerer Belastung, wobei Atemzugstiefe und Atemfrequenz gleichzeitig zunehmen

(Fortsetzung nächste Seite)

Tabelle **4** (Fortsetzung)

- pathologisch: Zunahme der schon in Ruhe erhöhten Atemfrequenz (bei eingeschränkter Lungendehnbarkeit infolge fibrotischer Lungengewebsveränderungen nach wiederholter Linksherzinsuffizienz (z. B. von 24 auf 32/min). Besteht eine Atemfrequenzzunahme infolge nervösen Atmungssyndroms, ist diese meist mit der Empfindung gekoppelt, „nicht durchatmen zu können"

8.5. Atemrhythmus

Ruhe
- physiologisch: unauffällig
- pathologisch: häufige Seufzer, Wechsel von schnellen und langsamen Atemzügen, Gefühl, „nicht durchatmen zu können" (beim nervösen Atmungssyndrom)

Belastung
- physiologisch: unauffällig
- pathologisch: „Gefühl der erschwerten Atmung" (beim nervösen Atmungssyndrom) nimmt zu

9. Haut

Ruhe
- physiologisch: Farbe gemäß Typ
- pathologisch: auffällige Blässe (besonders Munddreieck) oder Röte des Gesichts, Zyanose von Lippen, Gesicht, Extremitäten

Belastung
- physiologisch: bei stärkerer Belastung Röte und Schwitzen des Gesichts
- pathologisch: schon bei geringer Belastung Röte und Schwitzen oder Abblassen des Gesichts (Kollapsneigung), Auftreten oder Zunahme von Zyanose des Gesichts und der Extremitäten

10. Ödeme

- Beine, Rücken, Bauch (Aszites) bei Rechtsherzinsuffizienz, die Patienten nehmen im Bett der Beeinträchtigung der Atembewegungen durch den erhöhten intraabdominalen Druck beim Aszites Körperstellungen mit hoch gelagertem Oberkörper ein. Bei Beinödemen werden zur Herzentlastung die Füße gelegentlich tief (unter horizontal) gelagert (Herzbett)

11. Haut – Unterhaut

- Tasten erhöhter Haut-/Unterhautsspannung auf linker Thoraxwand sowie im Bereich von Nacken und Achsel/Rücken (sog. Bindegewebsbefund nach Kohlrausch/Teirich-Leube/Dicke) bei Patienten, die über Druckgefühl und Schmerzen in linker Brustwand klagen (Tastbefund kann auch unabhängig von Beschwerden erhoben werden)

12. Muskulatur

Tasten erhöhter Muskelbezirke (wenn Patienten über Beschwerden klagen)
- Schulter-Nacken-Muskulatur (häufig links verstärkt)
- M. pectoralis und Interkostalmuskulatur links

13. Schultergelenk (links)

schmerzhafte Bewegungen und evtl. Bewegungseinschränkung des linken Schultergelenkes können auftreten bei schwerer Angina pectoris und beim Schulter-Arm-Syndrom nach Herzinfarkt

Mobilisation des Herzkranken

Die krankengymnastische Behandlung gliedern wir in 2 Mobilisationsphasen:

- während „aufgelockerter Bettruhe“,
- nach Bettruhe.

Im Rahmen dieser Mobilisationsphasen sind 3 Belastungsstufen zu unterscheiden. Die 1. Belastungsstufe liegt in der Mobilisationsphase der aufgelockerten Bettruhe, die 2. und 3. Stufe im Bereich der Mobilisationsphase nach Bettruhe.

Zuerst wird schematisch die Mobilisation in den Phasen, eingeteilt in Behandlungsziele, Gesichtspunkte und Maßnahmen (Behandlungstechniken), beschrieben. Anschließend wird die Abwandlung vom Grundschema bei den verschiedenen Herzerkrankungen und Schweregraden dargestellt.

Phase der Mobilisation während aufgelockerter Bettruhe

1. Belastungsstufe

Behandlungsziele und Gesichtspunkte

1. Behandlungsziel: Vermeiden der ungünstigen Folgen von Bettruhe.

Die ungünstigen Folgen sind

- Pneumonie,
- Venenthrombose,
- Abnahme von Muskelkraft und Muskelausdauer,
- verzögerte Kreislaufregulation bei orthostatischer Belastung,
- Drucknekrosen.

Pneumonie (hypostatische Pneumonie, d. h. vorwiegend in den Lungenunterlappen).

Die Pneumonieerreger finden für ihren Angriff einen günstigen Boden, wenn mehrere Faktoren zusammenkommen:

- wenn durch die Rückenlage des Kranken eine verlangsamte Blutströmung (Hypostase) in den dorsalen, abhängigen Partien des Lungenkreislaufs entsteht;
- wenn vorhandenes Bronchialsekret, in dem sich Erreger befinden können, in den Bronchien retiniert (zurückgehalten) wird;
- wenn infolge oberflächlicher Atmung mit Minderbelüftung (Hypoventilation) und/oder infolge Sekretretention in den Bronchien Atelektasen (zusammengefallene Lungenbläschen) entstehen.

Herzkranke mit Linksherzinsuffizienz (Lungenstauung) und Stauungsbronchitis, die schon eine verlangsamte Strömung im Lungenkreislauf sowie ein Bronchialsekret haben und mit erhöhter Atemfrequenz (infolge Restriktion, s. oben) von ca. 24–30/min. atmen, sind durch die Bettruhe besonders gefährdet. Für ältere Herzkranke, die sehr bewegungslos auf dem Rücken (meist bei hochgestelltem Kopfteil) liegen, gilt das gleiche.

Venenthrombose. Für die Thrombenentstehung ist die Verlangsamung des venösen Rückstroms bei Ruhigstellung im Bett ein Faktor (s. Virchow-Trias bei Venenerkrankungen). Herzkranke mit venöser Strömungsverlangsamung bei Herzinsuffizienz, diejenigen mit Varizen (in denen ebenfalls eine verlangsamte venöse Strömung herrscht) und Kranke während Diuresetherapie sind besonders gefährdet wegen der nach Wasserausschwemmung resultierenden Hämokonzentration (Eindickung des Blutes).

Abnahme von Muskelkraft und Muskelausdauer. Durch die Bewegungsminderung bzw. den Bewegungsmangel während Bettruhe nimmt die Muskelgrundkraft und damit die lokale Muskelausdauer ab. Beim Herzkranken sollte im Stadium der Schonung eine gewisse Muskelgrundkraft der Skelettmuskeln erhalten bleiben, um den Übergang zur Alltagsbelastung zu erleichtern, denn die lokale dynamische Muskelausdauer hängt von der Muskelkraft ab.

Verzögerte Kreislaufregulation bei orthostatischer Belastung (beim ersten Aufstehen nach Bettruhe). Eine verzögerte Anpassung der Kreislaufmechanismen beim Wechsel vom Liegen oder Sitzen zum Stehen kann entstehen, weil bei Bettruhe die Bewegungsreize für die Steigerung des Sympathikotonus fehlen. Koronarkranke mit Neigung zu hypotoner Kreislaufdysregulation sind wegen der beim orthostatischen Kollaps entstehenden koronaren Minderdurchblutung (Ischämiegefahr für das Myokard) besonders gefährdet.

Drucknekrosen (Dekubitus) vornehmlich am Gesäß und an den Fersen können bei Herzkranken auftreten, die länger Bettruhe einhalten müssen.

Die *Gesichtspunkte für dieses Behandlungsziel* sind:

- Pneumonieprophylaxe durch vorübergehende Steigerung der Lungendurchblutung, vorübergehende Ventilationsanregung, Abhusten eines vorhandenen Sekretes;
- Thromboseprophylaxe durch venöse Rückstrombeschleunigung (vornehmlich in den Beinen);
- Vermeiden von Abnahme der Muskelkraft durch öftere Spannungsreize für die Muskelgruppen der Beine und des Rumpfes;

- Vermeiden von Kreislaufdysregulation durch kurzfristige Steigerung des Sympathikotonus;
- Vermeiden von Drucknekrosen durch Verhütung zu starker und/oder zu langer Druckeinwirkung des Körpergewichts auf Gesäß und Fersen (Wattepolsterung).

2. Behandlungsziel: Vorbereiten des Herzkranken auf die Alltagsbelastung.

Diese Vorbereitung soll den Patienten schon geringfügig belasten und ihn an ein gelöstes Verhalten im Alltag heranführen.

Die *Gesichtspunkte zu diesem Behandlungsziel* sind:

- Steigerung der Muskeldurchblutung der beanspruchten Muskelgruppen und vorübergehende Erhöhung des Herzminutenvolumens;
- Verbessern der Entspannungsfähigkeit;
- Vermeiden von Atempressen beim Bewegen (z. B. beim Aufsetzen im Bett).

Maßnahmen (Behandlungstechniken)

Bei Darstellung der Techniken werden ihre Wirkungen, bezogen auf die Gesichtspunkte, erwähnt. Dabei muß berücksichtigt werden, daß mit den gleichen Techniken z. T. mehrere Wirkungen erzielt werden.

Aktive Techniken

Bewegen im Liegen. Im Liegen (Rückenlage, Seitlage – evtl. Oberkörper erhöht) werden Bewegungsserien der Extremitäten in intermittierender Dauerform durchgeführt. Das sind 5–10–20 Bewegungswiederholungen der gleichen kleinen bis mittelgroßen Muskelgruppen mit dynamischen Muskelkontraktionen. Zwischen die Bewegungsserien werden kurze (unvollständige) Erholungspausen (sog. lohnende Pausen = Intervall) oder längere (vollständige) Erholungspausen eingeschaltet. Durch das Einschalten von Pausen sind möglichst viele Bewegungsreize – ohne lokale Muskelermüdung und ohne kardiale Überbelastung – vom Patienten mit den gleichen Muskelgruppen auszuführen. Die Muskeln werden dadurch auf dynamische lokale Muskelausdauer beansprucht. Die unvollständige Erholungspause beträgt ca. 10–30 Sekunden, die vollständige Erholungspause (bei sehr wenig belastbaren Herzkranken) kann ca. 30–120 Sekunden und länger betragen. Bei dem dynamischen Wechsel von Anspannen und Entspannen arbeitet die Muskulatur bei einem Reizumfang von 20–120 Sekunden in anaerober Energiebereitstellung, bei einem Reizumfang von mehr als 2 Minuten zunehmend mit aerober Energiebereitstellung. Der Reizumfang, d. h. die Zahl der Bewegungsserien pro Extremität, kann kürzer oder länger sein. Zur Steigerung der Übungswirkung (s. unten) sollte allmählich beim Bewegen der Bereich der aeroben Energiebereitstellung erreicht werden, d. h. mehrere Bewegungsserien pro Muskelgruppen ausgeführt werden.

Die Beine und Arme werden mit Bewegungsserien geübt, die variabel in gerader oder diagonaler Bewegungsrichtung gestaltet werden. Die Beinbewegungen sind Dorsalextension/Plantarflexion der Füße, Innen-/Außenrotation – Flexion/Extension – Abduktion/Adduktion der Beine. Die Armbewegungen sind Flexion/Extension der Finger, Innen-/Außenrotation – Flexion/Extension – Ab-/Adduktion – Elevation/Retroversion der Arme. Die Dosierung der Bewegungsserien, d. h. die Quantität der Bewegungsreize, richtet sich nach mehreren Reizkomponenten (s. Band 1, S. 124–126).

- Die *Reizintensität* bezieht sich auf die Größe der arbeitenden Muskelgruppen, die Zahl der Bewegungswiederholungen und das Tempo der Bewegungen. Entweder wählt der Patient das Tempo selbst, oder es wird ihm vom Therapeuten vorgegeben. Erfahrungsgemäß kann der Kranke beim Bewegen mit kleinen Muskelgruppen im Tempo 1 Bewegung/Sekunde, bei größeren Muskelgruppen im Tempo 1 Bewegung pro 1–2 Sekunden arbeiten. Ein Patient erhält z. B. den Bewegungsauftrag, das rechte Bein 10mal zu beugen und zu strecken im Tempo 1 Sekunde für die Beinflexion und 1 Sekunde für die Beinextension, dann arbeitet eine mittelgroße Muskelgruppe (weniger als 1/6–1/7 der Gesamtmuskelmasse, nach Hollmann, s. Band 1) in mäßigem Tempo.
- Die *Reizdauer* kennzeichnet die Dauer der einzelnen Bewegungsserie. In diesem Beispiel beträgt sie 20 Sekunden pro Serie.
- Die *Pausendauer* ist die oben beschriebene unvollständige oder vollständige Erholungspause. In diesem Beispiel beträgt sie erfahrungsgemäß 10 Sekunden und ist damit eine kurze (unvollständige) Pause.
- Die *Reizdichte* beschreibt das Verhältnis von Reizdauer zu Pausendauer, d. h. wie schnell die Bewegungsserien aufeinander folgen. Bei langer Pause ist die Reizdichte gering, bei kurzer Pause groß. In diesem Beispiel ist das Verhältnis von Belastung zu Pause 2:1 und damit die Reizdichte groß.
- Der *Reizumfang* kennzeichnet die Dauer der Gesamtbelastung der Extremität mit mehreren Bewegungsserien. Werden 5 Bewegungsserien des Beines mit 4 zwischengeschalteten Pausen geübt, beträgt der Reizumfang 140 Sekunden bzw. 2 Minuten und 20 Sekunden. Der Reizumfang bezieht sich beim Üben mit den Bewegungsserien *nur* auf die Belastung der Muskelgruppen mit mehreren Bewegungsserien und nicht auf die Zeit der Gesamtbelastung, d. h. der Dauer einer krankengymnastischen Behandlung. Das ändert sich, wenn mit anderen Bewegungsformen, z. B. mit Gehen oder Treppensteigen, belastet wird. Dann kann der Reizumfang mit der Zeit der

Gesamtbelastung identisch sein, weil Gehen in intermittierender Dauerform ein festgelegter Bewegungsablauf ist (s. unten).

Beim Dosieren der Bewegungsserien sollten diese Komponenten genau beachtet werden, denn Zahl der Serien, Tempo, Reizdauer und -umfang richten sich nach dem während und nach der Behandlung erhobenen krankengymnastischen Befund bzw. nach den Kontrollen (s. unten).

Beim Bewegen unterscheiden wir Bewegungsserien von Beinen und Armen in Form des „freien Bewegens in intermittierender Dauerform", d. h. frei von Unterstützung oder zusätzlichem Widerstand, von den Bewegungsserien der Beine in Form des „Bewegens gegen Widerstand in intermittierender Dauerform" (zur Terminologie s. Band 1). Die meisten Bewegungsserien der Beine und Arme sind Serien des sog. freien Bewegens*. Nur die Fußbewegungen, d. h. Dorsalextension und Plantarflexion („Fußtretbewegungen"), werden häufig gegen den Widerstand eines elastischen Polsters am Fußende des Bettes ausgeführt und sind dann als Bewegungsserien gegen Widerstand in intermittierender Dauerform** zu bezeichnen. Dabei entstehen Mitbewegungen anderer Muskelgruppen und Gelenke, d. h. Knieextension bei Plantarflexion der Füße und Knieflexion bei Dorsalextension der Füße, so daß auch die Muskeln des Oberschenkel-Hüft-Bereichs dynamisch arbeiten.

Beim Bewegen soll der Patient unter seiner Dauerleistungsgrenze für lokale dynamische Muskelausdauer bleiben, d. h. unter der aerob-anaeroben Schwelle***. Übt der Patient zu schnell oder arbeitet er mit zu hoher Muskelspannung, d. h. zu großem statischen Anteil, z. B. bei den Fußtretbewegungen, gerät er in den anaeroben Bereich der Energiebereitstellung. Die sauren Zwischen- und Endprodukte des Muskelstoffwechsels steigen an, werden nicht ausreichend abtransportiert, und der Muskel ermüdet schnell.

Einige Herzkranke empfinden Armbewegungen anstrengender als Beinbewegungen. Armbewegungen sollten dann gar nicht oder nur mit sehr geringer Spannungsintensität von diesen Kranken durchgeführt werden.

Wirkungen:

Beim Bewegen in intermittierender Dauerform treten reaktive Anpassungsmechanismen des Kreislaufs bzw. des vegetativen Nervensystems

---

* Bisheriger Sprachgebrauch: aktives Bewegen oder aktive Übungen.

** Bisheriger Sprachgebrauch: Widerstandsübungen oder Bewegen gegen Richtungs- oder Führungswiderstand.

*** s. Band 1, S. 46: Übergangsbereich von der ausschließlich aeroben zur partiell anaeroben Energiebereitstellung.

auf, die nur *solange anhalten, wie der Bewegungsreiz dauert.* Wir unterscheiden:

- eine Sympathikotonussteigerung, die mit einer geringen Erhöhung des Herzminutenvolumens einhergeht (erkennbar am Puls, z. B. Pulsfrequenzanstieg von ca. 10 Schlägen/min, eine bessere Füllung nach vorhergehender mäßiger Füllung);
- eine Durchblutungssteigerung (Arbeitshyperämie) in den bewegten Muskelgruppen durch den gefäßerweiternden Effekt der Stoffwechselprodukte (Metaboliten);
- eine Beschleunigung des venösen Rückstroms, vornehmlich in den Beinen durch Einsatz der Wadenmuskelpumpe, die wegen häufiger Thrombenbildung in den Unterschenkelvenen besonders wichtig ist;
- eine Verhinderung zu starker Abnahme der Beinmuskelkraft, weil beim Treten gegen das Fußpolster die Muskulatur mit ca. 20% der maximal statischen Kraft arbeitet.

Mit diesen Bewegungsserien in intermittierender Dauerform, die 1 bis 2mal täglich geübt werden, wobei die Fußtretbewegungen alle 2 Stunden selbständig von Patienten durchzuführen sind, kann einer Venenthrombose, einer Kreislaufdysregulation, einer zu großen Abnahme der Muskelkraft vorgebeugt werden. Mit den gleichen Bewegungsserien wird auch eine erste Belastung des Herzkranken erreicht, wenn sie dosiert nach Reizintensität, Reizdauer, Pausendauer, Reizdichte und Reizumfang angewandt werden.

Aufsetzen im Bett. Vom Liegen (flach oder Oberkörper erhöht) richtet sich der Kranke zum Sitzen im Bett auf. Nach ca. 1–2 Minuten legt er sich zurück. Das Aufrichten des Oberkörpers im Bett ist ein Bewegungsübergang von einer Körperstellung in die andere (hier von der horizontalen zur senkrechten Stellung). Bei diesem Übergang sind große Muskelgruppen mit dynamischen und statischen Muskelkontraktionen beteiligt. Beide Beine (häufig leicht in den Knien gebeugt) werden durch statische Muskelkontraktion der Streckmuskeln von Hüft- und Kniegelenken (M. glutaeus maximus und M. quadriceps) auf der Unterlage gehalten. Dadurch entsteht an den Beinen das Punctum fixum für die Hüftbeugemuskeln (M. iliopsoas). Diese heben mit dynamischer Kontraktion bei gleichzeitiger Anspannung der vorderen Bauchmuskeln, die die Rippen dem Becken nähern, den Oberkörper hoch.

Wirkungen:

Das Aufsetzen (Aufrichten) im Bett dient der Erhaltung der für den Orthostasemechanismus wichtigen Kreislaufregulation. Es kann als Auslösermechanismus zur Sympathikusaktivierung bezeichnet werden. Denn beim Aufrichten vom Liegen zum Sitzen wird über den Abfall des arteriellen Druckes in der A. carotis (Karotissinus) der

Barorezeptorenreflex zur Steigerung des Sympathikotonus ausgelöst. Dieser bewirkt durch Erhöhung des Tonus von Venen und Arteriolen sowie über Erhöhung der Herzarbeit (erkennbar an der Pulsfrequenzsteigerung) die Aufrechterhaltung (Homöostase) des arterillen Blutdrucks. Ein Versacken des Venenblutes in den Venen des Bauchraums (Schwerkrafteffekt) wird vermieden. Mit Einschalten dieses Übergangs in die Behandlung im Bett wird ebenfalls der Kreislaufdysregulation vorgebeugt, und die Muskeln, die am Aufsetzen beteiligt sind, werden in ihrer Kraft in etwa erhalten.

Beim Aufrichten zum Sitzen kann Atempressen entstehen, wenn der Aufrichtevorgang sich verzögert. Das tritt vornehmlich bei sehr geschwächten Herzkranken und denjenigen mit schwachen Bauchmuskeln ein. Es ist an dem nach hinten zurückgehaltenen oberen Rumpf-Kopf-Abschnitt während des Aufrichtevorgangs zu erkennen. Das weitere Aufrichten kann dann nur mit Pressen (oder mit Handhilfen von seiten des Behandlers) beendet werden. Der Preßvorgang* scheint bei schwachen Bauchmuskeln durch die dabei entstehende Ruhigstellung der Rippen die Anspannung der Bauchmuskeln und damit ihre Kraft zu erhöhen.

Zur Vermeidung von Atempressen beim Aufsetzen wird der Kranke durch Hilfen von seiten des Behandlers unterstützt, oder er richtet sich durch Abstützen des Oberkörpers mit Hilfe seiner Arme hoch.

Passive Techniken

Lagern und Lagewechsel. Eine für mehrere Stunden geänderte Lagerung, z. B. auf den Seiten nach langer Rückenlage, muß bei langer Bettruhe beachtet werden. Umlagern des Herzkranken, d. h. Änderung der Körperstellung innerhalb der Behandlung (von der Rückenlage zur linken oder rechten Seitlage und zum kurzfristigen Sitzen), wird meist mit dem Bewegen sowie mit Techniken der Massage oder Atemtherapie verbunden.

Manuelle Techniken verschiedener Massagen:

- Ausstreichen der Interkostalräume,
- Vibrationen auf dem Thorax,

* Pressen: Nach Einatmung und Schluß der Glottis wird die exspiratorische Thoraxwand- und Bauchmuskulatur angespannt. Diese übt einen Druck auf den Bauch- und Brustraum aus, so daß intraabdominaler und intrathorakaler (intraalveolarer) Druck ansteigen. Das Blut aus oberen und unteren Hohlvenen kann nicht in den Brustraum einströmen und staut sich zurück. Das ist besonders im Bereich der oberen extrathorakalen Venen am Hals (Anschwellen) und an der roten bis blauroten Gesichtsfarbe (in Abhängigkeit von der Preßdauer) zu erkennen. Das Pressen von mehr als 10 Sekunden hat ungünstige Folgen für Herz und Gefäße (s. Band 1, S. 54/55).

- Streichungen und weiche Knetungen für Schulter-Nacken-Gebiet (Atemhilfsmuskeln),
- Hautverschiebungen, Packegriffe (nach Schaarschuch), Hautfalte „wegatmen“ lassen.

Wirkungen:

- Vermeiden von Drucknekrosen an Gesäß und Fersen. Durch die Seitlagen wird das Körpergewicht vorübergehend vom Gesäß (Kreuzbein) und den Fersen weggenommen.
- Vorübergehende Steigerung der Lungendurchblutung. Die Schwerkraft wirkt auf die Durchblutung im Lungenkreislauf, d. h. in den untenliegenden Abschnitten des Lungenkreislaufs sind die Kapillaren besser gefüllt als in den oberen. Jede Änderung der Körperstellung führt zu einer Umverteilung des Lungenblutes in die abhängigen Partien, verhindert die Stase des Lungenblutes in den dorsalen basalen Partien. Es kann auch die Drainage des Bronchialsekretes der entsprechenden bronchopulmonalen Segmente bewirken. Das dient der Pneumonieprophylaxe (s. Gesichtspunkte).
- Entspannen und Lösen von Haut- und Muskelverspannungen am Thorax (Erhalten der Thoraxdehnbarkeit durch Herabsetzen erhöhter Gewebswiderstände in der Haut und in den Muskeln des Oberkörpers). Alle Massagetechniken, die muskuläre und Hautverspannungen lösen, entspannen den Patienten. Sie dienen der Vermittlung von Ruhe und Gelöstheit, sie unterstützen das Erwerben von Entspannungsfähigkeit.

Techniken der Atemtherapie

Wahrnehmen von Atembewegungen. Mittels Handkontakt auf Abdomen und Thoraxabschnitten (besonders unten) sowie mit verbaler Information wird der Patient angeleitet, seine Aufmerksamkeit auf die kostoabdominalen Atembewegungen in die verschiedenen Richtungen zu lenken. Der Handkontakt wird vom Behandler oder vom Patienten selbst gegeben und später weggelassen. Der Herzkranke lernt, die normalerweise unbewußten und unwillkürlichen Atembewegungen sowie den Atemrhythmus wahrzunehmen. Die Aufmerksamkeit kann auch auf das Wahrnehmen des Nasenwegs beim Ein- und Ausströmen der Luft gelenkt werden.

Atemtechniken (Ein- und Ausatemtechniken):

- Einatemtechnik, d. h. Vergrößern der Einatembewegung von der Atemruhelage aus und zurück zur Atemruhelage:
  - langsam tiefer durch die Nase einatmen unter bewußter Vergrößerung der kostoabdominalen Einatembewegung nach ventral, lateral (evtl. lumbodorsal) – langsam durch die Nase ausatmen.

Diese tieferen Einatemzüge werden 2- bis 3mal nacheinander geübt. Zwischendurch normal atmen. Dann die tieferen Atemzüge noch ca. 2mal in die normalen Atemzüge einschalten, so daß ca. 6- bis 10mal tiefer eingeatmet worden ist.

- Schnüffelnd durch die Nase einatmen – Luft kurz anhalten – durch die Nase ausatmen. Diese tieferen Atemzüge ebenfalls wie oben mit den Ruheatemzügen verbinden.

– Kombinierte Aus- und Einatemtechniken, d. h. Ausatmen gegen den exspiratorischen Widerstand im Ansatzrohr (Raum zwischen Lufteintritt – Mund und Nase – und Stimmritze – Glottis), bis in den Bereich des exspiratorischen Reservevolumens – Abwarten des Einatemdranges in der endexspiratorischen Pause – tiefer Einatmen, evtl. unterstützt durch Richtungshilfe der Behandlerhand.

- Ausatmen auf Geräusche, d. h. Blasen (bei Obstruktion der Bronchien auch als Lippenbremse, d. h. nicht zu lange und zu laut), oder Ausatmen auf Geräuschlaute (aphonische Laute) wie sch oder ff, Ausatmen auf Töne (phonische Laute) mm, o, oder Sprechübungen.

Entwickeln von Dehnlagen und selbsttätiges Dehnen:

– Entwickeln von Dehnlagen (nach *Schaarschuch*):
  - aus Rückenlage nach rechts oder links geneigt (Seitneigedehnlage bzw. auch als Mond- oder C-Lage bekannt),
  - aus Seitlage mit angebeugten Knien die Rückendrehlage (sog. Drehlage).

– Selbsttätiges Dehnen (Strecken) = Dehnen eines Armes und/oder eines Beines mit Dehnwirkung auf den Rumpf (auch als Streckdehnung bezeichnet).

Die Dehnlage und das selbsttätige Dehnen werden mit dem Lenken der Aufmerksamkeit auf die „gedehnte" Seite während und nach dem Üben verbunden. Vor allem ist das Wahrnehmen, die sog. Tastarbeit, wichtig, d. h. das Empfinden von Seitendifferenzen vor und nach den Dehnlagen oder dem selbsttätigen Dehnen in bezug auf Berührung mit der Unterlage, Temperaturempfinden, Wahrnehmen geänderter Körpergrenzen sowie leichteres oder schweres Atmen.

Wirkungen:

– Entspannen und Herabsetzen erhöhter Gewebswiderstände in Haut und Muskeln des Oberkörpers (Erhalten der Thoraxdehnbarkeit): Durch Konzentration auf den Körper und auf Körperfunktionen, in diesem Fall auf die Atembewegungen, auf die sich dehnenden und in ihrer Spannung nachgebenden Haut- und Muskelgewebe beim Dehnen, auf spürbare Seitendifferenzen nach den Dehnlagen, auf

deutliche Atembewegungen und den Luftstrom in der Nase entsteht eine Bewußtseinseingrenzung und Abschirmung von den beunruhigenden Geräuschen aus der Umgebung oder störenden Empfindungen aus dem Körper (Schmerz, Engeempfindung auf der Brust, leichtes Herzklopfen, Herzjagen). Der Patient kann das Gefühl von wohltuender Ruhe und Gelassenheit erfahren. Er lernt außerdem, die Ein- und Ausatemtechniken mit nur so viel Muskelinnervation wie erforderlich (ökonomisch) auszuführen. Die Gelöstheit kann sich an der Änderung emotionell verursachter auffälliger Atemform zeigen, z. B. an einer Senkung erhöhter Atemfrequenz (von 24 auf 18/min) und an einer Umstellung von betont kostosternalen auf kostoabdominale Atembewegungen.
- Ventilationsanregung und Sekrettransport (Förderung der Sekretabhustung). Durch tiefere Einatemzüge entsteht eine bessere Verteilung des eingeatmeten Atemzugvolumens auf die Alveolen mit eventueller Eröffnung von frischen Atelektasen.

Die kombinierten Aus- und Einatemtechniken wirken ebenfalls auf die bessere Verteilung des eingeatmeten Atemzugvolumens. Sie unterstützen aber außerdem durch die inspiratorische Erweiterung und exspiratorische Verengung der Bronchien bei den tieferen Atemzügen den Sekrettransport (Sekretbrücken werden von der Bronchialwand losgerissen und können dann auf dem Flimmerepithel mundwärts transportiert werden).

Verbindung der Techniken in der Behandlung

Die geschilderten aktiven Techniken des Bewegens, der Atemtherapie und die passiven Techniken der Massagegriffe und des Lagerns werden in jeder Behandlung vom Krankengymnasten aufgrund des Befundes und entsprechend der jeweiligen Zielsetzung kombiniert. Die einzelne Behandlung wird daher von jedem Krankengymnasten persönlich gestaltet. Dabei werden auch nicht alle geschilderten Techniken angewandt, d. h. nicht immer sind Massagen oder Dehnlagen angezeigt. Bewegungsserien mit eingeschalteten Pausen, in denen durch Konzentration auf den Körper oder auf Atembewegungen der Patient sich entspannt und die Körperwahrnehmung schult, sind die hauptsächlich ausgeführten Techniken.

Die Auswahl der Techniken und die Dauer der einzelnen Behandlung richten sich

- nach der Belastbarkeit des Patienten,
- nach der individuellen Gefährdung in bezug auf die Folgen der Bettruhe,
- nach der Person des Kranken, d. h. nach seinem Verhalten während der Behandlung.

Die Dauer der einzelnen Behandlung variiert zwischen 20 und 40 Minuten pro Tag. Bei 2 Behandlungen täglich kann sie auch zwischen 10 und 20 Minuten liegen.

Entscheidend für Auswahl der Techniken und Dauer der Behandlung sind der *krankengymnastische Befund bzw. die Kontrollen,* die vor, während und nach jeder Behandlung durchgeführt werden. Es sind:

- Fragen nach dem Befinden, d. h. dem Leistungsgefühl und nach subjektiven Krankheitssymptomen,
- Puls- und Atemkontrollen sowie Beobachtung von Gesicht (Farbe, Schwitzen, Ausdruck) und Bewegungsverhalten.

Phase der Mobilisation nach Bettruhe

2. und 3. Belastungsstufe

Behandlungsziele und Gesichtspunkte

Behandlungsziel: langsame Steigerung der Leistungsfähigkeit in Abhängigkeit von der Belastbarkeit.

Über die Belastbarkeit informiert der verordnende Arzt. Sie ist abhängig von Art und Schweregrad der Herzkrankheit (s. Behandlungsbeispiele). Die Leistungsfähigkeit hat der behandelnde Krankengymnast zu beurteilen. Sie hängt einerseits ab von der Belastbarkeit, wird aber andererseits von mehreren Faktoren bestimmt:

- von der Leistungsdisposition des Kranken, die von seinen Bewegungsgewohnheiten vor dem Krankenhausaufenthalt und der Zeit seiner Schonung abhängt, d. h. von seinem „Trainingszustand“,
- von seinem Leistungswillen, d. h. von der Motivation des Kranken zur Bewegung.

Gesichtspunkte:

1. Vermeiden einer abrupten Belastung.
   Darunter verstehen wir eine zu schnelle und zu starke Steigerung des Herzminutenvolumens mit diesen möglichen Folgen:
   - erneute Insuffizienz bei Kranken, die rekompensiert belastet werden dürfen,
   - Reinfarkt und Myokardinsuffizienz bei Kranken mit überstandenem Herzinfarkt.

2. Anleiten zum ökonomischen Bewegungsverhalten.
   Ein Bewegen mit nur so viel Muskelinnervation wie erforderlich spart Sauerstoff ein und ist darum weniger belastend.
   Es ist zu beachten:

- ein entspanntes (gelöstes) Bewegen mit gleichzeitiger Entwicklung seiner Körperwahrnehmung,
- ein Bewegen in Dauerform mit Einschalten von Erholungspausen.

3. Gewinnung von Selbstvertrauen in die eigene Leistungsfähigkeit durch
   - Abbau von Angst bei der Belastung,
   - Erkennen der Möglichkeiten und Grenzen der Belastbarkeit.
4. Beseitigung von Faktoren, die die Leistungsfähigkeit zusätzlich beeinträchtigen. Die häufigsten sind:
   - auffällige psychovegetative Labilität im Sinne einer zu hohen ergotropen Grundstimmung (Zeichen: Überaktivität, Muskelverspannungen, nervöses Atmungssyndrom u. a.),
   - Rücken- und Hals-Kopfbeschwerden infolge Wirbelsäulensyndromen.

Maßnahmen der 2. Belastungsphase

Aktive Techniken

- Übergang vom Liegen im Bett zum Sitzen.
  Der Wechsel der Körperstellung vom Liegen zum Sitzen auf der Bettkante oder auf dem Stuhl bzw. Hocker neben dem Bett wird langsam ausgeführt. Atempressen wird bei den Herzkranken, die dazu neigen, durch einen speziellen Übergang vermieden. Dabei werden sie angeleitet, das Weiteratmen im Rhythmus des Bewegungsablaufs zu finden (s. Band 1, Abb. **70**): Patient in Rückenlage, Aufstellen beider Füße auf das Bett, Becken heben und zur entgegengesetzten Seite ablegen, mit Griff am Bettrand auf die Seite rollen (dabei wird meist eingeatmet), Hochstützen auf Ellenbogen und Hand – gleichzeitig Beine heraushängen (damit koppelt sich das Ausatmen, wenn die Bewegungsfolge zügig abläuft). Werden Zeichen einer verzögerten Kreislaufregulation beim ersten Aufstehen, d. h. bei dieser orthostatischen Belastung beobachtet (Abblassen des Gesichts, kurzzeitiger Bewußtseinsverlust, Blutdruckabfall), sollte der Übergang sehr langsam und nur mit gewickelten Beinen bzw. mit Kompressionsstrumpf erfolgen.
- Bewegen im Sitzen.
  Im Sitz auf Stuhl oder Hocker werden Bewegungsserien der Extremitäten und des Oberkörpers in intermittierender Dauerform geübt. Das ist Muskelarbeit mit dynamischen Muskelkontraktionen mittelgroßer und großer Muskelgruppen.
  - Bewegungsserien der Extremitäten:
    Eine Serie besteht aus 5–10–20 Bewegungswiederholungen mit gleichen Muskelgruppen der Beine und Arme. Zwischen die

Serien werden (wie im Liegen) kurze Pausen (10–30 s) und längere Pausen (60–120 s) eingeschaltet. Die Muskeln werden auf lokale dynamische Muskelausdauer beansprucht und arbeiten in anaerober und aerober Energiebereitstellung. Wird in mäßigem Tempo, in geringer Muskelspannung (d. h. mit ca. 20% der Maximalkraft) und mit ausreichend langen Pausen gearbeitet, bleibt der Kranke unter der aerob-anaeroben Schwelle bzw. unter der Dauerleistungsgrenze für lokale Muskelausdauer. Die Bewegungen der Beine und Arme sind ähnlich wie im Liegen Flexion/Extension – Abduktion/Adduktion – Innen-/Außenrotation. Ihre Dosierung erfolgt nach den gleichen Reizkomponenten wie im Liegen beschrieben (s. oben).

- Bewegungsserien des Oberkörpers:
  Bewegungsabläufe, die von Armen, Beinen und vom Kopf angesetzt den Oberkörper bewegen, sind Serien mit großen Muskelgruppen. Es sind Beuge-, Streck- und Drehbewegungen des Rumpfes, die – je nach Leistungsfähigkeit und Belastbarkeit des Patienten – ca. 5- bis 10mal wiederholt werden. Pausen von 1–3 Minuten Dauer (vollständige Erholungspause) braucht der wenig belastbare Herzkranke, Pausen von 30–60 Sekunden (unvollständige Erholungspause) toleriert der belastbarere Herzkranke. Für die Dosierung, d. h. für die Reizquantität, sind die beim Liegen beschriebenen Reizkomponenten zu beachten. Die Oberkörperaufrichtung und das Halten mit Entwicklung des Körperbewußtseins für den Haltungsaufbau im Sitzen wird mit mäßiger Muskelspannung geübt. Das Aufrichten kann mit und ohne Wirbelsäulenrotation erfolgen. Für den Herzkranken ist besonders wichtig, daß der Krafteinsatz der Aufrichtemuskeln des Oberkörpers nicht über 15% der Maximalkraft liegt. Dann werden die Muskelkapillaren nicht komprimiert. Die Energie wird aerob bereitgestellt, und der periphere Gefäßwiderstand wird nicht erhöht. Kennzeichen für das Aufrichten mit 15% der Maximalkraft ist die Haltedauer. Geschieht die Oberkörperaufrichtung mühelos und kann sie über mehrere Minuten gehalten werden, liegt die Muskelspannung im Bereich dieses Prozentanteils. Der entspricht auch der Aufrichtung im Alltag, d. h. beim Gehen und Stehen.

Wirkungen:

Beim Bewegen in intermittierender Dauerform im Sitzen treten die reaktiven Anpassungsmechanismen des Kreislaufs wie beim Bewegen im Liegen auf. Sie sind aber wegen der erhöhten energetischen Belastung größer als im Liegen. Das ist an der größeren Veränderung der Pulsqualitäten im Sitzen im Vergleich mit denen im Liegen zu erkennen. Wir unterscheiden:

- Durchblutungssteigerung in der arbeitenden Muskulatur (Arbeitshyperämie), d. h. Eröffnung der Muskelkapillaren und Senkung des peripheren Widerstands,
- Ansteigen des Herzminutenvolumens,
- Erhöhung des Sympathikotonus,
- venöse Rückstrombeschleunigung durch Einsatz der Muskelpumpe.

Passive Techniken

Manuelle Techniken verschiedener Massagen, wenn erforderlich:

- Streichungen, Vibrationen und weiche Knetungen verspannter Nacken- und Schultermuskeln,
- Bindegewebsmassage reflektorischer Zonen am Oberkörper.

Wirkungen s. bei Maßnahmen in der Phase der Mobilisation während aufgelockerter Bettruhe (s. o.).

Techniken der Entspannungs- und Atemtherapie

Wahrnehmen von Atembewegungen und Atemrhythmus:

- Konzentration des Patienten auf die „Nachatmung", d. h. auf die nach den Bewegungsserien größeren und schnelleren Atembewegungen. Diese Wahrnehmungsschulung ist in den vollständigen Pausen (3–5 min Dauer und länger) für die Herzkranken wichtig. Dabei sitzen die Kranken an die Stuhllehne angelehnt, im Kutschersitz oder aufrecht (unangelehnt) auf der Sitzfläche ausbalanciert.
- Wahrnehmen der Koppelung von Extremitäten und Oberkörperbewegungen beim rhythmischen Bewegungswechsel der Bewegungsserien. Die Koppelung ist besonders deutlich, wenn eine Bewegungsphase ca. 2 Sekunden dauert und dann ca. 2 Sekunden für die Inspirationsdauer und 2 Sekunden für die Exspirationsdauer verfügbar ist. Das Bewußtmachen derartiger Koppelungen von Atmung und Bewegung ist besonders wichtig zur Vermeidung von Atempressen.

Konzentration auf Körperempfindungen. Außer auf den Atemvorgang kann der Patient während und nach den Bewegungsserien auch auf andere Körperwahrnehmungen konzentriert werden, z. B. auf das An- und Entspannungsempfinden beim Bewegen, auf das Haltungsempfinden beim Oberkörperaufrichten.

Wirkungen:

Die während des Bewegens und in den Pausen gelenkte Aufmerksamkeit dient der Schulung des Körpergefühls und der Entspannungsfähigkeit bei Belastung und soll das gelöste Bewegungsverhalten schulen, das der Patient dann auf die Alltagsbewegungen übertragen kann.

Maßnahmen der 3. Belastungsphase

Aktive Techniken

Gehen auf ebener Strecke (Krankenhausflur – Krankenhausgelände). Das Gehen ist ein Bewegen mit großen Muskelgruppen, da mehr als $1/6$–$1/7$ der gesamten Muskelmasse des Körpers beansprucht wird.

– Gehen auf ebener Strecke in intermittierender Dauerform für Herzkranke zu Beginn der 3. Belastungsstufe.

  Die Belastung wird nach den Reizkomponenten dosiert:
  - Die Reizintensität wird durch das Gehtempo bestimmt. Das langsamste Gehen wird im Tempo 60 Schritte/min (1,6 km/h) ausgeführt. Das entspricht 10–15 Watt Belastung auf dem Fahrradergometer. Ein schnelles Tempo ist gehen mit 100 Schritte/min (3,6 km/h). Es entspricht ungefähr 50 Watt Belastung auf dem Fahrradergometer.
  - Die Reizdauer bezeichnet die Dauer einer Gehstrecke bis zur Pause. Sie variiert zwischen 1 und 5 Minuten.
  - Die Pausendauer ist unterschiedlich.
    a) Sie ist lang = vollständig Erholungspause von ca. 3–5 Minuten bei wenig belastbaren Herzkranken und zu Beginn der Gehbelastung.
    b) Sie ist kurz = unvollständige Erholungspause von 1–2 Minuten bei stärker belastbaren Herzkranken.

    Die Pause wird meist im Sitzen gehalten.
  - Die Reizdichte ist bei vollständigen Pausen gering und bei unvollständigen Pausen groß.
  - Der Reizumfang gibt die Dauer der gesamten Gehbelastung an, d. h. wie viele Gehstrecken mit eingeschalteten Pausen ausgeführt werden. Sie kann ca. 15 Minuten betragen, wenn 3 Gehstrecken von je 3 Minuten mit 2 eingeschalteten Pausen von 2½ Minuten geübt werden.

– Gehen auf ebenen Strecken in kontinuierlicher Dauerform zur Steigerung der Belastung nach der intermittierenden Belastung für Herzkranke, die sie tolerieren.

  Die kontinuierliche Dauerform ist eine Belastung im Steady state. Die Reizintensität, d. h. das Tempo, variiert zwischen langsamem Gehen (ca. 80 Schritte) und schnellem Gehen (ca. 100 Schritte/min s. Band 1: intermittierende Dauerform und Tab. **2**, S. 72).
  - Der Reizumfang bezieht sich auf die Dauer der Gesamtbelastung, die mindestens 5–10 Minuten dauern soll. Die Ausdauergehleistung wird allmählich bis auf 15–20 Minuten gesteigert.

Bei beiden Gehbelastungsmethoden, d. h. beim Gehen in intermittierender und kontinuierlicher Belastung, liegt eine Beanspruchung der allgemeinen aerobenen dynamischen Ausdauer auf sehr niedrigem Niveau vor.

Treppensteigen (Treppengehen). Das Treppengehen ist im Alltag die größte energetische Belastung. Dabei benötigt das Treppenabgehen etwa ⅓ der beim Treppenaufgehen erforderlichen Energie. Daher erscheint es sinnvoller, den Herzkranken zunächst mit Treppenabgehen zu belasten und das Treppenaufgehen mit allmählich steigender Stufenzahl anzuschließen.

Wirkungen:

Führt ein Herzkranker ein Gehen in gleichbleibendem Tempo von mehr als 10 Minuten durch und steigt er die Treppen unter Berücksichtigung seiner Belastbarkeit, so kann diese Belastung schon 50% seiner maximalen kardiopulmonalen Leistungsfähigkeit überschreiten. Darum kann für diese Kranken ein Trainingseffekt auf sehr niedrigem Niveau entstehen. Wir können daher Wirkungen auf Herz-Kreislauf und Muskelstoffwechsel infolge leistungssteigernder Anpassungsmechanismen annehmen und unterscheiden:

- Durchblutungssteigerung in der arbeitenden Muskulatur mit Senkung des peripheren Widerstands,
- Ansteigen des Herzminutenvolumens,
- verbesserte Kreislaufregulationsfähigkeit unter Belastung,
- venöse Rückstrombeschleunigung,
- größere Ausdauer beim Bewegen, d. h. größere allgemeine dynamische Ausdauer und dynamische lokale Muskelausdauer.

Passive Techniken

Siehe 2. Belastungsphase (S. 94).

Techniken der Entspannungs- und Atemtherapie

Wahrnehmen von Atembewegungen:

- Konzentration des Herzkranken in den Pausen auf die „Nachatmung“, besonders auf die kostoabdominalen Atembewegungen. Das kann im Sitzen und Stehen erfolgen.
- Wahrnehmen der Angleichung der Atemfrequenz an den Bewegungsrhythmus des Gehens, z. B. koppeln sich 2 Schritte mit der Einatmung und evtl. 2–3 Schritte mit der Ausatmung oder 2 Treppenstufen mit der Einatmung und 2 mit der Ausatmung.

Wirkungen:

Das Wahrnehmen der Atemfrequenzangleichungen an den Gangrhythmus und das Treppensteigen ist ein wichtiges Mittel zur Selbstkontrolle und Selbsteinschätzung der Belastbarkeit. Es unterstützt das gelöste Bewegungsverhalten.

Verbindung der Techniken in der Behandlung

Die Techniken des Bewegens der Atemtherapie und die Massagetechniken werden von den Krankengymnasten aufgrund ihres Befundes und entsprechend der Zielsetzung kombiniert.

Entscheidend für die Dosierung der Bewegungsbelastung sind der krankengymnastische Befund bzw. die Kontrollen, die vor allem während und nach jeder Behandlung durchgeführt werden. Die wichtigsten Kontrollen sind:

- subjektives Leistungsgefühl;
- Puls- und Atemkontrollen, die Beobachtung des Gesichts (Farbe, Schwitzen, Ausdruck) und des Bewegungsverhaltens;
- Erholungszeit nach der Belastung. Gehen die Pulsveränderungen und die gesteigerte Atmung zu langsam zum Ausgangswert zurück, so war die Belastung zu groß.

Herzfehler

Zu den wichtigen Grunderkrankungen, die zu einer Herzinsuffizienz führen können, zählen die Herzfehler. Sie können die Mitral-, die Aorten-, die Trikuspidal- und die Pulmonalklappe befallen.

Mitralfehler

Die Mitralfehler sind die häufigsten Klappenfehler. Nach neueren Statistiken ist die Mitralklappe in etwa 85% aller Klappenfehler beteiligt.

Mitralstenose

Die Mitralstenose ist der häufigste erworbene Herzfehler. Bei diesem Vitium ist der Bluteinstrom aus dem linken Vorhof in die linke Kammer durch ein verengtes Mitralostium erschwert.

Die Ursache dieser Erkrankung läßt sich meist auf eine rheumatische Entzündung in der Mitralklappe im Rahmen eines akuten rheumatischen Fiebers (Vorerkrankungen: Streptokokkeninfektionen wie Angina tonsillaris oder Scharlach) zurückführen. Das Geschlechtsverhältnis Frauen zu Männer beträgt etwa 3:1. Die Häufigkeit des rheumatischen Fiebers hat in den letzten Jahren deutlich abgenommen, damit ist auch die Zahl der Patienten mit Mitralfehler rückläufig. Normalerweise vergehen vom Zeitpunkt der Vorerkrankung bis zum Auftreten der ersten klinischen Symptome einige Jahre. Es bildet sich ein Blutrückstau in die Lunge aus, so daß die Patienten unter Atemnot zu leiden beginnen. Außerdem klagen sie über uncharakteristische Schmerzen im Thorax und Bluthusten (Hämoptoe).

Durch die zunehmende Drucksteigerung im linken Vorhof kommt es in 60–80% aller Fälle zum Auftreten einer absoluten Arrhythmie und Vorhofflimmern.

Beim Anblick des Patienten sieht man häufig eine auffallende, bläulich-rosa Wangenzyanose, die sog. Mitralisbäckchen, und der Brustkorb kann über dem Herzen wegen der vergrößerten rechten Kammer in der Herzfrequenz pulsieren. Die Patienten bilden an den Extremitäten Ödeme aus, die Halsvenen sind gestaut. Bei der Auskultation hört man einen paukenden 1. Herzton und eine ganz charakteristische Herzfehlermelodie.

Bei der Prävention und in der Behandlung von Mitralfehlern nach einem rheumatischen Fieber ist das Mittel der Wahl eine Penizillinprophylaxe über Jahre hinaus. Bei kleineren Operationen (wie z. B. Zahnextraktionen) ist dringend ein antibiotischer Schutz erforderlich. Auch bei interkurrenten Infekten ist die kurzfristige Gabe eines oralen Antibiotikums indiziert.

Ist eine Mitralstenose nachgewiesen, kann man nach zwei Behandlungsprinzipien vorgehen. Bei der konservativen Therapie steht an erster Stelle die körperliche Schonung, darauf folgt die medikamentöse Behandlung mit Herzglykosiden und Diuretika. Beim Auftreten von Vorhofflimmern muß eine Thromboseprophylaxe mit Antikoagulantien (z. B. Marcumar) eingeleitet werden, da in diesen Fällen die Gefahr besteht, daß sich aus dem nicht mehr kontrahierenden linken Vorhof Thromben losreißen, in den großen Kreislauf gelangen und periphere arterielle Embolien zur Folge haben.

Bei der operativen Therapie kann entweder versucht werden, die Mitralklappe zu sprengen (Kommissurotomie) oder zu rekonstruieren (Valvuloplastik), oder es kann eine künstliche Mitralklappe eingesetzt werden. Die konservative Therapie muß nach einem operativen Eingriff fortgesetzt werden. Nach erfolgreicher Klappenoperation sollte eine medikamentöse oder elektrische Kardioversion zur Wiederherstellung eines Sinusrhythmus führen. Nach prothetischem Klappenersatz ist eine Dauerantikoagulation indiziert.

Mitralinsuffizienz

Bei der Mitralinsuffizienz gelingt es der Mitralklappe nicht, sich während der Diastole vollständig zu schließen, so daß das Blut in den linken Vorhof zurückströmt. Die Regurgitation in den linken Vorhof kann bei sehr schweren Insuffizienzen über 50% des linksventrikulären Schlagvolumens betragen. Der Grund für diese Klappenschlußunfähigkeit läßt sich entweder auf eine rheumatische Entzündung, eine bakterielle Endokarditis oder auf angeborene Veränderungen zurückführen. Auch beim akuten Herzinfarkt kann es im Rahmen einer ischämischen Beteiligung des Papillarmuskels zu einer akuten Mitralinsuffizienz kommen.

Bei der Mitralinsuffizienz entwickeln sich erst spät Beschwerden im Sinne einer Herzinsuffizienz.

Bei der Auskultation ist der 1. Herzton abgeschwächt, gelegentlich gar nicht hörbar, ferner hört man ein lautes holosystolisches Geräusch mit dem Punctum maximum über der Herzspitze.

Bei der konservativen Behandlung besteht kein großer Gegensatz zur Behandlung der Mitralstenose. Bei Schweregrad I oder II ist eine maßvolle körperliche Schonung ausreichend; falls ein Vorhofflimmern auftreten sollte, ist zur Vorbeugung thromboembolischer Komplikationen eine gerinnungshemmende Therapie angeraten. Bereits vom Stadium II an sollte an eine Operation mit Klappenersatz gedacht werden.

Ebenfalls relativ häufig ist ein Mitralfehler kombiniert mit Mitralstenose und Mitralinsuffizienz. Bis zum Schweregrad II bleibt die Behandlung konservativ, sonst ist ein operativer Klappenersatz erforderlich.

Mitralklappenprolaps-Syndrom

Wenn sich während der Systole die Mitralsegel in den linken Vorhof vorwölben, spricht man vom Mitralklappenprolaps-Syndrom (MPS). Das Mitralklappenprolaps-Syndrom ist in der Regel mit der Echokardiographie gut nachweisbar. Oft findet sich auch schon bei der Auskultation ein typisches mesosystolisches Klick-Geräusch, das richtungsweisend ist.

Pharmakologisch ist das Mittel der Wahl beim Mitralklappenprolaps-Syndrom der Einsatz von Betarezeptorenblockern, die die Schmerzen im Herzbereich und die Rhythmusstörungen kupieren können. Die Prognose dieses Syndroms ist im allgemeinen günstig. Selten wird über Komplikationen wie einen akuten Herztod, eine bakterielle Endokarditis, eine Ruptur der Sehnenfäden oder eine progrediente Mitralinsuffizienz berichtet.

Generell kann man sagen, daß die Prognose der Mitralvitien individuell vom Fortschreiten der Klappenveränderung abhängt.

Im Durchschnitt stellen sich die ersten Beschwerden bei Patienten 10–14 Jahre nach dem ersten rheumatischen Schub ein, die durchschnittliche Überlebensrate beträgt ca. 2–3 Jahrzehnte.

Aortenfehler

Aortenstenose

Bei der Aortenstenose ist der Abfluß aus dem linken Ventrikel in die Aorta durch eine Einengung behindert. Man unterscheidet eine angeborene und eine erworbene Aortenstenose; letztere ist meist auf eine rheumatische Endokarditis, im späteren Lebensalter auch auf eine Verkalkung der Klappen zurückzuführen. Im Gegensatz zur Mitralstenose liegt hier der Schwerpunkt der Geschlechtsverteilung mit 4:1 bei den Männern.

Im Frühstadium der Erkrankung vermehrt sich die Muskelmasse des linken Ventrikels, die Patienten bleiben hierbei beschwerdelos. Beim Übergang aus dem Kompensations- in das leichte Dekompensationsstadium II ist der Patient leichter erschöpfbar, unter Belastung klagt er über Luftnot und Schwindelanfälle. Bei den Schweregraden III und IV werden die Patienten zunehmend dyspnoisch, sie leiden oft unter Angina pectoris in Ruhe.

Bei der Auskultation hört man ein systolisches Austreibungsgeräusch, das über dem 2. Interkostalraum rechts parasternal am deutlichsten ist. Im EKG zeigen sich deutliche Hinweise für eine Mehrbelastung des linken Ventrikels.

Wie bei den Mitralfehlern ist bei der Aortenstenose bei den Schweregraden III und IV der operative Klappenersatz das Mittel der Wahl. Zeigen sich die Zeichen einer Herzinsuffizienz, wie Stauungslunge, Ödeme und Nykturie, so ist eine sofortige Digitalisierung und Diuretikatherapie angezeigt.

Aorteninsuffizienz

Wenn die Ränder der Aortenklappe durch eine rheumatische oder bakterielle Endokarditis, seltener auch durch eine degenerative Erkrankung oder durch eine Lues schrumpfen, bildet sich eine Aorteninsuffizienz aus. Das Verteilungsverhältnis zwischen Männern und Frauen beträgt etwa 3:1. In Abhängigkeit vom Grad der Schlußunfähigkeit der Aortenklappe fließt ein Teil des Schlagvolumens während der Diastole von der Aorta in den linken Ventrikel zurück (Volumenbelastung). Charakteristisch sind bei dieser Erkrankung die zu beobachtenden starken Pulsationen der Arterien am Hals, im Unterleib und in der Leistenbeuge, die durch eine Vergrößerung der Blutdruckamplitude entstehen.

Bei einer gering- und mittelgradigen Aorteninsuffizienz ohne Beschwerden ist die Lebenserwartung nur geringfügig eingeschränkt.

Im Stadium der Dekompensation beträgt die Überlebenszeit jedoch nur noch 1–2 Jahre.

Bei einer Aorteninsuffizienz ohne Beschwerden läßt sich der Patient im Rahmen der konservativen Behandlung normal belasten, von Leistungssport ist jedoch abzuraten. Bei Auftreten der ersten Insuffizienzzeichen ist die Einleitung einer Therapie mit Herzglykosiden, möglicherweise in Kombination mit Diuretika, angeraten. Die operative Therapie mit einer Aortenklappenprothese (Klappensprengungen werden an der Aortenklappe heute nicht mehr durchgeführt), muß einem Patienten bei den klinischen Schweregraden III und IV vorgeschlagen werden, jedoch sind die Komplikationen bei dem Eingriff an der Aortenklappe relativ hoch. Generell ist die Prognose bei Aortenfehlern schlechter als bei Mitralfehlern. Es treten häufiger Synkopen und Herzrhythmusstörungen auf, weshalb diese Patienten einer regelmäßigen sorgfältigen Kontrolle bedürfen.

Krankengymnastische Behandlung

Vor Herzoperationen

Für den Patienten ist es gut, bestimmte Behandlungstechniken schon vor der Operation kennenzulernen; man erleichtert ihm und dem Krankengymnasten die postoperative Arbeit.

Maßnahmen

- Abhusten, Erlernen einer guten Husttechnik.
- Verbesserung der Atembewegungen sämtlicher Thoraxabschnitte durch Dehnlagerungen, Wahrnehmung der Atembewegungen, Schwünge.
- Erhaltung der Muskelkraft durch leichte Bewegungen in kontinuierlicher Dauerform je nach Zustand des Patienten.

Nach prothetischem Klappenersatz

Befund

- Haut: Narbe über die Länge des Sternums, oft noch kleine Quernarbe unterhalb der Fossa jugularis. Häufig sind die Narben, an welchen die Drainage gelegen hat, noch am längsten schmerzhaft. Es muß beobachtet werden, ob der Patient zyanotisch ist.
- Thorax: Atemmaße dürfen frühestens nach dem Ziehen der Fäden genommen werden. Erwartungsgemäß sind sie meist in sämtlichen Bereichen eingeschränkt. Atembewegungen zeigen sich hauptsächlich im diaphragmalen Bereich nach ventral.

- Haltung: Im Sitzen und Stehen werden die Schultern als Schonhaltung nach vorne gezogen. Die Brustwirbelsäule wird dementsprechend kyphotisch gehalten.
- Atmung: Die Atemfrequenz ist meist beschleunigt und das Atemverhalten beim Spechen unökonomisch. Oft ist der Sprechklang leise. Die Atemmittellage ist zum Inspirium hin verschoben.

Gesichtspunkte

- Pneumonieprophylaxe,
- Thromboseprophylaxe,
- Umstellung auffälliger, emotional verursachter Atemformen in Richtung auf eine individuelle Norm,
- Erhaltung der Thoraxbeweglichkeit,
- Erhaltung der Pleuraverschieblichkeit,
- Verbesserung der Haltung,
- Steigerung der Kondition,
- Minderung der Angst vor Belastung.

Maßnahmen

- Aktive Bewegungen in intermittierender und kontinuierlicher Dauerform kleinerer und mittlerer Muskelgruppen im Liegen und Sitzen.
- Wahrnehmung und Vergrößerung der Atembewegungen sämtlicher Thoraxabschnitte, besonders der unteren.
- Sprechübungen.
- Übungen auf dem Hocker und später im Stand und in der Fortbewegung
- Gehen ebener Strecken und später Steigen von Treppen.

Bei allen Übungen mit starker Extension und Rotation der Wirbelsäule ist in den ersten Wochen Vorsicht geboten, da das Sternum nur durch eine Draht-Cerclage zusammengehalten wird. Die Behandlung gleicht der bei Schrittmacherimplantation (S. 152).

Nach aortokoronarem Bypass kommt neben der Atemtherapie noch eine Behandlung im Sinne der Frühmobilisation nach Herzinfarkt in Frage. Sie kann jedoch schneller gesteigert werden.

Trikuspidalfehler

Die isolierte Erkrankung der Trikuspidalklappe ist extrem selten, und die operativen Ergebnisse sind bisher wenig ermutigend. Eine relative Trikuspidalinsuffizienz findet sich häufig im Rahmen einer Dekompensation des rechten Ventrikels. Bei der Trikuspidalinsuffizienz und bei der Trikuspidalstenose geht man in der Behandlung wie bei der Herzinsuffizienz vor.

Pulmonalklappenfehler

Pulmonalklappenfehler sind ebenfalls außerordentlich selten. Sie treten bei weniger als 2% der Patienten, die eine rheumatische Herzerkrankung durchgemacht haben, auf. Die Pulmonalstenose als angeborene Klappenanomalie wird im Abschnitt der angeborenen Herzfehler besprochen (S. 105).

Angeborene Herz- und Gefäßmißbildungen

Acht von 1000 Neugeborenen leiden unter einem angeborenen Herzfehler. Hierbei unterscheidet man solche mit und solche ohne Zyanose. Die Zyanose tritt durch eine Kurzschlußverbindung (Shunt) zwischen Arterien und Venen auf, ohne daß die Peripherie mit genügend Sauerstoff versorgt wird.

Vorhofseptumdefekt

Der Vorhofseptumdefekt (ASD) zählt zu den wichtigsten angeborenen Herzfehlern. Es handelt sich dabei um eine offene Verbindung zwischen den beiden Vorhöfen. Aus dem linken Vorhof wird Blut in den rechten Vorhof gepumpt, so daß der Blutdurchfluß der Lunge bis auf 15–20 l/min ansteigt.

Diese vorwiegende Volumenbelastung wird vom rechten Ventrikel über Jahre gut toleriert, und so können Patienten mit kleinen Kurzschlüssen jahrzehntelang beschwerdefrei bleiben. Häufig treten jedoch Atemnot, Druckgefühl hinter dem Herzen und Rhythmusstörungen auf. Die häufiger bei Frauen als bei Männern auftretende Erkrankung wird oftmals erst im 3. oder 4. Lebensjahrzehnt diagnostiziert. Der Vorhofseptumdefekt ist der häufigste angeborene Herzfehler des Erwachsenenalters.

Die Therapie besteht in einem operativen Verschluß des Defektes, dabei muß die Operation möglichst frühzeitig erfolgen, bevor die Lunge durch die Mehrbelastung zu stark geschädigt wurde, also bevor die Mehrbelastung des pulmonalen Gefäßbettes zu einer pulmonalen Hypertonie geführt hat. Die frühzeitige Diagnosestellung ist deshalb bei Symptomfreiheit und diskretem Auskultationsbefund von großer Bedeutung.

Bei kleineren Defekten (Shunt-Volumen unter 35%, Beschwerdefreiheit, fehlende Umformung des Herzens) ist eine Operation nicht unbedingt erforderlich.

Ventrikelseptumdefekt

Der Ventrikelseptumdefekt (VSD) ist ein Kurzschluß zwischen der linken und der rechten Herzkammer. Er ist der häufigste Herzfehler im Kindesalter und kann bei kleinem Austauschvolumen ebenfalls symptomlos bleiben. Ein kleinster Defekt im muskulären Septumanteil wird auch als Morbus Roger bezeichnet. In diesem Fall ist die Lebenserwartung auch nicht beeinträchtigt. Bei einem mittleren und größeren Defekt kommt ein operativer Eingriff in Frage, wobei die offene Verbindung verschlossen wird. Ist bereits ein pulmonaler Hochdruck aufgetreten, so kommt ein operativer Eingriff zu spät.

Ductus arteriosus apertus (Botalli)

Gelegentlich bleibt die für das Kind im Mutterleib notwendige Verbindung zwischen den Lungengefäßen und der Aorta auch längere Zeit nach der Geburt bestehen. Dadurch entsteht eine Kurzschlußverbindung zwischen dem großen und dem kleinen Kreislauf. Bei der Auskultation ist ein kontinuierliches, systolisch und diastolisch hörbares Maschinengeräusch zu vernehmen.

Bei diesem Krankheitsbild besteht lange Zeit Beschwerdefreiheit, bei großem Kurzschluß bilden sich die Zeichen einer Linksherzvergrößerung aus.

Die Therapie besteht im operativen Verschluß des Ductus arteriosus Botalli; dabei muß in Betracht gezogen werden, daß die meisten jugendlichen Patienten eine geringe Operationssterblichkeit haben, daß sich in etwa 5% der Fälle eine bakterielle Endokarditis im Shunt-Bereich entwickelt und daß man einer Linksherzinsuffizienz vorbeugen muß.

Bei allen Herzfehlern, bei denen zuerst ein Kurzschluß von links nach rechts – aus dem großen in den kleinen Kreislauf – besteht, kann sich später über eine Erhöhung des Widerstandes der Lungengefäße eine Umkehr des Kurzschlusses ausbilden. Jetzt mischt sich venöses zum arteriellen Blut, es bildet sich eine Spätzyanose (Eisenmenger-Reaktion) aus.

Primär zyanotische Fehler

Bei den primär zyanotischen Fehlern liegt in erster Linie eine Mißbildung und Transposition der großen Gefäße vor. Klinisch zeigen die Säuglinge Wachstums- und Entwicklungsstörungen durch den chronischen Sauerstoffmangel. Charakteristisch ist die Hockstellung, in die sich die Kinder begeben, um besser Luft zu bekommen. Sekundär bilden sich Trommelschlegelfinger und Uhrglasnägel aus. Meist besteht eine Deformierung des Brustkorbs („Voussure“ = Herzbuckel).

Ohne Behandlung versterben die Patienten meist vor Erreichen des 30. Lebensjahres. Therapeutisch ist eine Operation bereits im frühen Kindesalter anzustreben.

Fallot-Tetralogie

Das bekannteste Krankheitsbild bei den primär zyanotischen Herzfehlern ist die Fallot-Tetralogie. Hier besteht ein großer Ventrikelseptumdefekt, eine Einengung der Pulmonalarterie, eine Verlagerung der Aorta nach rechts und eine Erweiterung der rechten Herzkammer. Ist zusätzlich ein Vorhofseptumdefekt vorhanden, so wird von Fallot-Pentalogie gesprochen. Die Kinder sind von Geburt an zyanotisch, rasch ermüdbar, zeigen im übrigen die Symptome der primär zyanotischen Herzfehler.

Therapeutisch ist eine Operation zwischen dem 3. und dem 6. Lebensjahr am sinnvollsten. Dabei liegt die Letalität bei etwa 10%. Die Spätergebnisse sind ermutigend.

Entzündliche Herzkrankheiten

Endokarditis

Etwa 10–20 Tage nach einer Infektion im oberen Atmungstrakt mit Streptokokken (z. B. Tonsillitis) kann sich bei den Erkrankten ein rheumatisches Fieber entwickeln. Dies äußert sich entweder in einer Periarthritis rheumatica, in einer Chorea minor (Veitstanz) oder auch in einer rheumatischen Karditis. Neben Fieber, Gelenkschmerzen, einer Leukozytose und einer erhöhten Blutsenkung kommt es zu EKG-Veränderungen. Die Erkrankungshäufigkeit an rheumatischer Endokarditis ist in den letzten Jahrzehnten wegen der Penizillinprophylaxe stark gesunken.

Bei der infektiösen Endokarditis kommt es bevorzugt zu Veränderungen an der Mitralklappe. Staphylokokken, Streptokokken und Pneumokokken, die über die Tonsillen, über eitrige Erkrankungen der Haut, Zahngranulome oder durch den Darm- oder Urogenitaltrakt in das Blut eindringen, siedeln sich auf den Herzklappen an. Männer sind häufiger betroffen als Frauen.

Bei der akuten Endokarditis zeigt sich ein schwerer Krankheitsverlauf mit Fieber, Schüttelfrost, Tachykardie. Die subakute, bakterielle Endokarditis (Endocarditis lenta) ist durch unspezifische Symptome mit Temperaturen bis 39°C und einer langsam voranschreitenden Herzinsuffizienz gekennzeichnet.

Symptome der Endokarditis:

- Fieber,
- ein Herzgeräusch, das neu auftritt oder sich ändert,
- Milzvergrößerung in 60% der Fälle,
- stecknadelkopfgroße Blutungen der Schleimhäute (z. B. Mund und Konjunktiven).

Nach der Diagnosestellung muß eine sofortige antibiotische Therapie eingeleitet werden. Kommt dadurch die Entzündung an den Herzklappen nicht zum Stillstand, wird ein sofortiger Klappenersatz erforderlich, der jedoch mit einem Letalitätsrisiko von etwa 40% behaftet ist.

Myokarditis

Siehe S. 111.

Perikarditis

Die Perikarditis ist eine Entzündung des Herzbeutels. Sie kann akut oder chronisch auftreten. Wir unterscheiden eine idiopathische Perikarditis, die nach 4–6 Wochen ohne Folgen abheilt, von infektiösen Perikarditiden, bei Kollagenkrankheiten als Autoimmunprozeß, als Miterkrankung benachbarter Organe, bei Stoffwechselerkrankungen, bei Tumoren und bei Traumen.

Klinisch äußert sich die Perikarditis durch Fieber, Schwitzen, Atemnot und Thoraxschmerz. Bei der Auskultation ist oft ein Perikardreiben zu hören.

In der Therapie werden Antibiotika und Antiphlogistika eingesetzt, z. B. Amuno®, Voltaren® usw. Größere Perikardergüsse müssen punktiert werden. Ist der durch Perikardpunktion erhaltene Perikarderguß blutig, muß differentialdiagnostisch auch an eine Herzwandruptur nach Myokardinfarkt und an ein Aneurysma dissecans gedacht werden.

Die chronisch konstriktive Perikarditis hindert das Herz durch eine narbige Zusammenziehung des Perikards an seiner Kontraktion.

Bei Kalkeinlagerungen in die Narben spricht man von einem Panzerherz. Die Ursache ist in einem Großteil der Fälle unklar, ca. 30% lassen sich auf eine Tuberkulose zurückführen (Tab. **5**).

Symptome der Perikarditis:

- Halsvenenstauung,
- Ödeme an den Extremitäten,
- Vergrößerung der Leber (evtl. Aszitesbildung).

Tabelle **5** Ursachen der Perikarditisentstehung

- Akute Perikarditis („Virusperikarditis")
- Infektiöse Perikarditis
  - tuberkulöse Perikarditis
  - pyogene Perikarditis (z. B. durch Streptokokken oder Pneumokokken)
  - mykotische Perikarditis
  - parasitäre Perikarditis
- Perikarditis bei Kollagenkrankheiten (z. B. Lupus erythematodes oder Periarteriitis nodosa)
- Urämische Perikarditis

Therapie der Wahl ist die operative Entfernung der Narben mit einer medikamentösen Behandlung der auftretenden Herzinsuffizienz durch Digitalis und Diuretika.

Krankengymnastische Behandlung

Entzündliche Herzerkrankungen

Befund

- Bindegewebe: Es besteht meist eine auffällige Herzzone im Bereich Th1–Th6 links.
- Atmung: Häufig Atemnot, die Atemfrequenz ist erhöht, die Atemhilfsmuskulatur wird eingesetzt. Die Atemexkursionen des Thorax sind meist eingeschränkt.
- Herzfrequenz: Die Ruhepulsfrequenz ist erhöht.

Gesichtspunkte

- Senkung der Atemfrequenz pro Minute,
- Herabsetzung der Spannung von Bindegewebe und Muskulatur,
- Optimierung der Atembewegungen durch Verbesserung der Thoraxelastizität,
- Wiederherstellung der alten Leistungsfähigkeit.

Maßnahmen

Im akuten Stadium erfolgt vor allem bei älteren Patienten nur eine Pneumonie- und Thromboseprophylaxe, die weitere aktive Bewegungstherapie ist kontraindiziert. Da sehr schwer festzustellen ist, zu welchem Zeitpunkt eine Karditis als ausgeheilt angesehen werden kann, muß die Übungsbehandlung zu Beginn sehr vorsichtig dosiert werden.

- Maßnahmen zur Lösung der Spannungen von Bindegewebe und Atemmuskulatur durch Vibrationen;

- Maßnahmen aus der Massage, wie Ausziehen der Interkostalräume, Hautverschieben, Packegriffe;
- Übungen zur Verlängerung der Ausatmung, z. B. durch den Einsatz der Lippenbremse mit sch, pff, sss;
- Übungen zur Kräftigung der Mm. intercostales und des Zwerchfells durch tönendes und sakkadierendes Einatmen usw.;
- Übungen zur Steigerung der Thoraxelastizität wie Dehnlagerungen (Streckdehnung, C-Lagerung, Dreh-Dehn-Lagerung).

Ist nach der Behandlung die Atemfrequenz pro Minute verringert, so kann man davon ausgehen, daß der Tonus der Muskulatur und die Spannung im Bindegewebe gesenkt werden konnten. Die weitere Steigerung der Behandlung sollte nur sehr langsam erfolgen, da jede stärkere Belastung anfänglich vermieden werden muß. Der weitere Behandlungsverlauf ist im Abschnitt Herzinsuffizienz (S. 77ff.) beschrieben.

Kardiomyopathien

Hierbei handelt es sich um primäre oder sekundäre Erkrankungen des Herzmuskels. Die wichtigste Form der primären Kardiomyopathien ist die kongestive Kardiomyopathie. Die Ätiologie dieser Erkrankung ist bisher ungeklärt. Sie befällt in erster Linie Männer. Nach ersten Beschwerden wie Atemnot bei Belastung, Herzklopfen und Herzrhythmusstörungen entwickelt sich rasch eine Herzinsuffizienz. Die Diagnosestellung fällt relativ schwer, es müssen alle in Betracht kommenden sekundären Kardiomyopathien ausgeschlossen werden (Abb. **5**).

Die Therapie besteht in der Behandlung der Herzinsuffizienz mit einer zusätzlichen Antikoagulantientherapie. Eine chirurgische Therapie ist nicht möglich. Die Krankheit endet immer tödlich.

Bei der hypertrophischen Kardiomyopathie entwickelt sich eine Hypertrophie der Herzmuskulatur. Die Krankheit wird wahrscheinlich vererbt, Männer sind häufiger betroffen als Frauen.

Nicht alle Patienten haben Beschwerden, meist wird jedoch über Dyspnoe und Herzschmerzen geklagt. Bei der Auskultation ist in der Regel ein spätsystolisches an- und wieder abschwellendes Geräusch zu hören. Die Erkrankung kann differentialdiagnostisch mit einer Mitralinsuffizienz oder einem Vorhofseptumdefekt verwechselt werden.

Eine direkte Therapie der Erkrankung ist bisher nicht gelungen; die besten Resultate zeigt momentan der Einsatz von Betarezeptorenblokkern und Kalziumantagonisten.

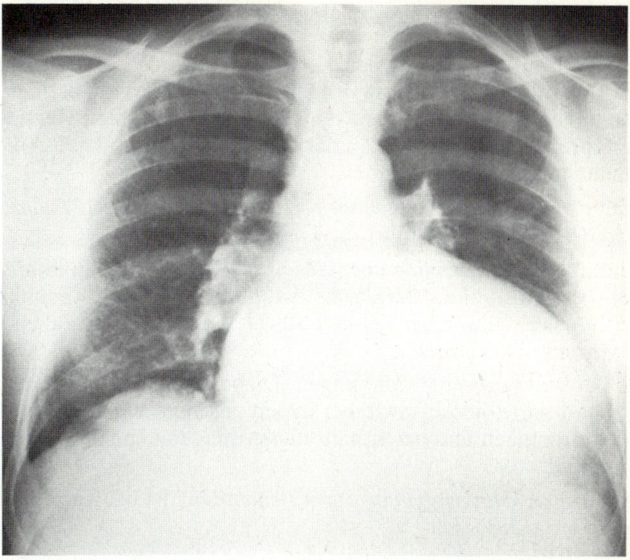

Abb. **5** Massive Vergrößerung aller Herzhöhlen bei kongestiver Kardiomyopathie. Bei der Herzkatheteruntersuchung konnte keine Mitralinsuffizienz nachgewiesen werden (aus *M. Hegglin, W. Siegenthaler:* Differentialdiagnose innerer Krankheiten, 14. Aufl. Thieme, Stuttgart 1981).

Myokarditis

Bei den sekundären Kardiomyopathien ist die Myokarditis wahrscheinlich am häufigsten. Diese Entzündung der Herzmuskulatur wird ausgelöst durch infektiöse Erkrankungen, durch Bakterien, Viren, Rickettsien, Pilze oder Parasiten. Die Erkrankungsursache ist je nach der geographischen Region, in der sich der Patient aufhält, unterschiedlich.

Die typisch klinischen Erscheinungen bestehen in Müdigkeit, Atemnot und Herzschmerzen. Dazu tritt Fieber und eine Tachykardie. Es bilden sich häufig AV-Überleitungsstörungen mit AV-Block aus. Bei Myokarditis nach Diphtherie und Chagas-Krankheit (insbesondere in Südamerika) wird häufiger der Übergang von der akuten in eine chronische Form beobachtet.

Die Therapie besteht in einer spezifischen Vernichtung des Erregers, in einer allgemeinen konservativen Therapie mit Schonung des Patienten und in einer speziellen Therapie der Herzinsuffizienz, der Thrombembolien und der Arrhythmien. Die Prognose ist meist günstig.

Andere Kardiomyopathien

Immer verbreiteter wird in den Konsumländern die *toxische* Kardiomyopathie. Insbesondere bei Mißbrauch von Alkohol können sich Rhythmusstörungen ausbilden, die zu einer irreversiblen Herzinsuffizienz führen. Das Fortschreiten der Erkrankung kann durch Alkoholabstinenz unterbrochen werden.

Zu einer raschen Besserung einer Kardiomyopathie durch *Vitamin-B_1-Mangel* (Beriberi-Herz) führt die Gabe von Vitamin B_1.

Kardiomyopathien können ebenfalls ausgelöst werden durch *Medikamente* wie Zytostatika, trizyklische Antidepressiva und Lithiumkarbonat. Einmal eingetretene Veränderungen sind in diesen Fällen nicht mehr zurückzuschrauben.

Auch bei Schilddrüsenerkrankungen, Diabetes mellitus, Phäochromozytom und Amyloidose sowie bei hyperergischen und neuromuskulären Erkrankungen und bei Ernährungsstörungen können Kardiomyopathien auftreten.

Eine spezielle *krankengymnastische Behandlung* ist bei Kardiomyopathien nicht erforderlich.

Traumatische Herzschädigungen und Herztumoren

Herzverletzungen können akut durch Unfälle oder durch Infarkte, Perikardergüsse oder angeborene Veränderungen, die sich langsam umbilden (Aneurysma), vorkommen. Therapeutisches Mittel der Wahl ist in den meisten Fällen ein chirurgischer Eingriff oder eine medikamentöse Dauerbehandlung.

Herztumoren sind sehr selten. Häufigster Tumor ist das Vorhofmyxom, das echokardiographisch festgestellt und operativ entfernt werden kann. Es muß gegen eine Mitralstenose abgegrenzt werden, symptomatisch treten eine BSG-Erhöhung, Fieber und Leukozytose auf.

Koronare Herzkrankheit

Häufigkeit. Die koronare Herzkrankheit (KHK) zählt derzeit zu den häufigsten Zivilisationskrankheiten.

Die Häufigkeit der koronaren Herzkrankheit hat sich in den letzten 10 Jahren verdoppelt, und die Infarktsterblichkeit in der Bundesrepublik hat in einem Zeitraum von 20 Jahren etwa um das Fünffache zugenommen (Abb. **6**). In der Bundesrepublik rechnet man jährlich mit über 300000 neu auftretenden, tödlich verlaufenden Herz-Kreislauf-Erkrankungen. Während – vorwiegend durch präventive Bemühungen – in den USA, Kanada und Australien in den letzten 15 Jahren eine Abnahme der tödlichen Herzinfarkte um 13,5% und der tödlichen Hirninfarkte um 17,5% erreicht wurde, ist für die Bundesrepublik nur ein geringer Rückgang der tödlichen Hirnschläge, nicht aber der Herzinfarktrate zu verzeichnen.

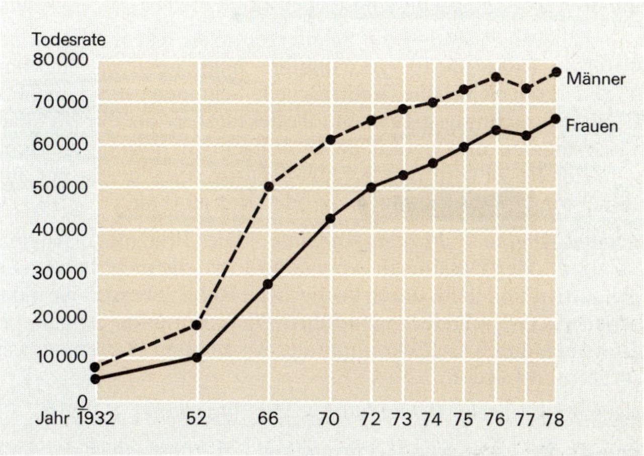

Abb. **6** Zunahme der Todesfälle an koronarer Herzkrankheit in der Bundesrepublik Deutschland.

Ätiologie. Die Atherosklerose der Koronararterien ist die häufigste Ursache der koronaren Herzkrankheit. In den Koronargefäßwänden bildet sich eine abnorme Ablagerung von Lipiden, Bindegewebe und Kalk, die auf Dauer die Gefäßlumina einengt und dadurch die Versorgung des Herzmuskels mit sauerstoffreichem Blut einschränkt oder gänzlich verhindert.

Die Folgen sind:

- Angina-pectoris-Anfälle,
- Myokardinfarkt,
- Herzinfarktfolgen (linksventrikuläre Herzinsuffizienz, Herzwandaneurysma, plötzlicher Herztod).

Angina pectoris

Das Mißverhältnis zwischen dem Sauerstoffbedarf des Herzmuskels und dem eingeschränkten Angebot aufgrund einer einengenden Koronarsklerose (Definition der Koronarinsuffizienz) äußert sich typischerweise in einem retrosternalen Schmerz, vorwiegend bei körperlicher oder psychischer Belastung, Kälte oder reichlicher Nahrungsaufnahme. Die Angina pectoris (wörtlich „Brustenge") ist oftmals das erste klinische Zeichen der koronaren Herzkrankheit. Häufig strahlt der retrosternale Schmerz noch in den linken Arm aus. Gelegentlich klagen die Patienten auch über Schmerzen im rechten Arm, im Unterkiefer, oder zwischen den Schulterblättern.

Gewöhnlich verschwinden die Schmerzen nach einem Angina-pectoris-Anfall in Ruhe nach 3–10 Minuten. Jeder mehr als 20 Minuten anhaltende kontinuierliche, unerträgliche Schmerzzustand im Thoraxraum mit Vernichtungsgefühl und Todesangst ist als ein Myokardinfarkt aufzufassen und bedarf einer dringenden stationären Behandlung. In der Regel sprechen Angina-pectoris-Anfälle sehr gut auf die Einahme von Nitroglyzerin (Spray oder Kapseln) an.

Prinzmetal-Angina („Variant-Angina"). Die Prinzmetal-Angina ist eine Variante der klassischen Angina pectoris, die nicht belastungsabhängig auftritt und nicht durch körperliche Ruhe gebessert wird und zu typischen EKG-Veränderungen führt. Diese Form der Angina pectoris kann auch durch Gefäßkrämpfe der Koronarien (Koronarspasmus) hervorgerufen werden.

Krankengymnastische Behandlung s. bei Hypertonie, S. 166 ff.

Diagnostik der koronaren Herzkrankheit. Diagnostisch ist der wichtigste Schritt zum Nachweis einer koronaren Herzkrankheit das Belastungs-EKG nach der allgemeinen Herzuntersuchung durch Auskultation und Perkussion. Ein typischer Hinweis für eine Mangeldurchblutung des Herzmuskels im EKG ist eine Senkung der ST-Strecke um mehr als 0,1 mV in den Extremitätenableitungen und um 0,2 mV in den Brustwandableitungen.

Eine genaue Abgrenzung des minderdurchbluteten Bezirks läßt sich auch heute durch die *Myokardszintigraphie* treffen. Diese Untersuchung wird wie das EKG ebenfalls unter Belastung des Patienten auf einem Fahrradergometer durchgeführt. Nach der Injektion von radioaktivem Thallium oder einer anderen radioaktiven Substanz zeichnet sich der Durchblutungsausfall auf einem Bildschirm ab.

Ebenfalls nicht an allen Krankenhäusern kann die *Koronarangiographie*, die röntgenologische Darstellung der Koronararterien durch Kontrastmittelinjektion, durchgeführt werden. Diese Untersuchungsmethode zeigt die Weite der Koronararterien und damit den Schweregrad und die Lokalisation von Verengungen oder gar Verschlüssen. Sie ist unerläßlich vor der Durchführung einer Gefäßoperation (aortokoronarer Bypass).

Mittlerweile liegen auch erste Erfahrungen mit der Computertomographie des Herzens vor, mit deren Hilfe man genaue Aussagen machen kann über die Koronaranatomie. Diese Technik ist noch nicht so weit fortgeschritten, daß sie in allen Herzzentren eingeführt ist.

Risikofaktoren für die Entstehung der Koronarsklerose. In der Bundesrepublik Deutschland stirbt heute jeder 5. in der zweiten Lebenshälfte stehende Mann am Herzinfarkt. Männer erkranken 3- bis 5mal häufiger am Infarkt als Frauen, die vor der Menopause wahrscheinlich durch eine Schutzwirkung der weiblichen Sexualhormone weitgehend vor der Entstehung einer koronaren Herzkrankheit geschützt sind.

Die Entstehung der koronaren Herzkrankheit wird sicherlich konstitutionell (erblich) beeinflußt. Mit Sicherheit spielen aber auch andere Faktoren, die wir als Risikofaktoren bezeichnen, eine wesentliche Rolle. Nach SCHETTLER unterscheiden wir Risikofaktoren 1. Ordnung wie

- Hypertonie,
- Hyperlipoproteinämie,
- Nikotinabusus

von Risikofaktoren 2. Ordnung wie

- Diabetes mellitus,
- Bewegungsmangel,
- Adipositas,
- Hyperurikämie bzw. Gicht.

Die Rolle von „psychosozialem Streß" als isoliertem Risikofaktor ist zur Zeit noch unbewiesen.

Differentialdiagnose. Differentialdiagnostisch muß bei Angina-pectoris-Beschwerden noch an folgende andere Krankheiten gedacht werden:

- funktionelle kardiovaskuläre Störungen (hyperkinetisches Herzsyndrom),
- Interkostalneuralgie,
- degenerative Hals- und Brustwirbelsäulenveränderungen,
- Pulmonal- und Abdominalerkrankungen,
- Anämien (Hb unter 5 mmol/l ≈ 89%),
- Aortenaneurysma,
- Aortenklappenfehler.

Therapie der koronaren Herzkrankheit. *Medikamentöse Therapie.* Zur Behandlung des Angina-pectoris-Anfalls muß der Patient Nitrolingual-Kapseln oder -Spray oder Isoket-Spray bei sich tragen. Die

Hauptwirkung des Nitroglyzerins besteht in einer Abnahme des myokardialen Sauerstoffverbrauchs. Die Wirkung von Nitroglyzerin setzt in der Regel nach 1–2 Minuten ein.

Wichtig ist die konservative Dauerbehandlung der Erkrankung zwischen den Anfällen. Neben der möglichst weitreichenden Ausschaltung einzelner Risikofaktoren durch Diät, körperliches Training, Blutdruck- und Blutzuckersenkung bieten sich Betarezeptorenblocker an. Betarezeptorenblocker senken den myokardialen Sauerstoffverbrauch, indem sie die Herzfrequenz und die Kontraktionsgeschwindigkeit senken.

Längerwirkende Nitrate wie Isosorbitdinitrat (z. B. Isoket retard, Corovliss) gehören ebenfalls zu den Mitteln der ersten Wahl bei der Behandlung der Angina pectoris. Falls im Rahmen der koronaren Herzkrankheiten eine Herzinsuffizienz auftritt, ist eine zusätzliche Digitalisierung und evtl. die Gabe von Diuretika erforderlich.

Kalziumantagonisten (z. B. Verapamil [Isoptin] oder Nifedipin [Adalat]) wirken sehr gut bei Prinzmetal-Angina.

Chirurgische Behandlung. Die chirurgische Behandlung der Angina pectoris hat eine Verbesserung der Koronardurchblutung durch direkte aortokoronare Anastomosen- oder Bypass-Operationen zum Ziel. Angezeigt sind Operationen in erster Linie bei Patienten unter 60 Jahren mit ausgeprägter therapieresistenter Angina pectoris und mehreren zentral liegenden Koronarstenosen bei sonst noch zufriedenstellender Herzsituation.

Bewegungstherapie bei koronarer Herzkrankheit. Körperliches Training und Sport haben sowohl in der Prävention als auch in der Therapie von degenerativen Herz-Kreislauf-Erkrankungen einen hohen Stellenwert.

Viele epidemiologische Untersuchungen der letzten 20 Jahre deuten darauf hin, daß körperliche Inaktivität als Risikofaktor für die Entstehung atherosklerotischer Gefäßerkrankungen anzusehen ist. Die meisten der bislang vorliegenden Studien über den Einfluß von körperlicher Aktivität auf die Morbiditäts- und Mortalitätsrate an koronarer Herzkrankheit zeigen nahezu ausnahmslos eine Begünstigung der körperlich aktiveren Gruppen.

Die in Frage kommenden Mechanismen, durch welche körperliche Aktivität die Häufigkeit der koronaren Herzkrankheit herabsetzt, sind in Tab. **6** zusammengefaßt.

Eine ausdauerorientierte Bewegungstherapie beeinflußt die meisten der etablierten Risikofaktoren für die Entstehung der Atherosklerose in günstigem Sinne.

Tabelle **6** Mögliche Mechanismen, durch welche körperliche Aktivität Häufigkeit und Schwere der koronaren Herzkrankheit zu reduzieren vermag

Herz-Kreislauf-Effekte		Einfluß auf die Risikofaktoren	
Ökonomisierung der Herzarbeit und der peripheren Blutverteilung sowie des venösen Rückstroms		Günstige Konstellation der Serumlipide und Lipoproteine	
		HDL-Cholesterin ↑	
Pulsfrequenz und systolischer Blutdruck in Ruhe und unter Belastung	↓	LDL-Cholesterin ↓	
		Triglyzeride ↓	
Systolen- und Diastolendauer	↑	Blutdruck (systolisch und diastolisch)	↓
Kardiopulmonale Leistungsfähigkeit	↑	Nikotinkonsum	↓
		Körpergewicht	↓
Zunahme der koronaren Kollateralgefäße?		Harnsäure	↓
		Glukosetoleranz	↑
Katecholaminsekretion (physiologische Sympathikolyse → „kardioprotektiver Effekt")	↓	Periphere Insulinempfindlichkeit	↑
		Fibrinolytische Aktivität	↑
Arrhythmieneigung	↓	Thrombozytenaggregation	↓
Vitalkapazität und pulmonale Diffusionskapazität	↑	Psychische Stabilität (Streßtoleranz, Selbstbewußtsein, Lebensfreude, „Entängstigung")	
Erythrozyten und Blutvolumen	↑		

Durch richtig indizierte, dosierte und kontrollierte körperliche Aktivität, besonders durch ein monatelanges, regelmäßiges Ausdauertraining, kommt es über eine verbesserte Ökonomie im peripheren Muskel zu einer Verringerung des Sauerstoffbedarfs in der Peripherie und damit zu einer Entlastung des Herzens.

Folgende Bewegungsarten sind für den Angina-pectoris-Kranken besonders günstig: alle Übungen, die möglichst viele Muskeln dynamisch beanspruchen und lange genug andauern, um einen Effekt auf das periphere Kreislaufsystem zu gewährleisten. Dazu gehören Ausdauerübungen wie Traben (Jogging), Laufen, Schwimmen, Radfahren und Skiwandern.

Übungen, die mit einer Preßatmung einhergehen (wie Kraftsport, Heben, und Stemmen, Body-Building und Tauchen) sind nicht geeignet (s. Herzinsuffizienz S. 89).

Als allgemeine Kontraindikationen für eine Bewegungstherapie bei Angina-pectoris-Kranken gelten:

- unbehandelte Angina pectoris in Ruhe und bei geringen Alltagsbelastungen,
- drohender Infarkt (z. B. instabile Angina pectoris, Häufung bzw. Intensivierung der Angina-pectoris-Anfälle),

- medikamentös noch nicht befriedigend beherrschte gefährliche Arrhythmien,
- myokardiale Insuffizienz in Ruhe oder bei 50 Watt Belastung auf dem Fahrradergometer,
- hämodynamisch wirksame Aortenstenose,
- Herzwandaneurysmen,
- nicht ausreichend behandelte Ruhehypertonie,
- infektiöse Herzerkrankungen und akute Infektsituationen (z. B. grippaler Infekt).

Bypass-Operationen bewirken nachgewiesenermaßen eine Beschwerdefreiheit in über 80% und sind darüber hinaus lebenserhaltend und sogar lebensverlängernd.

Chirurgische Interventionen bleiben ebenso wie die sog. perkutane transluminale Katheterdilatation eher einer kleineren Gruppe von Kranken vorbehalten. Bei der Katheterdilatation werden atherosklerotische Verhärtungen („Plaques“) der Koronararterien mit einem Ballonkatheter aufgedehnt. Diese Technik wird auch nach ihrem Erfinder als Dotter-Technik bezeichnet. Neuerdings werden akute Verschlüsse von Koronararterien auch erfolgreich mit einer lokalen Fibrinolysetherapie behandelt. Dabei wird über einen Koronarkatheter Streptokinase infundiert.

Herzinfarkt

Die schwerste Komplikation der koronaren Herzkrankheit ist der akute Herzinfarkt. Er kann ohne Ankündigung oder nach einem oder mehreren Angina-pectoris-Anfällen auftreten.

Definition. Durch eine plötzliche Abtrennung vom versorgenden Blutstrom kommt es zum Gewebsuntergang (Nekrose) in einem abgegrenzten Myokardbezirk.

Klinisches Bild. Das Leitsymptom ist ein anhaltender, heftiger, vor dem Herz lokalisierter Schmerz, der häufig in den linken Arm, den Hals, Rücken oder Oberbauch ausstrahlt und oft mit einem Vernichtungsgefühl einhergeht. Zumeist ist dieser Schmerz von Todesangst begleitet.

Schwere Allgemeinreaktionen wie Kollaps, Schweißausbruch, Orthopnoe, Übelkeit und Schwächegefühl sind häufig. Die präkordialen Schmerzen und bedrohlichen Allgemeinsymptome können aber auch völlig fehlen („stummer Infarkt“ – in ca. 15–20% aller Infarkte).

Im Gegensatz zur Angina pectoris dauert der Schmerz beim Herzinfarkt länger als eine halbe Stunde und kann sogar bis zu 2 Tagen anhalten. Dieser präkordiale Schmerz bessert sich auch nicht bei Bettruhe und spricht nicht auf Nitroglyzerin an.

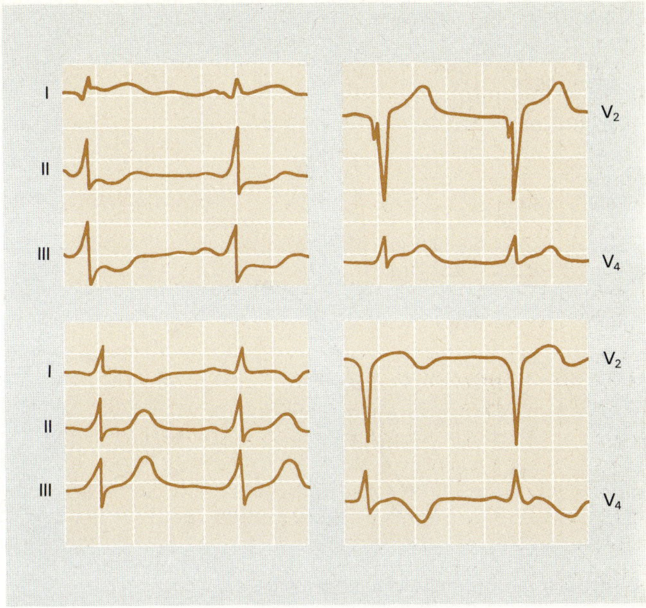

Abb. **7a** u. **b** Klassischer Ablauf eines Vorderwandinfarkts.
a Frühveränderungen, **b** Spätveränderungen.

Diagnostik. Das EKG wird durch den Infarkt in typischer Weise verändert (Abb. **7**). Als charakteristische EKG-Veränderungen gelten:

- tiefe und breite Q-Zacke,
- Anhebung der ST-Strecke,
- symmetrische, spitz-negative T-Welle.

Enzymdiagnostik. Die Bestimmung von Enzymaktivitäten im Serum ist neben der EKG-Registrierung eine entscheidende diagnostische Maßnahme. Folgende Enzyme sind für die Infarktdiagnostik von Bedeutung:

- Kreatinin-Phosphokinase (CPK),
- Glutamat-Oxalacetat-Transaminase (GOT),
- Laktat-Dehydrogenase (LDH).

Ein typisches Beispiel eines Enzymablaufs nach einem Infarkt zeigt die Abb. **8**. Es besteht eine enge Korrelation zwischen dem Schweregrad des Herzinfarkts – also dem Ausmaß der myokardialen Nekrose – und der Höhe und Dauer des Enzymanstiegs im Serum.

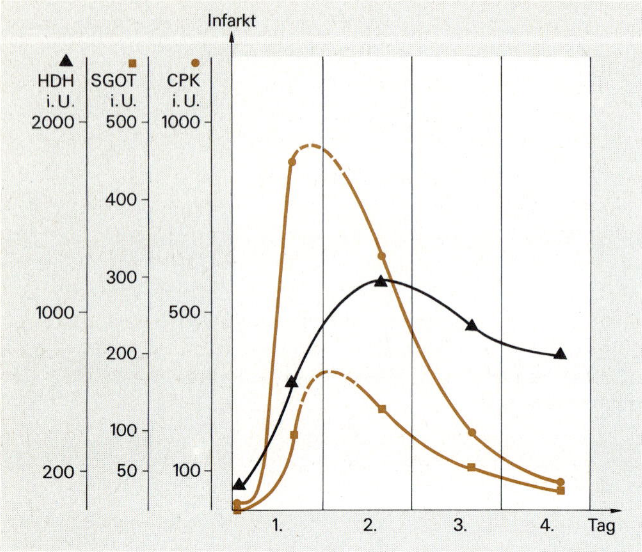

Abb. **8** Beispiel von Enzymabläufen nach Infarkt.

Laborchemisch finden sich beim Infarkt meist auch eine Erhöhung der Blutkörperchensenkungsgeschwindigkeit sowie eine Leukozytose und ein vorübergehender Blutzuckeranstieg.

Differentialdiagnose. Ein einmal registriertes und für normal befundenes EKG ist zum Ausschluß des akuten Herzinfarkts wertlos, da infarktspezifische Veränderungen mit starker Verzögerung – nach Tagen – auftreten oder sogar ganz fehlen können. Die weiteren Differentialdiagnosen entsprechen denen der Angina pectoris.

Komplikationen. Herzrhythmusstörungen treten bei 80–90% aller Infarkte innerhalb der ersten 72 Stunden auf.

Eine Linksherzinsuffizienz entwickelt sich in ungefähr 25% der Fälle und in 10–15% kommt es zum kardiogenen Schock. Die Herzwandruptur ist die Todesursache von 10% der Infarktpatienten, die während der Frühphase in der Klinik sterben.

Folgende weitere Komplikationen sind möglich: Septumperforation, Papillarmuskelabriß mit anschließender Mitralinsuffizienz, Perikarditis sowie das Postmyokardinfarktsyndrom (3–6 Wochen nach dem Infarkt Fieber und Perikarditis).

Eine Spätkomplikation des Herzinfarkts ist in 10% der Fälle ein Herzwandaneurysma. Gefürchtete Folgen sind die Herzinsuffizienz, arterielle Embolien und ventrikuläre Tachyarrhythmien. Wenn diese Komplikationen nicht medikamentös beherrscht werden können, ist eine operative Behandlung (Aneurysmektomie) zu erwägen.

Prognose. Die Letalität ist in der ersten Woche am größten und beträgt selbst bei optimaler klinischer Behandlung innerhalb der ersten 6 Wochen 25–30%, bei Infarktrezidiven über 40%.

Therapie des frischen Myokardinfarkts. Jeder Patient mit Verdacht auf akuten Herzinfarkt muß unverzüglich in ein Krankenhaus mit Intensivpflegestation eingewiesen werden, und bereits vor Erreichen des Krankenhauses muß bei Infarktverdacht intensiv überwacht und ggf. behandelt werden.

Die Therapie des frischen Herzinfarkts umfaßt die absolute Ruhigstellung, Erzielung von Schmerzfreiheit, Verbesserung der koronaren Durchblutung und Vorbeugung bzw. Therapie bedrohlicher Herzrhythmusstörungen.

Im Krankenhaus sollte jeder Patient in der Frühphase des Infarkts (2–4 Tage) auf einer Intensivstation fortlaufend überwacht werden („coronary care").

Medikamentöse Therapie. Die wichtigsten medikamentösen Maßnahmen sind:

- intensive Schmerzbekämpfung (Opiate) und Sedierung, z. B. Barbiturate und Diazepam (Valium);
- Antikoagulantientherapie (anfangs mit Heparin, später Umsetzen auf Kumarine (z. B. Marcumar);
- Xylocain-Dauertropf zur Prophylaxe von Extrasystolen und Kammerflimmern;
- bei Herzinsuffizienz Nitrate, Digitalis und Sauerstoff über Nasensonde, bei kardiogenem Schock ist eine Schockbehandlung erforderlich und bei Kreislaufstillstand Reanimation (s. dort).

Betarezeptorenblocker und Bewegungstherapie. Die Einführung der Betarezeptorenblocker (syn. Betablocker, Betarezeptorenhemmer, Betasympathikolytika, Betadrenolytika) stellt einen bedeutsamen Fortschritt in der Behandlung wichtiger Herz-Kreislauf-Erkrankungen dar. Betablocker gehören heute zu den Medikamenten der ersten Wahl bei der Therapie der Hypertonie, der koronaren Herzkrankheit und bei tachykarden Herzrhythmusstörungen. Viele andere Indikationen sind bereits etabliert, immer neue zeichnen sich ab (Tab. **7**).

Die breite Anwendung betasympathikolytischer Substanzen läßt aus praxisnahen Gründen danach fragen, ob es bewegungstherapeutische Aspekte der Betasympathikolyse gibt.

Wie wirken Betablocker? Direkter Wirkort der Betablocker sind die sog. Betarezeptoren. Dabei handelt es sich um Impulsempfänger von

Tabelle **7** Indikationen für Betarezeptorenblocker

- Hypertonie
- Angina pectoris (koronare Herzkrankheit)
- Tachykarde Herzrhythmusstörungen
- Hyperkinetisches Herzsyndrom
- Hypertrophisch obstruktive Kardiomyopathie
- Glaukom
- Vegetative Übererregbarkeit („Streß")
- Angstzustände
- Essentieller Tremor (Parkinson-Tremor)
- Hyperthyreose – thyreotoxische Krise
- Migräne

Nachrichten, die durch sog. Überträgersubstanzen (die „Neurotransmitter" Adrenalin und Noradrenalin) an ein Zielorgan, beispielsweise den Herzmuskel oder glatte Muskelzellen der Gefäße, weitergegeben werden. Die Neurotransmitter sind Hormone, die im Nebennierenmark synthetisiert und gespeichert und auf nervale Reize hin (z. B. durch Streß oder Schock) in die Blutbahn abgegeben werden.

Die Rezeptoren am Zielorgan, deren chemische Struktur wir bislang noch nicht genau kennen, haben als humorale Empfangsstationen wichtige Aufgaben. Sie müssen den Neurotransmitter erkennen, mit ihm in Wechselwirkung treten und dann eine biologische Reizantwort vermitteln. Um die Wirkung der Betarezeptoren zu erklären, wird oft der Vergleich mit dem „Schlüssel-Schloß-System" herangezogen. Der Rezeptor stellt das Schloß dar, die Überträgersubstanz ist der entsprechend passende Schlüssel. Wenn diesem System ein „künstlicher Schlüssel", in diesem Fall das Pharmakon Betablocker, angeboten wird, ist der Rezeptor blockiert und der körpereigene Neurotransmitter kann mit dem Rezeptor nicht in Interaktion treten. Betarezeptorenblocker verdrängen kompetitiv, d. h. reversibel die Überträgersubstanz aus der Bindung mit dem Rezeptor. Eine sympathische Reaktion wird dadurch unmöglich, der Rezeptor ist dann blockiert.

Hämodynamische Wirkungen der Betarezeptorenblocker. Betablocker schirmen Herz und Kreislauf vor überschießenden Reizen des sympathischen Nervensystems ab. Der sympathische Antrieb des Herzens wird vermindert. Die Herzfrequenz in Ruhe und unter einer gegebenen Belastung sinkt ab (Abb. **9**).

Der Kontraktionsablauf im Herzmuskel wird verlangsamt und die Kontraktionskraft vermindert. Während im Ruhezustand der Blutdruck kaum verändert wird, ist der Druckanstieg unter Belastung deutlich vermindert. Diese Vorgänge führen über eine Senkung des Herzzeitvolumens zu einer „Ökonomisierung der Herzarbeit", der

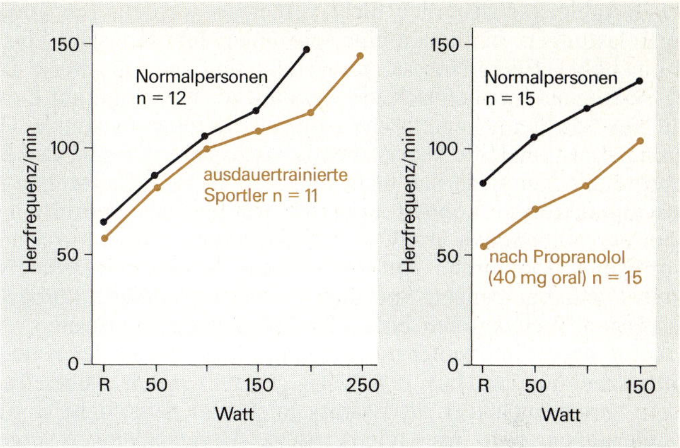

Abb. **9** Herzfrequenz in Ruhe und unter einer stufenförmigen fahrradergometrischen Belastung, links bei Normalpersonen im Vergleich mit ausdauertrainierten Sportlern und rechts von Normalpersonen vor und nach Betablockade.

Energiebedarf des Herzens wird herabgesetzt. Die Reduktion des myokardialen Sauerstoffverbrauchs führt so beispielsweise zu einer Erhöhung der Belastungsfähigkeit des Koronarpatienten.

Fast identische hämodynamische Effekte kennzeichnen auch das ausdauertrainierte Herz. Es besteht also eine Parallelität zwischen den Auswirkungen eines regelmäßigen körperlichen Trainings und den Effekten einer Betarezeptorenblockade. Bei gleicher Arbeit der Skelettmuskulatur wird der Wirkungsgrad des Motors Herz verbessert. Ein regelmäßiges Training führt demnach zu einer „physiologischen Sympathikolyse". Dennoch besteht ein entscheidender Unterschied: Beim ausdauertrainierten Sportler erfolgt die Reduktion der sympathischen Überaktivität über die verbesserte Ausdauerleistungsfähigkeit der trainierten Muskulatur, also primär über die Peripherie, während mit der Betasympathikolyse eine direkte Hemmung des sympathischen Antriebs am Herzen erzielt wird.

Sportmedizinische Aspekte der Betasympathikolyse. Betablocker beeinflussen die sportliche Leistungsfähigkeit in besonderer Weise. Schwere körperliche Belastungen und die Streßsituation unter Wettkampfbedingungen führen beim Sportler zu einer Steigerung der Sympathikusaktivität, die durch eine Zunahme der Plasmakatecholaminkonzentration (Adrenalin und Noradrenalin) nachweisbar ist. Die Folge sind Umstellungsreaktionen der Hämodynamik und des Stoffwechsels. Da Betablocker diese Parameter beeinflussen, stellt sich heute auch die Doping-Frage. Die Ausdauerleistungsfähigkeit kann durch Betablocker sicherlich nicht verbessert werden. Bei körperlichen Belastungen, bei denen eine sehr hohe Herz-Kreislauf-Leistung und ein hoher Energieumsatz notwendig sind (beispielsweise Langlauf, Skilanglauf) wirken sich die Betablocker hemmend auf die Leistung aus, da der sympathische Antrieb für eine maximale Herz-Kreislauf-Leistung fehlt. Bei solchen Belastungsformen sind also Betarezeptorenblocker sicherlich nicht indiziert. Bessere Leistungen nach Betasympathikolyse können erwartet werden bei Sportarten mit hohem psychomentalen Streß (z. B. Segelfliegen, Fallschirmspringen, Skispringen, Bobfahren, Autorennfahren, Schießen u. a.). Es ist bekannt, daß bei einigen Sportarten ohne wesentliche körperliche Belastungen Tachykardien bis zu 205 Schlägen/min auftreten. Auch bei Autofahrern im Straßenverkehr sind Steigerungen der Katecholaminausscheidung im Harn in 80% festgestellt worden. Neben Tachykardien treten auch hier oft Extrasystolen und pathologische EKG-Veränderungen auf, wie telemetrische Untersuchungen ergeben haben. Betablocker müssen aus ethischer Sicht, wenn sie die Wettkampfsituation beeinflussen, als Doping-Mittel angesehen werden. Im Breitensport, in der Prävention und in der Rehabilitation kardiovaskulärer Erkrankungen können Betablocker jedoch hilfreich sein. Oft kann bei herzkreislaufkranken Patienten dadurch die Ausübung einer Sportart oder eine Bewegungstherapie risikoärmer gestaltet bzw. überhaupt erst möglich gemacht werden. Durch den Einsatz von Betablockern läßt sich insbesondere bei Koronarpatienten und bei Patienten mit hyperkinetischen Regulationsstörungen (abnorm starker sympathikoadrenaler Antrieb unter Belastung) auch im Alltag die psychische und physische Belastungstoleranz verbessern. Die Betablockade kann also die bewegungstherapeutischen Maßnahmen fördern, indem sie die Belastungsintensität erhöht. Sie kann jedoch kein Ersatz für eine regelmäßige körperliche Aktivität darstellen.

Auswirkungen auf die bewegungstherapeutische Praxis. Bei Patienten, die unter Betablockern stehen, ist der frequenzsenkende Effekt von ca. 20 Schlägen/min unter Belastung (z. B. beim Treppensteigen) zu berücksichtigen. Die Regel, daß am Ende der Belastungsphase beispielsweise bei Patienten mit koronarer Herzkrankheit die maximale Pulsfrequenz auf einen Wert von 180 minus Lebensalter angestiegen sein soll, hat unter Betablockertherapie keine Gültigkeit. Es ist immer individuell eine Rücksprache des Bewegungstherapeuten mit dem behandelnden Arzt erforderlich, weil verschiedene Betablocker eine durchaus unterschiedliche bradykardisierende Wirkung haben. Das Pulsfrequenzverhalten ist also kein sicheres Kriterium für die Beurteilung der jeweiligen Belastungsfähigkeit der Patienten, die unter einer Betablockertherapie stehen. Statt dessen muß bei der Bewegungstherapie mit diesen Patienten auf klinische Symptome wie eine beschleunigte Atmung (Tachypnoe und Dyspnoe) sowie auf den allgemeinen Erschöpfungsgrad geachtet werden.

Krankengymnastische Behandlung

Der Einsatz der Bewegungstherapie nach Herzinfarkt läßt sich in vier Phasen einteilen:

- Akutphase,
- Konvaleszenzphase,
- Rehabilitationsphase,
- Postkonvaleszenzphase.

Frühmobilisation in der Akutphase

Seit 1952 von Levine und Lown die Diskussion über die Möglichkeit der Frühmobilisation angeregt wurde, haben sich die Auffassungen darüber geteilt. Die Angaben über den Beginn der Behandlung schwanken von „kompromißlos 6 Wochen Bettruhe“ bis zum „Aufstehen nach 3 Tagen“. Obwohl die Nachteile einer strengen Bettruhe bekannt sind:

- Pneumoniegefahr,
- Thrombosegefahr,
- gastrointestinale Störungen,
- Miktionsbeschwerden,
- Inaktivitätsatrophien der Skelett- und Herzmuskulatur,
- Entkalkung der Knochen,
- Kreislaufsregulationsstörungen,
- neurotische Verhaltensweise,

stützen sich deren Anhänger auf die pathologisch-anatomischen Kenntnisse des Infarktablaufs. Die Narbenbildung am nekrotisierten Herzmuskel dauert in der Regel 6 Wochen. Aufgrund der überwiegend in Skandinavien und den USA gesammelten günstigen Erfahrungen mit der Frühmobilisation hat die Weltgesundheitsorganisation 1968 in Heidelberg dieses Prinzip als Standardmethode der Infarktrehabilitation empfohlen. In modifizierter Form wird in den meisten Kliniken nach den Empfehlungen der WHO vorgegangen, was hohe Anforderungen an das Zusammenspiel des Betreuungspersonals stellt (Abb. **10a** u. **b**).

Vergleiche der Untersuchungen bei frühmobilisierten und nicht frühmobilisierten Patienten nach Myokardinfarkt haben folgende Veränderungen bei den frühmobilisierten Patienten ergeben:

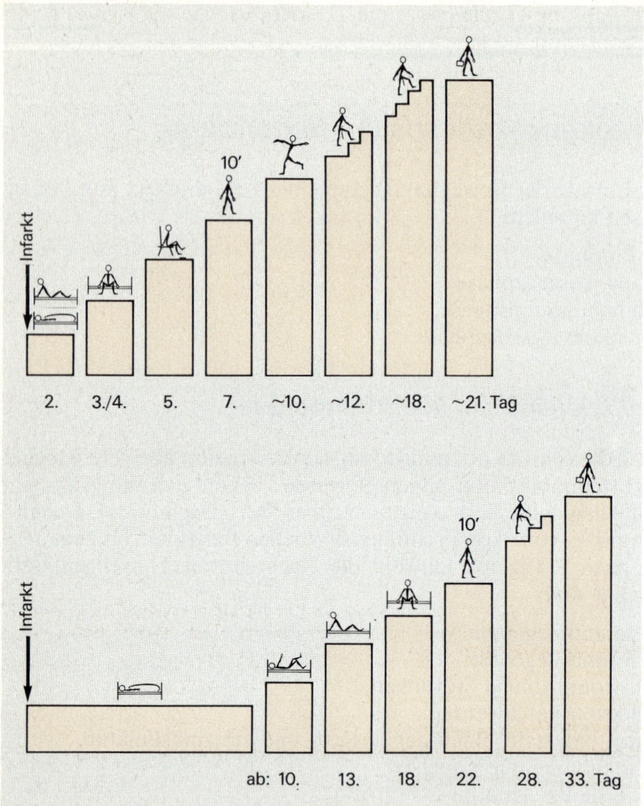

Abb. **10a** u. **b** Mobilisation nach Herzinfarkt. **a** Göteborger Modell.

- Reduktion der Herzarbeit durch Abnahme des belastungsabhängigen Herzfrequenzanstiegs,
- Anstieg des arteriellen Mitteldruckes.

Weitere Vorteile einer individuellen Frühmobilisation sind:

- Erleichterung des Übergangs von der Mobilisationsphase im Akutkrankenhaus zur Rehabilitationsphase der Kur;
- Vermeidung der mit längerer Bettruhe verbundenen Gefahren;
- schnelleres Zurückfinden zu seinem seelischen Gleichgewicht, wenn dem natürlichen Bewegungsdrang unter Aufsicht einer geschulten Kraft nachgegeben werden darf.

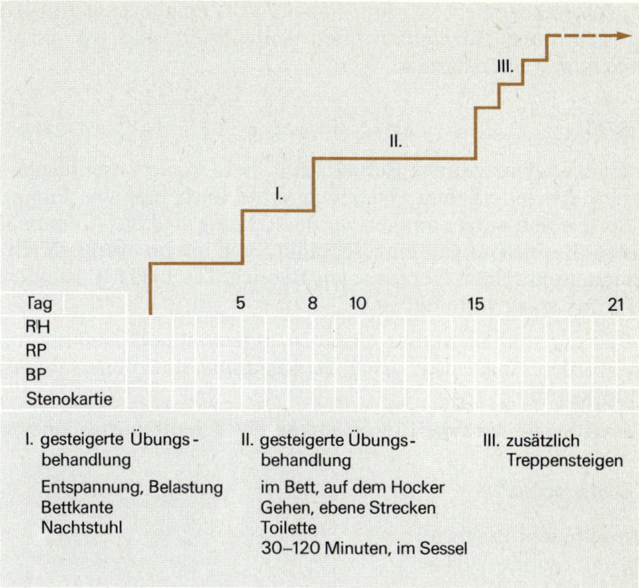

Abb. **10a** u. **b** Mobilisation nach Herzinfarkt. **b** Heidelberger Modell. RH = Rhythmusstörungen, RP = Ruhepuls, BP = Belastungspuls nach stärkster Beanspruchung. Bei Stenokardie und Arrhythmien den Arzt verständigen!

Eine Verbesserung der kardialen Leistungsbreite sowie die Ausbildung von Kollateralgefäßen der Koronararterien können durch Mobilisationsmaßnahmen nicht erreicht werden.

Als Kontraindikationen gelten:

- manifester kardiogener Schock oder dessen Anzeichen (Hypotonie, Blässe, Schwitzen),
- Zeichen der Herzinsuffizienz,
- nicht beherrschbare Arrhythmien,
- längerdauernde Herzschmerzen (retrosternales Druckgefühl, pektanginöse Beschwerden),
- Temperatur über 38°C.

Der Zeitpunkt des Beginns der Mobilisation des Patienten hängt vom Fehlen etwaiger Kontraindikationen und vom Krankheitsverlauf ab. Aufgrund eigener Erfahrungen genügt eine Beobachtungszeit von 3–5 Tagen, welche die Patienten auf der Intensivstation verbringen. Die Zeitwerte gelten unter Berücksichtigung der individuellen Situation des Einzelfalls und müssen, falls der Heilungsverlauf Komplikationen zeigt, sofort korrigiert werden. Sobald ST-Veränderungen im EKG, Temperatur und Enzymaktivitäten normalisiert sind, ist die akute Nekrosephase überstanden.

Befund

Der krankengymnastische Befund zeigt meist keine wesentlichen spezifischen Besonderheiten. Dennoch sollte auch hier wie immer ein genauer Befund aufgenommen werden. Häufig sind die Atemmaße im kostalen Bereich etwas eingeschränkt, vor allem, wenn durch das Vorhandensein einer Herzzone im Bereich TH 1–TH 9 das Gewebe am Thorax stark verhaftet ist.

Der Puls muß auf Rhythmus, Frequenz, Qualität und Quantität untersucht werden, man fragt nach Stenokardien und dem subjektiven Leistungsgefühl.

In diesen Fällen wird die Beweglichkeit des Schultergürtels überprüft.

Gesichtspunkte

- Pneumonieprophylaxe,
- Thromboseprophylaxe.
- Der Patient soll so weit belastbar gemacht werden, daß er bei der Entlassung aus stationärer Behandlung den alltäglichen körperlichen Beanspruchungen gewachsen ist und das körperliche Training in einem Anschlußheilverfahren fortführen kann.

Maßnahmen

Die krankengymnastische Übungsbehandlung enthält:
- gesteigerte Bewegungsserien in intermittierender Dauerform kleiner, mittlerer und größerer Muskelgruppen der Extremitäten, sog. Belastungsphasen,
- Pulskontrollen,
- Maßnahmen zur Verbesserung der Atembewegungen,
- Maßnahmen zur Entspannung,
- Übungen auf dem Hocker,
- Gehen von ebenen Strecken und Treppensteigen,
- Sitzen im Sessel.

Die *Belastungsphasen* bestehen aus Bewegungsserien in intermittierender Dauerform kleiner, mittlerer und größerer Muskelgruppen der Extremitäten. Die Behandlung kann an der unteren oder oberen Extremität beginnen. Übungen der Beine gelten als weniger belastend als die der Arme. Die Steigerung richtet sich nach hämodynamischen Gesichtspunkten, d. h., alle Bewegungen, die aus dem Körperniveau herausgehen – z. B. Knie- und Hüftbeugung aus Rückenlage –, sind kreislaufbelastender als Übungen, die im Körperniveau ausgeführt werden – z. B. Abduktion des Beines. Für die Belastungsphasen der oberen Extremität gilt dasselbe Prinzip. Bei Übungen, die den M. pectoralis stark mit einbeziehen, z. B. horizontale Zirkumduktion oder Boxen, ist große Vorsicht angezeigt, da es zu überschießendem Aktionspotential auf den Herzmuskel und damit zu Rhythmusstörungen kommen kann.

Pulskontrollen. Nach jeder Belastungsphase und nach jeder Ruhephase wird anfänglich der Puls kontrolliert. Die Herzfrequenz ist ein guter Indikator für den Sauerstoffverbrauch des Myokards. Deshalb kann durch diese einfache Kontrolle der Herzfunktion ein Sicherheitsbereich eingehalten werden. Unter Betablockern sinkt die Frequenz ab (S. 121). Um den Patienten nicht zu ängstigen und um ihn nicht an eine Kontrolle zu fixieren, ist es jedoch günstiger, nicht so häufig den Puls zu fühlen, sondern vor allem nach starken Belastungsphasen. ~~Im Liegen darf die Frequenz bis 12 Schläge/min, im Sitzen bis 20 Schläge/min und beim Gehen und Treppensteigen bis 30 Schläge/min ansteigen.~~ Die Gabe von Betarezeptorenblockern beeinflußt die Herzfrequenz entscheidend. Der Krankengymnast muß von der Gabe solcher Medikamente in Kenntnis gesetzt werden.

Verbesserung der Atembewegungen und Entspannung. Nach 3 Minuten muß ein Herz seine Ruhefrequenz wieder erreicht haben. Die Pausen zwischen den Belastungsphasen werden deshalb zur Verbesserung der Atembewegungen und Entspannung genutzt. Dafür kommen – je nach Befund – folgende Maßnahmen in Frage:

- gewebslösende Maßnahmen wie Ausziehen der Interkostalräume, Hautverschiebungen, Packegriffe, Hautfalte wegatmen lassen;
- Wahrnehmung der Atembewegungen, Vergrößerung der Atembewegungen;
- Vibrationen, Streichungen und weiche Knetungen für das Schulter-Nacken-Gebiet.

Während dieser passiven Maßnahmen kann es unserer Beobachtung nach gehäuft zu Extrasystolen kommen. In solchen Fällen läßt man diese Maßnahmen weg oder ersetzt sie durch

- Dehnlagerungen und selbsttätiges Dehnen eines Armes oder Beines (nicht bei Aneurysma) und durch
- Entspannungs- und konzentrative Wahrnehmungsübungen.

In den Phasen, welche der Entspannung eingeräumt sind, bietet sich oft spontan die Möglichkeit zu einem Gespräch. Dazu sollte jede sich bietende Gelegenheit genutzt werden. Es treten angstlösende und depressionsmildernde Wirkungen ein.

In dem *Übungsprogramm auf dem Hocker* werden dieselben Prinzipien zur Steigerung der Belastung berücksichtigt wie sie bei den Belastungsphasen beschrieben sind.

Dazu kommen:
- Rotation, Flexion/Extension und Lateralflexion der Wirbelsäule

Es ist nicht unbedingt notwendig, aber es kann durch die Auswahl eines Gerätes von Tag zu Tag eine zusätzliche Steigerung erzielt werden, z. B.:
- ohne Gerät,
- Stab,
- Reifen,
- Ball,
- leichter Medizinball,
- Ersetzen des Hockers durch den Therapieball.

Das *Gehen auf ebenen Strecken* soll sich jeden Tag etwas ausdehnen und hinsichtlich des Tempos gesteigert werden. Es ist darauf zu achten, daß der Patient anfänglich die Beine gewickelt hat oder Stützstrümpfe und festes Schuhwerk trägt, das ihm sichere Schritte und ein gutes Abrollen der Füße ermöglicht.

Das *Sitzen im Sessel* gehört im strengen Sinne nicht mehr zu der Behandlung, sondern es schließt sich daran an. Es wird von 15 Minuten ausgehend von Tag zu Tag gesteigert.

Dosierung:

Die Dosierung ist in Anlehnung an das WHO-Programm in drei Stufen eingeteilt, deren Art und Intensität sich nach dem individuellen Krankheitsverlauf des Patienten richten (Abb. **11**).

1.–4. Tag. Schonende Pneumonie- und Thromboseprophylaxe auf der Intensivstation.

5.–8. Tag: Stufe I. Die Übungsbehandlung findet im Liegen statt, Belastung und Entspannung sind bezüglich der Dauer gleichwertig. Die Stufe endet mit dem Sitzen an der Bettkante. Eigenaktivitäten: Nachtstuhl, selbständiges Waschen.

9.–15. Tag: Stufe II. Die Behandlung im Liegen wird durch eine Übungsfolge auf dem Hocker ergänzt. Jetzt überwiegen die Belastungsphasen. Abschließend geht der Patient ebene Strecken auf dem Flur.

Eigenaktivitäten: Essen und Waschen außerhalb des Bettes, Gang zur Toilette, freie Bewegung im Zimmer in gesteigertem Maß, 20–30 Minuten Sitzen in einem Sessel.

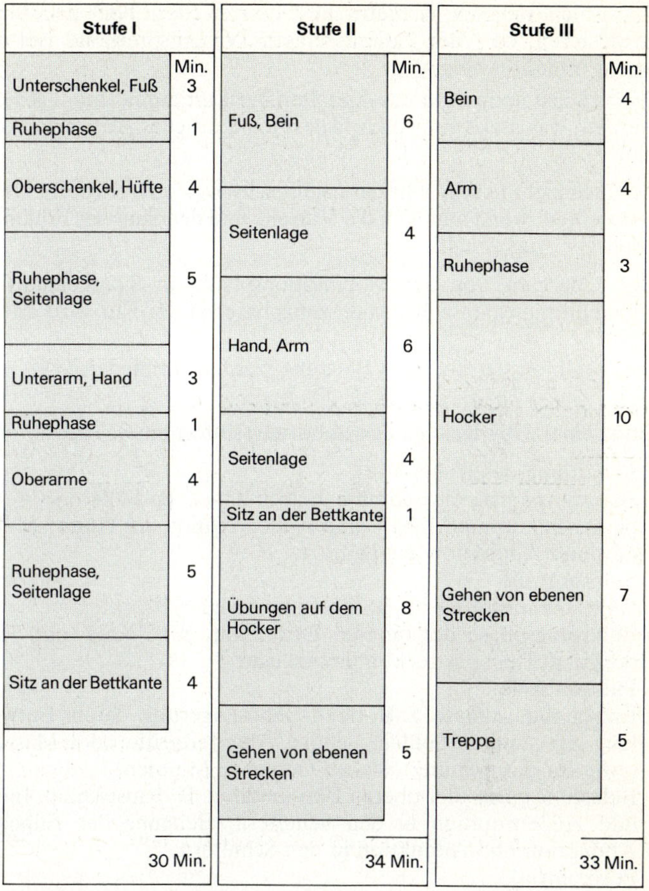

Abb. **11** Dosierung der Belastung in drei Stufen.

16.–22. Tag: Stufe III. Die Belastung im Liegen geschieht nur noch kurz, da das Übungsprogramm auf dem Hocker jetzt das Hauptgewicht erhält. Die Gehstrecke wird verlängert, das Tempo beschleunigt, Treppen dürfen gestiegen werden. Der Patient darf sich nun 3–4 Stunden frei in der Klinik und im Garten bewegen.

Die Behandlungsdauer sollte in jeder Stufe 30 Minuten nicht überschreiten. Dieses Übungsprogramm enthält keine isometrischen Übungen aus folgenden Gründen:

- Es ist nicht möglich, isometrische Übungen leicht oder belastender zu dosieren, da jeder Patient seinem Typ entsprechend viel oder wenig Intention hineinlegt.
- Es muß fast immer auf das Anhalten der Luft aufmerksam gemacht werden, was meist ein willkürliches, unnatürliches Atmen zur Folge hat.

Es ist auch nicht falsch, statt der nächst schweren eine leichtere Übung einzuflechten, wenn man sich die Vorteile und den Sinn der Frühmobilisation vor Augen hält:

- Der Übergang von der Mobilisationsphase im Krankenhaus zur Rehabilitationsphase (Konvaleszenzphase) in der Kur wird erleichtert,
- die Gefahren der längeren Bettruhe werden vermieden.

nicht jeder Pat. ist am 8. Tag so weit wie das Programm

Beispiel einer Übungsfolge der Belastungsstufe I am 8. Tag:

1. Ermittlung des Ruhepulses.
2. Belastungsphase der unteren Extremität, z. B. Füße dorsal- und plantarflektierend, Innen- und Außenrotation der Hüfte, Abduktion und Adduktion der Hüfte.
3. Pulskontrolle.
4. Entspannungsphase, z. B. Streckdehnung.
5. Belastungsphase der unteren Extremität, z. B. Knie- und Hüftbeugung, Bein gestreckt abheben usw.
6. Pulskontrolle.
7. Entspannungsphase, z. B. Dreh-Dehn-Lagerung, daraus Entwicklung zur stabilen Seitlage, einige Atemreizgriffe oder Massagegriffe für das Schulter-Nacken-Gebiet (3 Minuten).
8. Belastungsphase der oberen Extremität, z. B. Faustschluß, Innen- und Außenrotation in den Schultern, Beugung der Ellbogen, Abduktion und Adduktion in den Schultern.
9. Pulskontrolle.
10. Entspannungsphase, z. B. Streckdehnung.
11. Belastungsphase der oberen Extremität, z. B. Flexion und Abduktion in der Schulter, kombinierte Bewegungen mit Hand, Ellbogen und Schulter.
12. Pulskontrolle.
13. Kopfteil so hoch wie möglich stellen.
14. Strümpfe anziehen oder Beine wickeln.
15. Aufsitzen, Füße auf ein Fußbänkchen stellen (Sohlendruck).
16. Pulskontrolle.
17. Um das Bett herumgehen, zum Waschbecken oder zum Fenster gehen usw.
18. Pulskontrolle.

Wichtig ist der Befund, nicht das Schema

Kommt nun das Übungsprogramm der Stufe II auf dem Hocker hinzu, wird die Behandlung der Stufe I vor allem in den Entspannungsphasen gekürzt (s. Abb. **11b**).

Konvaleszenzphase

In der 5.–12. Woche nach dem Infarkteintritt soll die körperliche Leistungsfähigkeit so weit verbessert werden, daß die Aufnahme des Berufs wieder möglich wird. Das Trainingsprogramm zu Hause oder in einem Anschlußheilverfahren beinhaltet:

1. Erwärmen (5–10 Minuten),
2. allgemeine Gymnastik,
3. Ausdauer- oder Intervallbelastung von mindestens 15 Minuten Dauer,
4. Gehen in der Ebene (2mal täglich je 10 Minuten mit Steigerung auf 2mal 30 Minuten),
5. kurzzeitiges Treppensteigen und Bergaufgehen.

Die maximale Trainingsfrequenz im Alter unter 50 Jahren beträgt 120 Schläge/min, über 50 Jahre und bei Digitalis- und Betablockermedikation 100–110 Schläge/min. Die individuelle Trainingsintensität für die Folgezeit kann frühestens nach 6–8 Wochen ausgetestet werden. Die Trainingspulsfrequenz berechnet sich aus dem Ruhepuls + 60% der Differenz zwischen maximaler Pulsfrequenz und Ruhepulsfrequenz.

Nicht trainiert wird
- nach Mahlzeiten,
- bei Auftreten von Krankheitssymptomen (Angina pectoris, Kopfschmerzen, Schwindel),
- bei besonderen Umweltbedingungen (z. B. Hitze, Föhn).

*Rehabilitationsphase**

An das Mobilisationsprogramm im Akutkrankenhaus sollte sich möglichst nahtlos ein Anschlußheilverfahren in Form einer Gruppengymnastik anschließen.

Für den Krankengymnasten entsteht zunächst die Schwierigkeit, die durch hochtechnisierte Diagnostik erworbenen Belastungsmöglichkeiten in die Praxis umzusetzen.

Dosierung:

Um richtig zu dosieren, ist darauf zu achten, daß dieselbe Übung für jeden Patienten eine andere Belastung zur Folge haben kann. Dabei

* Nach L. Wiraeus

spielen diese Faktoren eine wichtige Rolle: Gewicht, Koordination, Intention und Ängste.

Einige *Beispiele*:

- Bei Übergewicht hat man mehr Gewicht zu bewegen und leistet damit mehr Arbeit.
- Ein ungeschickter Patient benutzt mehr Muskeln und leistet eine zu große Haltearbeit bei vielen Bewegungen.
- Ein Ehrgeiziger macht die Übungen schneller und bewegt sich übertrieben akkurat.
- Ein neuer Teilnehmer weiß nicht, was auf ihn zukommt, hat vielleicht Angst, weil er nicht informiert ist. Er muß daher mehr Kraft aufbringen.

Um auch dem Patienten ein richtiges Gefühl für die Belastung zu vermitteln, müssen Übungen zur Körperwahrnehmung eingebaut werden. Eine Unterstützung, um sich ausdrücken und einordnen zu können, ist die Anstrengungsskala nach Borg (Abb. **12**).

Gruppenführung

Die Gymnastik in dieser Gruppe muß für jeden individuell gestaltet werden. Dazu trägt eine lockere Gruppenführung bei. Es ist wichtig, sich als Gruppenleiter in der Gruppe zu bewegen und die Teilnehmer persönlich anzusprechen. Eine technische Hilfe ist die Arbeit mit Telemetriegeräten, da hierbei erkannt werden kann, wie viele Faktoren in der Gymnastik für die Pulssteigerung eine Rolle spielen können.

6	
7	sehr, sehr leicht
8	
9	sehr leicht
10	
11	ziemlich leicht
12	
13	etwas anstrengend
14	
15	anstrengend
16	
17	sehr anstrengend
18	
19	sehr, sehr anstrengend
20	

Abb. **12** Subjektive Anstrengungsskala nach Borg.

Gesichtspunkte

- Verbesserung von Flexibilität, Koordination, Ausdauer und Kraft;
- Vermitteln von Freude an der Bewegung;
- Verbesserung der Entspannungsfähigkeit durch Körperwahrnehmung.

In der Folge beschreibt LARS WIRAEUS, Bad Bevensen, sein Gruppenangebot im Anschlußheilverfahren:

„Wir haben für den Aufenthalt in unserer Herz-Kreislauf-Klinik eine Gruppeneinteilung konzipiert, wobei alle Gruppen untereinander koordiniert sind. Um dieses zu erreichen, ist es sehr wichtig, daß der Krankengymnast jede Belastungsstufe durch eigene Erfahrung richtig einschätzen kann. Er muß wissen, welche Fertigkeiten gebraucht werden, um einen eventuellen Gruppenwechsel sinnvoll erscheinen zu lassen.

Einteilung der Gruppen:

V. Gymnastik auf dem Hocker 15 Minuten.
IV. Gymnastik 25 Minuten – Ergometertraining 12 Minuten – Frühgymnastik 10 Minuten.
III. Gymnastik 50 Minuten – Ergometertraining 12 Minuten – Wasserübungen 15 Minuten.
II. Gymnastik 50 Minuten – Lauftraining 15 Minuten – Schwimmübungen 20 Minuten.

In der Gruppentherapie beginnen wir mit der Gymnastik auf dem Hocker. Diese Übungen dienen der aktiven Entspannung und trainieren die Körperwahrnehmung. Hierbei lernt der Patient auch uns und seine Mitarbeiter kennen, wir bekommen unsere ersten Eindrücke vom Patienten innerhalb der Gruppe. Der Patient wird über die Behandlung und den Zweck der Übung allgemein informiert. Die Information ist in jedem Gruppenangebot ein wichtiges Moment; deshalb sollte auf keinen Fall die Informationskontrolle vergessen werden.

Nach dem ersten Ergometertest in der Diagnostik beginnt der Patient eventuell mit der Gruppe IVa. Hier sollten bei der Gymnastik Muskeln und Gelenke Gelegenheit bekommen, sich durch unkomplizierte Bewegungsabläufe auf Bewegung einzustellen.

Wir beginnen mit Ergometertraining. Um hier einem stupidem Bewegungskonsum entgegenzuwirken, lassen wir den Patienten selbst unter Kontrolle den Widerstand auf dem Fahrrad nach seinem subjektiven Gefühl einstellen. Es ist dabei erstaunlich, wie genau der Patient den richtigen Widerstand von einem Tag zum anderen einstellen kann. Die oben erwähnte Anstrengungsskala nach Borg wird auch hierbei täglich angewandt.

In der Gruppe III werden bei der Gymnastik größere Muskelgruppen mit einfachen Koordinationen geschult. Der Patient wird mit einem Gymnastikgerät vertraut gemacht; dabei erlernt er den Umgang damit und auch die Spieltechnik. Die Erinnerung an frühere Tätigkeiten im Sport sind da, aber durch jahrelange Inaktivität sind die damaligen Fähigkeiten nicht mehr vorhanden, und der Patient überschätzt sich.

In der Gruppe III beginnen wir mit der Gymnastik im Wasser. Im Vordergrund stehen Übungen zur Gewöhnung an das Wasser, die Wasserkräfte zu fühlen und auszunutzen. Dies dient der Vorbereitung des ökonomischen Schwimmens in der Gruppe II. Ein schlechter Schwimmstil führt meistens zu einer zu großen Belastung.

In der Gruppe II beginnen wir bei der Gymnastik mit Spielen wie „Ball über die Schnur“ und Volleyball, vorausgesetzt, der Patient hat hierfür die Grundlagen aus den anderen Gruppen übernommen.

Wir tauschen das Ergometertraining gegen einen sehr angenehmen, langsamen Dauerlauf ein. Für nicht so erfahrene Krankengymnasten ist die Lauftrainingseinteilung nach Lagerström, Köln, eine große Hilfe, um bei den verschiedenen Patienten das richtige Tempo zu bestimmen.

Beispiel eines Stundenaufbaus der Gruppe III (Abb. **13**):

1. Aufwärmung – 10 Minuten.
   Die Aufwärmung ist sehr wichtig, da ein gut eingestellter Patient weniger Gefahr läuft, Beschwerden zu bekommen; er ist außerdem besser gegen Sportverletzungen geschützt.
2. Ausdauerübungen – 6 Minuten.
   Durch kontinuierliche Übungen werden ausgeglichene, flüssige und ökonomische Bewegungen erreicht. Ein leichter, konstanter Pulsanstieg wird erreicht.
3. Entlastung – 3 Minuten.
   Aktive Entspannung für die Schultergürtelmuskulatur, um eine Pulssenkung und Erholung zu erreichen.
4. Ausdauerübungen – 6 Minuten.
   Das Koordinationsgefühl für das Gehen und Ansätze zum Laufen stehen auf dem Programm.
   Es kommt wieder zu einem leichten Pulsanstieg.
5. Entlastung – 3 Minuten.
   Dehnungen ohne großen Kraft- oder Bewegungsaufwand. Eine Pulssenkung und Erholung wird wieder erreicht.
6. Übungen mit dem Ball – 12 Minuten.
   Die Übungen sollen nicht zu lange durchgeführt werden, sondern immer wieder mit Instruktion, Korrekturen und neuen Aufgaben zur Erholung verbunden werden; der Puls kann nämlich auch schon bei leichten Ballübungen sehr hoch steigen.

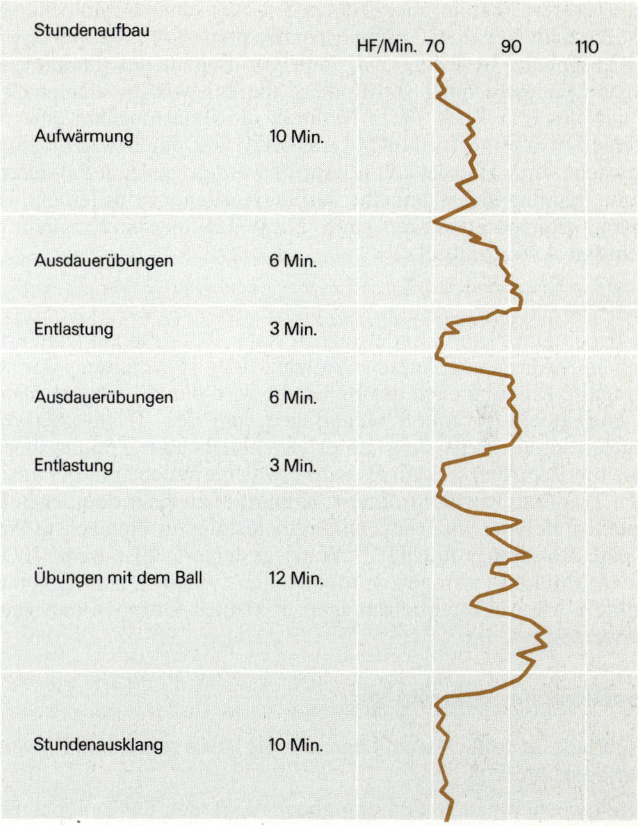

Abb. **13** Gymnastik 50 Minuten mit Telemetrieüberwachung. HF = Herzfrequenz.

7. Stundenausklang – 10 Minuten.
   Im Sitzen sich unterhalten und Entspannungsübungen machen. Der Puls sinkt auf den anfänglichen Ruhewert zurück und der Patient verläßt ausgeglichen den Übungsraum."

Ergometertraining

Das Ergometertraining ist ein Ausdauertraining auf dem Fahrradergometer. Es erlaubt neben einer genauen Dosierung auch eine exakte Überwachung. Zunächst wird rechnerisch die altersentsprechende Trainingsfrequenz ermittelt. Als Faustregel kann gelten: 170 minus

Lebensalter = Trainingsherzfrequenz. Unter einer Betablockertherapie sollte man von einer Trainingsherzfrequenz von 150 minus Lebensalter ausgehen. In jedem Fall muß vor Beginn des Trainings eine Belastungsuntersuchung stattfinden. Hierbei wird in kleinen Stufen von jeweils 12,5 Watt alle 3 Minuten die Belastung um eine Stufe gesteigert, während fortlaufend das EKG auf einem Oszillographen überwacht wird. Hierbei soll überprüft werden, ob dem Patienten die für ein Training auf allgemeine aerobe Ausdauer erforderliche Herzfrequenz zugemutet werden kann. Diese Trainingsherzfrequenz wird durch den Arzt ermittelt.

Dosierung:

Das Ergometertraining findet täglich statt. Jeder Patient trainiert mit seiner individuell angesetzten Wattzahl über 15 Minuten. Vor, während und 3 Minuten nach der Belastung wird die Pulsfrequenz gemessen und in ein Protokoll eingetragen, um den Trainingseffekt zu dokumentieren. Meist steigt unter gleichbleibender Trainingsherzfrequenz die Belastbarkeit an. Es wird etwa eine Woche mit der ausgetesteten Trainingswattzahl trainiert. Kommt es zu einer deutlichen Pulsfrequenzabnahme, wird die Trainingsbelastung für die nächste Woche um eine Belastungsstufe (12,5 Watt) gesteigert. Erst wenn 50 Watt über 15 Minuten vertragen werden, sollen zusätzlich zum Ergometertraining noch Ausdauerbelastungen in kleinen Gruppen dazugenommen werden.

Postkonvaleszenzphase

Diese Phase ist zeitlich nicht begrenzt. Sie ist als sekundäre Prävention lebensbegleitend.

An den wöchentlichen Trainingsabenden werden die Teilnehmer mit kreislaufgünstigen Bewegungsformen vertraut gemacht. Sie sollen lernen, die Belastungsintensität selbständig ihrem Gesundheitszustand anzupassen. Diese Phase ist bisher der Sporttherapie unterstellt.

Ambulante Koronargruppe

Die ambulante Koronargruppe besteht am Heimatort und soll lebensbegleitend sein. Ihre Einteilung kann unter ähnlichen Gesichtspunkten erfolgen wie bei den Gruppen in der Rehabilitation.

Es werden auch hier mindestens zwei Gruppen unterschieden:

- Koronartrainingsgruppe,
- Koronarübungsgruppe.

In der *Koronartrainingsgruppe* werden Patienten mit relativ guter Belastbarkeit von 75 Watt aufwärts zusammengefaßt. Mit den Teilnehmern dieser Gruppe kann ein Bewegungsprogramm in Form und Ausmaß durchgeführt werden, das zu einer Verbesserung der allgemeinen aeroben Ausdauer und somit des allgemeinen Trainingszustandes führt.

Aufnahmebedingungen:

- Einverständnis des behandelnden Hausarztes.
- Keine Zeichen der Herzinsuffizienz in Ruhe und/oder bei 75 Watt bzw. 1 Watt/kg Körpergewicht, keine wesentliche Herzvergrößerung.
- Kein Verdacht oder Nachweis eines Herzwandaneurysmas (Ausnahme: mittels Katheter erwiesene hämodynamische Bedeutungslosigkeit des Aneurysmas, auch unter Belastung).
- Belastungsfähigkeit am Fahrradergometer, ggf. unter Nitropräparaten und Betablockern, mit 75 Watt, ohne schwere stenokardische Beschwerden.
- Keine Erregungsleitungsstörungen unter Belastung. Extrasystolien müssen ausreichend behandelt sein.
- Der Blutdruck soll in Ruhe nicht über 180/105 mmHg, unter Belastung mit 75 Watt 3 Minuten nicht über 210/110 mmHg steigen.

In der *Koronarübungsgruppe* ist die Belastungsfähigkeit geringer. Hier strebt die Übungstherapie eine Verbesserung der Koordination, der Flexibilität und der peripheren Kreislaufregulation an.

Aufnahmebedingungen:

- Patienten mit anhaltenden Rhythmusstörungen.
- Patienten nach ausgedehnten Infarkten und mit Aneurysmen.
- Patienten mit Reinfarkten und inoperablen Zwei- und Dreigefäßerkrankungen.
- Patienten mit Belastungsinsuffizienz.
- Alte oder erheblich vorgealterte Patienten mit generalisierter Sklerose, mit Vorhofflimmern, Schrittmacherträger, nach Klappenersatz.
- Patienten mit schweren orthopädischen oder angiologischen Erkrankungen und Adipöse.

Gesichtspunkte

- Übung oder Training,
- Beratung,
- gruppendynamisches Erleben,
- günstige Beeinflussung der zugrundeliegenden koronaren Herzkrankheit.

Übung und Training sind als wichtige Teilkomponente zu sehen. In diesem Zusammenhang muß darauf hingewiesen werden, daß der

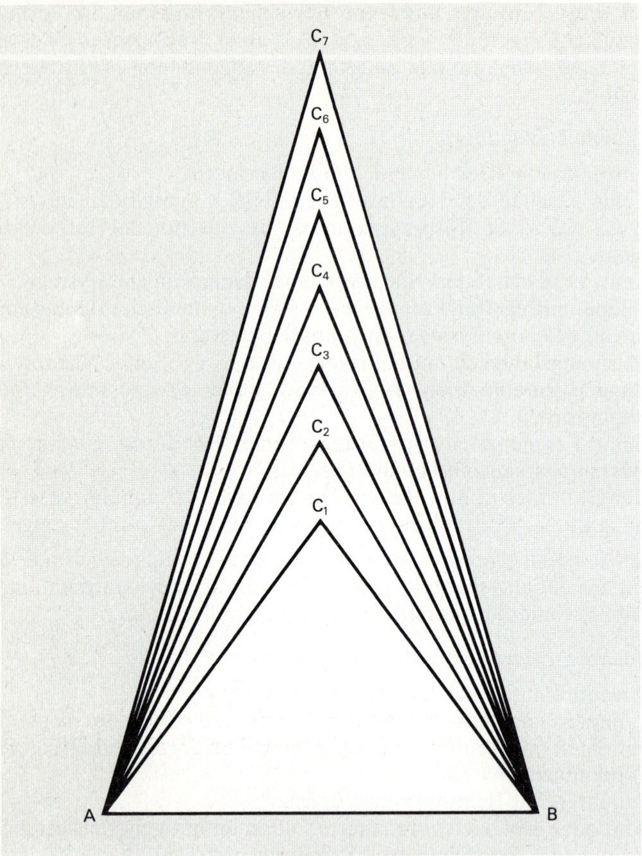

Abb. **14** Schematische Darstellung eines Lauftrainings zur individuellen Belastung im Gruppenverband. ABC_1 = 80-m-Runde, ABC_2 = 90-m-Runde usw. Die Laufzeit für alle Runden beträgt einheitlich 1 Minute (Kölner Modell, nach Lagerström).

Patient durch die Bewegungstherapie nicht in eine neuerliche Streßsituation mit Leistungszwang gebracht werden darf.

Die *Beratung* der Patienten soll auch durch Sozialarbeiter und Diätberater erfolgen können.

Der *koedukative Einfluß der Gruppe* wird bewußt genutzt. Der einzelne wird ermutigt oder in der Annahme von Begrenzungen bestärkt. Entspannungsübungen und gemeinsame Gespräche lassen aus diesen Gruppen fast Selbsthilfegruppen entstehen: Es werden alternative

Tabelle **8** Bewegungsangebot für Übungs- und Trainingsgruppen

Übungsgruppen	Trainingsgruppen
– Spaziergänge – Wassergymnastik – leichte Gymnastik im Gehen, Stehen, Sitzen, Liegen – leichte Ballspiele und Spiele – Entspannung	– Dauerlauf, Jogging – Schwimmen – Lauftraining (Abb. 14) – Training mit dynamischer Belastung von ⅙ der Skelettmuskulatur über 3–5 Min. – Spiele – verschiedene Sportarten – Entspannung

Verhaltensweisen konzipiert, im Gruppengespräch diskutiert, erprobt und möglicherweise eingeübt.

Stundenaufbau:

Das Bewegungsangebot in den Gruppen ist unterschiedlich und richtet sich nach den oben genannten Gesichtspunkten. Jede Übungseinheit sollte mit dem Messen des Blutdrucks und dem Zählen des Ruhepulses beginnen.

Dosierung:

Bei der Belastung im Sinne eines „70%-Trainings" geht man vom augenblicklichen Leistungsvermögen aus, welches durch mehrfache, symptomenlimitierte Ergometrien ermittelt wird. Die somit festgestellte Trainingsfrequenz errechnet man mit der Formel: Trainingsfrequenz = Ruhefrequenz + 70% der Differenz zwischen Ruhefrequenz und Maximalfrequenz.

Beispiel einer Stunde:

1. Blutdruck messen.
2. Ruhepuls bestimmen (an der A. brachialis oder A. radialis).
3. Lauf- und Gehtraining mit Hüpfen, Springen und freiem Bewegen, unterbrochen durch Pulskontrollen (etwa 20 Minuten).
4. Gymnastische Übungen zur Koordinations- und Flexibilitätssteigerung mit Bällen, Stäben, Keulen, Seilen, Hockern, Stühlen, Langbänken, Matten, Pezzi-Bällen usw. (20 Minuten).
5. Spiel.
6. Lösungs- und Entspannungsübungen durch Konzentration auf den Körper und die Körperfunktionen (z. B. Atmung).
7. Notieren des höchsten Belastungspulswertes, der während des Kreislauftrainings erreicht wurde.
8. Gemeinsames Gespräch über Dinge, die für den Koronarkranken wichtig sind (z. B. Diätfragen, Antiraucherprogramm usw.).

Bei jeder Stunde sollte ein Arzt dabei sein mit Reanimationsbesteck, insbesondere mit Defibrillator im Hintergrund. Zwischenfälle sind eine Realität und können immer wieder auftreten.

Dieser Abschnitt stellt lediglich eine Übersicht über Möglichkeiten der Gestaltung innerhalb der Koronargruppen dar. In weiterführenden Lehrgängen werden Übungsleiter speziell ausgebildet, da hierfür zusätzliche Kenntnisse der Gruppenführung, Trainingslehre, Physiologie und Ersten Hilfe notwendig sind.

Krankheiten der Aorta

Aneurysmen

Definition. Aneurysmen sind lokalisierte Erweiterungen einer Arterie, die auf dem Boden einer atherosklerotischen Gefäßveränderung auftreten.

Atherosklerotische Aneurysmen finden sich häufiger im Bereich der Bauchaorta (Aorta abdominalis), seltener in der aszendierenden Aorta.

Klinisches Bild. Das Alter der Patienten liegt meist über 60 Jahre. Im Bauchraum kann man einen pulsierenden Tumor tasten. Oft werden Rückenschmerzen und ischialgiforme Beschwerden angegeben. Vielfach kommt ein chronisches Völlegefühl und eine Claudicatio intermittens hinzu.

In 30% aller Fälle rupturieren diese Aneurysmen, und es treten dann folgende Symptome auf:

- akuter Schmerz,
- paralytischer Ileus,
- Anurie,
- Schock.

Therapie. Wenn möglich Operation, wobei das Operationsrisiko beim Bauchaortenaneurysma vor der Ruptur ca. 10% beträgt und nach der Ruptur auf über 50% ansteigt.

Aortenisthmusstenose

Es werden zwei Typen unterschieden: ein seltenerer infantiler Typ, bei dem die Aorta noch vor Abgang des noch offenen Ductus arteriosus eingeengt ist; in den meisten Fällen liegt ein Erwachsenentyp vor, d. h., es findet sich eine Einengung der Aorta unmittelbar nach dem Abgang des Lig. arteriosum.

Bemerkenswert ist, daß in etwa 0,5% aller Fälle mit arterieller Hypertonie eine Aortenisthmusstenose die Ursache der Blutdruckerhöhung ist.

Wegen der Verengung der Aorta bildet sich ein Kollateralkreislauf vorwiegend über die A. thoracica interna.

Klinisches Bild. Oft relative Beschwerdefreiheit. Manchmal gehäuft Kopfschmerzen, Nasenbluten (wegen des hohen Blutdrucks), kalte Füße und rasche Ermüdbarkeit beim Gehen.

Diagnostik. Es findet sich eine Blutdruckdifferenz zwischen Arm und Bein. Über dem Herzen auskultiert man ein typisches spätsystolisches Geräusch, und im Elektrokardiogramm finden sich die Zeichen einer Linkshypertrophie.

Der Verlauf ist individuell verschieden. Die meisten Erwachsenen sterben an den Folgen der Hypertonie.

Therapie. Mittel der Wahl ist die Operation, wobei das günstigste Operationsalter vor dem 20. Lebensjahr liegt.

Entzündliche Erkrankungen der Aorta

Bakterielle Aortitis

Eine intakte Aorta wird selten von einer bakteriellen Entzündung befallen. Liegt eine atherosklerotische Läsion vor, so kann sich ein mykotisches Aneurysma entwickeln (Fehlbezeichnung: Es handelt sich nicht um eine Pilzinfektion, sondern um eine bakterielle Entzündung!).

Syphilitische Aortitis

Die Aortitis ist eine der häufigsten Luesmanifestationen. Folgezustände der syphilitischen Aortitis sind eine Aortenklappeninsuffizienz sowie in 50% ein Aortenaneurysma (typischerweise sehr häufig in der Aorta ascendens).

Aortenbogensyndrom (Takajashu-Syndrom)

Die Ätiologie dieser Erkrankung ist unbekannt. Bei diesem Syndrom finden sich entzündliche Veränderungen im Bereich der Abgänge der Aortenbogenäste, die zu einer Einengung der Aortenäste führen.

Es werden meist Frauen befallen. Diese Erkrankung spricht sehr gut auch auf eine Kortison- und Antikoagulantienbehandlung an.

Aortitis bei Morbus Bechterew

Oft findet sich beim Morbus Bechterew eine Entzündung im aufsteigenden Teil der Aorta, die manchmal zu einer Aortenklappeninsuffizienz führen kann. Die Ausbildung eines Aortenaneurysmas wurde dagegen noch nicht beobachtet.

Eine spezielle *krankengymnastische Behandlung* ist bei Krankheiten der Aorta nicht erforderlich.

Herzrhythmusstörungen

Veränderungen des Herzrhythmus sind durch Störungen der Reizbildung (im Sinusknoten) oder der Erregungsleitung bedingt (Abb. **15**). Rhythmusstörungen können ständig vorhanden sein (z. B. Dauertachykardie), nur gelegentlich (Extrasystolen) oder auch anfallsweise (paroxysmale Tachykardie) auftreten. Rhythmusstörungen können harmlos sein (z. B. Extrasystolen), aber auch unmittelbar zum Tode führen (Kammerflimmern).

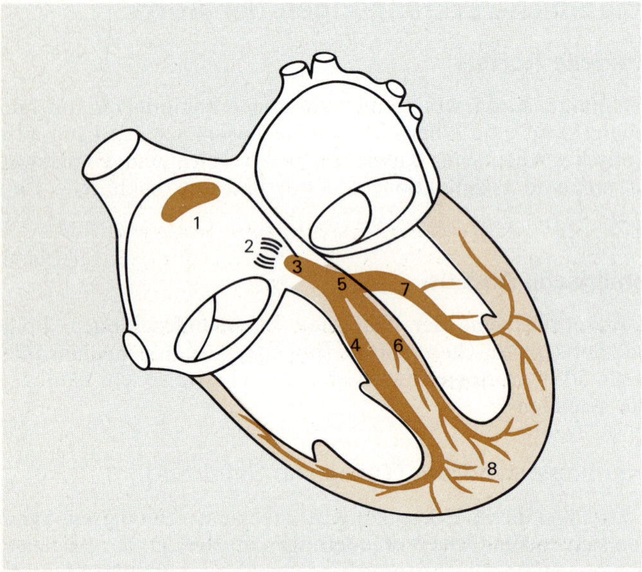

Abb. **15** Schema des spezifischen Reizleitungssystems des Herzens. 1 = Sinusknoten, 2 = AV-Knoten, 3 = His-Bündel, 4 = rechter Schenkel, 5 = linker Schenkel mit 6 = anteriorem Ast, 7 = posteriorem Ast, 8 = Purkinje-Netz (nach *Hegglin*).

Herzrhythmusstörungen können klinisch durch Pulstasten, Auskultation und durch das Elektrokardiogramm gut objektiviert werden.

Tachykardie

Unter Tachykardie versteht man eine schnelle Herzschlagfolge mit einer Frequenz von über 160 Schlägen/min (s. Abb. **16**). Kommt eine unregelmäßige Herzschlagfolge hinzu, so sprechen wir von einer Tachyarrhythmia absoluta.

Das sog. *hyperkinetische Herzsyndrom* zählt zu den funktionellen Herz-Kreislauf-Störungen. Es wird besonders bei jüngeren Menschen beobachtet. Das Leitsymptom ist die Ruhetachykardie und ein unphysiologisch starker Anstieg der Pulsfrequenz und des Blutdrucks unter Belastung.

In den meisten Fällen findet sich keine organische Ursache für diese Beschwerden.

Mögliche Ursachen der Tachykardie:

- physiologisch bei körperlicher Belastung,
- erhöhter Sympathikotonus,
- sog. hyperkinetisches Herzsyndrom,
- Hyperthyreose,
- Fieber,
- Anämie;
- aber auch bei vielen Herzkrankheiten, die mit einer Herzmuskelinsuffizienz einhergehen.

Das anfallsweise Herzjagen (paroxysmale Tachykardie) das minuten- oder stundenlang anhalten kann, geht mit einer Herzfrequenz von 150–200 Schlägen/min einher (Abb. **16**).

Therapie. Behandlung des Grundleidens. Bei funktionellen Tachykardien (speziell bei hyperkinetischem Herzsyndrom) helfen in erster Linie Betarezeptorenblocker.

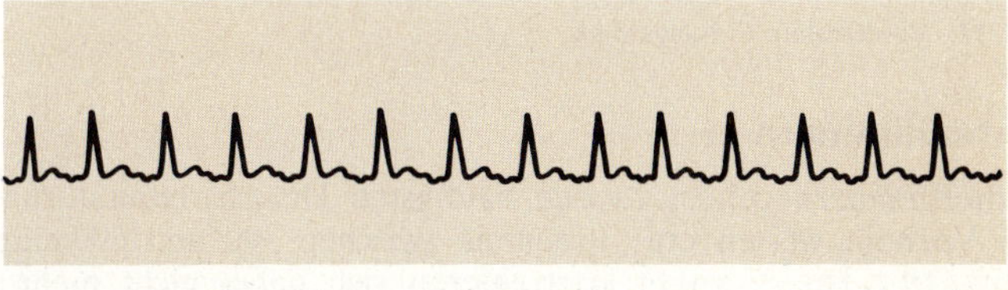

Abb. **16** Supraventrikuläre paroxysmale Tachykardie.

Bradykardie

Wie die Tachykardie so ist auch die Bradykardie eine Störung des Sinusrhythmus. Definitionsgemäß handelt es sich um eine regelmäßige, langsame Herzschlagfolge mit einer Frequenz unter 50 Schlägen/min.

Mögliche Ursachen:

- zum Teil konstitutionell bedingt;
- Sportlerbradykardie (Folge von Ausdauertraining);
- medikamenteninduziert (Betablocker, Digitalisintoxikation);
- Steigerung des Hirndrucks (Tumor, Blutung);
- auch bei Typhus ist eine relative Bradykardie typisch.

Therapie: Sie richtet sich nach der Grundkrankheit. Leichtere Bradykardien erfordern keine Behandlung. Unter Umständen muß die Digitalisdosis reduziert werden.

Weitere Herzrhythmusstörungen

Extrasystolen

Extrasystolen sind vorzeitig und am falschen Erregungsort ausgelöste Herzerregungen. Man unterscheidet ventrikuläre (Abb. **17**) und supraventrikuläre Extrasystolen.

Nach der Häufigkeit spricht man von vereinzelten, gehäuften und salvenartigen Extrasystolen. Extraschläge müssen immer abgeklärt werden. Sie können harmlos sein; nicht selten sind sie aber Ausdruck einer organischen Herzkrankheit (z. B. koronare Herzkrankheit).

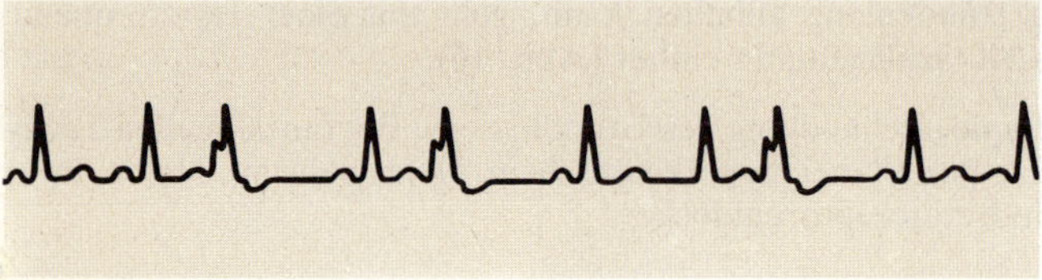

Abb. **17** Ventrikuläre Extrasystolen.

Vorhofflimmern

Vorhofflimmern gehört zu den häufigsten Herzrhythmusstörungen. Die Vorhöfe weisen eine Frequenz zwischen 300 und 600/min auf (Abb. **18**). Die Vorhöfe kontrahieren sich dabei nicht mehr; das Fibrillieren der Vorhofsmuskulatur ist hämodynamisch ineffektiv. Die

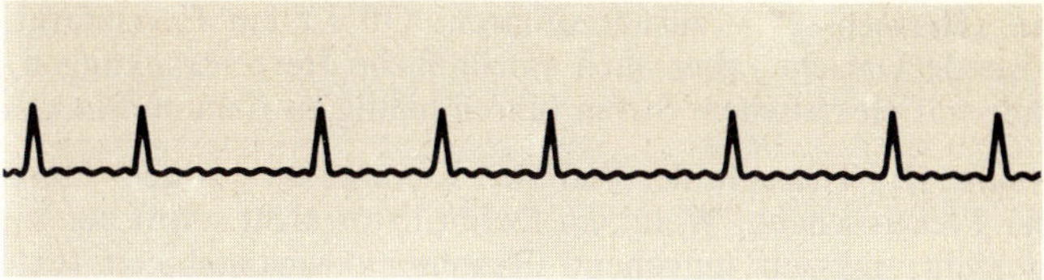

Abb. **18** Vorhofflimmern.

Kammern werden von den Vorhöfen her völlig regellos erregt, so daß eine absolute Arrhythmie entsteht.

Ursache. In den meisten Fällen liegen organische Herzerkrankungen zugrunde (besonders Mitralklappenfehler und koronare Herzkrankheit).

Therapie. Die Beseitigung des Vorhofflimmerns ist auf medikamentösem Wege oder, wenn das Flimmern noch nicht zu lange besteht, durch Elektrokonversion möglich.

Komplikationen. In 30% kommt es zu peripheren Embolien (Hirn, Nieren, Extremitäten). Da immer latent die Gefahr besteht, daß sich Thromben im linken Vorhof bilden, müssen Patienten mit absoluter Arrhythmie bei Vorhofflimmern antikoaguliert werden (sofern für eine Antikoagulation keine Kontraindikation besteht).

Das Vorhofflattern (Frequenz 250–350) ist meist eine Vorstufe des Vorhofflimmerns. Die Therapie entspricht der des Vorhofflimmerns.

Kammerflattern und Kammerflimmern

Kammerflimmern kann sich plötzlich über eine Kammertachykardie oder über Kammerflattern (Abb. **19**) entwickeln. Eine wirksame Kontraktion des Herzens ist dabei unmöglich. Kammerflimmern führt zum sofortigen Kreislaufstillstand und damit zum Tod. Gelingt es nicht, den Kreislaufstillstand innerhalb von 3–5 Minuten zu beseitigen, so tritt ein irreversibler Gehirnzellschaden mit Todesfolge ein. Die meisten Todesfälle sind auf diesen sog. Sekundenherztod – Volks-

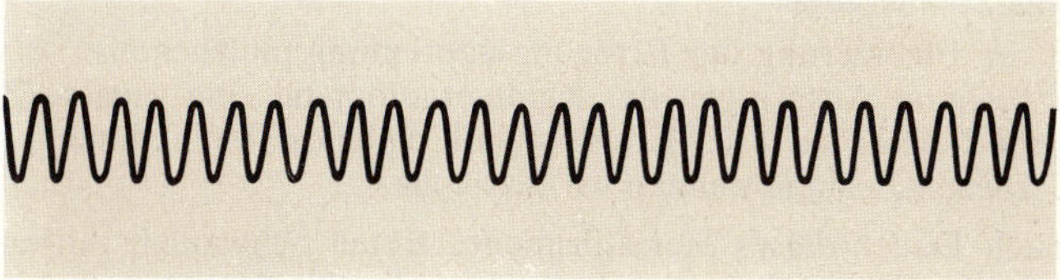

Abb. **19** Kammerflattern.

mund „Herzschlag“ – zurückzuführen. Oft ist ein Herzinfarkt die auslösende Ursache, aber auch entzündliche Herzerkrankungen und Unfälle mit elektrischem Strom führen häufig zu Kammerflimmern.

Therapie. Die Therapie der Wahl bei Kammerflattern und -flimmern ist der Elektroschock. Wenn ein Defibrillator nicht sofort zur Verfügung steht, müssen umgehend Reanimationsmaßnahmen (externe Herzmassage und Beatmung) eingeleitet werden.

Wichtige Herzblockformen

Die Erregungsleitung in den spezifischen Leitungsbahnen des Herzens kann durch eine Störung verzögert werden (Block I. Grades). Sie kann auch zeitweilig ausfallen (Block II. Grades) oder völlig unterbrochen sein (Block III. Grades). Überleitungsstörungen vom Sinusknoten zum Vorhof (SA-Blockierungen) sind selten. Am wichtigsten sind die Herzblockformen, bei denen die Überleitung von den Vorhöfen (Vorhof – lat. Atrium) zu den Kammern (Kammer – lat. Ventrikel) gestört ist. Diese Überleitungsblockierung wird atrioventrikulärer Block oder AV-Block genannt.

Ursachen. Degenerative, narbige oder entzündliche Veränderungen im Bereich des Reizleitungssystems bzw. überleitungshemmende Medikamente (Digitalis, Betablocker).

Wenn die Überleitung vom Vorhof auf die Kammern völlig unterbrochen ist (totaler AV-Block), springen die Automatiezentren der Kammern ein, d. h., die Kammern entwickeln einen sekundären Ersatzrhythmus. Dies bedeutet: Vorhöfe und Kammern schlagen völlig unabhängig voneinander, wobei die Kammerfrequenz sehr viel niedriger liegt (20–40/min). Das Auftreten einer Pulsfrequenz unter 40/min ist ein alarmierendes klinisches Symptom, das sofort an einen totalen AV-Block denken lassen muß.

Therapie. Medikamentös kann ein Versuch mit Atropin und anderen Pharmaka gemacht werden. Bei Unwirksamkeit oder beim Auftreten von Adams-Stokes-Anfällen ist die Indikation zur Schrittmacherbehandlung gegeben.

Adams-Stokes-Anfall

Tritt die Blockierung der Erregungsüberleitung plötzlich ein, so vergeht bis zum Anspringen der Kammerautomatie eine gewisse Zeit. Während dieser steht der Kreislauf still, da keine Herzaktionen erfolgen. Diesen Zustand nennen wir Asystolie.

Je nach Dauer dieses Herzstillstandes treten Schwindel, Absencen oder kurze Ohnmachten auf. Setzt dann die Kammertätigkeit wieder ein, so strömt unter sichtbarer Rötung Blut in das Gesicht, Atemtätigkeit und Bewußtsein kommen zurück. Die Anfälle können sich innerhalb von Minuten wiederholen oder im Abstand von Monaten auftreten.

Prognose. Die Prognose der Anfälle ist ernst, da das Leben des Patienten jedesmal bedroht ist. Durch den plötzlichen Bewußtseinsverlust kommt es zu einer zusätzlichen Gefährdung durch Stürze.

Therapie. Die Behandlung der Wahl ist die Implantation eines Herzschrittmachers, möglichst schon nach dem ersten Adams-Stokes-Anfall.

Sinusknotensyndrom (sick-sinus)

Der Begriff »Syndrom des kranken Sinusknotens« wird heute zunehmend als Oberbegriff für verschiedene bradykarde Herzrhythmusstörungen, aber auch für den pathologischen Wechsel von Bradykardie zu Tachykardie (Bradykardie-Tachykardie-Syndrom) verwendet.

Ursache. Degenerative oder entzündliche Herzerkrankungen (im Alter vorwiegend Koronarsklerose).

Karotissinussyndrom (hypersensitiver Karotissinus)

Physiologischerweise führt eine Reizung des gesunden Karotissinus (z. B. durch eine manuelle Kompression oder Massage des Sinus caroticus) über eine reflektorische Vaguswirkung zu einer Abnahme des Blutdrucks und zu einer Bradykardie (Abb. **20**). Beim Karotissinussyndrom liegt eine erhöhte Ansprechbarkeit des Herzens auf vagale Impulse vor, und eine Reizung des Karotissinus kann über einen Herzblock zu einem Ventrikelstillstand führen. Diese Karotissinussynkopen sind gefürchtet. Oft genügen schon geringe dreh- bzw. Neigebewegungen des Kopfes oder zu enge Kragen, um Blockierungen auszulösen. Mittel der Wahl ist auch hier die Schrittmacherimplantation.

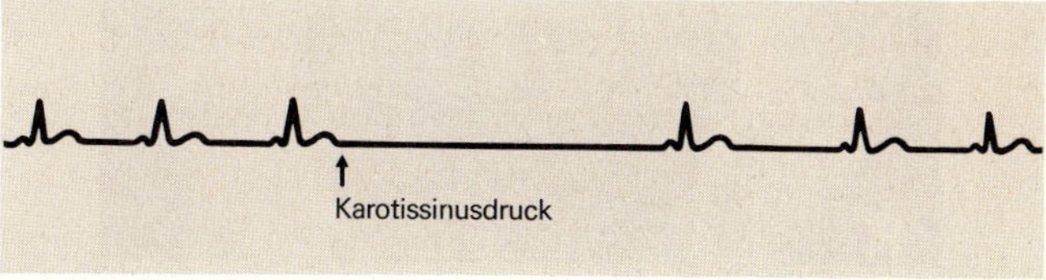

Abb. **20** Karotissinussyndrom.

Herzschrittmacherbehandlung

Der erste künstliche Herzschrittmacher wurde im Jahre 1958 implantiert. Die Schrittmachertechnik ist heute so weit fortgeschritten, daß die Implantation auch bei nicht unbedingt lebensbedrohlichen Herzrhythmusstörungen und bei Patienten mit hohem Lebensalter immer häufiger erwogen wird. Die Zahl der Schrittmacherträger wird derzeit in der Bundesrepublik auf über 50000 geschätzt.

Es werden temporäre von permanenten Schrittmachern unterschieden. Ist nur eine temporäre Stimulation des Herzens erforderlich, so genügt ein externer Impulsgeber. Wenn eine Dauerimplantation notwendig wird, so wird die Batterie im Pektoralis- oder Abdominalbereich versenkt (Abb. **21**). Die Impulsübermittlung zum Myokard erfolgt über Elektrodenkabel auf transvenösem Wege oder direkt myokardial (Abb. **22**).

Die wichtigsten Indikationen zu einer Schrittmacherdauerimplantation sind:

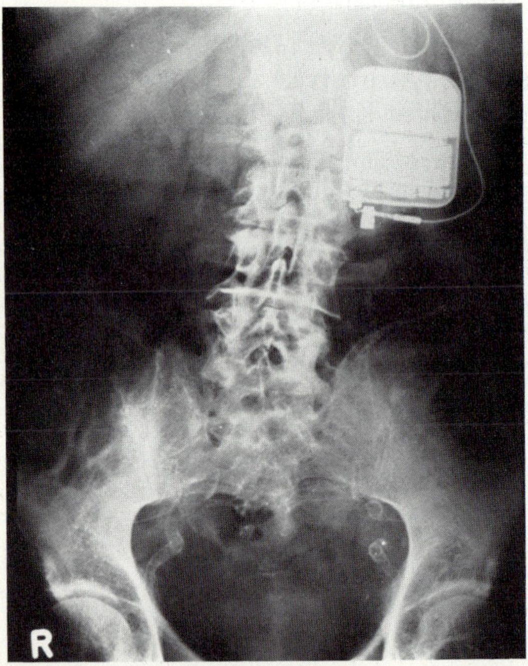

Abb. **21** Position der Schrittmacherbatterie.

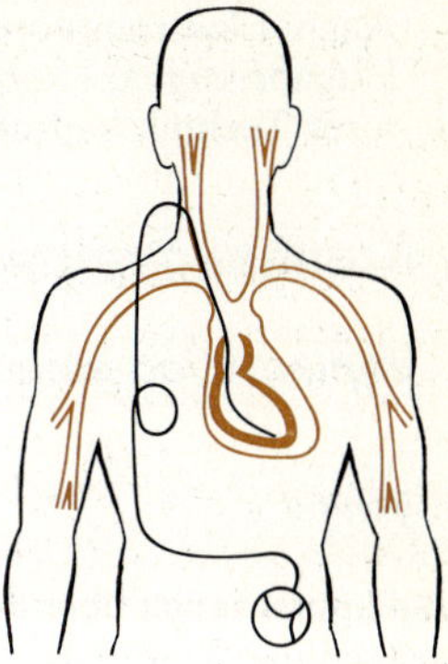

Abb. 22 Schematische Darstellung der Anlage einer transvenösen Schrittmacherelektrode.

- intermittierende oder persistierende Bradykardie (unter 30 Schlägen/min) mit Adams-Stokes-Anfällen,
- bradykardiebedingte Herzinsuffizienz,
- Sinusknotensyndrom („sick sinus"),
- stark wechselnder Rhythmus,
- Karotissinussyndrom,
- bestimmte Blockformen.

Während früher fast ausschließlich frequenzkonstante Schrittmacher verwendet wurden, ist heute der Demand-Schrittmacher (demand = Bedarf) das bevorzugte Modell. Das Herz wird dabei nur dann stimuliert, wenn die Pulsfrequenz unter einen elektronisch vorprogrammierten Wert abfällt (meist 72/min).

Was ist wichtig für die Betreuung von Schrittmacherpatienten?

- Die Schrittmacherfunktion muß regelmäßig (alle 3–6 Monate) in der Klinik überprüft werden.
- Der Schrittmacherpatient wird angehalten, regelmäßig Pulskontrollen durchzuführen. Fällt die Pulsfrequenz unter den gewohnten Wert ab und/oder treten Pulsunregelmäßigkeiten auf, so ist dies ein Hinweis für einen technischen Defekt oder für eine Schrittmacherbatterieschwäche. Moderne Lithium-Schrittmacher haben heute eine Lebensdauer von 3–5 Jahren und länger.
- Schrittmacherpatienten sollten immer ihren Schrittmacherausweis mit sich führen.
- Bei Schrittmacherpatienten darf keine Diathermietherapie durchgeführt werden.

- Auch Elektromotoren und elektromagnetische Detektoren (z. B. Flugabfertigung) können die Schrittmacherfunktion trotz heute besserer Technik bedrohlich beeinflussen.

Krankengymnastische Behandlung

Implantation eines Herzschrittmachers

Befund

Bei Implantation über dem M. pectoralis major

- Haltung: Durch die Schonhaltung werden die Schultern nach vorne gezogen, die Thoraxbeweglichkeit wird entsprechend eingeschränkt.
- Atmung: Die Atembewegungen des Thorax sind verringert, meist ist die Atemrichtung nach diaphragmal verschoben.
- Muskulatur: Es können Verspannungen an typischer Stelle im Schulter-Nacken-Gebiet und am Rücken auftreten.

Bei Implantation unterhalb des linken Rippenbogens

- Haltung: Durch die Schonhaltung kann es zu einer nach ventral gebeugten Haltung kommen. Rotationsbewegungen werden vermieden.
- Atmung: Die linke untere Thoraxseite wird oft nicht in die Atembewegungen einbezogen, vor allem, wenn gleichzeitig ein postthorakales Syndrom besteht.
- Muskulatur: Die Bauchmuskulatur kann insuffizient sein.

Gesichtspunkte

Vermeiden von
- Pneumonie,
- Thrombose,
- Pleuraschwarte,
- Schulterkontraktur.

Verbesserung der Haltung.
Der Patient soll erkennen, daß er wieder seinem normalen Alltag nachgehen kann, ohne sich besonders zu schonen.

Maßnahmen

- Bewegungsserien kleiner, mittlerer und größerer Muskelgruppen von Extremitäten und Rumpf in intermittierender und kontinuierlicher Dauerform.

- Atemtherapie:
  - Wahrnehmung der Atembewegungen in allen Thoraxabschnitten,
  - Ausstreichen der Interkostalräume,
  - Hautverschiebungen,
  - Packegriffe,
  - Vibrationen.

Bei Implantation über dem M. pectoralis major:

- aktive Übungen der Schulter.

Die krankengymnastische Behandlung beginnt sofort am Tag nach der Operation mit den Maßnahmen für eine Pneumonie- und Thromboseprophylaxe.

Für das Abhusten dürfen Vibrationen auf dem Thorax (nicht auf dem Schrittmacher) eingesetzt werden. **Die Funktion des Schrittmachers wird dadurch nicht beeinflußt.**

Der weitere Verlauf der Behandlung ist in der Steigerung der Belastung zur Zeit noch sehr unterschiedlich und wird sich mit fortschreitender Technik in den nächsten Jahren noch ändern. Durch die neuen Schraubelektroden, welche im Endo- und Myokard fest angebracht werden können, ist die Gefahr der Dislokation geringer geworden, weshalb die Patienten jetzt früher aufstehen dürfen als bisher, also am 2.–4. Tag oder früher nach Rücksprache mit dem Arzt. Die Behandlung gleicht nun der des Herzinfarktes der Belastungsstufe II mit Bewegungsserien kleiner, mittlerer und größerer Muskelgruppen von Extremitäten und Rumpf in intermittierender und kontinuierlicher Dauerform. Sie wird gesteigert vom Liegen über den Sitz an der Bettkante zum Hocker, Stand, Gehen und Treppensteigen. Im allgemeinen werden die Patienten nach 8–10 Tagen entlassen.

Die Schulter muß anfänglich, solange noch Fäden liegen, vorsichtig behandelt werden. So dürfen 90 Grad Abduktion möglichst nicht überschritten werden. Auch ist es schonender, anfänglich mit kurzem Hebelarm (Arm im Ellbogen angebeugt) zu üben. Um Bewegungseinschränkung zu vermeiden, müssen nach Entfernung der Fäden sämtliche Schulterbewegungen endgradig geübt werden. Der Patient soll wieder seiner normalen körperlichen Belastung zugeführt werden, mit Ausnahme von Schwerarbeit oder wettkampfmäßig betriebenen Sportarten in Kraft-, Ausdauer- und Schnelligkeitsdisziplinen. Der vorhofgesteuerte Schrittmacher kann sich bis zu einer Frequenz von 120 Schlägen/min anpassen. Danach schaltet er auf die halbe Frequenz.

Entsprechend der Besonderheiten des Schrittmachers und der Elektroden sind folgende Maßnahmen ungünstig:

- Widerstandsübungen (Gefahr des Pressens, schwere Dosierbarkeit für den Kreislauf),
- Dehnlagerungen (um den Elektrodensitz nicht zu gefährden),
- Schüttelungen,
- Schwünge,
- Boxen.

Beispiel einer krankengymnastischen Behandlung nach Schrittmacherimplantation über dem M. pectoralis für den 4.–5. Tag:

1. Pulskontrolle.
2. Lagern: Kopfteil leicht angestellt, kleines Kissen unter den Kopf.
3. Intermittierende Bewegungsserie der Füße und Beine.
4. Ausstreichen der Interkostalräume.
5. Verschiebung der Hautfalte.
6. Packegriffe.
7. Intermittierende Bewegungsserie der Hände und der Unterarme bis Ellbogen.
8. Wahrnehmung der Atembewegungen im kostodiaphragmalen Bereich und im sternoklavikularen Bereich.
9. Aktive Bewegungen der Schulter mit kurzem Hebelarm: Außenrotation, Innenrotation, Abduktion bis 90 Grad, langsame Zirkumduktion.
10. Sitz auf der Bettkante, Beine haben Strümpfe oder sind gewickelt.
11. Hocker, Extension der Wirbelsäule, Schulterblätter vorsichtig zusammenziehen.
12. Rotation der Wirbelsäule.
13. Übungen in intermittierender Dauerform für Füße und Beine.
14. Rumpf senken, Fingerspitzen berühren den Boden, wieder aufrichten.
15. Hände an die Schulter legen, rechter Ellbogen kommt zum linken Knie, linker Ellbogen kommt zum rechten Knie.
16. Gehen einer ebenen Strecke.
17. Pulskontrolle.
18. Sitzen im Sessel.

Kardiopulmonale Reanimation (Wiederbelebung)

Wiederbelebungsmaßnahmen sollte jeder beherrschen, der Kranke betreut oder behandelt, auch Krankengymnasten werden häufig mit akuten Notfallsituationen konfrontiert.

Die wichtigsten Symptome des plötzlichen Herz-Kreislauf-Stillstandes sind:

- Pulslosigkeit (A. carotis, A. radialis, A. femoralis),
- Bewußtlosigkeit,
- Atemstillstand,
- weite lichtstarre Pupillen,
- fahles Hautkolorit.

Atem- und Kreislaufstillstand bedeuten den klinischen Tod. Ein für Aufrechterhaltung des Lebens erforderlicher Minimalkreislauf ist nicht mehr gewährleistet. Bei einem Kreislaufstillstand kommt es nach 3–5 Minuten zu einer irreversiblen zerebralen Schädigung und somit zum Hirntod.

Dem Herzstillstand kann entweder eine Asystolie oder ein Kammerflimmern zugrunde liegen (Unterscheidung nur mittels EKG). In der inneren Medizin sind Herzinfarkte, Herzrhythmusstörungen, Lungenembolien, Vergiftungen und Schockzustände anderer Ursachen häufigster Anlaß für Wiederbelebungsmaßnahmen.

Grundregeln (ABC) der Reanimation

A = *A*temwege frei machen,
B = *B*eatmung,
C = *C*irculation wiederherstellen (Herzmassage).

Erste Sofortmaßnahmen bei der Reanimation

1. *Äußere Herzmassage.* Eine optimale Herzmassage ist nur auf einer harten Unterlage (z. B. auf dem Fußboden oder im Bett nach Bretteinlage) möglich. Zunächst sollten 2–3 kräftige Faustschläge auf den Thorax ausgeübt werden, die sehr oft die Herzaktion wieder in Gang bringen. Wenn dies erfolglos ist, muß unverzüglich mit der externen Herzmassage begonnen werden. Dabei soll das Sternum rhythmisch mit einer Frequenz von 60–80/min (anfänglich 100/min) 4 cm tief zusammengepreßt werden. Ob die externe Herzmassage effektiv ist, zeigt sich durch Tastbarwerden des Pulses. Komplikationen der Herzmassage sind Rippen- und Brustbeinbrüche und seltener Lungen- und Herzbeutelblutungen sowie das Auftreten eines Pneumothorax.

2. *Beatmung.* Eine wirksame Beatmung wird als Mund-zu-Mund-, Mund-zu-Nase- oder Mund-zu-Tubus-Beatmung durchgeführt. Zunächst müssen Mund und Rachen gereinigt und der Unterkiefer vorgezogen werden. Der Kopf ist nach hinten überstreckt. Empfehlenswert sind 20 Insufflationen/min.

Weitere Sofortmaßnahmen:

- venöser Zugang (evtl. Vena-subclavia-Punktion, wenn die peripheren Venen kollabiert sind); über diesen Zugang können dann Medikamente und Infusionen verabreicht werden;
- temporäre Schrittmacherimplantation (bei Asystolie oder extremer Bradykardie);
- Elektroschocktherapie (bei Kammerflattern bzw. -flimmern).

3. Hypertonie

P. RINCK und H. GÖHRING

Definition

Als Hypertonie wird eine permanente Überschreitung des Normbereichs des mittleren arteriellen Blutdrucks bezeichnet.

Nach einer Empfehlung der Weltgesundheitsorganisation (WHO) liegt eine Hypertonie vor bei Blutdruckwerten – gemessen im Liegen oder im Sitzen – über 160 mmHg systolisch und 95 mmHg diastolisch; Blutdruckwerte unter 140/90 mmHg gelten als normoton. Bei den dazwischenliegenden Druckwerten spricht man von einer Grenzwerthypertonie (Abb. **1**).

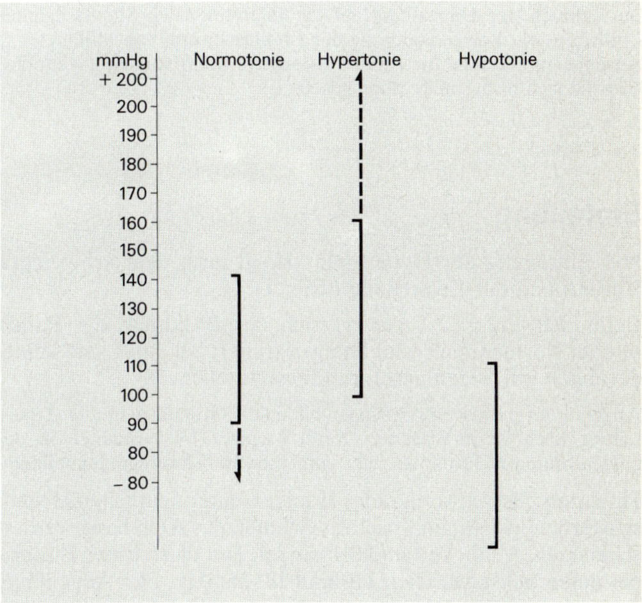

Abb. **1** Normale und pathologische Blutdruckwerte.

Diagnose

Die Feststellung einer Hypertonie erfolgt durch die Überwachung der Blutdruckwerte während einiger Zeit, um eventuelle Blutdruckspitzen ausschließen zu können.

Im allgemeinen werden die Blutdruckwerte nach der Methode von Riva-Rocci (RR) mit Hilfe einer am Oberarm angelegten Staumanschette bestimmt. Der systolische Druck kann vom Manometer abgelesen werden, sobald mit Hilfe eines Stethoskops der erste Arterienton während des Luftablassens aus der Manschette über der Ellenbogenarterie zu hören ist; der diastolische Druckwert ist erreicht, sobald die Töne leiser werden oder verschwinden.

Insbesondere bei hohen systolischen Werten ist zu beachten, daß es zu einer auskultatorischen Lücke kommen kann; in diesem Fall können durch einen zu geringen Ausgangswert zu niedrige Werte gemessen werden. Bei einem Oberarmumfang, der größer als 40 cm ist, oder bei Messungen an den Oberschenkeln sind Manschetten vorzuziehen, die breiter als die normalen Manschetten sind, da sonst zu hohe Werte gemessen werden.

Bei einer Erstuntersuchung sollten immer die Blutdruckwerte an beiden Oberarmen bestimmt werden; sie schwanken bei etwa 20% der Bevölkerung um 10–20 mmHg; dies wird nicht als pathologisch betrachtet. Ist der Unterschied größer, muß eine weitere Diagnostik, z. B. eine Arteriographie, folgen, da in diesem Falle möglicherweise ein Gefäßverschluß vorliegt.

Im Rahmen der Umstellung auf die internationalen Standardeinheiten (SI-Einheiten) wird eine Änderung der Blutdruckwerte von Millimeter Quecksilbersäule (mmHg) auf die Einheit Kilopascal (kPa) vorgeschlagen; die Umstellung hat sich bisher nicht durchgesetzt.

Einteilung

Die Einteilung der Hypertonie erfolgt nach dem Schweregrad, dem Verlauf und der Entstehung (Tab. **1**).

Beim Schweregrad I bewegt sich der Blutdruck der Patienten im oberen Normbereich oder knapp darüber; bei ihnen sind keine Veränderungen im Augenhintergrund festzustellen.

Augenhintergrundsveränderungen bilden die Grundlage für die Hypertonieeinteilung nach Keith-Wagener. Keith-Wagener I–IV stimmen in den ersten beiden Stufen nicht mit der hier aufgeführten Schweregradeinteilung überein.

Patienten des Schweregrades II leiden unter deutlichen Hochdruckbeschwerden wie Angina-pectoris-Schmerzen, Atembeschwerden, Kopfschmerzen, Müdigkeit und Schwindel. Der diastolische Blutdruck liegt bei ihnen meist zwischen 110 und 125 mmHg. Der Augenhintergrund zeigt geringfügige bis fortgeschrittene Gefäßveränderungen (KW I–II).

Tabelle **1** Einteilung der Hypertonieformen nach ihrer Entstehung

1. Primäre Hypertonie (essentielle, idiopathische Hypertonie) betrifft etwa 90% aller Hypertoniker
2. Sekundäre Hypertonie

2.1. Renale Hypertonie
ausgehend vom Nierengewebe (ca. 4%)
ausgehend von Nierengefäßen (unter 1%)

2.2. Hypertonien durch Fehlregulationen des Hormonhaushalts
- Phäochromozytom
- Cushing-Syndrom
- Conn-Syndrom
- Hyperthyreose
- Hyperparathyreoidismus
- Kontrazeptiva-Einnahme

2.3. Hypertonien in der Gravidität

2.4. Hypertonien bei Erkrankungen des Nervensystems
- Hirntumoren
- Enzephalitis
- Poliomyelitis
- Polyneuritis
- Porphyrie
- Schwermetallvergiftungen

2.5. Kardiovaskuläre Hypertonie
- Aortenisthmusstenose
- Aorteninsuffizienz

2.6. Arzneimittelinduzierte Hypertonie
- Kortikosteroide
- Karbenoxolon

Der diastolische Druck beim Schweregrad III bewegt sich zwischen 125 und 140 mmHg. Die Patienten weisen organische Schäden wie eine Herzhypertrophie auf, es bilden sich retinale Blutungen und Exsudate aus (KW III).

Der Schweregrad IV entspricht der malignen Phase der Hypertonie. Die diastolischen Blutdruckwerte sind stark erhöht, es tritt eine immer stärker werdende Niereninsuffizienz auf, im Augenhintergrund zeigen sich Papillenödeme (KW IV).

Im Verlauf der Erkrankung unterscheidet man eine gutartige und eine bösartige Phase, wobei ein Übergang in die bösartige Phase zu jedem Zeitpunkt der Erkrankung erfolgen kann.

Die maligne Hypertonie zeichnet sich durch folgende Symptome aus: permanent stark erhöhter diastolischer Druck über 120–130 mmHg, Augenhintergrundveränderungen mit Papillenödem und Arterienveränderungen und eine rasch fortschreitende Nierenschädigung durch die ausgeprägte Erhöhung des Gefäßinnendrucks. Es kommt zu einer erhöhten Harn- und damit verbundenen Natriumausscheidung, woraus sich eine Herabsetzung des Blutvolumens ergibt. Im Rahmen der Hormonregulation sprechen hierauf der Aldosteron- und der Renin-Angiotensin-Mechanismus an, was zu einer weiteren Vasokonstriktion und Blutdruckerhöhung führt.

Subjektiv leiden die Patienten unter ausgeprägten Kopfschmerzen, das Sehen wird verschwommen; teilweise erblinden die Patienten plötzlich. Es kommt zu einer raschen Abmagerung.

Unter Fortschreiten der Niereninsuffizienz mit andauernder Proteinurie bilden sich bei einem Teil der Erkrankten akut eine Linksherzinsuffizienz mit Lungenödem, bei einem Teil ausgeprägte zerebrale Blutungen mit generalisierten Krampfanfällen aus, denen die Patienten erliegen.

Primäre Hypertonie

Etwa 90% aller Hypertoniker leiden an einer primären (essentiellen oder idiopathischen) Hypertonie. Ihre Ursache ist bis heute unbekannt, obwohl sie eine der verbreitetsten Erkrankungen der Menschheit ist. Sie tritt in einzelnen Familien gehäuft auf, scheint also vererbbar zu sein, obwohl der Erbgang noch nicht endgültig geklärt ist.

Etwa 15% der erwachsenen Bevölkerung sind an Hypertonie erkrankt; diese Prozentzahl steigt in höheren Altersgruppen teilweise über 50% an. 25% der Bevölkerung über 40 Jahren sterben an den Folgen einer Hypertonie.

Hauptsächlicher Risikofaktor für die Ausbildung einer Hypertonie ist ein Übergewicht. Bereits wenn das Körpergewicht 20% über dem Normalgewicht liegt, steigt die Häufigkeit des Auftretens einer Hypertonie um den Faktor 10. Bei Rauchern ist die Anzahl der Hypertoniker höher als in der Normalpopulation. Ebenso wird unter Alkoholikern eine höhere Prozentzahl von Hypertonikern gefunden als in der Durchschnittsbevölkerung.

„Hypertonie“ wird oft als Zufallsdiagnose gestellt. Die Patienten sind in den meisten Fällen beschwerdefrei, viele fühlen sich „richtig gesund“. Das langsame Ansteigen des Blutdrucks findet in der Regel zwischen dem 30. und 50. Lebensjahr statt, außerhalb dieses Zeitraumes ist eine sekundäre Hypertonie stärker in Betracht zu ziehen.

Das Beschwerdebild bei Hypertonie ist sehr weitreichend. Die Patienten klagen über Atemnot während der Nachtstunden, können nicht flach liegend schlafen; häufigstes Symptom ist eine Belastungsdyspnoe, gefolgt von allgemeiner Nervosität, Kopfschmerzen und Schwindelgefühl.

Alle diese Symptome sind nicht spezifisch für eine Hochdruckerkrankung, sie treten auch bei anderen Erkrankungen auf.

Eine endgültige Diagnose kann erst aus einer längeren Beobachtung der Blutdruckwerte getroffen werden.

Bei der unbehandelten essentiellen Hypertonie entwickelt sich im Laufe mehrerer Jahre aufgrund der vermehrten Druckarbeit des linken Ventrikels im großen Kreislauf eine Hypertrophie aus, die im Rahmen einer Dekompensation zu einer Dilatation des linken Ventrikels führen kann. Zwischen 10 und 20% der Hypertoniker weisen eine absolute Arrhythmie mit Vorhofflimmern auf. Neben der Apoplexie stellt die Herzinsuffizienz bei der unbehandelten essentiellen Hypertonie die häufigste Todesursache dar.

Das Auftreten einer Linksherzhypertrophie läßt sich durch das EKG und röntgenologisch nachweisen.

Die Nierenfunktion ist in der Frühphase einer Hypertonie unverändert; erst später finden sich Einschränkungen in der Clearance. Im Verlauf der Erkrankung entwickelt sich bei einigen Patienten eine arteriosklerotische Schrumpfniere, im malignen Verlauf eine Arteriolonekrose, die die Nierenfunktion vollständig zum Erliegen bringen kann.

30–40% der Todesfälle bei einer gutartig verlaufenden Hypertonie lassen sich auf einen Apoplex zurückführen. Hirninfarkte und Massenblutungen bilden das Gros der Todesursachen. Die flüchtige Ischämie ist einer der wichtigen Hinweise für einen drohenden Hirninfarkt; sie äußert sich durch eine weniger als 24 Stunden andauernde neurologische Symptomatik, die durch eine geringe Einschränkung der Hirnblutung, die auch extrazerebral liegen kann, rasch wieder ausgelöst werden kann. Hier muß eine Behandlung unverzüglich begonnen werden.

Die durchschnittliche Lebenserwartung eines Menschen korreliert deutlich mit dem mittleren Blutdruck. Hypotoniker leben länger als Normotoniker, Hypertoniker kürzer. Die Fünfjahresüberlebensrate liegt bei den Schweregraden III und IV im Falle einer unbehandelten primären Hypertonie bei 5%, behandelt bei zwischen 30 und 50%.

Sekundäre Hypertonie

Die sekundären Hypertonieformen nehmen etwa 10% der gesamten Erkrankungen an arteriellem Hochdruck ein. Wichtigste Gruppe unter ihnen ist die renale Hypertonie (Tab. **2**).

Tabelle **2** Nierenerkrankungen, die eine sekundäre Hypertonie auslösen können

- Chronische Pyelonephritis
- Chronische Glomerulonephritis
- Zystenniere
- Diabetische Glomerulosklerose
- Generalisierter viszeraler Lupus erythematodes
- Periarteriitis nodosa
- Progressive Sklerodermie
- Amyloidniere
- Zustand nach akutem Nierenversagen
- Hydronephrose
- Nierenmißbildungen
- Nierentumoren
- Nierentuberkulose
- Perinephritis
- Nierentrauma

Sie wird durch eine Auslösung des Renin-Angiotensin-Mechanismus der Niere erzeugt (Abb. **2**).

Angiotensin II ist die stärkste bekannte blutdrucksteigernde Substanz; ausgelöst durch eine Minderdurchblutung wird in der Niere Renin freigesetzt, das wiederum bewirkt, daß sich aus einem Alpha-2-Globulin des Plasmas (Angiotensinogen) Angiotensin I abspaltet. Angiotensin I wird durch weitere Enzyme in Angiotensin II umgewandelt; Angiotensin II ist in seiner Wirkung zehnfach stärker als Noradrenalin.

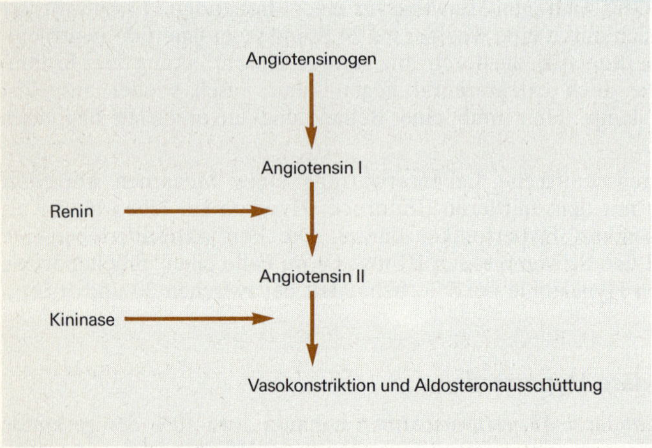

Abb. **2** Renin-Angiotensin-Mechanismus.

Die Steigerung der Reninausscheidung durch eine Drosselung der Nierendurchblutung wird als Hartwich-Goldblatt-Mechanismus bezeichnet.

Renoparenchymaler Hochdruck

Gut 4% aller Hochdruckfälle lassen sich auf eine Erkrankung des Nierengewebes zurückführen.

Am häufigsten entsteht ein renaler Hochdruck auf der Basis einer chronischen Pyelonephritis oder einer chronischen Glomerulonephritis.

Fast die Hälfte aller Patienten mit chronischer Pyelonephritis entwikkeln im Laufe dieser Erkrankung eine Hypertonie. Es handelt sich um eine Erkrankung, die Frauen häufiger befällt als Männer; die Diagnose fällt oftmals schwer, da Pyelonephritiden häufig symptomarm verlaufen.

Auch bei der chronischen Glomerulonephritis ist die Aufdeckung eines arteriellen Hochdrucks und die Abgrenzung des sekundären gegenüber einem primären Hochdruck schwierig. Bei all diesen Erkrankungen treten Mikrohämaturie und Proteinurie auf.

Renovaskulärer Hochdruck

Die renovaskuläre Hypertonie entsteht durch eine Einengung der A. renalis oder einer ihrer großen Abgänge. Dies läßt sich in den meisten Fällen auf arteriosklerotische Veränderungen zurückführen.

Auch hier ist die Diagnose schwierig zu stellen, da sich nur in wenigen Fällen der Hochdruck nach einem plötzlich auftretenden Schmerz im Rücken oder in der Seite oder bei einem Patienten mit bekannter arterieller Verschlußkrankheit einstellt.

Interessant ist für die Diagnose die Bestimmung der Plasmareninaktivität, einer etwas aufwendigen Methode, die erst nach einer Arteriographie, einem i.-v. Urogramm und einem Isotopennephrogramm durchgeführt werden sollte.

Therapie der Wahl ist bei den meisten Patienten die Beseitigung der Stenose; in den Fällen, wo dies nicht möglich ist, erfolgt eine medikamentöse Therapie.

Weniger häufig ist die Entstehung eines arteriellen Hochdrucks bei anderen Nierenerkrankungen. Sie sind der Tab. **2** zu entnehmen.

Bei einer Anzahl von Regulationsstörungen in Hormonkreisläufen des Organismus stellt eine sekundäre Erhöhung des Blutdrucks ein wichtiges Symptom dar.

Phäochromozytom

Phäochromozytome sind zumeist kleine Tumoren der Nebennieren, die Adrenalin und Noradrenalin und deren Abbauprodukte ins Blut sezernieren. Dabei kann es, oftmals ausgelöst durch bestimmte Körperbewegungen, wie das Heben schwerer Lasten oder Defäkation, zu plötzlichen Hochdruckkrisen oder in 60% zu einer permanenten Hypertonie kommen.

Die Diagnose wird durch die klinischen Zeichen und durch die Bestimmung des Katecholaminspiegels im Blut gestellt. Die Therapie besteht in der chirurgischen Entfernung der Tumoren, wo dies möglich ist.

Cushing-Syndrom

Beim Cushing-Syndrom werden Glukokortikoide im Überfluß produziert, wahrscheinlich durch eine erhöhte Natriumretention im Blut und eine höhere Reaktionsbereitschaft auf Katecholamine. In fast allen Fällen besteht eine Hypertonie, die Werte über 200 mmHg systolisch erreichen kann. Der Krankheitsverlauf der Hypertonie entspricht dem eines primären Hochdrucks, häufigste Todesursache des Cushing-Syndroms sind die Komplikationen des Hochdrucks.

Conn-Syndrom

Als Conn-Syndrom wird ein primärer Hyperaldosteronismus bezeichnet, eine von der Nebennierenrinde ausgehende Überproduktion von Aldosteron, was entweder auf Adenome oder auf eine Hyperplasie der Nebennierenrinde zurückzuführen ist.

Die Patienten zeigen klinisch oftmals eine Hypokaliämie im Blut. Dazu treten Muskelschwäche, Kopfschmerzen im Bereich der Stirn und nächtlicher Harndrang.

Sofern es möglich ist, wird das Adenom chirurgisch entfernt. Medikamentös steht Spironolacton (Aldactone, Osyrol) als Aldosteronantagonist zur Verfügung.

Im Rahmen der Therapie der Erkrankung wird auch der Hypertonus gesenkt. Ähnlich verhält es sich bei der Hyperthyreose und beim Hyperparathyreoidismus, wo eine Behandlung oder Heilung der Grunderkrankung auch ein Verschwinden der gelegentlich dabei auftretenden Hypertonie bewirkt.

Bei der Einnahme von oralen Kontrazeptiva zur Empfängnisverhütung tritt neben den weiteren Nebenwirkungen bei etwa 5% der Frauen nach einer Einnahmezeit von fünf Jahren ein Hochdruck auf; es besteht eine Prädisposition bei Familien, in denen Hypertonie, Diabetes mellitus, renale Erkrankungen oder Schwangerschaftshypertonie vorkommen.

In der Regel ergibt sich eine Normalisierung der Blutdruckverhältnisse innerhalb von drei Monaten nach dem Absetzen der Medikation. Ein Übergang zu einer irreversiblen oder sogar malignen Hypertonie wird allerdings ebenfalls beobachtet.

Im Verlauf einer Schwangerschaft kann eine Hypertonie zusammen mit einer Proteinurie und Ödemen auftreten. Die Therapie dieser Gestose besteht in erster Linie in Bettruhe und Belastungsarmut. Der Hypertonus bildet sich in den meisten Fällen nach der Geburt zurück.

Hypertonien können auch als hämodynamische Hochdruckerscheinungen z. B. bei einer Aortenisthmusstenose oder einer Aorteninsuffizienz oder bei Erkrankungen des Nervensystems auftreten. Die Therapie besteht entweder in der Beseitigung der Grunderkrankung oder in einer symptomatischen Therapie.

Therapie

Die Hypertonie ist wie viele chronische Erkrankungen in ihren Anfangsstadien symptomarm oder symptomlos; sie bereitet dem Patienten keine Beschwerden. Während dieses Zeitraums ist eine Therapie mit guten Resultaten durchführbar, obwohl einige Patienten wegen der Beschwerdefreiheit eine Behandlung nicht einsehen oder nicht konsequent durchführen wollen.

In erster Linie zielt die Behandlung auf eine ausgeglichene Lebensweise des Patienten; Streßfaktoren sollten gemieden werden. Die Patienten sollten auf genügend Schlaf achten, zu hohen Anforderungen im Bereich ihrer Arbeit aus dem Wege gehen und Spannungen im familiären Bereich abbauen.

Jeder Hypertoniker sollte – seinem Alter und seinem Allgemeinzustand angemessen – ein körperliches Training auf sich nehmen; die Patienten müssen auf das Rauchen als einen besonderen Risikofaktor verzichten. Alkohol- und Koffeinkonsum sind in vertretbarem Maße gestattet.

Am wichtigsten ist jedoch eine Gewichtsreduktion auf ein Normalgewicht, soweit dies erreichbar ist. Dazu sollen die Patienten eine natriumarme Kost zu sich nehmen, die tägliche Kochsalzzufuhr sollte auf 5 g eingeschränkt werden.

Bei der Mehrzahl der Patienten ist eine medikamentöse Behandlung darüber hinaus notwendig. Die Therapie wird mit einem Betablocker begonnen; ist dies nicht ausreichend, erfolgt eine Kombination mit einem Saluretikum. Andere Kombinationsmöglichkeiten sind Alphamethyldopa mit Saluretikum oder Clonidin mit Saluretikum.

Tabelle **3** Antihypertensiva (wichtige Gruppen) und ihre Nebenwirkungen

Medikamentengruppe	Nebenwirkungen
Betablocker	Bradykardie, Hypoglykämien, Erhöhung des Bronchialwiderstandes nicht bei: obstruktiven Lungenerkrankungen, Leitungsstörungen am Herzen und Herzinsuffizienz
Saluretika	Erhöhung der Kaliumausscheidung durch die Nieren, Störungen in der Glukoseverwertung, Hyperlipidämie, Hyperurikämie
Alphamethyldopa	Sedierung, Mundtrockenheit, Leberschädigung
Clonidin	Sedierung, Mundtrockenheit
	Darüber hinaus bei allen Präparaten: Symptome des Orthostasekomplexes (Schwindel und Schwarzwerden vor den Augen beim Aufstehen, Kopfschmerzen, Übelkeit, Ohnmachtsanfälle)

Bei Blutdruckkrisen wird unter intensivmedizinischen Bedingungen eine Dauerinfusion mit Nitroprussidnatrium, bei weniger ausgeprägten Fällen auch mit Clonidin oder Diazoxid eingesetzt.

Bei allen Antihypertensiva treten Nebenwirkungen auf; sie sind in der Tab. **3** verzeichnet.

Die Senkung des Blutdrucks durch eine medikamentöse Therapie muß sich ebenfalls dem Allgemeinzustand und Alter des Patienten anpassen. Insbesondere bei hohen Druckwerten und alten Patienten soll der Druck langsam und unter Beobachtung des Patienten abfallen, damit es nicht zu plötzlichen Mangeldurchblutungen des Gehirns oder einem protrahierten Kreislaufversagen kommt.

Krankengymnastische Behandlung

Die krankengymnastische Behandlung wird vor allem in der psychosomatisch orientierten Medizin zur Therapie herangezogen. Sie muß eine Kombination von Entspannung und Spannung enthalten. Während der ersten Behandlungen liegt die Betonung auf der Entspannung, im weiteren Verlauf wird jedoch mehr Wert auf Aktivität gelegt, ähnlich wie bei der Behandlung des vegetativen Symptomenkomplex.

Gesichtspunkte

- Der Patient soll in die Lage versetzt werden, sich selbst zu entspannen.
- Er soll leichte Formen der Ausdauerbelastung erlernen.

- Vegetative Umstimmung in Richtung einer trophotropen Reaktionslage (Vagotonie), verbunden mit einem verminderten sympathischen Antrieb.
- Bewußtmachen von ungünstigem Atemverhalten, besonders beim Pressen.

Maßnahmen

- Entspannung z. B. durch Tastarbeit und Dehnlagerungen nach Schaarschuch;
- aktive Bewegungsübungen, je nach Allgemeinzustand, z. B. durch freies Bewegen in intermittierender Dauerform (s. Band 1);
- Massage und Bürstungen;
- Bindegewebsmassage;
- Anwendungen aus der Hydrotherapie;
- Erklärung der hämodynamischen Auswirkungen des Pressens auf den Kreislauf.

Der Einstieg in die Behandlung ist zunächst der Versuch, das Atemverhalten bei Belastung zu verbessern. Besonders gefährlich für den Patienten ist das Pressen, da es infolge des arteriellen Druckanstiegs zu hohen systolischen Druckspitzen kommen kann.

Mit Preßbeginn steigt der arterielle Druck um die Höhe des Preßdruckes, fällt dann kurzfristig ab, um als Folge der peripheren Widerstandserhöhung wieder anzusteigen. Diese Widerstandserhöhung ist die Folge der gesteigerten Sympathikusaktivität. Bei der Wegnahme des Preßdruckes nach dem Pressen fällt der arterielle Blutdruck wieder ab, um nach ansteigendem Herzminutenvolumen bei noch bestehender Vasokonstriktion wieder anzusteigen. Durch die Steuerung der Druckrezeptoren des Aortenbogens und des Karotissinus fällt die Pulsfrequenz ab, sobald der arterielle Druck steigt. Dadurch kann es zu Kollapserscheinungen und Schwindel kommen. Muskelspannungen müssen also so dosiert sein, daß der Patient mühelos weiteratmen kann.

Während der Behandlung muß der Patient lernen, in möglichst schonender Weise die im täglichen Leben notwendigen Arbeiten ohne Pressen auszuführen, z. B. schweres Heben, Tragen, Bücken und Aufrichten. Hier muß die bewußte Übung einsetzen, so daß sich Atembewegung und Körperbewegung koppeln können.

Beispiel:

- beim Tragen weiteratmen,
- beim Heben weiteratmen,
- sich kontrolliert in einem angemessenen Tempo bewegen.

Die Bewegung muß dem Allgemeinzustand, d. h. dem Alter, den Möglichkeiten und dem individuellen Befund des Patienten angepaßt werden. Vom Gehen im Wechsel mit leichtem Traben bis zum gymnastischen Üben mit kontinuierlichen Dauerbelastungen sämtlicher Muskelgruppen ergibt sich hierfür ein breites Übungsspektrum, welches sowohl einzeln als auch in Gruppen durchführbar ist.

Massage soll Verspannungen lösen und zur allgemeinen Entspannung beitragen.

Bürstungen wirken auf die Haut kapillarisierend und können somit kurzfristig einen erhöhten Sympathikotonus senken. Außerdem trainieren sie das Gefäßsystem. Die Erweiterung von Kapillaren führt zu einer kurzfristigen Senkung des erhöhten peripheren Widerstandes. Der Patient soll die Technik erlernen und sich jeden Morgen selbst bürsten.

Die Bindegewebsmassage dient der vegetativen Umstimmung. Sie wird kurmäßig als Reiz angesetzt, d. h., sie soll keine Dauerbehandlung sein. Es genügt hierfür die Strichfolge des großen Aufbaus.

Die Anwendungen aus der Hydrotherapie, wie Waschungen, Güsse, Wechselanwendungen usw. dienen ebenfalls einem Training des Gefäßsystems, sollen mild sein und zur Erhaltung gesunder und harmonischer Reaktionen der Gefäße beitragen.

Übungsbeispiel

Tastarbeit nach Schaarschuch/Haase mit der Beobachtung von Spannung und Entspannung:

Es wird dabei versucht, durch Bewußtseinseinengung zur Entspannung zu kommen. Das Entspannen kann sowohl in einer Einzelbehandlung als auch in einer Gruppe angewendet werden. Es ist günstig, den Raum etwas abzudunkeln oder die Beleuchtung zu dämpfen. Er soll angenehm warm sein. Die Kleidung des Patienten darf nicht beengen (Korsagen, Gummizüge, Fußstege). Die Unterlage soll weich sein. Die Ausgangsstellung (Rückenlage oder Seitlage) kann frei gewählt werden, es empfiehlt sich aber, vor allem als Vorbereitung zur Dehnlagerung, die stabile Seitlage einnehmen zu lassen. Der Therapeut setzt sich auf einen Platz, von welchem aus er die Gruppe gut übersehen kann, ohne den Kopf weit drehen zu müssen, damit die Stimme für alle immer gleich verständlich bleibt. Während der ganzen Entspannungsphase sitzt er ruhig auf diesem Platz, um die Aufmerksamkeit der Patienten nicht auf sich zu lenken. Korrekturen werden ausschließlich verbal gegeben. Begonnen wird immer distal an den Zehen oder an den Fingern mit der Seite, die anschließend gedehnt werden soll.

Vorausschickend wird erklärt, daß zwischendurch Fragen gestellt werden, auf die keine laute Antwort erwartet wird und die ausschließlich zur eigenen Überprüfung gedacht sind, z. B.: „Schließen Sie die Augen und werden Sie ganz ruhig. Falls die Augen noch suchen, drehen Sie sie zur Nasenspitze. – Stellen Sie sich jetzt Ihren rechten großen Zeh ganz genau vor, die Kuppe, den Nagel; gehen Sie auf die anderen Zehen über, bis Sie beim kleinsten Zeh angekommen sind. Spüren Sie am Fußaußenrand entlang bis zur Ferse, um die Ferse herum bis zum Knöchel. Stellen Sie sich diesen Knöchel genau vor. Gehen Sie jetzt weiter nach oben, bis Sie an die Wade kommen. Ist die Wadenmuskulatur wirklich ganz locker? Hat sie keine Spannung mehr? – Loslassen. – Der Unterschenkel ist Ihnen deutlich im Bewußtsein. Gehen Sie jetzt weiter bis zur Kniekehle, und kommen Sie auf den Oberschenkel. Gehen Sie auf die Vorderseite. Ist die Muskulatur wirklich ganz locker? Hat sie keine Spannung mehr? – Loslassen. – Der Oberschenkel wird ganz schwer und warm. Sie gehen jetzt weiter und kommen an die Hüfte. Ist die Hüftmuskulatur wirklich ganz entspannt? Sie gehen entlang der Hüfte aufwärts, bis Sie an der Wirbelsäule ankommen. Steigen Sie nun an den Wirbeln empor, Wirbel für Wirbel, bis Sie am Brustkorb ankommen. Kontrollieren Sie diesen Rückenabschnitt: Ist wirklich keine Spannung mehr in der Rückenmuskulatur zu finden?

Beobachten Sie jetzt die Bewegungen, die Ihr Brustkorb bei der Atmung vollführt. Sie spüren, wie die Rippen sich heben und senken – heben und senken...". Durch dieses im Atemrhythmus gesprochene Kommando werden die Atembewegungen etwas vergrößert, und der Atemrhythmus kann beeinflußt werden. Man läßt danach eine kleine Pause. „Gehen Sie jetzt weiter auf das Gebiet Ihres Nackens und der rechten Schulter. Lösen, lockerlassen, der Nacken ist jetzt ganz entspannt. – Jetzt zur rechten Schulter und auf die Vorderseite des Oberarmes: Kontrollieren Sie, ob nicht noch etwas Spannung darin ist, ebenso die Rückseite des Oberarmes – loslassen. – Sie kommen um den Ellbogen herum auf die Oberseite des Unterarmes. Kontrollieren Sie die Spannung. Ballen Sie jetzt die Hand langsam zur Faust. Verfolgen Sie, wie weit Sie diese Spannung spüren, und lassen Sie langsam wieder los."

Nach einigen Augenblicken fordert man den Patienten auf, sich zu räkeln, eventuell zu gähnen und sich auf den Rücken zu drehen. Er wird befragt, wie er diese Entspannungssituation empfindet, ob er dem Tempo mit seinen Gedanken folgen konnte, was er als schwierig empfunden hat usw.

Hier können sich nun Dehnlagerungen anschließen. Eine weitere Möglichkeit ist das Spüren der Auflageflächen in Rückenlage.

4. Erkrankungen der Arterien und der Venen

D. Matthes und H. Göhring

Arterien

Bei den arteriellen Verschlußerkrankungen kommt es durch Einengung oder Verlegung des Arterienlumens zu Störungen der Gewebsernährung im entsprechenden Versorgungsgebiet. Die Verlegung des Arterienlumens kann durch degenerativ-arteriosklerotische, entzündliche oder funktionelle Gefäßwandveränderungen hervorgerufen werden.

Die häufigste Ursache arterieller Durchblutungsstörungen ist die obliterierende Arteriosklerose. In der Gefäßintima kommt es zur Ablagerung von Lipoiden und Mukopolysacchariden mit nachfolgender Verkalkung in Form von Herden, den sog. atheromatösen Plaques. Bricht ein solcher Herd auf, entsteht ein Defekt in der Gefäßwand, an dem sich Thromben ablagern können, die langsam oder akut zu einem kompletten Verschluß führen.

Die auf dem Boden arteriosklerotischer Intimaveränderungen entstehenden Verschlußerkrankungen werden durch mehrere Faktoren, die sog. *Risikofaktoren* begünstigt. An erster Stelle steht das Zigarettenrauchen (Tabakrauchinhalation), gefolgt von Hypertonie, Diabetes mellitus und Hyperlipidämie. Treffen mehrere Risikofaktoren zusammen, nimmt die Erkrankungshäufigkeit stark zu.

Aufgrund des unterschiedlichen therapeutischen Vorgehens unterscheidet man zwischen chronischen und akuten Arterienverschlüssen.

Chronische arterielle Verschlußerkrankungen

Die arterielle Verschlußerkrankung manifestiert sich früher oder später an mehreren Stellen des Arteriensystems. Bevorzugt werden die Arterien der Extremitäten und des Herzens befallen, weniger häufig die Hirn-, Nieren- und Darmarterien. Die Ursachen der Gefäßverschlüsse sind vor allem (ca. 90%) degenerativ-arteriosklerotische Veränderungen und in ca. 10% entzündliche Gefäßwanderkrankungen. Männer werden nahezu viermal häufiger als Frauen von den stenosierenden Gefäßprozessen befallen. Das Häufigkeitsmaximum liegt beim

Mann um das 6. Lebensjahrzehnt; Frauen erkranken durchschnittlich 10 Jahre später, wobei ein gewisser hormoneller Schutz gegenüber der Arteriosklerose diskutiert wird. Die arteriosklerotischen Gefäßveränderungen sind durch einen schleichenden Beginn und durch ein allmähliches Fortschreiten des Prozesses gekennzeichnet.

Bei den *entzündlichen Gefäßerkrankungen* nimmt an Häufigkeit die *Endangiitis obliterans* (v.-Winiwarter-Buerger-Erkrankung) die erste Stelle ein. Die Erkrankung tritt hauptsächlich bei jungen Männern zwischen 30 und 50 Jahren auf, wobei die Durchblutungsstörung durch entzündliche Intimaveränderungen, an denen sich Thromben ablagern, hervorgerufen werden. Die Ursachen der Endangiitis obliterans sind noch weitgehend unbekannt. Diskutiert werden eine Schädigung durch Nikotin, da Nichtraucher äußerst selten an einer Endangiitis obliterans erkranken, sowie chronisch allergische Reaktionen auf einen Infekt. Zunächst werden die kleinen und mittleren Arterien befallen, später auch die großen Gefäße.

Die Patienten mit chronischen arteriellen Verschlußerkrankungen klagen über Schmerzen, Kälte- und Schweregefühl und über rasche Ermüdung der minderdurchbluteten Extremität. Je nach Schweregrad der Durchblutungsstörung unterscheidet man in Anlehnung an Fontaine vier Stadien.

- *Stadium I:* Pulsausfall oder Pulsabschwächung ohne subjektive Beschwerden.
- *Stadium II:* Die Durchblutung reicht während der Muskelarbeit nicht mehr aus, und es treten nach einer bestimmten Gehstrecke krampfartige Schmerzen, z. B. in der Wade, auf, die zum Stehenbleiben zwingen. In Ruhe klingen dann die Schmerzen innerhalb weniger Sekunden bis Minuten wieder vollständig ab. Man nennt dieses Beschwerdebild die *Claudicatio intermittens.*
- *Stadium III:* Bereits in Ruhe ist die Durchblutung bei horizontaler Lage unzureichend, so daß Ruheschmerz besteht.
- *Stadium IV:* Es ist zur Nekrose bzw. zum Gangrän gekommen.

Da der Ort der Arterienverlegung hauptsächlich die Symptomatik bestimmt, hat sich die Einteilung in Verschlußlokalisationen bewährt (Abb. **1**). Beim *peripheren Typ* liegen die Verschlüsse im Bereich der Unterschenkel-, Fuß- oder Digitalarterien. Dieser Lokalisationstyp tritt vor allem bei Patienten mit Diabetes mellitus sowie bei Endangiitis obliterans auf, wobei über Kältegefühl und Sensibilititätsstörungen im Bereich der Füße und Hände geklagt wird. Beim *Oberschenkeltyp,* dem häufigsten Verschlußtyp, ist die A. femoralis verschlossen, was zu dem typischen Bild der Claudicatio intermittens der Wadenmuskulatur führt. Während der Leistenpuls (A. femoralis) normal tastbar ist, sind die Kniekehlenpulse abgeschwächt oder fehlen. Der *Beckentyp* umfaßt

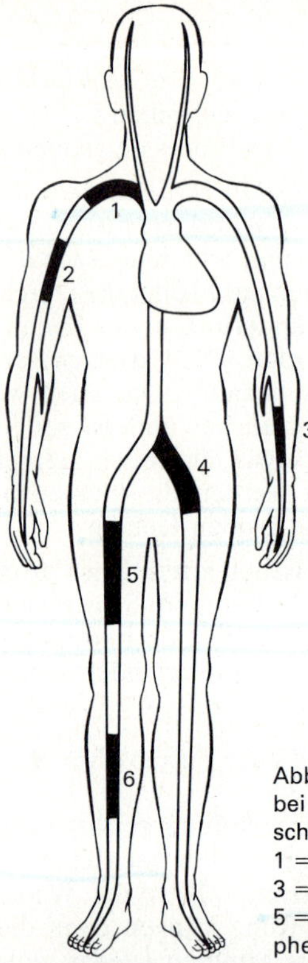

Abb. **1** Verschlußlokalisation bei chronischen arteriellen Verschlußerkrankungen.
1 = Schultergürteltyp, 2 und 3 = Armtyp, 4 = Beckentyp, 5 = Oberschenkeltyp, 6 = peripherer Typ.

die Verschlüsse der Beckenarterien. Hierin eingeschlossen ist der Verschluß der Aorta unterhalb des Abganges der Nierenarterien. Dieser Verschlußtyp führt zu einer Claudicatio im Bereich der Oberschenkelmuskulatur und zum Pulsausfall von der Leistenbeuge an distal. Ist die Aorta mitbefallen, so kommt es beim Mann zur Impotenz (sog. Lériche-Syndrom). Vom *Schultergürteltyp* spricht man bei Verschlüssen im Bereich der A. subclavia, beim *Armtyp* liegen sie im Bereich der A. axillaris und der A. brachialis. Bei beiden Verschlußtypen ist der Radialispuls abgeschwächt oder nicht mehr zu tasten. Die Patienten klagen über Schweregefühl sowie rasche Ermüdung in Ober- bzw. Unterarm.

Diagnostik. Der Lokalbefund (z. B. kalte Extremitäten, Nekrose oder Gangrän) und die Art und Lokalisation der Gehbeschwerden (Claudicatio intermittens) geben wichtige Hinweise für das Vorliegen einer arteriellen Verschlußerkrankung. Generell sollte man bei Verdacht

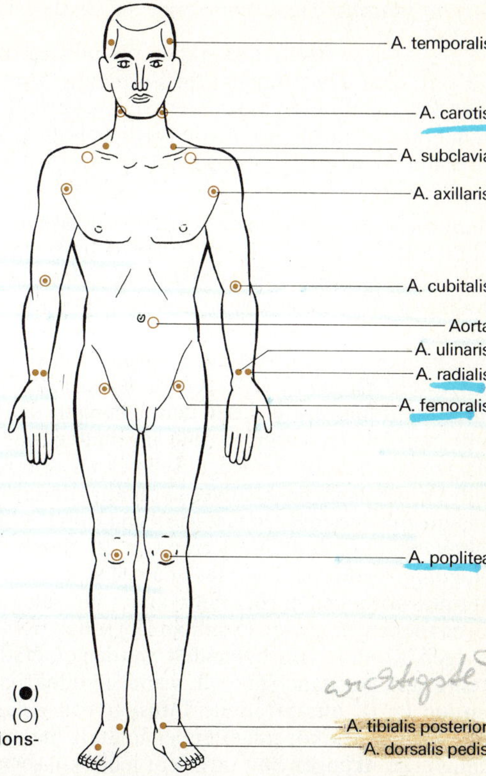

Abb. **2** Palpationsstellen (●) und Auskultationspunkte (○) der Arterien (⊙ Palpations- und Auskultationsstelle).

auf eine arterielle Verschlußerkrankung die wichtigsten Pulse (Abb. **2**) tasten und sie hinsichtlich der Qualität mit der anderen Seite vergleichen. Ein nicht tastbarer Puls macht eine arterielle Verschlußerkrankung wahrscheinlich. Mit dem Stethoskop lassen sich über Gefäßverengungen pulssynchrone Geräusche auskultieren. Typische Auskultationsstellen sind in der Abb. **2** wiedergegeben. Zur Routineuntersuchung in der angiologischen Diagnostik gehören weiter Funktionsproben wie Gehprobe und Lagerungstest.

Gehprobe. Patient und Kontrollperson gehen zügig in einem Schritttempo von 120 Schritten in der Minute eine abgemessene ebene Strecke ab. Dabei wird die Strecke in Metern gemessen bis zum Eintritt des Ischämieschmerzes. Eine schmerzfreie Gehstrecke von über 200 Metern spricht dabei für einen gut kompensierten Verschluß. Bei einer schmerzfreien Gehstrecke von unter 50 Metern ist der Verschluß schlecht kompensiert.

Lagerungsprobe. Siehe krankengymnastischer Teil (S. 176).

An apparativen Methoden stehen die pulsregistrierenden Verfahren, wie z. B. die *Oszillographie,* zur Verfügung. Einen sicheren Aufschluß über die Lokalisation eines Verschlusses erhält man durch Röntgenaufnahmen nach Injektion von flüssigem marklöslichem Kontrastmittel in die Arterie *(Arteriographie).*

Therapie. Bei der Behandlung der chronischen arteriellen Verschlußerkrankungen müssen zunächst die Risikofaktoren ausgeschaltet werden: Rauchverbot, Behandlung des Hochdrucks, diätetische und medikamentöse Behandlung des Diabetes und der Fettstoffwechselstörung. Die weitere konservative Therapie richtet sich nach dem jeweiligen Kompensationsgrad der Stenose. In den Stadien I und II ist aktives Gefäßtraining (z. B. Gehübungen) zur Förderung des Kollateralkreislaufs angezeigt. Bei den Übungen sollten keine Schmerzen auftreten. Die Patienten werden angehalten, nur ⅔ der Strecke zurückzulegen, nach der in der Regel Schmerzen auftreten. In den Stadien III und IV ist jegliches aktives Training untersagt. Die Gliedmaßen müssen ruhiggestellt, tiefgelagert und durch Watteverbände warmgehalten werden. Jede Verletzung, z. B. durch Nägelschneiden, muß unbedingt vermieden werden, da selbst kleinste Wunden bei Durchblutungsstörungen nicht mehr oder nur sehr schwer abheilen. Die vorhandenen Nekrosen (Stadium IV) sollen trocken und mit luftdurchlässigen Kompressen behandelt werden. Gefäßerweiternde Medikamente sind nur dann sinnvoll, wenn sie direkt intraarteriell infundiert werden (z. B. intraarterielle Infusion von Adenylkörpergemischen). Eine Dauer-Antikoagulantienbehandlung hat sich bei arteriellen Verschlußerkrankungen bewährt. Vor jeder konservativen Therapie sollte mit dem Gefäßchirurgen eine operative Wiederherstellung der arteriellen Strombahn in Form einer Ausschälplastik *(Thrombendarteriektomie)* oder einer Umgehungsoperation *(Bypass)* mit Kunststoffprothesen oder körpereigenen Venen erwogen werden. Die *Sympathektomie* bewirkt eine Verbesserung der Hautdurchblutung und ist bei peripheren Verschlußtypen angezeigt. Sie vermag häufig eine drohende Nekrose noch abzuwenden.

Krankengymnastische Behandlung

Stadium II

Die krankengymnastische Behandlung richtet sich nach dem Schweregrad der Durchblutungsstörung, wobei die Domäne der krankengymnastischen Therapie das Stadium II (nach Fontaine) ist.

Befund

- Haut: Die Färbung der Haut kann blaß oder zyanotisch marmoriert sein.
- Muskulatur: Die Muskulatur distal des Verschlusses neigt zu Atrophien. Einzelne Muskelstränge sind oft mit quälendem Hartspann durchsetzt. Kraft und Ausdauer sind reduziert und nehmen ab.
- Haltung: Aufgrund einer gewissen Schonhaltung besteht die Tendenz, durch Muskelverkürzungen kontrakt zu werden.
- Bindegewebe: Der Bindegewebsbefund zeigt arterielle Beinzonen von L 2 bis S 3. Beim Lériche-Syndrom zeigt sich zusätzlich eine großflächige Einziehung oder Quellung über dem Os sacrum (Abb. **3**).

Gesichtspunkte

- Verbesserung der Durchblutung, vor allem der Hautdurchblutung,
- Verbesserung der Koordination,
- Anregung zur Bildung eines Kollateralkreislaufs,
- Beseitigung der Muskelverspannungen,
- Behebung eventueller Muskelatrophien,
- Vorbeugung gegen Kontrakturen,
- Verlängerung der Gehstrecke,
- Verbesserung der Gehtechnik/Bewegungsleistung (Arme).

Um einen Trainingseffekt zu erzielen, soll die distal des Strombahnhindernisses liegende Muskulatur systematisch belastet werden. Grundsätzlich dürfen keine passiven durchblutungsfördernden Maßnahmen distal des Verschlusses angewendet werden, da durch die Weitstellung der Gefäße der Sauerstoffverbrauch ansteigt, dem jedoch aufgrund des Gefäßverschlusses nicht ausreichend nachgekommen

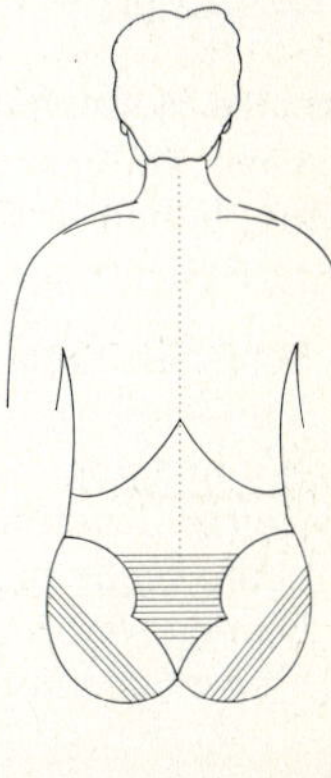

Abb. **3** Schematische Darstellung der arteriellen Beinzonen mit Quellung oder Einziehung über dem Os sacrum, wie sie beim Lériche-Syndrom auftreten können.

werden kann. Die durch den erhöhten Muskelstoffwechsel freiwerdenden saueren Metaboliten wie z. B. Milchsäure lösen Schmerzen aus, die der Patient als Krampf spürt. Jedes Auftreten von Schmerzen während aktiver Bewegung bedeutet Übersäuerung, die je nach Ausmaß das Gewebe mehr oder weniger schädigen kann.

Deshalb ist es notwendig, vor Beginn einer systematischen Übungsbehandlung die maximale Belastbarkeit des Kranken auszutesten. Als Grenze hierfür ist der Beginn krampfartiger Schmerzen anzusehen.

Lagerungstest der Beine nach Ratschow:

Aus Rückenlage werden die Beine rechtwinklig angehoben und die Füße dorsal- und plantarflektiert oder in den Sprunggelenken gerollt (Abb. **4**). Die Zeit bis zum Eintritt des Vorstadiums eines Krampfes wird mit der Stoppuhr gemessen. Zwei Drittel dieser Zeitspanne werden als Übungsdauer einer Behandlung festgelegt.

Fordert man nun den Patienten auf, sich hinzusetzen und die Beine hängen zu lassen, dann tritt beim Gefäßgesunden im Ablauf von 5 Sekunden eine diffuse Rötung und nach 15–20 Sekunden eine Füllung der Fußrückenvenen auf. Bei dekompensierten Verschlüssen erfolgen Rötung und Venenfüllung verspätet.

nach 20 sec. Füllung der Venen

Zu berücksichtigen ist allerdings, daß eine retrograde Auffüllung der Unterschenkelvenen infolge Insuffizienz des Klappenapparates die Beurteilung der Lagerungsprobe sehr erschweren kann.

An der oberen Extremität ist eine ähnliche Untersuchung möglich. Statt Rollbewegungen werden hier am erhobenen Arm Faustschlußbewegungen ausgeführt. Die Beurteilung erfolgt nach den gleichen Kriterien wie an der unteren Extremität.

Maßnahmen

Passive Maßnahmen

Passive Maßnahmen seien der Vollständigkeit halber hier mit aufgeführt, haben jedoch gegenüber den aktiven Maßnahmen untergeordnete Bedeutung:

- Schüttelungen,
- Vibrationen,
- Walkungen,
- weiche Knetungen zur Beseitigung von Muskelverspannungen,
- heiße Rolle im Stammgebiet,
- Bindegewebsmassage bis zum Verschluß zur Verbesserung der Oberflächendurchblutung und zur Senkung des Sympathikotonus.

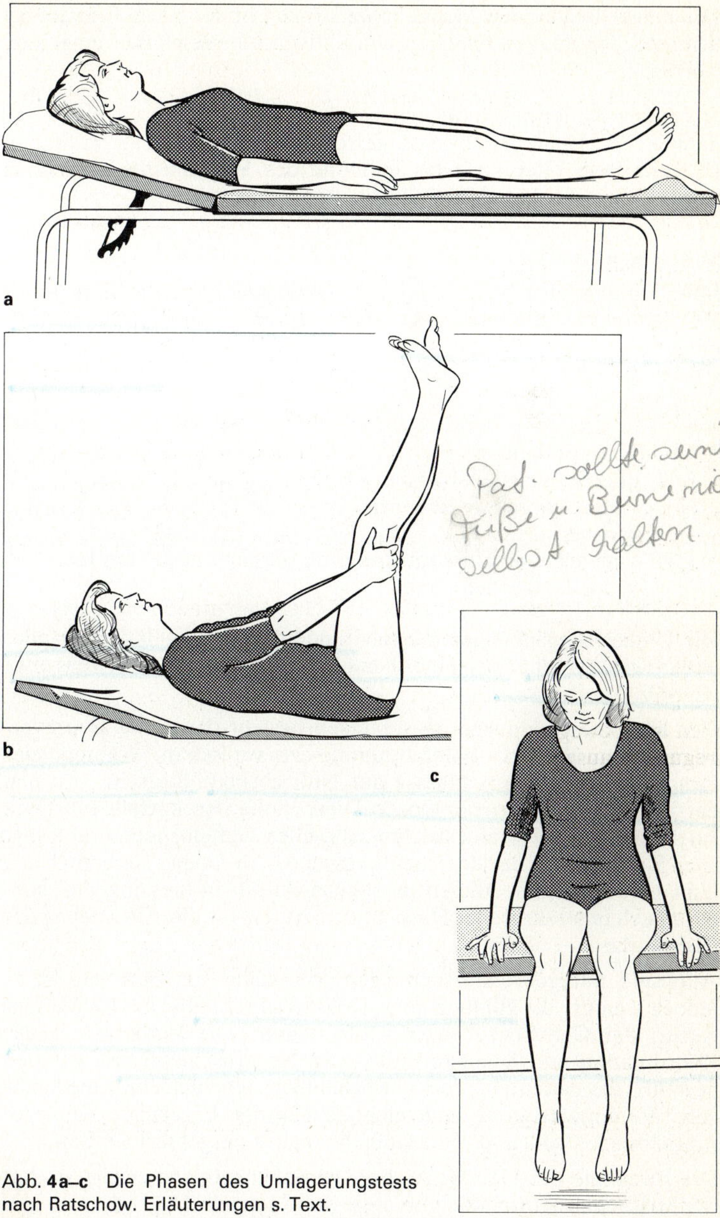

Abb. **4a–c** Die Phasen des Umlagerungstests nach Ratschow. Erläuterungen s. Text.

Pat. sollte seine Füße u. Beine nicht selbst halten

Die muskellockernden Maßnahmen können in der Einzelbehandlung während der Pausen zwischen den aktiven Übungsphasen eingesetzt werden.

Die heiße Rolle im Stammgebiet eignet sich als vorbereitende Maßnahme. Die Bindegewebsmassage soll jeden zweiten Tag im Stamm und am Bein oder Arm bis in Höhe des Verschlusses ausgeführt werden. Ihre Wirksamkeit ist umstritten.

Aktive Maßnahmen

Bei allen aktiven Übungen wird die Übungszahl bis zum Eintritt des Vorstadiums eines Krampfes gezählt; ⅔ davon bestimmen die Übungsdosierung in einer Behandlung. Wegen des Wechsels von Übung und Pause spricht man von einer Übungsform nach dem *Intervallprinzip*. Angewendet werden:

- Umlagerungsübungen,
- Fuß- und Beinmuskelübungen oder Hand- und Armmuskelübungen,
- Gehtraining,
- PNF-Technik, mit Einschränkung, da sie nicht nach dem Intervallprinzip dosiert werden kann.

Die Umlagerungsübungen müssen mindestens dreimal hintereinander ausgeführt werden. Nach einer Umlagerungsphase erfolgt jeweils etwa eine Minute Pause.

Der Sinn dieser Umlagerungsübungen besteht darin, die Druckverhältnisse innerhalb des Gefäßstammes zu verändern. Während der Druck distal des Verschlusses auf Null absinkt, herrscht proximal davon ein hoher arterieller Druck. Dieses hohe Druckgefälle führt nun zur Eröffnung der präformierten arteriellen Gefäßbahnen und bringt eine Strömung in distaler Richtung wieder in Gang. Der durch die Umlagerung erhöhte Blutstrom stellt nicht nur in funktioneller, sondern auch in struktureller Hinsicht den Anreiz für die Ausweitung der Gefäße dar.

Aufgrund neuerer Untersuchungen, vor allem von SCHOOP, ist es jedoch weniger die Bildung eines Kollateralkreislaufs, die die Verlängerung der Gehstrecke bewirkt, als vielmehr die Verbesserung der Koordination und Sauerstoffutilisation der Muskulatur. Es hat sich bewährt, die Patienten zweimal wöchentlich zu behandeln. Eine häufigere Trainingsfrequenz zeigt nicht so günstige Ergebnisse. Umlagerungsübungen sollen als Hausaufgabe täglich ausgeführt werden.

Die Zunahme der Gehstrecke bei Oberschenkeltypen erfolgt in charakteristischen Abständen von etwa drei Monaten (Abb. **5**).

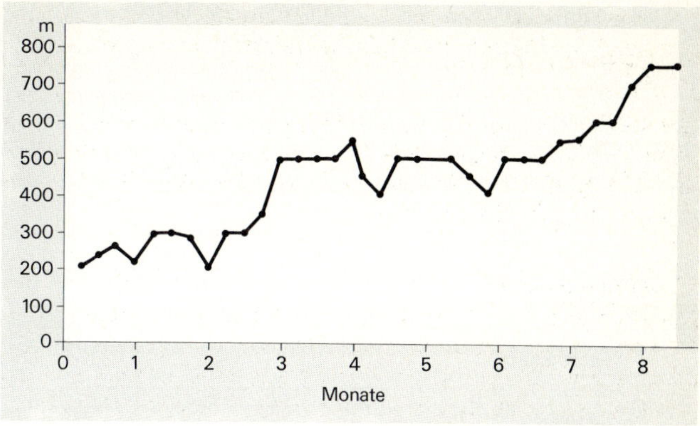

Abb. **5** Zunahme der Gehstrecke bei einer Schrittsequenz von 120/min.

Dabei kommt es zu einer Zunahme von Glykogen, Myoglobin und energiereichen Phosphaten, außerdem zu einer mitochondrialen Hypertrophie und Hyperplasie, zur Aktivitätssteigerung aerob wirksamer Enzyme, besserer Verwertung von Glukose und Fettsäuren und einer verminderten Laktatbildung. Die bessere Vaskularisierung durch kollaterale Anastomosen wirkt ebenso zusammen wie die ökonomischere intramuskuläre Blutverteilung und die bessere Gehtechnik.

Beispiel für den Aufbau einer Behandlung:

1. Umlagerungstest,
   Ermittlung des ⅔-Wertes.
2. 3- bis 4mal Umlagerungsübungen.
3. In den Pausen werden Schüttelungen, Vibrationen, Walkungen und weiche Knetungen angewendet.
4. Fuß- und Beinmuskeltraining nach dem Intervallprinzip oder Beinmuskeltraining mit Mustern aus der PNF-Technik, deren Dosierung sich im Bereich des durch Umlagerung ermittelten ⅔-Wertes halten muß.
5. 3- bis 4mal Umlagerungsübungen.
6. Gehtraining.

Das Gehtraining soll im Anschluß an eine Übungsbehandlung abgehalten werden. Zur Unterstützung dient ein Metronom, der die Schrittfrequenz von 120/min oder 90/min angibt.

Der *Gehtest* zeigt durch die beschriebene Übungsbehandlung nach dem Intervallprinzip bei günstiger Entwicklung eine allmähliche Verlängerung der Gehstrecke an. Therapeut und Patient haben so eine

Name: ....

Alter: ....

Beruf: ....

Diagnose: ....

Behandlungsbeginn: ....

Datum							
Gehstrecke (m)							
Ratschow (s)							
AF (s)							
VF (s)							

Abb. **6** Protokollbogen für Patienten mit arteriellen Verschlußerkrankungen.

Kontrolle, die großen Motivationswert besitzt. Die erreichte Leistung kann beim Nachlassen der Übung rasch wieder absinken. Die durchschnittliche Gehstrecke nimmt mit Verlängerung des Therapiezeitraumes zu (Abb. **6**).

Behandlung nach Verschlußtypen:

1. Das Training beim *Beckentyp* besteht aus Übungen für die Oberschenkel-, Unterschenkel- und Gesäßmuskulatur, z. B. Kniebeugen, Treppensteigen, Bergaufgehen, Fahrradfahren.
2. Das Training beim *Oberschenkeltyp* erfordert eine systematische Belastung der Unterschenkelmuskulatur, z. B. Zehenstand, Federn, Fuß- und Beinmuskelübungen.
3. Das Training beim *peripheren Typ* wird am günstigsten durch Umlagerungsübungen nach Ratschow durchgeführt.
4. Das Training beim *Schultergürteltyp* beinhaltet neben den Umlagerungsübungen mit Faustschluß auch Stemmübungen mit Gewichten, z. B. Hanteln, oder Übungen mit dem Bali-Gerät.

Es empfiehlt sich, als Hausaufgabe immer nur *eine* Übung anzugeben und die Übungsbeschreibung mit Angabe der ermittelten Werte dem Patienten mitzugeben.

Bei Broschüren, die von der Industrie zur Unterstützung der Patienteninformation herausgegeben werden, ist Skepsis angebracht, da die vorgeschlagenen Übungsbeispiele das ⅔-Prinzip selten berücksichtigen. Es muß daher jeder Punkt vorher mit dem Patienten durchgesprochen werden.

Stadium III

Passive Maßnahmen

- Tieflagerung,
- Watteverbände (Eskimowickel),
- Bindegewebsmassage im Segment,
- heiße Rolle im Segment.

Eine ausreichende Tieflagerung wird oft schon durch das Kippen des Bettes nach unten erreicht. Zusätzlich bietet sich die Möglichkeit, die untere Matratze herauszunehmen. Bei gleichzeitig bestehender Venenklappeninsuffizienz kann eine Tieflagerung die Bildung von Ödemen begünstigen, welche ihrerseits die periphere arterielle Durchblutung drosseln können. Dies muß zuvor mit dem Arzt besprochen werden.

Lose um den Unterschenkel geschlungene Wattewickel werden wegen ihrer Ähnlichkeit mit den Stiefeln der Eskimos auch oft als Eskimoverband bezeichnet. Sie sollen das Bein konstant warm erhalten und somit die Weitstellung der oberflächlichen Gefäße begünstigen.

Für die Bindegewebsmassage und die heiße Rolle gilt das gleiche wie beim Stadium II (s. dort).

Akuter Arterienverschluß

Der plötzliche Verschluß einer Arterie beruht in ca. 80% der Fälle auf einer *arteriellen Embolie,* wobei der Embolus in der Regel von Thromben im linken Vorhof (z. B. bei Mitralstenose mit Vorhofflimmern) oder im linken Ventrikel (z. B. wandständige Thromben nach Herzinfarkt) stammen. In ca. 20% der akuten Verschlüsse liegt eine örtliche Thrombose auf dem Boden arteriosklerotischer oder entzündlicher Gefäßintimaveränderungen vor. Betrifft die akute Verlegung eine große Arterie, z. B. eine Extremitätenarterie, so entsteht eine äußerst schwere Durchblutungsstörung, die sich durch einen plötzlichen heftigen Schmerz äußert. Dabei wird die Haut der betroffenen Extremität blaß, kalt, und es treten Parästhesien und Lähmungen sowie Pulsausfall auf. Häufig geraten die Patienten bei unsachgemäßer Behandlung in einen Kreislaufschock.

ischämischer Schmerz

Die Diagnose „akuter Arterienverschluß“ ist meist leicht aus dem typischen Beschwerdebild, das durch die *5 „P“* gekennzeichnet ist, zu erkennen: *Pain* (Schmerz), *Pallor* (Blässe), *Parästhesia* (Gefühllosigkeit), *Paralysis* (Bewegungsverlust) und *Prostration* (Schock) zu stellen.

Therapie. Die Behandlung sollte so rasch wie möglich einsetzen, da bei längerem Abwarten sonst die Amputation der betroffenen Extremität droht. Das therapeutische Vorgehen besteht in einer sofortigen operativen Entfernung des Blutgerinnsels. Ist die operative Beseitigung des Gerinnsels unmöglich, so ist eine fibrinolytische Therapie angezeigt.

Krankengymnastische Behandlung

Während einer fibrinolytischen Therapie unterbleibt jede bewegungstherapeutische Maßnahme. Außer der üblichen Atemtherapie zur Pneumonieprophylaxe muß die betroffene Extremität ruhig gehalten und nach unten gelagert werden, so daß eine Mindestdurchblutung gewährleistet werden kann.

Die Behandlung der arteriellen Embolie muß vorsichtiger durchgeführt werden als die der arteriellen Thrombose, welche meist an einem Bein entsteht, dessen Durchblutung schon vorher geschädigt war und bei dem schon Anfänge eines Kollateralkreislaufs vorhanden sind. Dies ist bei arteriellen Embolien meist nicht der Fall.

Maßnahmen

Passive Maßnahmen

Vorsichtiges passives Bewegen der oberhalb der Verschlußstelle liegenden Gelenke. Man hofft, daß durch die Förderung des venösen Rückstromes die Peripherie mehr Blut anfordert, um es schonend zur Bildung eines Kollateralkreislaufs kommen zu lassen.

Aktive Maßnahmen

Wenn möglich, vorsichtige aktive Übungen mit langen Pausen. Auch hier gilt: Jeder Sauerstoffmangel, der zu Schmerzen führt, kann das Gewebe schädigen!

Die schonendste Anregung der Durchblutung ist wohl deren Beeinflussung durch statische Übungen oder Bewegungsübungen an der gesunden Extremität.

Ist die Durchblutung wieder hergestellt, erfolgt das Training der Muskelkraft.

Entzündliche Arterienerkrankungen

Arteriitis temporalis (Arteriitis cranialis)

Die Arteriitis temporalis ist eine entzündliche, nekrotisierende Gefäßerkrankung, die bevorzugt die Arterien des äußeren Schädeldaches befällt, wobei die Temporalarterien und die A. ophthalmica am häufigsten befallen sind. Frauen jenseits des 5. Lebensjahrzehnts erkranken häufiger als Männer.

Die Patienten klagen über heftigste Kopf- und Gesichtsschmerzen. Die Symptome verstärken sich beim Kauen. Auf einen entzündlichen Vorgang weisen erhöhte Temperatur und Blutsenkungsbeschleunigung hin. Die Hauptgefahr liegt in der Erblindung. Die Diagnose kann durch eine Probeexzision aus einer A. temporalis gesichert werden.

Therapie. Bei Verdacht auf eine Arteriitis temporalis sollte mit einer Kortikosteroidmedikation begonnen werden, die in der Regel zu einem raschen Rückgang der Beschwerden führt. Da es nach Absetzen des Kortisons häufig zu Rezidiven kommt, ist eine Erhaltungstherapie mit kleinen Kortisongaben angezeigt.

Endangiitis obliterans (Winiwarter-Buerger-Erkrankung)

Die Endangiitis obliterans wird im Kapitel chronische arterielle Verschlußerkrankungen besprochen (S. 174).

Periarteriitis nodosa

Die Periarteriitis nodosa ist eine Systemerkrankung, die alle Arterien, vorzugsweise aber die mittleren und kleinen Arterien befällt. Dabei sind alle Gefäßwandschichten verändert, wodurch Strömungshindernisse entstehen. Je nach Lokalisation der Erkrankung können heftige Schmerzen im Bereich der Extremitäten oder im Darmbereich auftreten. Auch werden die Hirngefäße und die Koronararterien nicht verschont. Die stenosierenden Koronarveränderungen können zu heftigsten Angina-pectoris-Anfällen führen. Bei Befall der Nierenarterien kommt es zu Niereninsuffizienz. Die Erkrankung geht mit Fieber und einer starken Blutsenkungsbeschleunigung einher und ist durch einen schubweisen Verlauf gekennzeichnet. Sie führt unbehandelt innerhalb Monaten bis Jahren zum Tode.

Therapie. Trotz erfolgreicher Langzeittherapie mit Kortikosteroiden ist die Prognose nach wie vor schlecht.

Funktionelle Durchblutungsstörungen

Morbus Raynaud

Bei dieser Erkrankung kommt es zu einer vollständigen Unterbrechung des arteriellen Blutstroms durch funktionelle Verschlüsse der Fingerarterien und weitaus seltener der Fußarterien. Im Bereich der Fingerspitzen (meistens sind symmetrisch an beiden Händen Finger 2–5 befallen) treten Parästhesien und heftige Schmerzen auf, wobei sich die betroffenen Abschnitte weiß verfärben. Nach Lösung der Spasmen tritt eine Rötung der Akren auf mit nachfolgender zyanotischer Verfärbung. Die Durchblutungsstörungen können so ausgeprägt sein, daß es zu Ernährungsstörungen des Gewebes kommen kann und sich nicht selten im Spätstadium der Erkrankung lokale Nekrosen ausbilden. Somit führt die zunächst funktionelle Störung zu bleibenden organischen Veränderungen.

Kommt es zu einer funktionellen Ischämie nur einzelner Finger, so spricht man von *Digitus mortuus* („Leichenfinger"). Während der Morbus Raynaud fast ausschließlich beim weiblichen Geschlecht vorkommt, trifft man die Erkrankung Digitus mortuus bei beiden Geschlechtern an. Ausgelöst werden die Gefäßspasmen durch Kälte und durch psychische Erregung, wobei konstitutionelle Besonderheiten eine Rolle spielen. Die nicht seltene Abhängigkeit vom menstruellen Zyklus weist bei den Frauen auf hormonelle Einflüsse hin.

Therapie. Zur Behebung der ischämischen Attacke genügt oft langsame Erwärmung mit Wasser ansteigender Temperatur oder Trinken warmer Flüssigkeiten. Zur Prophylaxe sollten Kälte sowie Nässe gemieden werden. Nur in schweren Fällen muß eine thorakale Sympathektomie erwogen werden. Medikamentös kann der erhöhte Gefäßtonus durch Sympatholytika vermindert werden.

Krankengymnastische Behandlung

Funktionelle Durchblutungsstörungen

Befund

Im Gegensatz zu den vorausgegangenen Erkrankungen sind hierbei
- die Fußpulse immer tastbar;
- es tritt keine Claudicatio intermittens auf;
- Gefäßschreibung und Arteriographie zeigen nach Rückgang des Spasmus keinen krankhaften Befund.

- Bei der Umlagerung fällt auf, daß es nicht zu einer gleichmäßigen, sondern zu einer mehr fleckigen Reaktion bei normalen oder leicht verlängerten Durchblutungszeiten kommt.

Gesichtspunkte

Ziel der Behandlung ist die Verringerung der Anfallsbereitschaft.

Alle äußeren Faktoren, die zu einer Auslösung der Spasmen führen können, müssen vermieden werden, damit es nicht zu einer Bahnung der Fehlregulation kommt.

Maßnahmen

Die Behandlung ist bei arteriellen Durchblutungsstörungen Stadium II und III beschrieben.

Hierbei sind alle Maßnahmen, die vom Stamm ausgehen, besonders wirksam, z. B. Bindegewebsmassage, heiße Rolle oder Bürstungen über den Hüften und auf den Schulterblättern.

Gegen örtliche Wärmeanwendungen bestehen keine Bedenken, solange es noch nicht zu organischen Gefäßveränderungen gekommen ist. Dabei kommen Teilbäder oder ansteigende Bäder in Frage.

Sehr bewährt hat sich hierbei die Tastarbeit nach A. Schaarschuch, die häufig dann hilft, wenn alle anderen Maßnahmen zu unbefriedigendem Ergebnis führen.

Venen

Primäre Varizen

Bei den primären Varizen handelt es sich um örtliche Venenerweiterungen der oberflächlichen Beinvenen. Als Ursache für die primären Varizen (oder auch primäre Varikose) wird eine konstitutionelle Bindegewebsschwäche der Venenwand und der Venenklappen angenommen. Frauen sind häufiger befallen als Männer. Gravidität, Adipositas und langes Stehen fördern die Varizenentstehung. Die bevorzugte Lokalisation der Varizen ist das Gebiet der V. saphena magna an Ober- und Unterschenkel.

Die primären Varizen haben zunächst rein kosmetische Bedeutung. Nimmt jedoch die Klappeninsuffizienz der varikösen Venen zu, so resultiert daraus ein Blutrückstau mit Gewebeödem. Die ödematös geschwollene Haut wird atrophisch, und es kann, spontan oder unter geringsten äußeren Einwirkungen, zur Geschwürbildung am Unterschenkel kommen *(Ulcus cruris)*. Den Folgezustand der primären Varikosis mit Ödem, Atrophie und Hyperpigmentation der Haut und Ulcus cruris bezeichnet man als *varikösen Symptomenkomplex*. Die Patienten klagen über Schwere- und Spannungsgefühl der Beine nach längerem Stehen, wobei die Beschwerden in der warmen Jahreszeit, bei Witterungswechsel und prämenstruell zunehmen.

Therapie. Langes Stehen vermeiden, keine heißen Bäder, Beine öfters hochlagern, regelmäßig spazierengehen sowie schwimmen, vorhandenes Übergewicht reduzieren. Am wirksamsten ist eine Kompression von außen mit Hilfe von Gummistrümpfen oder elastischen Binden. Chirurgisch können die Varizen durch Veröden oder durch das sog. Venenstripping entfernt werden.

Krankengymnastische Behandlung

Befund

- Durchblutung: Venöse und lymphatische Stauungen; besonders im unteren Drittel des Unterschenkels, da in diesem Bereich weniger Muskulatur zu finden ist.
- Haut: Die Trophik der Haut ist vor allem am Unterschenkel gestört. Die Haut ist dünn, hart, glänzend und schlecht verschieblich. Nach längerem Bestehen der chronisch venösen Stauung kann sie pigmentiert sein. Durch die erweiterten Kapillaren treten Erythrozyten aus, die im Gewebe abgebaut werden und dadurch die bräunliche Verfärbung verursachen.
- Bindegewebe: Der Bindegewebsbefund zeigt Venen-Lymph-Zonen im Bereich L 3–L 4 (Abb. 7).

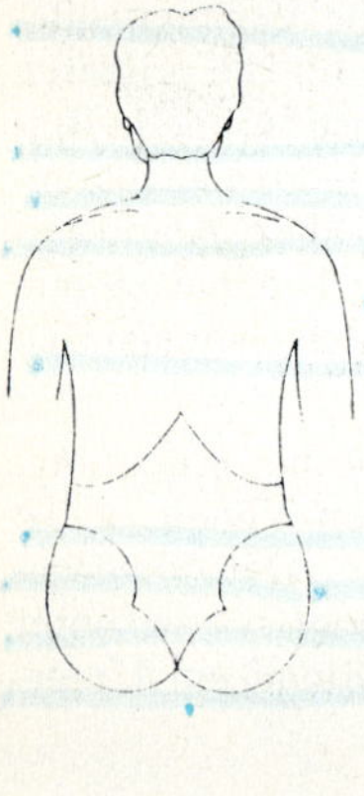

Abb. 7 Schematische Darstellung der Venen-Lymph-Zonen im Bereich L3–L4.

Gesichtspunkte

- Verbesserung der Durchblutung durch Förderung des Venenrückstroms,
- Beschleunigung der Blutströmungsgeschwindigkeit,
- Verbesserung der Hautdurchblutung,
- Entstauung,
- Kräftigung der Muskulatur zur Erhaltung der Muskelpumpe.

Leider können schon bestehende Varizen durch krankengymnastische Behandlungen nicht gebessert werden. Durch entsprechende Maßnahmen kann man jedoch die Beschwerden lindern und die Bildung neuer Varizen verzögern.

Maßnahmen

Es kommen Maßnahmen in Frage, die entstauend wirken, den Venenrückstrom fördern, die Muskulatur kräftigen und die Oberflächendurchblutung steigern.

Passive Maßnahmen

- Hochlagerung,
- Kompressionsverbände, Gummistrumpf oder Stützstrumpf,
- Bürstungen im Stammgebiet,
- Bindegewebsmassage,
- kalte Güsse,
- passive, große Gelenkbewegungen,
- pneumatische Wechseldruckbehandlung.

Die Hochlagerung sollte ein Gefälle von 45 Grad anbieten. Es darf dabei kein Hüftknick entstehen. Das Becken kann mit Hilfe eines Kissens in eine extendierte Stellung gebracht werden.

Die Gummistrümpfe müssen längselastische Maßstrümpfe sein. Günstiger als Strümpfe sind Strumpfhosen, da diese den Druck kontinuierlich nach oben leiten. Die im Handel angebotenen Stützstrümpfe können nur den Patienten empfohlen werden, die viel stehen müssen. Beim Sitzen schneiden sie in die Kniekehle ein und unterbinden auf diese Weise den Rückstrom.

Der Kompressionsverband ist in seiner Wirkung den Strümpfen überlegen. Die Ansichten über seine Ausführung variieren von Klinik zu Klinik. Sie erfüllen jedoch alle die gleichen Grundsätze:

- Begonnen wird immer an den Zehengrundgelenken.
- Die Ferse muß mit eingewickelt werden.
- Die Binden müssen elastisch sein.
- Der Verband soll fest sein und gut halten.
- Der Druck muß von distal nach proximal abfallen.
- Der Druck an der Malleolengabel muß am stärksten sein.

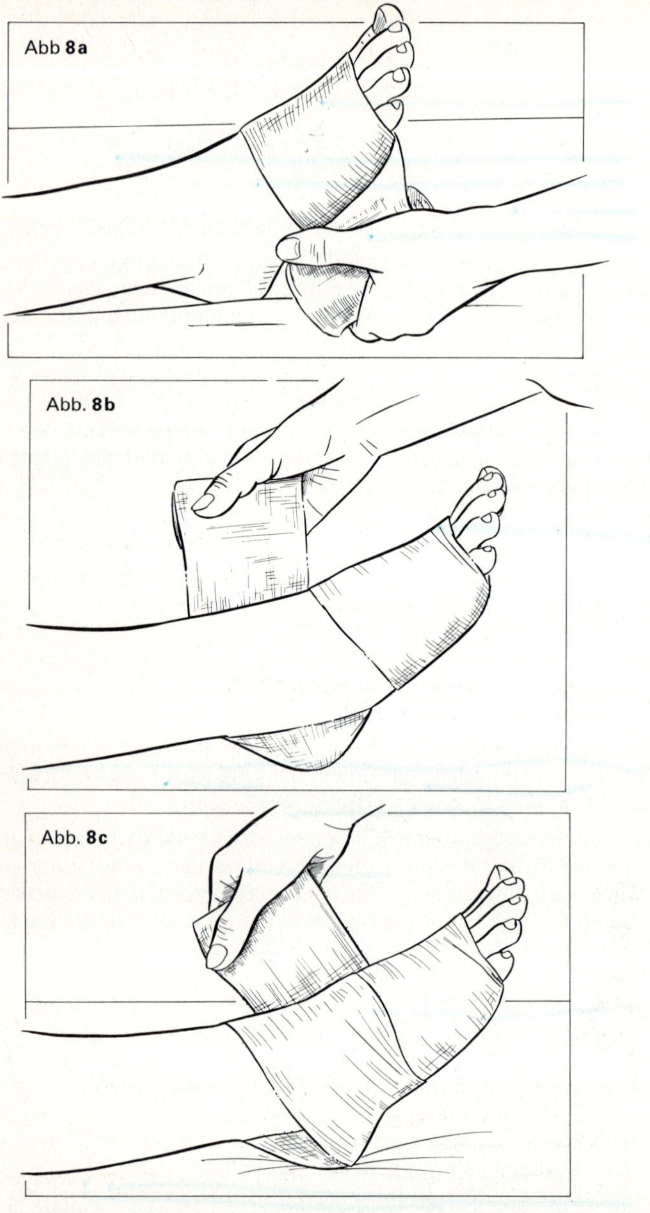

Abb. **8a–f** Technik des Kompressionsverbandes. Erläuterungen s. Text.

Abb. **8d**

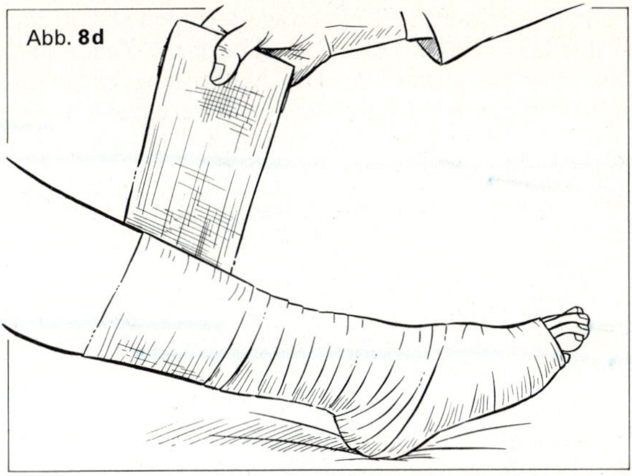

Abb. **8e**

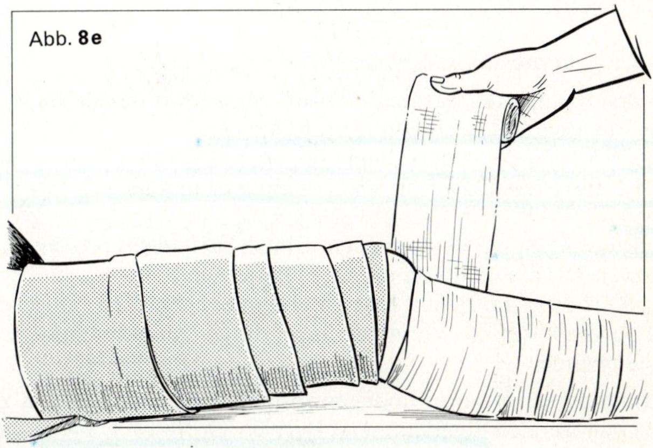

Abb. **8f**

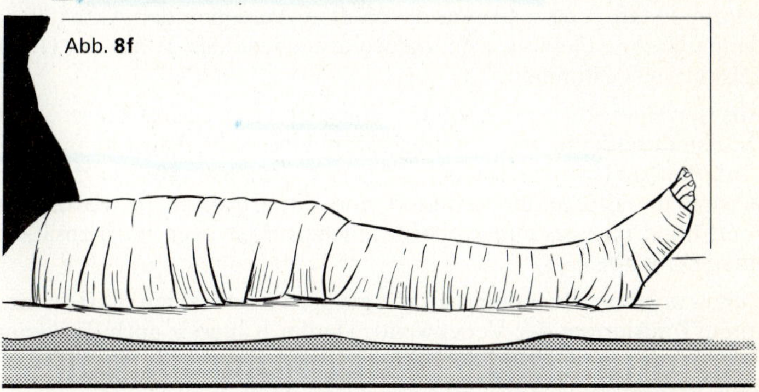

Bei Verbänden, die nur am Tag getragen werden sollen, muß so fest gewickelt werden, daß bei horizontaler Lage die Zehen nach einiger Zeit leicht zyanotisch werden. Die Verfärbung sowie das starke Druckgefühl verschwinden sofort mit dem Herumgehen. Werden am Abend beim Abwickeln keine Ödeme um die Malleolen sichtbar, war der Verband richtig.

Verbände bei Bettlägerigen können weniger fest gewickelt werden.

Zirkuläre Verbandstechnik (Abb. **8**):

Der Vorfuß wird seiner physiologischen Verwringung folgend in die Pronation, der Rückfuß in die Supination gewickelt. Dabei wird über den Außenrand begonnen und nach einer Tour um die Ferse über den Innenrand weitergewickelt. Nach einer Achtertour um die Fußgelenke wird zirkulär und mit kleinem Abstand übereinander weitergegangen.

Vorteil des Verbandes: Er ist einfach und kann vom Patienten selbst angelegt werden.

Ziele der Kompressionstherapie:

- Unterstützung oder Ersatz der insuffizient gewordenen Muskulatur.
- Auspressung und Freihaltung von Ödemen.
- Verhinderung der Überfüllung des oberflächlichen Venensystems.
- Abdichtung insuffizienter Vv. communicantes mit defekten Klappen.
- Richtungsweisung des venösen Blutstroms nach proximal durch linearen Druckabfall von der Peripherie her.
- Bei Verödungstherapie: Erleichterung der fibrösen Verwachsung der thrombosierten Varizenstränge durch Zusammenpressen der Venenwände.

Die Bürstungen und die Bindegewebsmassage können in den zu den Beinen gehörenden Segmenten im Bereich Th 10–12, L 1–4 ausgeführt werden. Man verspricht sich davon eine Anregung der Aktivität der sympathischen Gefäßnerven, die weitestgehend den Tonus der Gefäßmuskulatur bestimmen.

Aus der Hydrotherapie kommen Wassertreten *(Kneipp-Kuren),* kalte Duschen und kalte oder wechselwarme Unterschenkelgüsse in Frage. Verboten sind warme Bäder und Unterwassermassage, da durch die Wärme die Blutgefäße erweitert und der Einstrom in die ohnehin überfüllten und gestauten oberflächlichen Beinvenen noch zusätzlich verstärkt wird.

Gehen in einem Wassergraben mit groben Kieselsteinen führt zu einer guten Tonisierung der Venenwand. Da der Kältereiz auch die kleineren Arterien und Arteriolen verengt, wird gleichzeitig die Ödembildung vermieden.

Das passive Durchbewegen von Hüfte und Knie erfolgt am besten im Atemrhythmus aus der Hochlagerung. Es wird hauptsächlich beim gelähmten Patienten angewendet.

Bei der pneumatischen Wechseldruckbehandlung wird ein ringförmiger Luftstrahl von distal nach proximal auf die Extremität gerichtet. Die Regulierung des Druckes richtet sich nach der Toleranz des Patienten. Der Beindruck beträgt 60–100 mmHg, der Armdruck 40–75 mmHg. Der Druckzyklus läßt in 60 Sekunden anschwellen und in 20 Sekunden abschwellen. Die Behandlung kann 1–2 Stunden täglich dauern.

Aktive Maßnahmen

- Statische Muskelaktivität,
- freies Bewegen der Füße, Beine (Arme) ohne oder gegen Widerstand im Liegen, Sitzen,
- Gangschulung,
- Übungen gegen Widerstand, PNF,
- venöses Gefäßtraining,
- Übungen zur Anregung einer vertieften Atmung,
- Wassergymnastik,
- Sport.

Sämtliche aktiven Maßnahmen sind aus der Hochlagerung noch wirkungsvoller.

Statische Muskelaktivität von distal nach proximal kann eine Übungsbehandlung einleiten. Sie soll in erster Linie die Muskelpumpe erhalten und kräftigen. Es ist ein großer Fehler, wenn der Patient dabei preßt. Wie durch den Valsalva-Versuch* nachzuweisen ist, kommt es dadurch zu einer deutlichen Druckerhöhung und zu einem Sistieren der Strömung im Venensystem. Man kann während solch eines Preßversuchs bis zu 140 mmHg Druck messen.

Die *freien Bewegungen* werden sowohl in der Gruppe als auch in der Einzelbehandlung ebenso wie die statischen Kontraktionen am günstigsten unter Hochlagerung ausgeführt. Sie müssen folgende Muskelgruppen ansprechen:

- kleine Fußmuskulatur (Zehen einkrallen),
- Unterschenkelmuskulatur (Fußbewegungen),
- Oberschenkel- und Hüftmuskulatur (Knie- und Hüftbewegungen).

Die *Gangschulung* soll vor allem auf federndes Gehen ausgerichtet werden. Es wird bei normaler Schrittweite eine intensive Fußarbeit

* Starkes Pressen nach tiefer Inspiration führt zu einer Druckerhöhung im Thorax und zu einer Einflußbehinderung in das rechte Herz. Die Handrükkenvenen können dabei sichtbar anschwellen.

und Streckfähigkeit in den Beinen gefordert. Die Hoch-tief-Bewegung wird dabei stärker betont als die Vorwärtsbewegung. Der Fuß drückt sich kraftvoll von der Ferse zum Ballen ab, wobei sich gleichzeitig Knie- und Hüftgelenke strecken und die Bewegung bis zum Kopf spürbar wird. Die Fußspitzen bleiben immer in Berührung mit dem Boden.

Daraus wird schließlich das Federn entwickelt. Hierbei liegt der Krafteinsatz in der Aufwärtsbewegung, um die Körperschwere zu überwinden. Die Betonung dieser Phase ist kennzeichnend für die Leichtigkeit der Bewegung. Das Federn ist sehr anstrengend, da die Fuß- und Beinmuskulatur Schnellkraftarbeit leisten muß. Damit keine Überbeanspruchung entsteht, sind in die Arbeit Entspannungs- und Lockerungsübungen oder ruhiges Gehen einzufügen.

Die *Übungen gegen Widerstand* sind vor allem Inhalt der Einzelbehandlung. Hier eignen sich alle Beinmuster aus der PNF-Technik. Der Widerstand darf nur so stark sein, daß der Patient nicht gezwungen ist, seinen Atem anzuhalten.

Beim *venösen Gefäßtraining* werden die Füße unter Hochlagerung der Beine etwa 1 Minute dorsal- und plantarflektiert oder gekreist. Danach wird sofort umgelagert in den Stand und bis zum Eintreten der normalen Verfärbung getreten oder gefedert.

Die Übungen zur *Anregung einer vertieften Atmung* dienen hauptsächlich zur Verbesserung der Sauerstoffaufnahme und um die Stempelwirkung des Zwerchfells auf den Venenrückstrom zu verstärken.

Das *Wasser* ist der beste „Gummistrumpf" zur Kompression der schlaffen Venenwand. Beim Stehen im Wasser bis in Herzhöhe ist der hydrostatische Druck in allen Venen aufgehoben. Daher kann Schwimmen zur idealen Sportart erklärt werden.

Nicht alle *Sportarten* sind geeignet. Alle Bewegungsarten, welche die *Muskelpumpe* in natürlicher Weise in Gang setzen und Bein- und Fußmuskulatur vorsichtig trainieren, sind von besonderem Wert: Spazierengehen auf naturgewachsenem Boden (Wald, Wiese usw.), Waten, Schwimmen oder Radspazierfahrten. Übermäßig oder einseitig beanspruchende Sportarten wie Tennis, Fußball, Volleyball, Basketball oder Reiten sind nicht zu empfehlen. Sie können die Manifestation einer primären Varikose eher fördern:

Durch die Bauchpresse wird der schon physiologischerweise vorhandene Reflux aus der V. iliaca communis in die V. iliaca interna verstärkt. Durch forciertes Pressen, wiederholte druckauslösende Stöße und wenn das Bein in der Hüfte angebeugt ist, nimmt das Volumen von Ober- und Unterschenkel meßbar zu. Die Bauchpresse ist hier besonders schädlich, wenn die Kontraktion der Bauchmuskeln ruckartig erfolgt. Sportarten, bei denen der Mechanismus in Verbindung mit der starken Beugung der Beine im Hüftgelenk ausgelöst werden, sind Rudern, Gewichtheben, Radfahren.

Marschvarizen. Häufige und lange Marschleistungen, insbesondere wenn dabei größere Lasten getragen werden, verschlechtern ein Venenleiden. Es kann dabei auch zu einer Thrombose durch Überanstrengung kommen, die allerdings häufiger am Arm beobachtet wird *(Paget-von-Schroetter-Syndrom)*. Anamnestisch werden kräftige und schnelle Bewegungen im Schultergelenk angegeben (Kugelstoßen, Tennisspielen).

Oberflächliche und tiefe Venenthrombosen

Die Entwicklung von intravasalen Blutgerinnseln (Thrombose) wird durch drei Faktoren *(sog. Virchow-Trias)* begünstigt:

- Gefäßwandschädigung,
- Verlangsamung der Strömungsgeschwindigkeit des Blutes,
- erhöhte Gerinnungsneigung des Blutes.

Dabei kommt der Gefäßwandschädigung und der Strömungsverlangsamung (Stase) bei der Entstehung einer Thrombose die größte Bedeutung zu. Entsteht dabei der Thrombus auf dem Boden einer Entzündung der Gefäßwand, so spricht man von einer Thrombophlebitis, bei Thromboseentstehung aus anderer Ursache (z. B. bei Stase) von *Phlebothrombose.* Da eine scharfe Trennung beider Krankheitsbilder jedoch klinisch nicht möglich ist, spricht man heute bei Befall der oberflächlichen Venen von einer Thrombophlebitis, bei Befall der tiefen Venen hingegen von einer Phlebothrombose.

Oberflächliche Thrombophlebitis

Durch ein lokales Trauma sowie Infektionen in der Nähe einer Vene kann es besonders bei primärer Varikose zu einer Thrombophlebitis oberflächlicher Venen kommen. Sie äußert sich in einer charakteristischen Rötung und Druckschmerzhaftigkeit entlang der betroffenen Venen. Die Kranken klagen über lokale Schmerzen, eine wesentliche Beeinträchtigung des Allgemeinzustandes besteht jedoch nicht. Die oberflächlichen Thrombophlebitiden klingen meist innerhalb 1–2 Wochen ab. Ernsthafte Komplikationen, wie z. B. eine Lungenembolie, kommen praktisch nicht vor.

Therapie. Keine Bettruhe! Patient soll mit gutsitzendem Kompressionsverband herumlaufen. Lokal haben sich heparinoidhaltige Salben bewährt. In den ersten Tagen kann eventuell eine Therapie mit entzündungshemmenden Medikamenten angezeigt sein. Eine Antikoagulantientherapie ist in der Regel nicht erforderlich.

Krankengymnastische Behandlung

Außer Kompressionsverbänden sind keine spezifischen krankengymnastischen Maßnahmen notwendig. Es können jedoch sämtliche Maßnahmen aus dem Abschnitt „Varizen" (S. 186) angewendet werden.

Tiefe Thrombophlebitis (Phlebothrombose)

Nach Operationen, Frakturen, Geburten, Lähmungen sowie bei Herzinsuffizienz und Tumorleiden kann es zu einer Thrombose der tiefen Beinvenen kommen. Darum sind bei gefährdeten Kranken prophylaktische Maßnahmen wie Beinewickeln mit elastischen Binden, frühzeitige Mobilisation sowie Antikoagulantientherapie erforderlich, um eine Phlebothrombose zu verhüten. Am häufigsten sind Phlebothrombosen im Waden- und Oberschenkelbereich, weniger häufig sind die Beckenvenen befallen. Zunächst kommt es zu einem Schwere- und Spannungsgefühl in der betroffenen Extremität.

Die Haut verfärbt sich livide, und es tritt ein Stauungsödem auf, wobei Ödeme und Schwellungen in der Leistengegend auf eine Beckenvenenthrombose hinweisen. Häufig können jedoch die beschriebenen Veränderungen so diskret sein, daß eine frisch aufgetretene Lungenembolie, die wichtigste und gefährlichste Komplikation, das „erste Zeichen" einer noch unbemerkten Phlebothrombose ist. An die Möglichkeit einer ablaufenden Thrombose sollte man bei klinisch nicht zu erklärender Herzfrequenzbeschleunigung und redizivierenden Fieberschüben sowie bei Wadendruckschmerz und Druckschmerz im Bereich der Fußsohleninnenseite denken.

In der Frühphase einer akuten Thrombose der tiefen Venen sind die mediale Tibiafläche *(Meyer-Druckpunkt)* und die Plantarmuskulatur *(Payr-Zeichen)* oft besonders druckschmerzhaft, während die Dorsalflexion des Fußes einen tiefen Wadenschmerz auslöst *(Homan-Zeichen)*.

Bei klinischem Verdacht auf eine Phlebothrombose ist eine Röntgendarstellung des Venenlumens durch eine Kontrastmittelinjektion *(Phlebographie)* erforderlich, um die Thromben zu lokalisieren. Zur Diagnosesicherung hat sich auch die *Ultraschalldopplersonde* bewährt.

Therapie. Frische Venenthrombosen lassen sich durch eine thrombolytische Therapie mit Streptokinase auflösen. Bei dieser Therapie ist strengste Bettruhe erforderlich. Die Beine müssen hochgelagert werden. Ein fester Kompressionsverband wird nach Rückgang der Schwellung angelegt, da er durch Einengung der Venen die Gefahr einer Lungenembolie verringert. Der Kompressionsverband sollte auch nach Abklingen der akuten Erscheinungen getragen werden, um die Ausbildung eines postthrombotischen Syndroms zu verhindern.

Krankengymnastische Behandlung

Befund

- Durchblutung: meist auffällige Stauungen des ganzen Beines. Um deren Rückgang festzustellen, empfehlen sich tägliche Umfangmessungen.
- Haut: Die Haut ist gespannt, oft glänzend. Das betroffene Bein ist deutlich wärmer und kann verfärbt sein.
- Atmung: Die Atmung ist meist flach und bei erhöhter Temperatur schnellfrequent.

Gesichtspunkte

- Pneumonieprophylaxe,
- Erhaltung der Muskelkraft des gesunden Beines,
- Entstauung der betroffenen Extremität,
- Verbesserung der Durchblutung,
- Aufrechterhaltung der Muskelpumpe,
- Verhinderung eines postthrombotischen Syndroms.

Maßnahmen

Passive Maßnahmen

- Hochlagerung der betroffenen Extremität zur Entstauung von mindestens 10 Grad.
- Durch eine gepolsterte Kiste oder elastische Rolle usw. muß für beide Füße ein ausreichender Sohlendruck zur Anregung der Muskelpumpe geschaffen werden.

Aktive Maßnahmen

- Atemanregende Übungen zur Pneumonieprophylaxe,
- statische Muskelkontraktionen von distal nach proximal,
- vorsichtige Kreislaufanregung zur Vorbereitung für das Aufstehen.

Die strenge Bettruhe macht eine Pneumonieprophylaxe notwendig. Nach Beendigung der Fibrinolyse wird vorsichtig mit statischen Kontraktionen Spannungsübungen von distal nach proximal begonnen. Während mit dem nicht betroffenen Bein sofort alle Bewegungen ausgeführt werden können, darf das betroffene Bein zunächst nur vorsichtig gebeugt werden. Den Zeitpunkt zum Aufsitzen und Aufstehen muß der Arzt bestimmen. Sobald dies der Fall ist, spätestens jedoch nach 10 Tagen, wird nach vorsichtiger Anregung des Kreislaufs und der Atmung durch freies Bewegen der nicht betroffenen Extremitäten der Patient an die Bettkante gesetzt, wobei ein Fußbänkchen für den notwendigen Sohlendruck sorgen muß zur Erhaltung der Muskelpumpe.

Da dem Patienten ständig durch das Abreißen von Thrombenteilen oder das Loslösen eines Thrombus eine Lungenembolie droht, sind sämtliche Maßnahmen, welche den Rückstrom plötzlich ansteigen lassen, zu untersagen:

- plötzliche große Gelenkbewegungen;
- starkes Pressen, Husten, Nießen und tiefe Atemzüge, z. B. beim Lachen. Die Gefahr steigt vor allem in der postpressorischen Phase, da hierbei der Rückstrom kurzfristig zunimmt;
- plötzliche Umlagerung in Richtung des Venenstromes, z. B. vom Sitzen zum Liegen.

Postthrombotisches Syndrom

Bei unsachgemäßer Behandlung eines thrombotischen Verschlusses der tiefen Bein- und Beckenvenen kann sich ein postthrombotisches Syndrom entwickeln. Bei unvollständiger Rekanalisation der tiefen Venen wird das zurückströmende Blut aus den tiefen Venen in die oberflächlichen Venen gedrückt. Die oberflächlichen Venen können diesem vermehrten Blutstrom und damit der vermehrten Druckbelastung nicht standhalten und dilatieren (Abb. **9**). Es bilden sich die sog. sekundären Varizen aus. Aufgrund der entstehenden Stauung kommt es zur Schwellung mit Ödemen im Bereich der befallenen Extremität. Schließlich kann sich ein Unterschenkelgeschwür entwickeln.

Therapie. Zur Prophylaxe sachgemäße Behandlung der Phlebothrombose. Hat sich dennoch ein postthrombotisches Syndrom entwickelt, müssen Kompressionsverbände und Gummistrümpfe getragen werden. Auch beim postthrombotischen Syndrom empfiehlt sich wie bei der primären Varikosis konstante Bewegungstherapie (Spazierengehen, Schwimmen) sowie häufiges Hochlagern der Beine. Medikamentös ist zur Vermeidung weiterer Thrombosen eine Antikoagulantientherapie angezeigt.

Krankengymnastische Behandlung

Die krankengymnastische Behandlung kann hier Wesentliches zur Beschwerdefreiheit beitragen. Die Maßnahmen sind unter der Therapie der Varikose beschrieben (S. 186). Bei bestehendem Ulcus cruris sind zusätzlich folgende Maßnahmen wirksam:

- Bindegewebsmassage,
- Kompressionsverband,
- Einlagen.

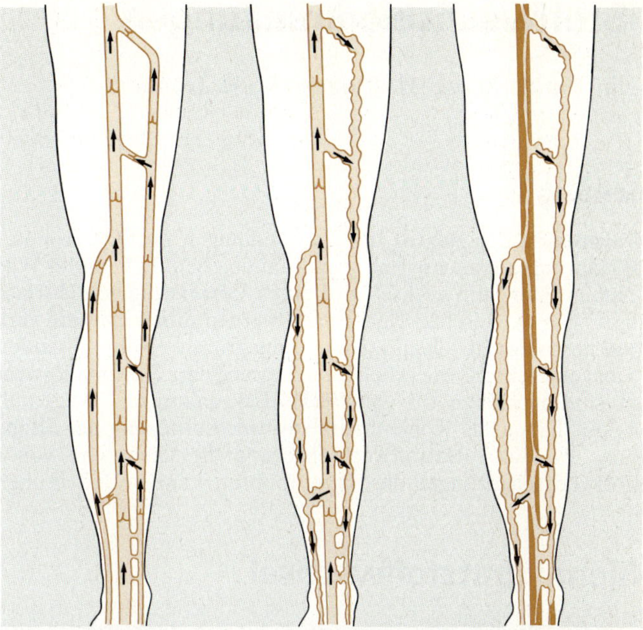

Abb. **9a–c** Venenklappen. **a** Normalverhältnisse. **b** Insuffiziente Venenklappen der Vv. communicantes und der oberflächlichen Venen (V. saphena). Hierbei ist die Operation angezeigt. **c** Oberflächliche Venen sind wegen der Thrombose der tiefen Venen als Kollateralen erweitert. Operative Behandlung nicht möglich.

Die Bindegewebsmassage umfaßt neben dem kleinen Aufbau die Striche am Bein bis in Höhe des Geschwürs, welches noch sternförmig umhakt werden kann. Um das ungünstige Sitzen und die damit verbundenen Stauungen zu vermeiden, wird sie aus Seitlage ausgeführt.

Im allgemeinen genügt ein fester Kompressionsverband bei entsprechender medikamentöser Versorgung. Manchmal wird zusätzlich eine Schaumgummipelotte über dem Geschwür eingelegt.

Ein durch Einlagen gestützter Fuß gewährleistet u. U. einen besseren Einsatz der Muskulatur. Bei bestehender Fußschwäche sollte deshalb der Patient zur Verordnung von Einlagen an den Orthopäden überwiesen werden.

5. Stoffwechselerkrankungen

J. Augustin, G. Klose, H. Greten und H. Göhring

Einleitung

Stoffwechsel ist der Begriff für Umwandlungen im Organismus, die durch Nahrungsabbau zur Energiegewinnung dem Leben und Wachstum dienen. Der Stoffwechsel wird durch Einwirkung von Hormonen reguliert. Die chemischen Reaktionen werden durch Enzyme vermittelt und beschleunigt. Qualitative und quantitative Nahrungsänderungen, Enzymdefekte sowie erhöhte oder erniedrigte Hormonkonzentrationen sind Ursachen für Stoffwechselerkrankungen. Wegen ihrer Häufigkeit haben als Kohlenhydratstoffwechselstörung der Diabetes mellitus, als Nukleotidstoffwechselstörung die Gicht und von den Fettstoffwechselstörungen die Hyperlipoproteinämien Bedeutung.

Kohlenhydratstoffwechsel

Physiologie. 40–80% des täglichen Kalorienbedarfs werden in der menschlichen Ernährung durch Kohlenhydrate gedeckt. Hierbei nimmt die Glukose und ihre phosphorylierte Form, das Glukose-6-Phosphat, eine zentrale Stellung im Stoffwechsel ein. Alle Organe sind zum Abbau von Glukose befähigt, können ihren Energiebedarf aber auch aus Aminosäuren und vor allem Fetten decken. Lediglich das zentrale Nervensystem ist zur Erhaltung seiner Funktionsfähigkeit auf die Zufuhr von Glukose angewiesen. Extreme Hypoglykämien führen daher zur Bewußtlosigkeit. Der Nüchternblutglukosespiegel (3,9–5,0 mmol/l ≈ 70–90 mg%) wird durch verschiedene Regulationsmechanismen beeinflußt und auch beim Fasten aufrechterhalten, obwohl der Glukosespeicher, das Glykogen in der Leber, nach 18stündigem Hungern erschöpft ist. Dann wird Glukose durch die Glukoneogenese in Leber und Nieren bereitgestellt. 200–300 g Glukose müssen dabei täglich aus Milchsäure (Laktat) und Brenztraubensäure (Pyruvat), Zwischenprodukten im Glukose- und Aminosäurenstoffwechsel, gebildet werden. Eine Schlüsselfunktion nimmt das in den B-Zellen des Pankreas gebildete Hormon Insulin ein. Insulin fördert die Zuckeraufnahme aus dem Blut in die Zellen von Muskel- und Fettgewebe und die Umwandlung von Glukose in Glykogen in der Leber. Außerdem beschleunigt das Hormon den Kalium- und Aminosäurentransport in die Zellen, steigert die Protein- und Triglyzeridsynthese und

Tabelle **1** Oraler Glukosetoleranztest
Nach oraler Gabe von 100 g Glukose Blutzuckerbestimmungen nüchtern und nach 30, 60 und 120 Minuten

	Nüchtern	30 min	60 min	120 min
Normalbefund	< 110	< 160	< 160	< 6,7 mmol/l (≈ 120 mg%)
Diabetes wahrscheinlich	> 110	> 200	> 200	> 7,8 mmol/l (≈ 140 mg%)

hemmt schließlich die Ketonkörperbildung in der Leber. Der physiologische Antagonist des Insulins ist das in den A-Zellen des Pankreas gebildete Glukagon. Insulin wird größtenteils in den Nieren inaktiviert.

Diagnostik
- enzymatische Bestimmungen von Blut- und Urinzucker, für die Notfalldiagnostik Teststreifen (Hämoglukotest, Dextrosticks);
- Ketonkörper im Urin (Azeton und Azetessigsäure) werden ebenfalls mit Streifen oder Tabletten nachgewiesen;
- oraler Glukosetoleranztest (GTT): Nach oraler Gabe von 100 g Glukose Blutzuckerbestimmungen entsprechend Tab. **1**.

Diabetes mellitus

Definition. Als Diabetes mellitus (Zuckerharnruhr) wird die Ausscheidung von Glukose im Harn bei Hyperglykämie bezeichnet. Letztere ist bedingt durch einen absoluten oder relativen Insulinmangel.

Einteilung:
- genetisch bedingter, primärer Diabetes;
  - Typ-I-Diabetes (juveniler Diabetes) → absoluter Insulinmangel,
  - Typ-II-Diabetes (Altersdiabetes) → anfangs relativer Insulinmangel;
- sekundärer Diabetes nach chirurgischer Entfernung des Pankreas, Ausfall der B-Zellen nach Pankreatitis, Überfunktion innersekretorischer Drüsen mit Insulinantagonismus (Akromegalie Cushing-Syndrom).

Stadien:
- potentieller Diabetes bei Diabetes der Eltern oder des eineiigen Zwillings, Mütter übergroßer Kinder (mehr als 4,5 kg);
- latenter Diabetes mit gestörter Glukosetoleranz unter Belastung (Infekte, Streß, Adipositas, Gravidität);
- subklinischer Diabetes, Glukosetoleranztest pathologisch;
- klinischer Diabetes mit Hyperglykämie und Glukosurie.

Ätiologie und Pathogenese. Der primäre Diabetes mellitus ist eine Erbkrankheit, der Erbgang ist ungeklärt. Die Häufigkeit nimmt mit steigendem Lebensalter zu; fördernd wirken vor allem die Adipositas, aber auch endokrine Umstellungsphasen (Pubertät, Schwangerschaft, Klimakterium) und Infekte. Die Ursache für den Insulinmangel ist unbekannt. Die Störung der Glukoseverwertung führt zur Hyperglykämie. Die Glukose wird in der Niere durch die Glomeruli filtriert und anschließend in den Tubuli rückresorbiert. Bei Sättigung dieser Transportvorgänge tritt die Glukose in den Harn über; Schwelle etwa bei einer Serumglukosekonzentration von 10 mmol/l (180 mg%). Da die Glukose osmotisch wirksam ist und Wasser bindet, kommt es zur Polyurie und Exsikkose. Außerdem führt der Insulinmangel zu einem Energiedefizit, welches der Organismus durch gesteigerten Abbau von Triglyzeriden auszugleichen versucht. Daraus resultiert ein Überangebot an Fettsäureabbauprodukten, was zur Bildung von Ketonkörpern (Azetessigsäure, Azeton) und damit zur Ketoazidose führt.

Klinisches Bild. *Frühsymptome.* Die Progredienz ist durch den Grad der B-Zellen-Insuffizienz bestimmt. Sehr früh finden sich gemäß der Pathogenese Polyurie und übermäßiger Durst (Polydipsie), Gewichtsabnahme trotz erhöhter Kalorienzufuhr, Adynamie, außerdem Juckreiz (Pruritus), häufige Entzündungen der Haut (Pyodermien, Furunkulose), Nachlassen der Libido. Während jugendliche Diabetiker häufig untergewichtig sind, neigt die Erwachsenenform zur Adipositas. Bei Jugendlichen ist die Entwicklung der Krankheit meist fulminant, bei älteren Patienten eher verzögert. Die Diagnose ergibt sich aus der Serum- bzw. Uringlukosekonzentration, in Zweifelsfällen aus dem Glukosetoleranztest.

Coma diabeticum. Das Koma als schwerste akute Komplikation des Diabetes entsteht meist im Verlauf von mehreren Tagen, wobei Appetitlosigkeit, Erbrechen, Adynamie im Vordergrund stehen. Die Entgleisung des Kohlenhydratstoffwechsels, häufig durch Infekte hervorgerufen, resultiert aus einer kompensatorischen Mobilisierung von Fettsäuren und damit Ketoazidose (Urinazeton positiv). Die durch die Hyperglykämie bedingte Glukosurie führt zur Polyurie mit Exsikkose und Kationenverlust. Die Folge sind Bewußtseinstrübung, weiche Augäpfel, trockene Zunge, vertiefte und verlangsamte Atmung (Kußmaul-Atmung), in charakteristischen Fällen mit Azetongeruch. Die Laborbefunde zeigen in der Regel neben Serumglukosewerten um 56 mmol/l (1000 mg%) wegen der Ketoazidose eine Verminderung der Alkalireserve sowie als Ausdruck der Exsikkose eine Erhöhung des Hämatokrit.

Spätsyndrome. Der Verlauf der Zuckerkrankheit wird durch die Gefäßkomplikationen bestimmt, die diabetische Mikroangiopathie.

- *Retinopathie.* Kapillarausweitungen (Mikroaneurysmen) an der Netzhaut führen schließlich zu Blutungen (Sekundärglaukom und Erblindung).
- *Nephropathie.* Veränderungen an den Kapillaren der Nieren bedingen die Glomerulosklerose (Kimmelstiel-Wilson) mit Albuminurie, Ödemen und Hypertonie. Beim juvenilen Diabetes steht die Nephropathie als Todesursache an erster Stelle. In späten Stadien ist die Nierenschwelle für Glukose meist erhöht, und der Insulinbedarf sinkt ab.
- *Diabetische Gangrän.* Sie ist durch häufig gut tastbare Fußpulse von größeren Gefäßverschlüssen abgrenzbar. Die Gangrän manifestiert sich meist an den Zehen oder der Ferse. Auslösend wirken kleine Verletzungen und besonders Fußpilze (Mykosen).
- *Diabetische Neuropathie.* Peripheres, autonomes und zentrales Nervensystem werden befallen. Im Vordergrund stehen anfangs Mißempfindungen und Krämpfe der unteren Extremitäten, besonders nachts. Frühestes Zeichen ist ein Ausfall der Vibrationsempfindung.

Komplikationen. 50% der Diabetiker sterben am Herzinfarkt. Neben den Herzkranzgefäßläsionen (Koronarsklerose) stehen die Zerebralarteriensklerose mit Apoplexie sowie die arterielle Verschlußkrankheit der großen peripheren Gefäße im Vordergrund. Ekzeme, Furunkel, schlecht heilende Wunden sind häufig. Es besteht erhöhte Anfälligkeit gegenüber Infektionen, insbesondere Pyelonephritis und Tuberkulose. Ein Drittel aller Diabetiker leidet an Gallenwegserkrankungen oder Gallensteinen. Deutlich vermehrt findet man beim Diabetiker die Risikofaktoren Adipositas, Hyperlipoproteinämien und Hypertonie.

Therapie. Eine drastische *Gewichtsreduktion* führt beim Altersdiabetes mit relativem Insulinmangel oft schon zu einer Normalisierung des Serumglukosespiegels und beeinflußt außerdem auch die Hyperlipoproteinämien und den Hypertonus.

Diät. Das Sollgewicht (Körpergewicht in cm minus 100, minus 10–15%) bestimmt den Kalorienbedarf (25–30 kcal/kg). Die Nahrung sollte zu mindestens 20% aus Eiweiß und zu jeweils 40% aus Kohlenhydraten und Fetten bestehen. Der Diabetiker benötigt eine genaue Kalorientabelle sowie einen Diätfahrplan.

Orale Antidiabetika. Sulfonylharnstoffe (Rastinon, Euglucon, Glutril) stimulieren die Insulinsekretion aus den B-Zellen des Pankreas und sind daher besonders geeignet für Patienten mit Altersdiabetes, bei denen Gewichtsreduktion und Diät allein nicht ausreichen.

Biguanide (Silubin, Dipar, Glucophage) bewirken eine verstärkte Verwertung der Glukose. Ihre Anwendungsmöglichkeiten sind umstritten.

Insulin. Hochgereinigte Insuline sind vom Rind und vom Schwein erhältlich. Jugendliche Diabetiker und Patienten, deren Blutzucker mit oralen Antidiabetika nicht mehr befriedigend einstellbar ist, sind auf eine lebenslange Gabe von Insulin angewiesen. Als Protein wird das Hormon im Verdauungstrakt zerstört und muß daher injiziert werden. Eine gefürchtete Komplikation der Therapie sind Hypoglykämien als Folge des Mißverhältnisses zwischen Insulinmenge und der von Nahrung und körperlicher Aktivität abhängigen Blutzuckerkonzentration. Schweißausbruch, Zittern, Tachykardien, Heißhunger und schließlich Bewußtseinsverlust sind charakteristische Symptome. Allergien zwingen zu einer Steigerung der Dosis von normalerweise etwa 40 IE/Tag oder zu einem Wechsel auf Insuline von anderen Tierspezies. Mittlerweile stehen auch Insuline zur Verfügung, die in ihrer Struktur mit dem menschlichen Hormon identisch sind (Humaninsulin).

Krankengymnastische Behandlung

Diabetes mellitus

Befund

Beim Diabetiker enthält der krankengymnastische Befund keine spezifischen Merkmale, ausgenommen die typischen Spätfolgen, welche in den entsprechenden Kapiteln besprochen werden (Angiopathie, Neuropathie). Auf die Befunderhebung darf aber dennoch nicht verzichtet werden, denn sie ist die Grundlage für die Auswahl der Maßnahmen. Die Patienten befinden sich meistens in der Klinik, um mit Medikamenten eingestellt zu werden. Da ein Klinikaufenthalt fast immer mit zu viel Bettruhe und Inaktivität verbunden ist, muß durch die Krankengymnastik eine Belastung erfolgen, die der des Alltags entspricht. Der Patient muß also vor Beginn der Behandlung genau über seinen häuslichen Tagesablauf befragt werden.

Gesichtspunkte

- Erhaltung körperlicher Aktivität,
- Erhaltung und Förderung der Leistungsfähigkeit.

Krankengymnastische Behandlung in der Klinik

Die Auswahl der Maßnahmen richtet sich nach dem Befund.

Beispiel: Der Befund ergibt insuffiziente Bauchmuskulatur, eine starre Wirbelsäule und eine Einschränkung der Atembewegung. Die therapeutische Konsequenz ist ein gesteigertes Bauchmuskeltraining und der Versuch, die Wirbelsäule zu mobilisieren, um Haltung und Atembewegung zu verbessern. Der Grad der Dosierung hängt von der Alltagsbelastung des Patienten ab.

Wichtig: Der Patient muß vor der Behandlung etwas gegessen haben, da sonst die Gefahr des hypoglykämischen Schocks droht.

Maßnahmen bei diabetischen Spätfolgen:

Der Befund und die Behandlung sind bei den jeweiligen Krankheitsbildern beschrieben (s. dort).

Maßnahmen bei Angiopathien:

- Bindegewebsmassage,
- Umlagerungen,
- Intervalltraining.

Maßnahmen bei Hypertonie:

- aktives Bewegen,
- leichtes Ausdauertraining,
- Entspannung durch Dehnlagerungen oder Schüttelungen,
- Massage und Bürstungen (Vorsicht Haut!).

Maßnahmen bei Neuropathien:

- Förderung der Muskelkontraktion,
- Muskeltraining (Kraft, lokale Ausdauer).

Krankengymnastische Behandlung in der Gruppe

Die Patienten, vor allem Kinder und Jugendliche, sollten einer Übungs- bzw. Trainingsgruppe zugeführt werden, um die Störungen in den Stoffwechselabläufen zu reduzieren. Das bedeutet, daß man mit einem individuell angepaßten Trainingsaufbau beginnen muß, um eine für den Patienten optimale Kondition zu erreichen. Das Training besteht aus einer schonenden Dauerbelastung mit wechselnder Reizintensität mindestens ein- bis zweimal pro Woche.

Gesichtspunkte

- Verbesserung der Sauerstoffutilisation in den Muskelkapillaren,
- Verbesserung der Herzleistung,
- Verbesserung der koronaren Durchblutung,
- Anpassung der Metaboliten,
- Verbesserung der Kondition,
- Rückgang der schnellen Ermüdbarkeit,
- Verbesserung von Kraft, Ausdauer, Schnelligkeit, Flexibilität und Koordination.

Maßnahmen

- Dauerbelastung im submaximalen Bereich mit unterschiedlicher Reizintensität. Ein reines Ausdauertraining ist wegen seines geringen Motivationswertes in diesem Zusammenhang ungünstig.
- Übungen mit Geräten;
- Spiele möglichst ohne Wettkampfcharakter.

Übungsbeispiel

Aufbau einer Stunde: Gruppenbehandlung bei Diabetes.

Erwärmungsphase: Niedrige bis mittlere Reizintensität bei hoher Reizdichte und kurzen Erholungsphasen. Gehen und Laufen in verschiedenen Tempi und Bewegungen (Armkreisen, Ausfallschritt usw.)

Hauptteil: Unterschiedliche Zielsetzung, evtl. jede Stunde ein anderes Gerät, im ausgewogenen Verhältnis zwischen Belastungs- und Erholungsphasen.

Abschluß: Spiele wie Volleyball, Prellball, Sitzfußball, Basketball, Staffeln.

Ungünstig sind Kraftübungen gegen starken Widerstand, da diese Trainingsform nicht durchblutungsfördernd wirkt und somit die Leistungsgrenze des Patienten schnell überschritten werden kann.

Wirkungen:

Bei trainingsbedingter Zunahme des Kapillarquerschnitts wird bei gleicher zur Verfügung stehender Insulinmenge vermehrt Zucker in den Muskel eingeschleust und verbrannt. Die Kohlenhydratdepots in der Leber und in der Muskulatur werden ökonomischer mobilisiert und die Zuckerneubildung reduziert. Die Verbrennung der Fettsäuren in der Muskulatur wird durch die bessere Sauerstoffversorgung begünstigt, so daß es zu einer geringeren Azetonkörperbildung kommt und somit eine zusätzliche Energiequelle für die Ausdauerleistung zur Verfügung steht (Tab. **2**).

Tabelle **2** Metabolische Anpassung der Skelettmuskulatur durch Training

Glukoseverwertung	↑
Milchsäureproduktion	↓
Fettsäureverwertung	↑
ATP-Produktion	↑
Glykogenbildung	↑
Ausdauer	↑
Kraft	↑
Muskelquerschnitt	↑
Mitochondrienzahl und -größe	↑
Enzymaktivitäten	↑

Enzymdefekte

Seltene Enzymdefekte führen zu angeborenen Resorptionsstörungen einzelner Kohlenhydrate (Glukose-, Galaktose-, Laktosemalabsorption), Verlust über die Nieren (Pentosurie, Fruktosurie) oder pathologisch gesteigerter Speicherung in vielen Organen (Glykogenosen). Die Galaktosämie ist eine angeborene Galaktoseverwertungsstörung, die zu Leberzirrhose, Katarakt und Oligophrenie bereits im Kleinkindalter führt.

Hypoglykämien

Die häufigste Ursache ist die Überdosierung von Insulin oder oralen Antidiabetika. Selten sind insulinproduzierende Pankreastumoren.

Purinstoffwechsel

Physiologie. Die Nukleinsäuren sind in den Chromosomen des Zellkerns die Träger des genetischen Materials (DNA). Außerdem regulieren sie die Proteinsynthese (RNA). Bei ihrem Abbau entstehen Harnstoff und Harnsäure, die über die Nieren eliminiert werden.

Primäre Gicht (Arthritis urica)

(s. auch S. 306)

Definition. Bei der Gicht finden sich eine Harnsäureerhöhung im Blut (Hyperurikämie) sowie Ablagerungen von Harnsäurekristallen, besonders im Bindegewebe (Tophi).

Ätiologie und Pathogenese. Die Gicht wird wahrscheinlich dominant vererbt. Männer erkranken wesentlich häufiger als Frauen. Auslösende Faktoren sind Adipositas und Alkoholmißbrauch. Als Ursache werden zwei mögliche Enzymdefekte diskutiert, eine vermehrte Bildung von Harnsäure im Intermediärstoffwechsel oder eine renale Ausscheidungsstörung.

Klinisches Bild. *Akuter Gichtanfall.* Nach Ausfall von Harnsäurekristallen in den Gelenken kommt es meist nachts zu heftigen, schmerzhaften Gelenkbeschwerden mit Rötung und Schwellung, die bevorzugt an der Großzehe auftreten (Podagra).

Zwischenstadium. Nach Abklingen der akuten Phase kann ein symptomfreies Intervall über Jahre bestehen.

Chronische Gicht. Langanhaltende, unbehandelte Hyperurikämien bedingen schwere Gelenkdeformierungen. Charakteristisch sind die Tophi an der Ohrmuschel.

Prognose. Für den Verlauf der Erkrankung ist der Befall der Nieren (Gichtniere) entscheidend. Neben gehäuft vorkommenden Uratsteinen führt der Ausfall von Kristallen im Nierengewebe schließlich zur Niereninsuffizienz. Außerdem ist die Gicht von einem erhöhten Arterioskleroserisiko begleitet.

Therapie. Der Serumharnsäurespiegel kann durch Hemmung der Harnsäureproduktion aus ihren Vorstufen gesenkt werden (z. B. Zyloric). Andere Medikamente fördern die Harnsäureausscheidung über die Nieren (z. B. Uricovac). Im akuten Anfall kommen entzündungsmindernde Medikamente (Colchicin, Phenylbutazon) zum Einsatz.

Krankengymnastische Behandlung

Gicht

Befund

Sichtbefund. Die betroffenen Gelenke sind rot und geschwollen und sehr schmerzhaft. Es können die Gelenkstellungen einer chronisch deformierenden Arthritis auftreten. Die Lokalisation ist meist asymmetrisch.

Oft sind anfänglich das Metatarsophalangealgelenk der Großzehe (Podagra), seltener Finger- und Handgelenk (Chiragra), Ellbogen und Kniegelenk betroffen.

Die Haut über den befallenen Gelenken ist atrophisch, glatt, gespannt und kann platzen.

Besteht die Krankheit schon länger, können an der Ohrmuschel, an Händen, Füßen und Olekranounratablagerungen (Tophi) beobachtet werden.

Funktioneller Befund s. bei Polyarthritis (S. 275ff.).

Maßnahmen

Die Maßnahmen werden im Kapitel chronische Polyarthritis beschrieben (S. 275ff.). Es soll jedoch gleich darauf hingewiesen werden, daß die Gichtkranken sehr schmerz- und berührungsempfindlich sind, weshalb man bei diesen Patienten besonders vorsichtig zufassen soll.

Fettstoffwechsel

Bedeutung. Die Fette (Lipide) sind das wichtigste Energiereservoir der Natur. 1 g Triglyzeride können beim Menschen in 9 kcal umgewandelt werden, 1 g Kohlenhydrate z. B. nur in 4 kcal. Bedingt durch das

Überangebot an Nahrungsfetten in den westlichen Industrienationen, finden sich schon bei Stoffwechselgesunden im allgemeinen zu viele Fette im Blut. Zahlreiche Studien der letzten Jahrzehnte haben gezeigt, daß eine Erhöhung der Blutfette (Hyperlipidämie) mit einer frühzeitigen, also dem normalen Alterungsprozeß vorauseilenden Gefäßverengung und -verkalkung (Arteriosklerose) einhergeht. Die fatalen Folgen dieser Entwicklung sind Herzinfarkt, Schlaganfall und periphere arterielle Verschlußkrankheit. Die Arteriosklerose ist damit nicht nur Todesursache Nummer 1 in der Bundesrepublik, sondern zusätzlich durch therapeutische Kosten und frühzeitige Berentungen die entscheidende gesundheitspolitische Herausforderung unserer Zeit. Hierbei kommt den Hyperlipidämien noch vor dem Hypertonus und dem Zigarettenrauchen die größte Bedeutung zu.

Physiologie und Pathophysiologie. Die Fette (Lipide) sind wasserunlöslich und können daher im Blut nur nach Bindung an Proteine transportiert werden. Diese Partikel bezeichnet man als Lipoproteine. Lipoproteine bestehen aus unterschiedlichen Proteinkomponenten (Apoproteine) sowie einem gemäß ihrer Funktion charakteristischen Anteil an Triglyzeriden, Cholesterin und Phospholipiden. Dieses Verhältnis bedingt ihre unterschiedlichen physikalischen Eigenschaften, die eine Trennung der Lipoproteine in grundsätzlich vier Fraktionen mit Hilfe der Ultrazentrifuge oder der Lipoproteinelektrophorese erlauben (Tab. **3**). Chylomikronen, die größten Lipoproteine, transportieren die exogenen Nahrungstriglyzeride nach ihrer Resorption im Darm über das Lymphsystem in die Blutbahn, wo sie sofort durch Enzyme abgebaut werden. Triglyzeride sind die wichtigste Energiequelle. Fehlen die Enzyme im Plasma, kommt es zu einer teils exzessiven Hypertriglyzeridämie durch Vermehrung der Chylomikronen (Typ-I-Hyperlipoproteinämie). Im Nüchternplasma werden Chylomikronen nur unter pathologischen Bedingungen gefunden und geben dem Plasma eine milchige, nach mehreren Stunden aufrahmende Trübung. Die übrigen Bestandteile der Chylomikronen (Cholesterin, Apoproteine) bezeichnet man als Remnants mit atherogener Potenz. Sie werden sofort von spezifischen Rezeptoren in der Leber gebunden

Tabelle **3** Die Zusammensetzung der Plasmalipoproteine (mg/100 mg Lipoprotein)

	Größe nm	Dichte g/ml	Protein	Triglyzeride	Cholesterin	Phospholipide
Chylomikronen	$75 \cdot 10^4$	< 0,9	1–2	90	3	5
VLDL	30–80	0,9–1,006	10	60	15	15
LDL	20–25	1,006–1,063	25	10	45	20
HDL	7,5–10	1,063–1,210	50	5	20	25

Regel: Lipoproteine sind um so schwerer und kleiner, je mehr Proteine sie enthalten.

und abgebaut. Die Bindung erfolgt durch ein Apoprotein; (Apo E, Apo-E-Rezeptor). Patienten mit Typ-III-Hyperlipoproteinämie synthetisieren ein defektes Apo E, die Remnants können dann nicht vom Apo-E-Rezeptor erkannt werden. Der Defekt führt daher zu einer Akkumulation von Remnants im Kreislauf mit frühzeitiger Arteriosklerose.

Die nächst kleinere Klasse, die Very-low-density-Lipoproteine (VLDL), enthalten neben Cholesterin und Phospholipiden vor allem endogene Triglyzeride, die aus der Leber in die Peripherie befördert werden. Sie sind im Nüchternplasma nur in geringen Konzentrationen vorhanden. Vermehrung führt ebenfalls zur Plasmatrübung, aber nicht zur Aufrahmung. Hypertriglyzeridämie bedeutet meist Vermehrung der VLDL im Plasma; Ursachen können gesteigerte Synthese oder gestörter Abbau sein. Das Endprodukt im Stoffwechsel der VLDL im Plasma sind die Low-density-Lipoproteine (LDL), die vor allem Cholesterin enthalten (Tab. **3**). Die Zellen können Cholesterin in ausreichender Menge selbst synthetisieren, Cholesterin ist also kein Vitamin. Bei Stoffwechselgesunden ist die Cholesterineigensynthese gering, da genügend Cholesterin mit der Nahrung aufgenommen und in Form von LDL zu den peripheren Zellen transportiert wird. Die LDL werden über ihr Strukturapoprotein, Apo B, an den Apo-B-Rezeptor gebunden und von den Zellen aufgenommen. Bei Patienten mit familiärer Hypercholesterinämie fehlt dieser Rezeptor (homozygote Form) oder wird vermindert synthetisiert (heterozygote Form). Daraus resultiert 1. eine massive Vermehrung von LDL in der Zirkulation (weil die LDL nicht metabolisiert werden) und 2. eine gesteigerte Cholesterineigensynthese der Zellen (die ja kein Cholesterin via LDL und Apo-B-Rezeptor aufzunehmen vermögen). Homozygote Patienten weisen daher oft Plasmacholesterinspiegel bis zu 26 mmol/l (1000 mg%) auf und sterben meist vor dem 20. Lebensjahr an koronarer Herzkrankheit. Grundsätzlich ist eine Hypercholesterinämie Ausdruck einer Vermehrung von LDL-Partikeln im Plasma. Die LDL gelten als extrem atherogen, jeder Patient mit Hypercholesterinämie muß als Kandidat für eine frühzeitige Koronararteriensklerose und damit für einen Herzinfarkt angesehen werden. Andererseits ist Cholesterin wichtiger struktureller Bestandteil aller Zellmembranen sowie Ausgangsprodukt für die Synthese der Nebennieren- und Sexualhormone. Schließlich entstehen in der Leber aus Cholesterin die Gallensäuren, die für die Resorption der Fette im Darm unerläßlich sind.

Das Lipoproteinspektrum besteht beim Stoffwechselgesunden zu etwa 50% aus LDL, 40% sind High-density-Lipoproteine (HDL), die kleinsten Lipoproteine mit einem geringen Cholesterin- aber hohem Phospholipoid- und Apoproteinanteil. Ihre Rolle im Lipoproteinstoffwechsel ist noch nicht vollständig geklärt. Epidemiologische Studien deuten auf eine inverse Beziehung zwischen HDL-Cholesterin-Konzentration im Blut und koronarer Herzkrankheit hin. Je höher also bei einem Patienten der HDL-Cholesterin-Spiegel im Plasma, desto geringer sein Risiko, einen Herzinfarkt zu erleiden. Der menschliche Organismus kann Cholesterin nicht metabolisieren, sondern nur über die Leber direkt oder in Form von Gallensäuren in den Darm ausscheiden. Experimentelle Befunde zeigen, daß die HDL aufgrund ihrer besonderen Struktur befähigt sind, große Mengen von Cholesterin aufzunehmen und zur Leber zu transportieren. HDL sind also die Lipoproteine, die die Zellen vor einer Akkumulation mit Cholesterin bewahren, sie gelten daher als Schutzfaktor gegen die Entstehung der Arteriosklerose.

Diagnostik:

- Inspektion des Nüchternplasmas (Trübung durch Präbetalipoproteine, Aufrahmung durch Chylomikronen);
- Bestimmung der Serumtriglyzeride und des Cholesterins sowie des HDL-Cholesterins;
- Typisierung der Hyperlipoproteinämie durch die Lipoproteinelektrophorese;
- Ultrazentrifugation zur quantitativen Erfassung der Lipide innerhalb einzelner Lipoproteinfraktionen;
- anamnestische Daten und Familienuntersuchungen. Normalwerte ergeben sich aus Tab. **4**.

Tabelle **4** Empfohlene Richtwerte für Serumlipide (mg%)

		Kein Risiko	Verdachtsbereich (weitere Diagnostik)	Therapiebedürftig
Triglyzeride		< 150	150–200	> 200
Cholesterin		< 220	220–260	> 260
LDL-Cholesterin		< 150	150–190	> 190
		Prognostisch günstig	Standardrisiko	Risikoindikator
HDL-Cholesterin	♂	> 55	35–55	< 35
	♀	> 65	45–65	< 45

Hyperlipoproteinämien

Definition. Genetisch determinierte, mit einer Hyperlipidämie einhergehende, eigenständige Störungen des Fettstoffwechsels. Sie lassen sich bei etwa 15–20% der Bevölkerung nachweisen und zählen damit zu den häufigsten Stoffwechselerkrankungen überhaupt (Tab. **5**).

Tabelle **5** Familiäre Hyperlipidämien

	Häufigkeit	Ursache	Vermehrte Lipoproteine	Arterioskleroserisiko
Familiäre Hypercholesterinämie	1–2/1000	Rezeptordefekt	LDL	+ + +
Familiäre kombinierte Hyperlipidämie	3–5/1000	?	VLDL, LDL evtl. Chylos	+ + +
Familiäre Hypertriglyzeridämie	2–3/1000	?	VLDL, evtl. Chylos	?
Familiäre Typ-III-Hyperlipoproteinämie	2–5/10000	Apoproteinsynthesedefekt	Remnants	+ + +
Typ-I-Hyperlipoproteinämie	extrem selten	Enzymmangel	Chylos	–

Klinisches Bild. Bei allen Hyperlipoproteinämien finden sich charakteristische Lipidablagerungen besonders an Sehnen und Gelenken (Xanthome; Abb. **1**), am Auge (Xanthelasmen, Arcus lipoides cornea; Abb. **2**) besonders bei familiärer Hypercholesterinämie. Patienten mit Hyperchylomikronämie haben meist eine Hepatosplenomegalie und klagen über Oberbauchkoliken. Pankreatitiden sind gehäuft, der Glukosetoleranztest oft pathologisch. Im Vordergrund stehen die Gefäßkomplikationen (Herzinfarkt, periphere arterielle Verschlußkrankheit, apoplektischer Insult). Die wichtigsten Daten hinsichtlich der Klinik der einzelnen Hyperlipoproteinämien ergeben sich aus Tab. **5**.

Therapie. Alle mit einer Hypertriglyzeridämie einhergehenden Lipoproteinämien lassen sich diätetisch durch kalorische Restriktion gut beeinflussen. Die Chylomikronen- und Präbetalipoprotein-Konzentra-

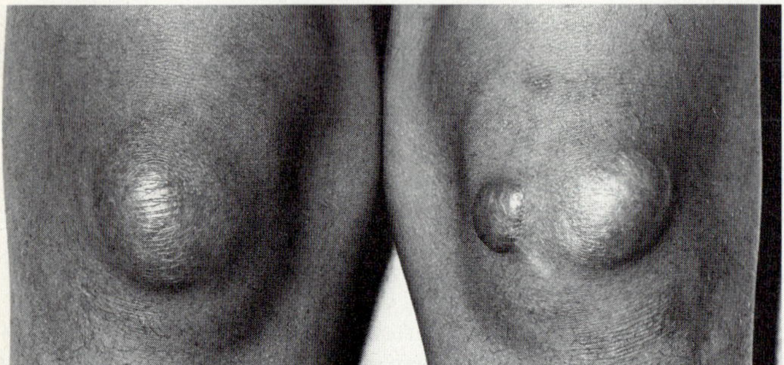

Abb. **1** Tendinöse und tuberöse Xanthome bei einem Patienten mit familiärer Hypercholesterinämie.

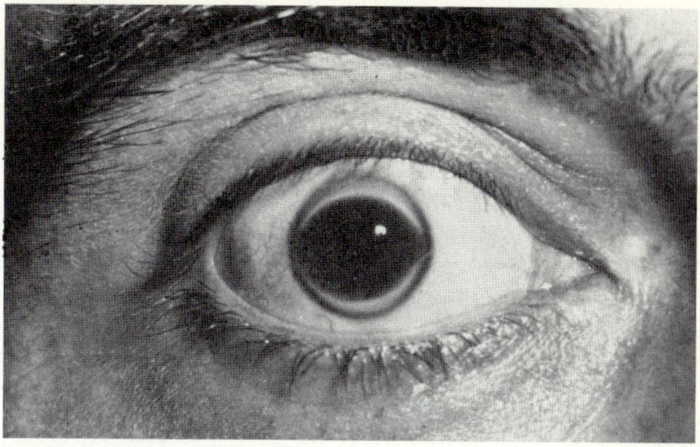

Abb. 2 Arcus corneae bei einem Patienten mit familiärer Hypercholesterinämie.

tionen sinken dabei meist schnell ab. Außerdem stehen Medikamente zur Verfügung, die die Synthese der Lipoproteine vermindern (Regelan, Ronicol). Ein therapeutisches Problem ist die familiäre Hypercholesterinämie. Günstig wirken oftmals Harze (Quantalan, Cholestid), die nach oraler Gabe die Gallensäuren im oberen Dünndarm binden und damit ihre Rückresorption im unteren Dünndarm verhindern (Durchbrechung des enterohepatischen Gallensäurenkreislaufs). Die Gallensäuren werden mit dem Stuhl ausgeschieden, und die Leber muß vermehrt Cholesterin zur Gallensäuresynthese bereitstellen, wodurch die Cholesterinablagerungen mobilisiert werden, die LDL im Serum absinken. Eckpfeiler der Diät sind eine Verminderung der Fettzufuhr, insbesondere tierische Fette, die reich an gesättigten Fettsäuren sind. Nahrungsmittel mit hohem Cholesteringehalt wie Eier, Butter, Innereien und das Fleisch von Schalentieren sind streng zu meiden.

Die verwendeten Nahrungsfette sollten reich an ungesättigten Fettsäuren sein, wie das bei bestimmten pflanzlichen Ölen (Olivenöl, Sonnenblumenöl) der Fall ist.

Sekundäre Hyperlipoproteinämien

Erhöhte Lipoproteinfraktionen finden sich im Gefolge von Hypothyreosen, Nieren- und Lebererkrankungen, Pankreatitis, Diabetes mellitus, Gicht, Alkoholismus und Ernährungsfehlern.

Seltene Erkrankungen

Hierzu zählen vor allem Enzymdefekte, wodurch der physiologische Abbau bestimmter Lipide unterbrochen ist. Dadurch kommt es zur Speicherung dieser Fette in zahlreichen Organen (Lipidosen). Für die meist schlechte Prognose bestimmend ist die Beteiligung des zentralen Nervensystems.

Fettsucht

Als Fettsucht, Adipositas oder Obesitas wird ein Zustand bezeichnet, der durch ein Übermaß an Körperfettgewebe zu einer Beeinträchtigung optimaler Körperfunktionen führt. Das Ausmaß der Fettleibigkeit wird meist in Prozent Übergewicht angegeben. Die Definition des Normalgewichtes wird kontrovers diskutiert, für praktische Zwecke sind Indexsysteme eingeführt, denen einfache Meßgrößen zugrunde liegen. Am gebräuchlichsten ist der Broca-Index. Er ist der Quotient aus Körpergewicht und Normalgewicht, wobei das Normalgewicht für Männer häufig als Körperlänge minus 100 und für Frauen als Körperlänge minus 100 minus 10% angegeben wird. Die alters- und geschlechtsbezogenen Durchschnitts- und Idealgewichte können Tabellen (z. B. wissenschaftliche Tabellen Geigy) entnommen werden. Nach der Verteilung der Körperfettmassen werden Typen der Fettsucht unterschieden. Während Adipositas eine gleichmäßige Zunahme des Körperfettes bezeichnet, nennt Lipomatosis umschriebene Anhäufungen von Fettgewebe.

Immer liegt der Fettsucht ein Mißverhältnis zwischen Energiezufuhr und Energieverbrauch zugrunde. Leider ist die Ursache dieser Bilanzstörung meist nicht bekannt. Voraussetzung der konservativen Behandlung ist eine Einschränkung der Energiezufuhr, eine Reduktion der aufgenommenen Kalorien. Bei einer kleinen Gruppe von sehr übergewichtigen Patienten scheinen immer wieder alle diätetischen Versuche zu versagen. Diesen Patienten hat man operative Behandlungsverfahren angeboten, zu denen die Entfernung von Fettgewebe und die Ausschaltung von großen Anteilen des Dünndarms gehören. Die Indikation zu den manchmal risikoreichen Eingriffen sollte nur in Zentren mit großer Erfahrung ausgesprochen werden.

Die Untersuchungen zur Ursache der Fettsucht sind noch nicht abgeschlossen. Keinesfalls sollten Feststellung und Behandlungsvorschläge krankhafter Fettsuchtformen von einem „moralisierenden“ Unterton begleitet sein. Zu den Mechanismen, welche bei der Entwicklung der Fettsucht beteiligt sind, werden intrauterine und frühkindliche Fehlernährung genannt. Daneben sind in selteneren Fettsuchtformen hormonale Störungen als Ursache identifiziert worden (Schilddrüse, Wachstumshormon, Kortikoide). Die Regulation der Energiebilanz durch Hunger und Sättigung kann gestört sein. Schließlich weisen neueste Untersuchungen auf eine Verminderung von Rezeptoren für Insulin an den Fettzellen hin. Daraus resultiert eine Erhöhung des Insulinspiegels, der wiederum mit einem Hungergefühl einhergeht. Die vermehrte Nahrungszufuhr provoziert andererseits eine vermehrte Ausscheidung von Insulin, und es ist nicht geklärt, ob der Hyperinsulinismus Folge oder Ursache ist. Der Fettgewebsstoffwechsel wird darüber hinaus noch durch zahlreiche andere hormonale Faktoren reguliert, deren Zusammenspiel noch nicht voll verstanden wird.

Der Erfolg der Behandlung der Fettsucht hängt davon ab, wie groß das tägliche Kaloriendefizit ist und wie lange die Kalorienreduktion aufrechterhalten werden kann. Bei Totalfastenkuren, die immer unter strenger ärztlicher Überwachung durchgeführt werden müssen, kann mit einer täglichen Gewichtsabnahme um 0,5 kg gerechnet werden.

Krankengymnastische Behandlung

Fettsucht

Befund und Gesichtspunkte

Im Gespräch kann der Krankengymnast versuchen, dem Übergewichtigen Einsicht in sein Krankheitsbild zu geben und ihn von der Notwendigkeit der Einhaltung einer Diät und der krankengymnastischen Behandlung zu überzeugen. Ziel ist es daher, den Patienten psychisch und physisch zu aktivieren, nicht aber, durch starkes Training eine Gewichtsreduzierung erlangen zu wollen. Die Freude an der Bewegung soll geweckt, Unsicherheit und Antriebsarmut müssen genommen werden. Um den Patienten zu motivieren und um ein Erfolgserlebnis vermitteln zu können, ist die tägliche Gewichtskontrolle und deren Dokumentation wichtig.

Aus der Übergewichtigkeit resultieren Beschwerden und organische Folgen wie Herz- und Kreislaufinsuffizienz, Hypertonie, Diabetes mellitus, venöse und arterielle Durchblutungsstörungen und Arthrosen in den Beingelenken. Diese müssen gesondert berücksichtigt, in einem Befund festgehalten und behandelt werden.

Maßnahmen

Wenn möglich, sollte man die Adipösen in einer Gruppe zusammenfassen, um Durchhaltewillen und Ehrgeiz der Patienten zu stärken.

Damit sämtliche Körperabschnitte während einer Behandlung erfaßt werden, wählt man verschiedene Ausgangsstellungen: Rückenlage, Seitenlage, Vierfüßlerstand, Hockersitz und Stand. Leichte Spiele können die Übungen abschließen.

Nach einer Übungsbehandlung kann der Gewichtsunterschied bis zu 300 g betragen. Dabei handelt es sich nicht um eine echte Gewichtsreduktion, sondern zum größten Teil um den Flüssigkeitsverlust durch das Schwitzen, der bei Aufnahme der nächsten Trinkmenge sofort wieder ausgeglichen wird.

6. Erkrankungen der Bauchspeicheldrüse

M. Liersch

Die *akute Pankreatitis* wird zu 40% bei Gallenwegserkrankungen (Choledochussteine, Cholangitis, Cholezystitis) durch Drucksteigerung im Pankreasgang oder Rückstau von infizierter Galle hervorgerufen. In weiteren 40% entsteht die Entzündung auf bisher ungeklärtem Wege bei Alkoholmißbrauch. Für den Rest kommen Einengungen des Pankreasganges (Steine, Tumoren), Zwölffingerdarmerkrankungen (Ulkus) oder z. B. eine Mumpsvirusinfektion in Frage. Die Entzündung ist charakterisiert durch die Selbstverdauung des Organs mit den dort gebildeten Verdauungsenzymen. Durch den mehr oder weniger ausgedehnten Gewebsuntergang mit Nachbarschaftsreaktionen im Magen und Darm entsteht ein schweres Krankheitsbild, welches in 10% im Kreislaufschock endet. Klinische Zeichen sind der oft blitzartig einschießende Ober-Mittelbauch-Schmerz, Übelkeit, Erbrechen und Stuhlverhaltung. Bei der Untersuchung fallen Druckschmerz, Abwehrspannung des Leibes mit Aufblähung, Fieber und Kollapszeichen auf. Die Diagnose kann durch Bestimmung der Bauchspeicheldrüsenenzyme Amylase und Lipase, welche im Serum und Urin erhöht gefunden werden, erhärtet werden.

Die Therapie besteht in Nahrungskarenz und parenteraler Ernährung sowie Elektrolytersatz zur absoluten Ruhigstellung der Drüse; zum Infektionsschutz werden Antibiotika gegeben. Erst nach Normalisierung der Enzyme in Serum und Urin wird die Diät (Schleimsuppe, Brei, Zwieback, Kartoffeln, Reis) langsam aufgebaut.

Die *chronische Pankreatitis* geht häufig aus der akuten Entzündung hervor, kann aber auch schleichend ohne einen anfänglichen Entzündungsschub entstehen. Auch hier spielen Alkohol und Gallenwegserkrankungen eine große Rolle. Pathologisch-anatomisch liegt ein fortschreitender Entzündungsprozeß zugrunde, welcher langsam zu einer bindegewebigen Umwandlung und Verkalkung (40%) und damit zur Insuffizienz des Organs führt. Anamnestisch werden rezidivierende Oberbauchschmerzen, welche in den Rücken ausstrahlen, angegeben. Bei erhaltenem Appetit kommt es zu Gewichtsverlust und Fettstühlen, in schweren Fällen durch Schädigung der Langerhans-Inseln zusätzlich zu einem Diabetes mellitus. Die Behandlung strebt einen Ersatz der Verdauungsenzyme bei fettarmer Diät und Alkoholverbot an. Oft müssen Schmerzmittel eingesetzt werden.

Pankreaskarzinome sind in 95% bei den ersten Symptomen (Schmerzen, Gewichtsverlust) bereits inoperabel. Im Spätstadium entsteht durch Ummauerung des Gallenganges ein Verschlußikterus.

Eine *krankengymnastische Behandlung* ist nicht angezeigt.

7. Erkrankungen der Gallenblase

M. Liersch

Gallensteine werden bei 10% aller Erwachsenen beobachtet. Die Ursache ihrer Entstehung liegt in einer veränderten Ausscheidung von Bilirubin, Gallensäuren und Cholesterin bzw. einer veränderten Gallenzusammensetzung bei Infektion oder Abflußstörung. Oft bleiben die Steine symptomlos, bei Frauen findet sich eine Erstmanifestation mit Beschwerden häufig in der Gravidität. Das Beschwerdebild reicht von heftigen Oberbauchkoliken bis zu leichten Druckschmerzen im Leib nach fettreichen Mahlzeiten. Der Nachweis gelingt am einfachsten sonographisch oder aber röntgenologisch durch Kontrastmittelgabe. Wegen der Gefahr einer akuten und chronischen Cholangitis und Cholezystitis mit Empyem und Perforation sowie einer Steineinklemmung im Gallengang mit Verschlußikterus wird allgemein zur operativen Gallenblasenentfernung im beschwerdefreien Intervall geraten. In den letzten Jahren besteht außerdem die Möglichkeit einer medikamentösen Auflösung reiner Cholesterinsteine. Diätetisch wird eine fettarme Kost ohne blähende Gemüsesorten empfohlen. Zur Kolikbehandlung stehen krampflösende Medikamente zur Verfügung.

Die *akute Cholezystitis* tritt in 90% als Komplikation des Steinleidens auf. Heftige Druckschmerzen des Oberbauches mit Übelkeit, Erbrechen und Fieber stehen im Vordergrund. Die Behandlung erfordert Antibiotika, Schmerzmittel, Infusionen, Diät und Bettruhe. Bei Perforationsgefahr muß man sich sofort zur Operation entschließen.

Dyskinesien sind Gallenwegsbeschwerden funktioneller Art ohne Entzündung und Steinbildung. Zugrunde liegen motorische Störungen der Gallenblase und Gallenwegsmuskulatur. Neben Koliken geben die Patienten Völlegefühl und Verdauungsstörungen an. Geeignete Medikamente sind Spasmolytika und Sedativa zusammen mit einer Diät.

Gallenblasenkarzinome kommen bei Steinträgern (1%) im höheren Lebensalter vor. Anfangs bestehen uncharakteristische Beschwerden, im Spätstadium entsteht durch Übergreifen auf den Ductus choledochus ein Verschlußikterus. Da frühzeitig Metastasen entstehen, ist eine operative Ausrottung des Tumors selten möglich.

Eine *krankengymnastische Behandlung* ist nicht angezeigt.

8. Lebererkrankungen

M. Liersch und H. Göhring

Physiologische Vorbemerkungen. Die Leber ist die größte Drüse des menschlichen Körpers und liegt unterhalb des Zwerchfells im rechten Oberbauch. Sie wird über die A. hepatica mit arteriellem, sauerstoffreichem Blut versorgt und zusätzlich über die Pfortader (V. portae) mit dem venösen Blut aus Magen, Darm, Milz und Pankreas durchströmt.

Ihre wichtigsten Funktionen sind:

- Sekretion der Gallenflüssigkeit, die Cholesterin, Phospholipide, Gallensäuren und Bilirubin enthält;
- Speicherung von Glykogen;
- Synthese von Glukose, Harnstoff, Ketonkörpern sowie der meisten Serumproteine;
- Regulation des Fett-, Eiweiß- und Proteinstoffwechsels;
- Entgiftung von toxischen Verbindungen, die aus dem Darm aufgenommen werden.

Bei Lebererkrankungen, die zu einer Verminderung bzw. zu einem Ausfall der genannten Funktionen führen, können also die folgenden klinischen oder laborchemischen Symptome auftreten:

- Ikterus (Gelbfärbung der Haut durch den erhöhten Gehalt an Bilirubin in Blut und Gewebe);
- Hypoglykämie (Erniedrigung des Blutzuckers), nur bei schweren Erkrankungen;
- Verminderung der Serumproteine, z. B. des Albumins und der Gerinnungsfaktoren mit den Folgen Ödeme, Blutungsneigung;
- zentralnervöse Symptome, als schwerste Form das Coma hepaticum;
- Pfortaderhochdruck mit Aszites, Milzvergrößerung und Ösophagusvarizen bei Leberzirrhose (Störung der Leberdurchblutung als Folge des Leberumbaus).

Hepatitis

Akute Virushepatitis

Ursache. Ursache der akuten Virushepatitis sind DNA- oder RNA-haltige Viren, die z. T. (HB-Virus) relativ hitzebeständig sind. Ihre Abtötung erfolgt sicher bei Temperaturen über 100°C. Heute können zwei Viren, das Virus A und das Virus B, nachgewiesen werden. Das Virus A verursacht die Hepatitis epidemica (infektiöse Hepatitis, Inkubationszeit 2–6 Wochen), das Virus B die Serumhepatitis (Inkubationszeit bis zu 6 Monaten). Im Gegensatz zu den früheren Anschauungen (ersichtlich aus der Benennung der beiden Hepatitisformen) können beide Krankheiten sowohl enteral wie parenteral übertragen werden. Die Viren wurden in Stuhl, Blut, Urin, Speichel und anderen Körpersekreten gefunden. Antigene der Hepatitisviren (A, B) sowie ihre Antikörper können serologisch nachgewiesen werden. Die beiden Hepatitisformen sind klinisch und in der Leberhistologie nicht zu unterscheiden, es besteht jedoch nach einer überstandenen Erkrankung keine Immunität gegen die andere Hepatitisform. Eine dritte Form der Hepatitis ist die Non-A-Non-B-Hepatitis (Virus noch unbekannt).

Symptome und Verlauf. Vor Beginn des Ikterus bestehen für 2–9 Tage allgemeine Krankheitszeichen (Prodromalstadium). Bei häufig erhöhten Temperaturen klagen die Patienten über Anorexie, allgemeine Schwäche und Müdigkeit, Übelkeit, Spannungsgefühl im rechten Oberbauch sowie über zuweilen starke Gelenk- und Gliederschmerzen. Mit Beginn des Ikterus treten diese Symptome zurück, es kommt zur Gelbfärbung der Haut, zur Entfärbung des Stuhls und zur Braunfärbung des Urins. Bei der körperlichen Untersuchung fällt eine Vergrößerung der Leber und gelegentlich der Milz auf. Die Dauer des Ikterus beträgt im allgemeinen 2–6 Wochen, die Krankheit ist nach ca. 3–5 Monaten überstanden. Die Verlaufsformen können sehr unterschiedlich sein und reichen von der anikterischen Hepatitis (ohne Anstieg des Bilirubins im Serum) bis zur massiven nekrotisierenden Hepatitis mit der Gefahr des Leberkomas (früher „akute gelbe Leberatrophie"). Entsteht ein Leberkoma im Verlauf einer Hepatitis, so sterben 80–90% der betroffenen Patienten.

Prognose. Die Prognose der akuten Hepatitis insgesamt ist gut, sie heilt in 80–90% völlig aus. Die Letalität beträgt unter 1%, bei ca. 5% der Patienten entsteht eine chronische Hepatitis.

Therapie. Die Therapie besteht in Bettruhe sowie einer kalorisch ausreichenden Diät, die fettarm ist und nur bei schwerem Verlauf der Hepatitis im Proteingehalt beschränkt sein soll. Glukokortikoide sind nicht indiziert. Nach Normalisierung der Laborwerte ist eine 6- bis 8wöchige Schonung vor Wiederaufnahme der beruflichen Tätigkeit angebracht.

Chronische Hepatitis

Bei der chronischen Hepatitis kommt ein entzündlicher Prozeß in der Leber nicht zum Stillstand, sondern es entsteht durch fortlaufenden Untergang von Leberzellen und bindegewebige Reaktion eine Fibrose der Leber, die schließlich in eine Zirrhose einmünden kann.

Ursache. Die Ursache der chronischen Leberentzündung bleibt häufig unklar, in einem Teil der Fälle kann eine akute Virushepatitis B als Ursache nachgewiesen werden, oder es sind immunologische Ursachen zu diskutieren.

Symptome. Die Symptome bestehen in gelegentlichem Ikterus, Oberbauchbeschwerden sowie allgemeiner Müdigkeit und Leistungsminderung.

Verlauf. Der Verlauf kann zwischen einer gutartigen Form (chronisch persistierende Hepatitis) und einer aggressiven Form (chronisch aktive Hepatitis) differieren.

Therapie. Die Therapie der chronisch aggressiven Hepatitis besteht in einer u. U. langjährigen Therapie mit Glukokortikoiden (10–25 mg/Tag). Die chronische Hepatitis B spricht auf diese Therapie schlecht an.

Leberzirrhose

Die Leberzirrhose ist eine diffuse, chronische Lebererkrankung mit fortgeschrittener Fibrose der Leber, knotiger Hyperplasie des Leberparenchyms und Veränderungen im Blutkreislauf der Abdominalorgane. Die Durchblutung der Leber über die Pfortader sinkt ab, es entsteht ein Pfortaderhochdruck, durch den sich Ösophagusvarizen entwickeln können.

Ursache der Leberzirrhose sind die alkoholische Leberschädigung (Alkoholhepatitis), die chronische Hepatitis sowie einige nur selten auftretende Lebererkrankungen. Ein großer Teil der Zirrhosen kann ätiologisch nicht eindeutig beurteilt werden (kryptogene Zirrhose).

Symptome. Bei ruhenden (kompensierten) Zirrhosen können Symptome fehlen. Im allgemeinen aber ist die Leber vergrößert und derb, es bestehen allgemeine Beschwerden wie Inappetenz, Völlegefühl, Blähsucht, Müdigkeit und Leistungsverminderung. Bei dekompensierten Formen bestehen Ikterus, Aszites und evtl. neurologisch-psychiatrische Symptome. Typisch sind Veränderungen der Haut wie Gefäßsternchen, Palmarerythem und Behaarungsanomalien sowie Hodenatrophie und Gynäkomastie bei Männern.

Verlauf. Der Verlauf der Zirrhose kann bei inaktiven, kompensierten Formen sehr gutartig sein, bei dekompensierten Formen mit Aszites, Ikterus und Ösophagusvarizenblutungen entspricht die Prognose der einer malignen Erkrankung (Fünfjahresüberlebensrate nach Diagnosestellung = 20%).

Komplikationen. Die wichtigsten Komplikationen bei der Leberzirrhose sind das Koma hepaticum (Leberausfallskoma), evtl. begleitet von schweren Störungen des Mineralstoffwechsels und von Nierenversagen, sowie die Blutung aus Ösophagusvarizen.

Therapie. An erster Stelle steht die Ausschaltung von weiteren Leberschädigungen (absolutes Alkoholverbot) sowie eine sinnvolle Lebensführung (geregeltes Leben, körperliche Schonung, maßvolle, eiweiß- und vitaminreiche Ernährung). Patienten mit Leberzirrhosen, bei denen im Leberpunktat eine chronisch aggressive Hepatitis nachgewiesen wurde, erhalten Glukokortikoide.

Im aktiven Schub einer Zirrhose mit Transaminasenerhöhung wird Bettruhe bis zur Normalisierung der Laborwerte verordnet. Der Aszites wird mit Bettruhe, Kochsalzrestriktion und Saluretika behandelt.

Bei Anzeichen einer Enzephalopathie erhält der Patient Antibiotika zur Darmentkeimung (Neomycin, Paromomycin) und/oder Laktulose (40–60 g/Tag) sowie eine reduzierte Eiweißmenge (~30 g/Tag).

Krankengymnastische Behandlung

Eine gezielte krankengymnastische Behandlung gibt es nicht. Sollte die Bettruhe zu lange anhalten, können die üblichen Maßnahmen zur Pneumonie- und Thromboseprophylaxe unter strenger Beachtung der hygienischen Vorschriften ergriffen werden.

9. Erkrankungen von Magen und Darm

P. CZYGAN und H. GÖHRING

Physiologie

Der Magen ist ein muskuläres Hohlorgan, das die im Mund zerkleinerten Speisen nach Passage der Speiseröhre aufnimmt, speichert und nach Umwandlung in den Speisebrei (Chymus) durch fraktionierte Entleerung in den Dünndarm weiterleitet. Der zur Chymusbildung notwendige Magensaft wird in den Drüsen der Magenschleimhaut gebildet, er setzt sich zusammen aus Salzsäure (HCl), Schleim, proteolytischen Enzymen (Pepsinogen und Pepsin), Elektrolyten (Na, K, Cl, Ca) und Eiweißkörpern. Die Sekretion von H^+ beträgt unter Basalbedingungen 3–5 mmol/h und steigt nach Stimulation mit Pentagastrin auf 18–30 mmol/h an. Die Sekretion des Magensaftes wird gesteigert durch optische und geruchliche Reize (nervale Phase), durch Kontakt der Nahrung mit der Magenschleimhaut (gastrische Phase) und ist, ebenso wie die Entleerung des Magens, abhängig von dem Volumen und dem Säuregehalt des Chymus (intestinale Phase).

Der Darm stellt mit einer Länge von 5–6 m den größten Anteil des Verdauungstraktes dar. Der an den Magenausgang anschließende Dünndarm wird anatomisch unterteilt in den Zwölffingerdarm (Duodenum), den Leerdarm ((Jejunum), und den Krummdarm (Ileum). Der Dickdarm besteht aus dem Blinddarm (Zäkum), dem Grimmdarm (Kolon) und dem Mastdarm (Rektum). Innerhalb des gesamten Darmes erfolgt die Fortbewegung des Speisebreis durch rhythmische Kontraktion und Erschlaffung der Darmmuskulatur (Peristaltik).

Im Dünndarm wird der Speisebrei mit dem Sekret der großen Verdauungsdrüsen Bauchspeicheldrüse und Leber (Gallensaft) vermischt und durch enzymatische Spaltung in resorbierbare Nahrungsbestandteile umgewandelt, die nach Transport durch die Darmwand in das Blut aufgenommen werden.

Im Dickdarm wird dem Chymus vor allem Wasser entzogen, wodurch er sich allmählich bis zum Kot eindickt. Daneben findet sich noch eine bakterielle Zersetzung der Nahrungsbestandteile, wie die Vergärung von Kohlenhydraten, die Eiweißfäulnis und die Bildung von Vitamin K.

Der Transport der Fäzes erfolgt durch die Darmmotorik, wobei zwischen folgenden Komponenten unterschieden werden muß:

- basaler Tonus,
- rhythmische Segmentation,
- Massenbewegung (Propulsion).

Während die rhythmische Segmentation durch Drucksteigerung im Kolon den Transport der Fäzes verlangsamt und dadurch die Rückresorption von Wasser fördert, ist die Massenbewegung für den Transport der Fäzes von entscheidender Bedeutung.

Untersuchungsverfahren

Endoskopie

Betrachtung der Schleimhautoberfläche mit Hilfe eines Endoskopes; dabei ist die Entnahme von Gewebeproben (Biopsie), die Abtragung von Polypen (Polypektomie) und die Stillung von kleineren Blutungen (durch Laserkoagulation) möglich.

Inspektion des Magens: Gastroskopie; des oberen Dünndarmes: Duodenoskopie; des Enddarmes: Rektoskopie; des Dickdarmes: Koloskopie.

Röntgenuntersuchungen

Kontrastdarstellung der Magen-Darm-Schleimhaut mit Hilfe von Bariumbrei in Doppelkontrastdarstellung (mit zusätzlicher Luftblähung der Organe): Magen-Darm-Passage, Röntgenkolon.

Absorptionstests zum Nachweis einer Malabsorption (verminderte Aufnahme)

- Bilanztechnik: Messen der oralen Zufuhr einer Substanz und ihrer Ausscheidung im Stuhl. Aus der Differenz zwischen beiden kann auf die Absorption geschlossen werden.
- Indirekte Methoden: Bestimmung von Substanzen im Blut, nachdem sie im Magen-Darm-Trakt absorbiert worden sind (z. B. Glukose, Laktose, D-Xylose, Triolein, Vitamin B_{12}).

Magensaftanalyse

Untersuchung der Säuresekretionsleistung vor und nach maximaler Stimulation.

Stuhluntersuchung

- Makroskopische Untersuchung auf Form, Konsistenz und Farbe und zum Nachweis von Blut, Schleim und Eiter;
- mikroskopische Untersuchung auf unverdaute Nahrungsreste (Fett und Muskelfasern) und Wurmeier;
- chemische Untersuchung zum Nachweis von okkultem Blut (Hämokkult);
- bakteriologische und virologische Untersuchungen.

Gastritis (Magenschleimhautentzündung)

Ursache. Häufigste Ursachen der Gastritis sind Diätfehler, wie der Genuß von sehr heißen oder kalten Getränken, stark gewürzten oder verdorbenen Speisen oder exzessive Mengen von Alkohol, Koffein oder Nikotin. Daneben tritt die Gastritis auch als Begleiterkrankung, z. B. bei Urämie, oder als Nebenwirkung von Medikamenten, vor allem von entzündungshemmenden Präparaten, wie z. B. Salizylaten und Phenylbutazon, auf.

Symptome und Verlauf. Als häufigstes Symptom der Gastritis findet sich ein brennender Schmerz im Oberbauch, der durch den Genuß saurer, salziger, süßer oder scharfer Nahrungsmittel noch deutlich verstärkt werden kann. Daneben leiden die Patienten unter Übelkeit, rezidivierendem Erbrechen, unter Druck- und Völlegefühl. Bei der akuten Gastritis bilden sich die Symptome meist auch ohne Therapie innerhalb weniger Tage zurück, während die chronische Gastritis, schon durch geringe Reize auslösbar, immer wieder in Erscheinung tritt.

Diagnostik. Die Laborwerte und die Röntgenuntersuchung zeigen meist keinen pathologischen Befund. Bei der Gastroskopie zeigt sich eine entzündlich gerötete Schleimhaut, die spontan oder bei geringer Berührung durch das Endoskop blutet.

Therapie. Die wichtigste therapeutische Maßnahme ist das Meiden auslösender Noxen wie Alkohol, Nikotin und Koffein. Daneben empfiehlt sich eine reizlose Diät. Bei der medikamentösen Therapie stehen die Antazida ganz im Vordergrund.

Ulcus ventriculi und duodeni (Magen- und Zwölffingerdarmgeschwür)

Ursache. Ein Schleimhautgeschwür im Bereich des Magens oder des Zwölffingerdarms entsteht durch Verminderung der schleimhautschützenden Faktoren: z. B. mangelnde Schleimhautdurchblutung, verminderte Schleimbildung und/oder durch Vermehrung der schleimhautreizenden Faktoren, wie vermehrte Salzsäure- und Pepsinbildung. Auslösende Faktoren für die Entstehung eines Ulkus sind neben psychischen Belastungen (Streß) Diätfehler, vor allem Alkohol- und Koffeinexzesse, schwere Erkrankungen, wie z. B. Verbrennungen oder Schädel-Hirn-Traumen, und medikamentöse Nebenwirkungen, z. B. bei Einnahme von Salizylaten, Phenylbutazon und Steroiden. Daneben erscheint eine erbliche Anlage wahrscheinlich. Bei therapierefraktären Ulzera muß an einen gastrinproduzierenden Tumor im Pankreas (Zollinger-Ellison-Syndrom) oder ein Karzinom gedacht werden.

Symptome. Sowohl beim Ulcus ventriculi als auch beim Ulcus duodeni leiden die Patienten hauptsächlich unter krampfartigen Oberbauchbeschwerden. Diese treten beim Magengeschwür sofort, während oder nach dem Essen in Erscheinung, während beim Zwölffingerdarmgeschwür die Schmerzen erst 2–3 Stunden nach der Mahlzeit beginnen und meist sofort wieder verschwinden, sobald der Patient eine Kleinigkeit gegessen hat (Nüchternschmerz). Diätfehler sowie der Genuß von Kaffee und Alkohol verstärken die Beschwerden.

Komplikationen. Bei der Ulkuserkrankung können schwerwiegende Blutungen dadurch auftreten, daß Blutgefäße im Geschwürsgrund angedaut werden. Dabei treten Kaffeesatzerbrechen und Teerstühle auf. Bei sehr schweren Blutungen erbrechen die Patienten hellrotes Blut und geraten schnell in einen Volumenmangelschock.

Eine weitere lebensbedrohliche Komplikation ist der Durchbruch (Perforation) des Ulkus, wobei eine offene Verbindung zwischen dem Magen- bzw. Zwölffingerdarmlumen und der Bauchhöhle entsteht. Durch Austritt von Magen-Darm-Inhalt entsteht eine Bauchfellentzündung (Peritonitis), die mit heftigen Bauchschmerzen, Abwehrspannung und Schockzustand einhergeht. Die Spätkomplikation des Ulkus ist die maligne Entartung zum Karzinom. Bei verzögerter Ulkusheilung sind deshalb engmaschige endoskopische Kontrollen mit Biopsieentnahmen unbedingt erforderlich.

Diagnostik. Bei der Röntgenuntersuchung des Magens und Dünndarms stellt sich das Ulkus als Nische in der Schleimhaut dar. Die endoskopische Kontrolle dient insbesondere der Differentialdiagnose zwischen Ulkus oder Malignom. Bei der Blutuntersuchung findet sich normalerweise kein pathologischer Befund; bei der Stuhluntersuchung läßt sich häufig Teerstuhl und/oder okkultes Blut nachweisen.

Therapie. Die Therapie des Ulkusleidens besteht in erster Linie in Ruhe (Milieuwechsel) und Meiden auslösender Noxen wie Medikamenten, Alkohol, Nikotin und Koffein und einer reizlosen Diät (häufigen, kleinen Mahlzeiten). An medikamentöser Therapie stehen folgende Präparate zur Verfügung: Antazida, H_2-Blocker (Cimetidin), Piperazin, Carbenoxolon und Sucralfat. Bei therapieresistenten Ulzera, beim Auftreten von Entleerungsstörungen, schweren Blutungen, bei Perforation und maligner Entartung ist die Operation das Mittel der Wahl (Billroth I und/oder selektive Vagotomie).

Magenkarzinom

Ursache. Die Ursache des Magenkarzinoms ist unbekannt. Umweltfaktoren, diätetische Gewohnheiten und Erbanlagen scheinen eine Rolle zu spielen. Eine Häufung von Magenkarzinomen auf dem Boden chronischer Gastritiden und Magenulzera wurde beobachtet. Männer erkranken doppelt so häufig am Magenkarzinom wie Frauen, vor allem zwischen dem 50. und 60. Lebensjahr.

Symptome und Verlauf. Im Frühstadium des Magenkarzinoms finden sich häufig nur spärliche oder gar keine Symptome. Im Laufe der Erkrankung treten uncharakteristische Oberbauchbeschwerden, Appetitlosigkeit, Erbrechen und Abneigung gegen bestimmte Nahrungsmittel, wie z. B. Fleisch, auf. Daneben zeigen sich häufig zunehmender Gewichtsverlust, Blässe, allgemeiner Kräfteverfall und bei Blutungen aus dem Karzinom Kaffeesatzerbrechen und Teerstühle.

Diagnostik. Bei der Laboruntersuchung findet sich eine erhöhte Blutsenkung, eine Eisenmangelanämie und häufig ein positiver Blutnachweis im Stuhl.

Mit Hilfe der Röntgenuntersuchung des Magens oder der Gastroskopie kann die Diagnose gestellt werden, gesichert wird die Diagnose durch histologische Untersuchung eines Gewebestückchens, das endoskopisch aus dem Tumorbereich entnommen wurde.

Therapie. Die einzige wirksame Therapie besteht in der operativen Totalentfernung des Tumors, daneben kommt der Chemotherapie eine wichtige Bedeutung zu.

Obstipation (Verstopfung)

Unter Verstopfung versteht man seltener als 3 Tage erfolgendes Absetzen von verhärtetem Stuhl. Eine Unterteilung der Obstipation in eine spastisch-hyperkinetische und eine atonisch-hypokinetische Form wird heute nicht mehr durchgeführt.

Ursachen sind eine zu lange Verweildauer der Fäzes im Dickdarm, verbunden mit einer zu starken Eindickung und/oder einem gestörten Defäkationsreflex. Im Gegensatz zu früheren Auffassungen weiß man, daß die Obstipation nicht als Folge einer verminderten Darmmotorik eintritt, sondern die rhythmische Segmentation (S. 222) sogar gesteigert ist. Die Folge ist trotz verstärkter Peristaltik eine Verlangsamung der Passagezeit der Fäzes. Begünstigt wird die Obstipation durch:

- faserarme Nahrung,
- falsche Eßgewohnheiten,
- Bewegungsmangel,
- Unterdrückung des Defäkationsreflexes (Ekel, Zeitmangel),
- Medikamente,
- Schwangerschaft,
- funktionelle oder organische Nervenstörungen,
- Tumoren, Analfissuren, Hämorrhoiden.

Therapie. Bei Zugrundeliegen organischer Störungen müssen diese soweit wie möglich beseitigt werden. Als Dauerbehandung der Verstopfung wird eine faserreiche Kost, z. B. Frischgemüse und Obst, Vollkornbrot und Kleie oder Leinsamen bei ausreichender Flüssigkeitszufuhr, daneben eine regelmäßige körperliche Betätigung empfohlen. Abführmittel, außer der osmotisch wirksamen Substanz Laktulose, sollen nur über einen begrenzten Zeitraum gegeben werden, da mit erheblichen Nebenwirkungen zu rechnen ist. Einläufe und Klysmen sollten nur bei ausgeprägter Verstopfung durchgeführt werden.

Diarrhoe (Durchfall)

Unter Durchfall versteht man die gehäufte Entleerung von Stühlen verminderter Konsistenz bei beschleunigter Dickdarmpassage.

Ursachen. Die akute Diarrhoe beruht häufig auf einer Infektion mit Viren (Echoviren, Coxsackie-Viren) oder Bakterien (Camylobakter, Salmonellen, Shigellen, Staphylokokken) oder Parasiten (Amöben, Würmer) sowie Mykosen (z. B. Candida nach längerer Antibiotikatherapie). Vergiftungen mit Schwermetallen, Diagitalispräparaten, Alkohol sowie die Therapie mit Antibiotika, Zytostatika und Röntgenstrahlen können eine akute Diarrhoe hervorrufen.

Chronische Diarrhoen finden sich häufig beim sog. Reizkolon, bei Dickdarmerkrankungen wie z. B. malignen Tumoren, Colitis ulcerosa oder Divertikulitis, bei Dünndarmerkrankungen wie Ileitis terminalis (Morbus Crohn), Darmtuberkulose und Malabsorptionssyndrom, nach Operationen am Magen und Darm. Weitere Ursachen der chronischen Diarrhoe sind Erkrankungen der Bauchspeicheldrüse, Nahrungsmittelallergien und endokrine Erkrankungen.

Symptome. Die klinischen Beschwerden sind abhängig von der Art, Schwere und Dauer der Diarrhoe sowie der vorherigen Widerstandskraft des Patienten. Insbesondere bei akuter Diarrhoe bestehen neben den Durchfällen Erbrechen, Fieber und krampfartige Bauchschmerzen. Bei lange bestehenden Durchfällen kommt es zu Wasser- und Salzverlusten; schwere entzündliche Darmerkrankungen führen daneben noch zu erheblichen Eiweißverlusten mit Ödemneigung.

Therapie. Die symptomatische Therapie der akuten Diarrhoe besteht in Bettruhe, ausreichender Elektrolyt- und Flüssigkeitszufuhr. An medikamentöser Therapie stehen Adsorbentien (Kohle), Adstringentien (Tannin) oder – in schweren Fällen – Opiumderivate zur Verfügung. Bei der chronischen Diarrhoe muß die Ursache abgeklärt werden, um eine gezielte Therapie einleiten zu können.

Ileitis terminalis (Morbus Crohn)

Die Ileitis terminalis ist eine unspezifische granulomatöse Entzündung, die überwiegend den distalen Anteil des Ileums, jedoch auch andere Dünndarm- und Dickdarmanteile segmentär befällt. Die Krankheit tritt bei gleichmäßiger Geschlechtsverteilung vor allem bei Patienten vor dem 35. Lebensjahr in rezidivierenden Schüben auf.

Ursachen. Die Ursache der Ileitis terminalis ist unbekannt. Eine Allergie gegenüber körpereigenem Darmgewebe (Autoimmunerkrankung) oder ein Virusinfekt werden diskutiert. Psychische Faktoren werden als auslösend angenommen.

Symptome und Verlauf. Nur in seltenen Fällen tritt die Ileitis terminalis einmalig auf, häufig verläuft sie chronisch mit rezidivierenden Schüben. Die Patienten leiden dann unter Schmerzen im Bereich des rechten Unterbauches, unter Appetitlosigkeit, Fieber und Durchfällen, die im Gegensatz zur Colitis ulcerosa selten Blutbeimengungen enthalten. Komplikationen sind innere und äußere Fistelbildung entweder der Darmschlingen untereinander, in umgebende Beckenorgane oder zur Haut, Abzesse und selten Perforationen, weiterhin Einengungen des Darmes.

Diagnostik. Die Diagnose wird mit Hilfe der Röntgenuntersuchung (Pflastersteinrelief, Stenosen, segmentärer Befall), der Koloskopie (segmentärer Befall, Pseudopolypen) und der Histologie der bei der Koloskopie entnommenen Gewebsproben gestellt.

Therapie. Die Patienten erhalten eine eiweißreiche, kohlenhydratreiche (aber wenig raffinierte Zucker) und faserarme Kost. Als medikamentöse Therapie wird Kortison, bei Mitbefall des Kolons Salizylazosulfapyridin (Azulfidine) verabreicht. Zur Behandlung der kolikartigen Schmerzen können Spasmolytika eingesetzt werden. Bei Abzessen, Obstruktion oder Perforation ist eine Indikation zum chirurgischen Eingreifen gegeben. Die Operationsindikation sollte deswegen sehr zurückhaltend gestellt werden, da auch nach Resektion des befallenen Darmabschnittes die Rezedivgefahr sehr groß ist. Durch Psychotherapie kann der Verlauf günstig beeinflußt werden.

Colitis ulcerosa

Unspezifische, chronisch rezidivierend verlaufende Entzündung des Dickdarmes mit Ausbildung von Ulzera. Absetzen von blutigen Stühlen.

Ursachen. Die Ursache der Colitis ulcerosa ist unbekannt; diskutiert werden ein bisher unbekannter Virusinfekt oder eine allergische Reaktion gegenüber Fremdstoffen oder der eigenen Dickdarmschleimhaut (Autoimmunprozeß). Psychische Faktoren werden als auslösend angenommen.

Symptome und Verlauf. Die Schwere der Erkrankung hängt von der Ausdehnung des entzündlichen Darmbefalls ab; der Verlauf ist in der Regel schubartig. In leichten Fällen finden sich breiige Stühle mit Blutauflagerungen, bei ausgedehntem Befall treten blutig-schleimige Durchfälle mit heftigen Bauchkrämpfen auf, daneben kommt es zu Fieber, Appetitlosigkeit, Anämie und Gewichtsverlust. Als Folge zeigt sich eine Dehydratation und Hypokaliämie, außerdem besteht bei ausgeprägtem Befall der Darmwand die Gefahr der Perforation.

Diagnostik. Die Diagnose wird röntgenologisch oder mit Hilfe der Koloskopie gestellt. Es finden sich eine entzündete Schleimhaut, multiple Ulzera und bei chronischem Verlauf Aufhebung des Schleimhautreliefs, eine streckenweise Einengung und/oder Starre des Darmrohres.

Therapie. In leichten bis mittelschweren Fällen wird eine schlackenarme und nicht blähende Diät empfohlen, daneben die medikamentöse Gabe von Salizylazosulfapyridin und Kortison. In schweren Fällen muß die Flüssigkeitszufuhr und Elektrolytsubstitution durch Infusionen erfolgen. Bei Versagen der konservativen Therapie muß eine Teil- oder Totalresektion des Dickdarmes durchgeführt werden. Durch Psychotherapie kann der Verlauf günstig beeinflußt werden.

Divertikulose/Divertikulitis

Als Divertikulose bezeichnet man bis zu 2 cm lange, sackartige Ausstülpungen der Dickdarmschleimhaut, die vom Lumen aus die Darmwand durchdringen.

Ursache der Divertikulose ist eine Wandschwäche des Dickdarmes, vor allem im Sigmabereich, und eine Erhöhung des intraluminalen Drucks (z. B. bei der Obstipation). Die Häufigkeit der Erkrankung steigt mit zunehmendem Lebensalter.

Symptome und Verlauf. Die Divertikulose verursacht keine Beschwerden, erst bei Entzündung der Divertikel (Divertikulitis) verspüren die Patienten Schmerzen im Bereich des linken Unterbauches; diese können dauernd vorhanden sein oder kolikartig auftreten. Als Zeichen der Entzündung findet sich Blut im Stuhl, es treten Fieber und eine Leukozytose auf. Komplikationen der Divertikulitis sind Abzesse, Stenosen und Perforation.

Diagnostik. Röntgenuntersuchung des Dickdarmes und Koloskopie.

Therapie. Ballastreiche und faserreiche Kost sowie Weizenkleie. Zur Therapie der Divertikulitis werden Spasmolytika und Antibiotika eingesetzt. Bei Abzessen, Stenosen oder Perforation muß eine operative Resektion des betroffenen Darmabschnittes vorgenommen werden.

Tumoren des Dickdarmes

Die häufigsten gutartigen Tumoren im Dickdarm sind polypöse Adenome; ihre Anzahl und ebenso die Häufigkeit ihrer malignen Entartung nehmen mit zunehmendem Lebensalter zu. Die bösartigen Tumoren sind zu 95% Adenokarzinome, Frauen und Männer sind etwa gleich häufig betroffen. Die Dickdarmtumoren finden sich hauptsächlich im Bereich des Rektums und werden in Richtung Dünndarm zunehmend seltener.

Ursachen. Die Ursache des Dickdarmkarzinoms ist nicht bekannt.

Symptome und Verlauf. Die Beschwerden beginnen oft schleichend unter dem Bild einer Verstopfung, daneben können gelegentlich auch Durchfälle auftreten. Verdächtig ist immer die Ausscheidung von Blut im Stuhl, auch wenn dies ohne jegliche Beschwerden auftritt. Erst ein großer Tumor verursacht in der Regel weitere Beschwerden, wie z. B. eine Verlegung des Darmrohres mit folgender Darmlähmung, größere Blutungen oder eine Perforation. Im weiteren Verlauf kommt es zu infiltrativem Wachstum in die Nachbarorgane und zur Absiedlung von Tochtergeschwülsten, vor allem in die lokalen Lymphknoten, die Leber, das Skelett und in die Lunge.

Diagnostik. Der Verdacht auf das Vorliegen eines Rektumkarzinoms kann bereits durch digitale Untersuchung des Rektums erhoben werden. Die endgültige Diagnose wird gestellt durch die Rektoskopie und Koloskopie mit Gewebeentnahme oder durch die Röntgenuntersuchung des Dickdarmes.

Therapie. Die Therapie besteht in der totalen operativen Entfernung des Tumors. Bei bereits erfolgter Metastasierung wird zusätzlich eine Chemotherapie mit Zytostatika durchgeführt.

Ileus (Darmlähmung)

Unter Ileus versteht man die Aufhebung der Darmpassage; sie kann durch Verschluß (mechanischer Ileus) oder Lähmung (paralytischer Ileus) des Darmrohres hervorgerufen werden. Charakteristisch ist das fehlende Absetzen von Stuhl.

Ursachen des mechanischen Ileus sind eine Einklemmung des Darmes durch Strikturen oder Invagination, eine Verlegung der Darmlichtung, z. B. durch Tumoren, Fremdkörper, Gallensteine, Würmer oder Kotballen, oder eine Kompression des Darmes von außen, am häufigsten durch einen Tumor. Der paralytische Ileus tritt oft nach Bauchoperationen, bei Peritonitis oder als Begleiterscheinung von anderen Erkrankungen im Bauchraum, wie z. B. Pankreatitis, auf. Eine Sonderform, vor allem bezüglich der Therapie, findet sich nach Embolie oder Thrombose von Eingeweidearterien oder Venen mit Infarzierung der betreffenden Darmabschnitte.

Symptome und Verlauf. Die klinischen Erscheinungen variieren abhängig von der Art des Ileus und der Höhe des Darmverschlusses bzw. der Lähmung. Der mechanische Dünndarmileus verursacht rasch einsetzende, krampfartige Schmerzen im Bereich des Mittelbauches und rezidivierendes Erbrechen von Magen-, später auch Darminhalt (Miserere). Die Peristaltik ist vermehrt, die Darmgeräusche sind klingend. Bei dem mechanischen Dickdarmileus setzen die

Beschwerden mehr schleichend ein, während der Bauch langsam anschwillt. Erbrechen tritt selten auf, die Darmgeräusche sind laut. Der paralytische Ileus ist durch starkes Anschwellen des Bauches und quälenden Dauerschmerz gekennzeichnet. Durch Ansammlung großer Flüssigkeitsmengen im Darmlumen kann rasch ein Schockzustand eintreten. Charakteristisch für den paralytischen Ileus ist das völlige Fehlen von Darmgeräuschen.

Diagnostik. Die Diagnosestellung des Ileus erfolgt röntgenologisch durch den Nachweis von Spiegelbildungen in den Darmschlingen oder von sog. stehenden Darmschlingen.

Therapie. Die Therapie besteht zunächst in einer parenteralen Zufuhr von Flüssigkeit (Schockprophylaxe), in der Absaugung von Magen- und Darminhalt über eine Sonde und der Schmerzbekämpfung. Beim mechanischen Ileus und beim paralytischen Ileus infolge Thrombose oder Embolie der Darmgefäße muß innerhalb von 24 Stunden operiert werden. Beim paralytischen Ileus sollte zunächst versucht werden, die Darmtätigkeit durch Verabreichung von Prostigmin i. v. und Prostigmin- und Bepantheneinläufen wieder in Gang zu bringen. Bei Versagen der konservativen Therapie muß wegen der Gefahr einer Durchwanderungsperitonitis auch der paralytische Ileus operiert werden.

Krankengymnastische Behandlung

Obstipation

Befund

- Muskulatur: Die Bauchdecke ist verspannt, die Bauchmuskulatur hyperton, ebenso die kleinen Hüftmuskeln, die Mm. glutaeus medius und minimus und die Mm. adductores. Der Hypertonus in der Bauchdecke ist besonders am lateralen Rand des M. rectus abdominis und im Verlauf des M. obliquus abdominis externus zu tasten.
- Bindegewebe: Der Bindegewebsbefund zeigt Obstipationszonen beidseitig im Verlauf L 2–4 (Abb. **1**).
- Funktionelle Beurteilung: Der Bewegungsablauf ist lebhaft. Die Brustwirbelsäule kann in Höhe des 11. Brustwirbels nach dorsal leicht abgeknickt sein. Das Becken ist verstärkt extendiert. Im Liegen kann es schlecht flektiert werden, da die hypertonen Stränge des M. rectus abdominis keine weiteren Bewegungen nach ventral zulassen. Auch ist es möglich, daß die Beine in Rückenlage nicht locker abgelegt werden können.
- Atmung: Die diaphragmalen Atembewegungen nach ventral und lateral fehlen oder sind eingeschränkt. Es können sogar die Schul-

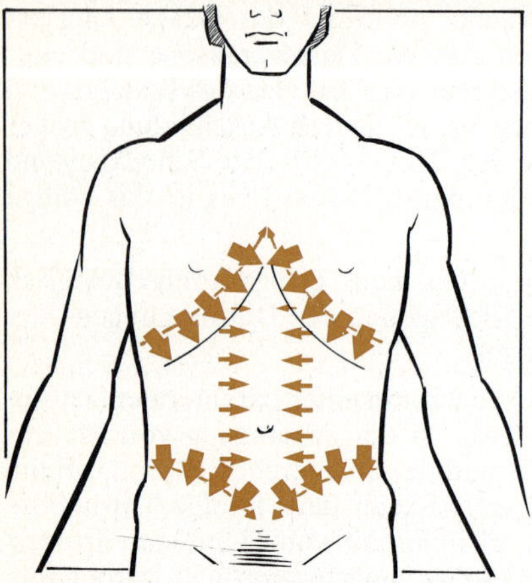

Abb. **1** Bindegewebsmassage am Bauch.

tern bei der Einatmung hochgezogen werden. Dadurch entfallen die nach kaudal gerichteten Atembewegungen als physiologischer Beweis für die Darmmotilität.
- Durchblutung: Die Patienten haben häufig kalte Füße.

Gesichtspunkte

- Lockerung der Bauchmuskulatur, der Hüftmuskulatur und der Mm. adductores;
- Mobilisation der Wirbelsäule, vor allem der Lendenwirbelsäule;
- Schulung der diaphragmalen Atembewegungen nach ventral und lateral;
- vegetative Umstimmung;
- Verbesserung der Durchblutung.

Voraussetzung für den Erfolg der krankengymnastischen Behandlung ist die Mitarbeit des Patienten, indem er versucht, seine Lebensgewohnheiten sinnvoll zu ändern, vernünftig ißt und schläft, Regelmäßigkeit in seinen Tagesablauf (täglich um die gleiche Zeit auf die Toilette gehen) bringt, für nicht zu enge Kleidung sorgt, das Rauchen reduziert und ein ausgewogenes Maß an Bewegung absolviert.

Maßnahmen

Passive Maßnahmen

- Klassische Massage,
- Schüttelungen und Stauchungen,
- heiße Rolle,

- Bindegewebsmassage,
- Kolonbehandlung,
- Elektrotherapie.

Die *Bauchmassage* wird aus Rückenlage mit angestelltem Kopfteil und unterlagerten Knien ausgeführt. Der Aufbau der Massage geschieht in der Reihenfolge:

1. Bauchdecke – Streichungen und Vibrationen.
2. Bauchmuskulatur – Knetungen und Vibrationen.
3. Dickdarm – Darmausstreichungen, Friktionen und Vibrationen im Darmverlauf. Hierbei steht der Therapeut grundsätzlich auf der rechten Seite des Patienten, um die Darmrichtung besser verfolgen zu können.

Die *Schüttelungen* sind besonders wirkungsvoll im Wechsel mit aktiven Maßnahmen. Es kann direkt und indirekt geschüttelt werden.

Stauchungen werden nur vom rechten Bein aus angesetzt. Sie beeinflussen das Colon ascendens und transversum.

Die *heiße Rolle* auf dem Kreuzbein eignet sich vor allem als vorbereitende Maßnahme vor klassischer Massage oder aktiver Behandlung.

Die *Bindegewebsmassage* umfaßt neben dem großen Aufbau die Striche am Bauch (s. Abb. **1**):

- Anhaken des unteren Thoraxrandes,
- zusammenfassender Strich,
- Anhaken des Randes des M. rectus abdominis,
- Anhaken des Darmbeinkammes,
- zusammenfassender Strich.

Kolonbehandlung nach Prof. Vogler. Die Kolonbehandlung ist eine manuelle, analwärts gerichtete Druck- und Gleitbewegung auf dem Kolon, die an fünf bestimmten Punkten des Abdomens durchgeführt wird. Ihre Wirkung wird unterteilt in eine reflektorische und eine örtlich-mechanische. Hierbei werden mehrere Faktoren beeinflußt:

- Motilität,
- Sekretion,
- Durchblutung,
- Turgor,
- Trophik des Darmes.

Die Kolonbehandlung wird aus Rückenlage mit angestelltem Kopfteil und unterlagerten Knien ausgeführt. Der Patient soll vor der Behandlung die Blase entleeren und etwa 1 Stunde vorher nichts gegessen haben.

Technik: Die Endglieder des 3. und 4. Fingers verschieben die Haut im Darmverlauf, ohne sie zu zerren, bis der Darm getastet ist. Die

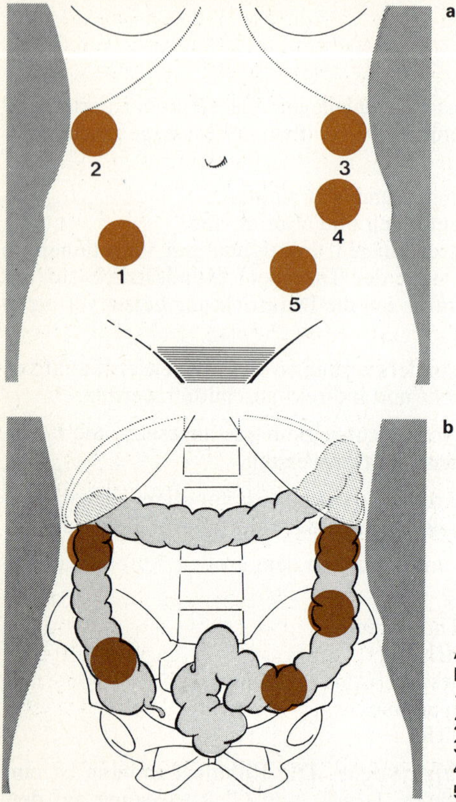

Abb. **2a** u. **b**
Lokalisation der Kolonpunkte.
1 = Zäkalpunkt,
2 = Aszendenspunkt,
3 = linearer Punkt,
4 = Deszendenspunkt,
5 = Sigmapunkt.

Fühlung mit dem Darm bleibt erhalten, auch während der Darm bei der Einatmung vorgewölbt wird. Es soll gegen die Hand geatmet werden. Jeder der 5 Punkte wird 5–7 Minuten behandelt (Abb. **2a** u. **b**).

Unterarm, Hand und Finger bilden eine Linie. Die Fingerspitzen bewegen sich in Richtung des Darmverlaufs und bleiben führend, indem sie schieben. Es kommt nun eine leichte Pro- und Supinationsbewegung dazu, um sich in der Bewegung der Rundung des Darmes anzupassen. Die Bewegung soll aus dem Schultergürtel kommen und wird leicht und im Atemrhythmus durchgeführt während der Exspiration. In dieser Phase sinkt der intraabdominelle Druck ab, und der Widerstand wird kleiner. In der Inspirationsphase läßt sich die Hand von dem wachsenden intraabdominellen Druck wieder nach oben tragen, ohne den Kontakt mit dem Kolon zu verlieren.

Der Druck der Hand ist den Spannungsverhältnissen von Bauchdecke und Darm angepaßt. Fühlt man Blähungen, schiebt man sie vorsichtig vor der Hand her, was ein kollerndes Geräusch verursachen kann. Der Patient muß wissen, daß er diesen Flatus ruhig passieren lassen darf.

Auswirkungen auf die Atmung: Der Atemrhythmus und die durch die Kolonbehandlung hervorgerufenen Druckschwankungen im intraabdominellen Raum werden synchronisiert. Die Atmung vertieft sich, wird fließend und ausgeglichen. Dadurch wird eine gesamte Entspannung erreicht. Während der Behandlung kann mehrmals eine reflektorische Tiefatmung einsetzen. Man geht in der Behandlung erst weiter, sobald sie abgeklungen ist.

Das Ziel der Kolonbehandlung ist die Regulierung der Tonusverhältnisse im Bauchraum. Dabei sollen peristaltische Trägheit und Hyperperistaltik normalisiert werden.

Vorgehen:

Punkt 1 – Zäkalpunkt (Abb. **3a**). Der Zäkalpunkt liegt in der Nähe des „McBurney-Punktes", rechts unten in Richtung des aufsteigenden Teils des Dickdarms parallel zum Darmbeinkamm. Man arbeitet mit der rechten Hand von der rechten Patientenseite aus und kann dabei sitzen.

Punkt 2 – Aszendenspunkt (Abb. **3b**). Der Aszendenspunkt liegt zwischen der Spina iliaca anterior superior und dem rechten Rippenbogen außerhalb der Medioklavikularlinie. Man sitzt in Höhe der arbeitenden rechten Hand. Der Punkt 2 ist wie eine Fortsetzung der Richtung des Punktes 1. Im Verlauf des Colon transversum darf nicht

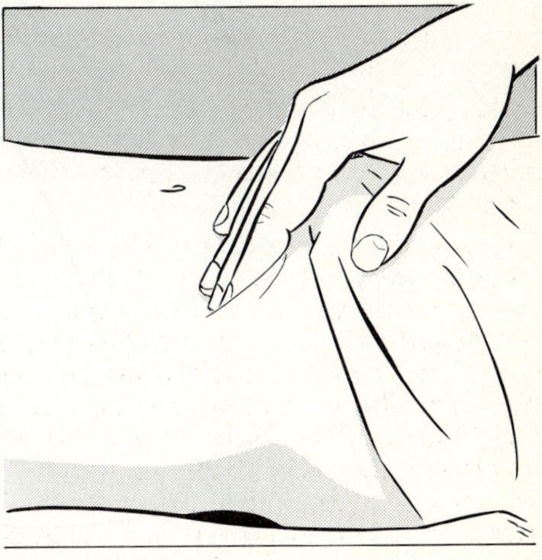

Abb. **3a–f** Kolonbehandlung.

a Beginn am Zäkalpunkt.

Abb. **3a–f** Kolonbehandlung.

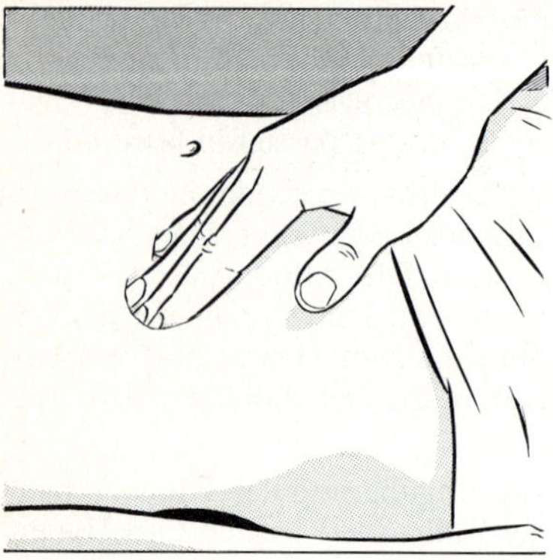

b Ende der Tour beim zweiten Punkt. Die Behandlung wird nach kranial-dorsal und leicht lateral bis zum Rippenbogen geführt.

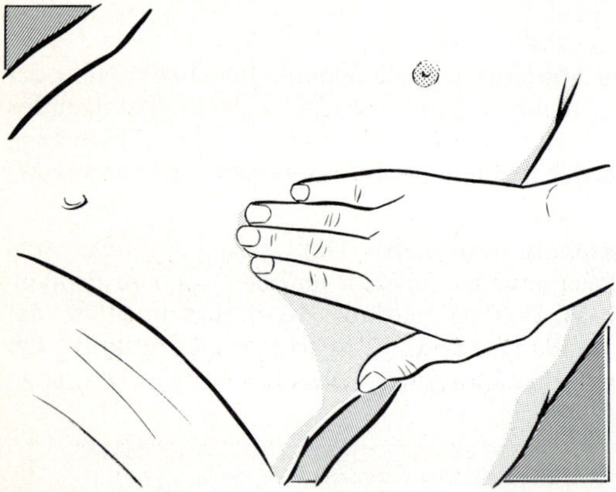

c Linearer Punkt; Handhaltung am Anfang und

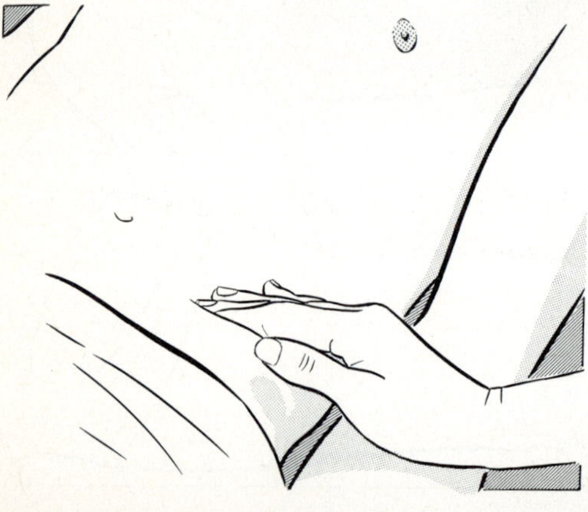

d am Ende der Behandlung.

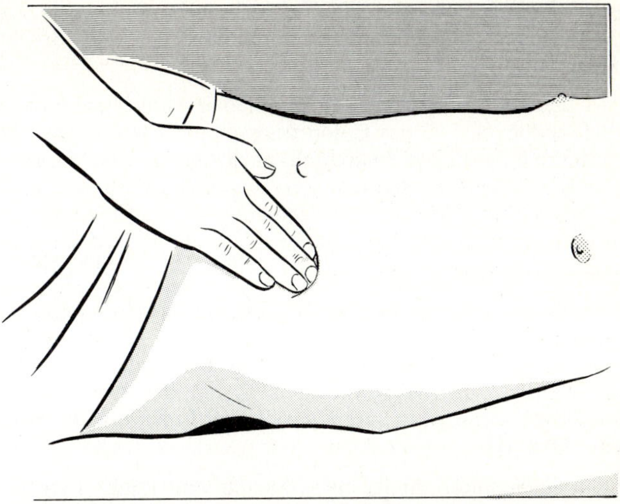

e Deszendenspunkt; Handhaltung am Anfang und

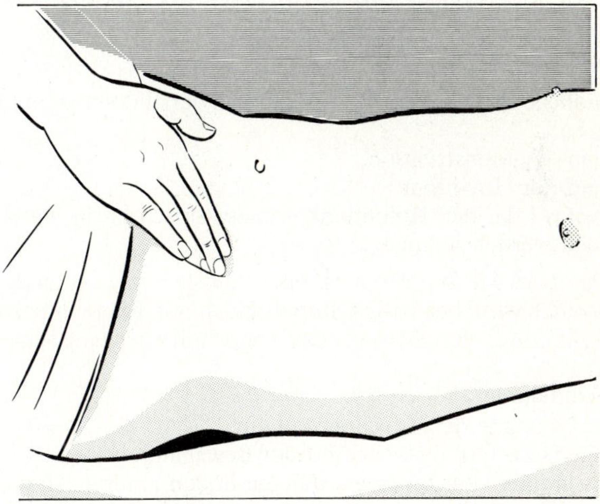

f am Ende der Behandlung.

Abb. **3a–f** Kolonbehandlung.

gearbeitet werden, da hierbei die Gefahr besteht, daß man der Peristaltik entgegenarbeitet. Die Folgen wären dann Übelkeit, Brechreiz, Unruhe.

Punkt 3 – lienaler Punkt (Abb. **3c**). Der lienale Punkt liegt unter dem linken Rippenbogen, wo das Colon transversum nach einem starken Knick unterhalb des linken Zwerchfells nach kaudal läuft. Man ist jetzt auf der linken Seite des Patienten, setzt sich in Brusthöhe und arbeitet mit der linken Hand. Mit leichter Pronation bei der Einatmung Haut nach links oben anschieben und bei der Ausatmung Druck mit leicht supiniertem Arm nach abwärts medial gleiten lassen (Abb. **3d**).

Punkt 4 – Deszendenspunkt (Abb. **3e**). Diesen Punkt findet man von der linken Spina iliaca anterior superior, medial etwas aufwärts in Richtung zum Nabel. Es wird mit der rechten Hand gearbeitet. Mit der Einatmung Haut nach oben verschieben, mit der Ausatmung und leichtem Druck schräg nach unten, parallel zur Innenseite des Beckenkammes (Abb. **3f**).

Punkt 5 – Sigmapunkt. Er ist etwas kaudal vom Punkt 4 zu finden. Wegen der engen Nachbarschaft der Adnexe, der Blase und des Ureters sollte man hier vorsichtig und mit nicht zu starkem Druck arbeiten. Die Ausgangsstellung entspricht der im Punkt 4. Bei der Ausatmung wird etwas Druck in Richtung auf den Rektusrand gegeben.

Gegenindikationen:

- entzündliche Prozesse der Bauchhaut und der abdominalen Organe,
- Tumoren,
- während der Menstruation,
- während der Gravidität,
- Adipositas, da die Kolonpunkte palpatorisch nicht einwandfrei gefunden werden können.

Elektrotherapie. Mit bipolarer, stabiler Anlage von zwei großen Plattenelektroden wird bei langer Impulsdauer mit Exponentialstrom 2 (Dreiecksimpulse) durchströmt. Die Pause soll eher lang sein.

Aktive Maßnahmen

- Aktive Übungen der Bauchmuskulatur,
- Koppelung der Atemphasen mit der Bewegung,
- Wahrnehmung von Atembewegungen in den unteren Thoraxbereichen und des Bauches,
- Entspannung,
- Gruppengymnastik.

(Weitere Gesichtspunkte s. Kap. 14: Grundlagen der psychosomatischen Medizin.)

Es können *Bauchmuskelübungen* aus der Wochenbettgymnastik (s. dort) genommen werden. Auch die Stemmführungen nach R. Brunkow oder der „Urfrosch" eignen sich gut, wenn anschließend an die Anspannung für ausreichende Entspannungsphasen gesorgt wird.

Unter *Koppelung* versteht man die Verbindung der Atmung mit der Bewegung.

Beispiele:

- Sitz. Beim Einatmen und beim Ausatmen den Rücken leicht nach hinten wölben, dabei betont das Becken flektieren und extendieren.
- Sitz. Der gestreckte Oberkörper wird locker nach rechts gedreht und dann kräftig und langsam nach links. Beim Drehen nach links wird mit dem rechten Rippenbogen ein Druck auf den Darm ausgeübt, der beim Zurückdrehen nach rechts wieder aufgehoben wird. Bei der Drehung wird die rechte Schulter schraubenförmig abwärts bewegt.

Besonders wirkungsvoll sind *Übungen aus dem Hatha-Yoga.* Sie müssen mit leerem Magen durchgeführt werden, und man darf erst beginnen, nachdem man sich in Rückenlage vollkommen entspannt hat.

Beispiele:

- Rückenlage. Während der Einatmung die Arme gestreckt über dem Kopf ablegen. Mit der plötzlichen Ausatmung durch den Mund das rechte Knie umarmen. Kurz verharren, danach das rechte Bein auf den Boden legen. Arme mit der Einatmung wieder über den Kopf. Jetzt das gleiche für links, dann langsam durch die Nase ausatmen, neben den Körper ablegen und ruhen (Abb. **4**).
- Vierfüßlerstand. Mit der Einatmung Lendenwirbelsäule senken und Kopf dabei heben. Mit der Ausatmung Bauch einziehen, LWS stark heben und Kopf senken. Nach einigen Wiederholungen ausruhen im Päckchensitz (Abb. **5a** u. **b**).
- Rückenlage. Knie locker umarmt. Mit der Ausatmung Knie fest umarmen und nahe an den Körper heranziehen. Bei der Einatmung Umarmung lockern. Nach einigen Wiederholungen ausruhen in Rückenlage (Abb. **6a** u. **b**).

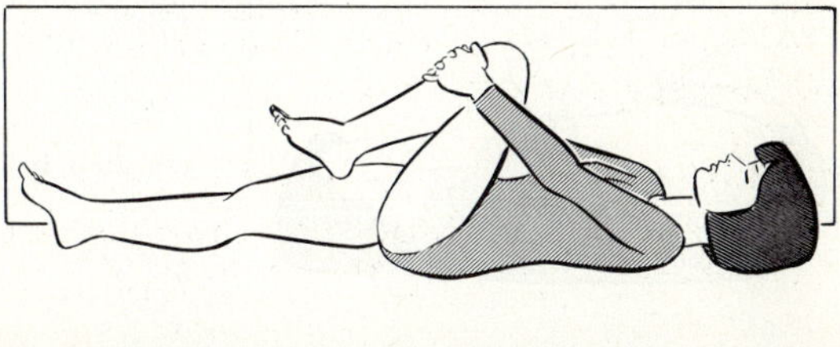

Abb. **4**

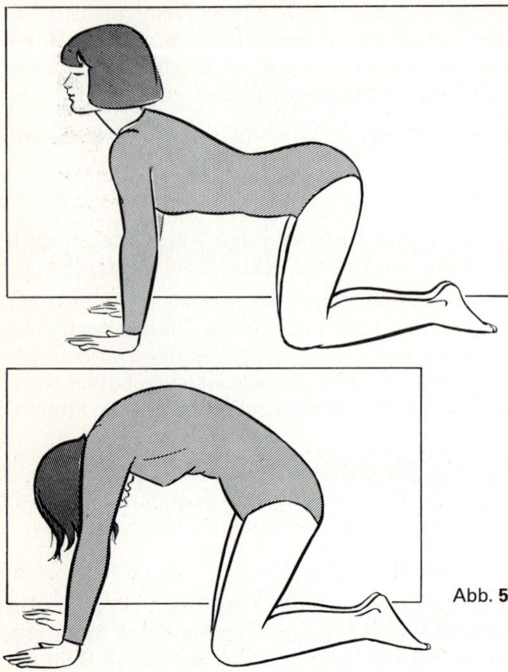

Abb. **5a** u. **b**

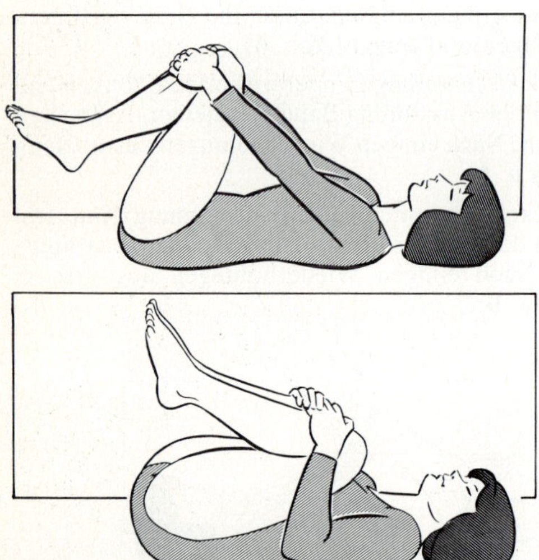

Abb. **6a** u. **b**

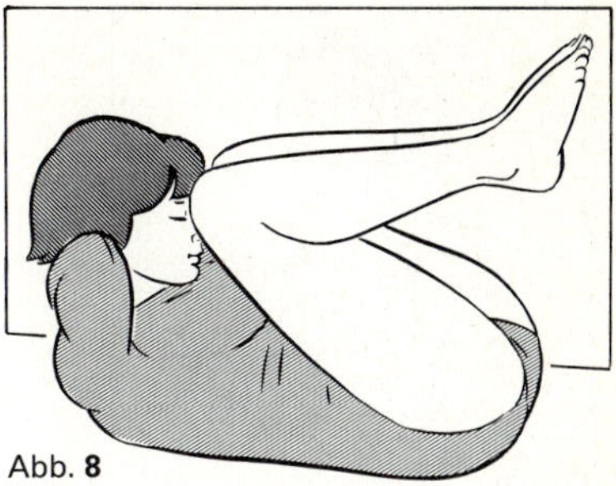

Abb. 8

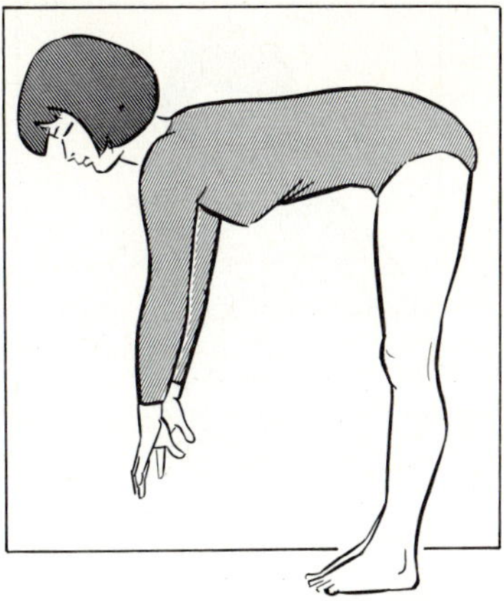

Abb. 7

– Stand. Mit der Ausatmung waagerecht nach vorne beugen, Arme locker hängen lassen, der Rücken ist gerade. Mit der Einatmung wieder aufrichten und ruhig weiteratmen. Nach einigen Wiederholungen ruhen in Rückenlage (Abb. **7**).

– Rückenlage. Hände hinter dem Kopf. Mit der Ausatmung Knie anheben, mit der Stirn Knie berühren. Mit der Einatmung auf den Rücken zurücklegen, ruhig weiteratmen. Nach einer Pause diese Übung wiederholen. Danach ausruhen in Rückenlage (Abb. **8**).

– Stand. Grätschstellung, Hände auf dem Rücken gefaßt. Mit der Einatmung Arme zurücknehmen. Während der Ausatmung das linke Knie und den Oberkörper so tief wie möglich zum linken Fuß beugen; dabei berührt der Kopf fast den Boden. Einatmend langsam aufrichten, dann ausatmend zur rechten Seite beugen. Ausruhen in Rückenlage (Abb. **9**).

Abb. **9**

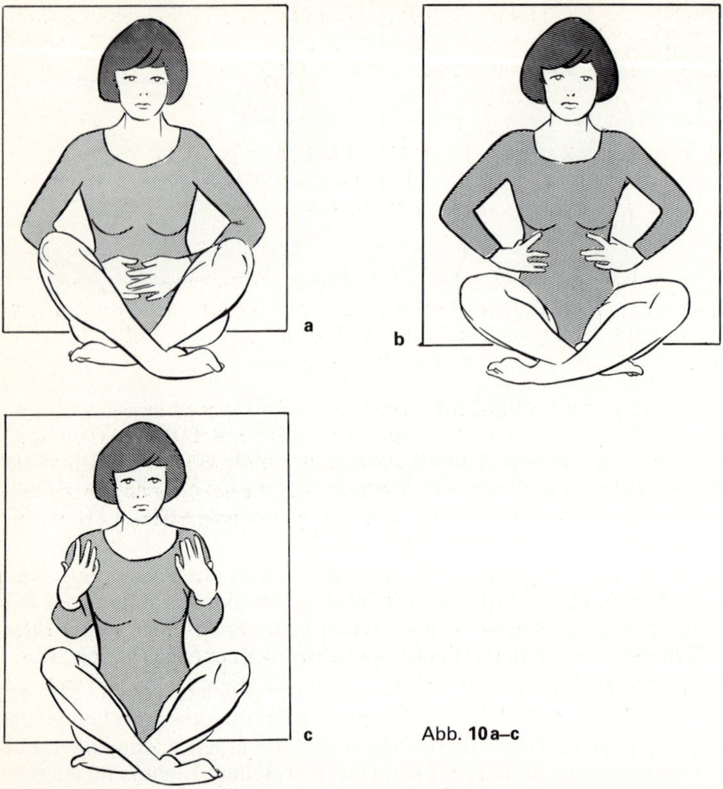

a b c Abb. **10a–c**

Bei der *Wahrnehmung der Atembewegungen* soll dem Patienten die Atemrichtung der einzelnen Thoraxabschnitte bewußt gemacht werden, indem er seine eigenen Hände auf die einzelnen Abschnitte legt und die Atembewegungen in diesen Bereichen verfolgt.

Als Ausgangsstellung eignen sich Rückenlage oder Schneidersitz.

Die Hände liegen

- auf dem Bauch für die diaphragmalen Atembewegungen (Abb. **10a**),
- auf den seitlichen Thoraxabschnitten für die kostalen Atembewegungen (Abb. **10b**),
- auf den Lungenspitzen für die sternalen Atembewegungen (Abb. **10c**).

Dazu können noch Atemübungen gewählt werden, die einen intermittierenden Druck auf den Darm über die verstärkten Zwerchfellbewegungen ausüben und die Bauchpresse verstärken.

Beispiele:

- Scharfes Ausatmen auf „zzzz", an- und abschwellend.
- Sakkadierendes Einatmen (Schnüffeln), wobei der Luftstrom in Richtung Bauch geschickt werden soll.
- Lautes „ha ha ha"-Sagen.

Entspannung. Am besten fügt sich hierbei wohl die suggestive Entspannung, das Durchdenken der einzelnen Körperabschnitte in den Behandlungsablauf ein und läßt sich vor allem mit dem Nachspüren der Atembewegungen sinnvoll kombinieren.

Gruppengymnastik. Günstige Geräte für die Gruppe sind der Pezzi-Ball oder der Hocker. Aktive Übungen für Bauch-, Beckenboden- und Beinmuskulatur, allgemeine Entspannung, Mobilisationsübungen der Wirbelsäule, vor allem der Lendenwirbelsäule, Atemübungen und verschiedene Laufformen wie Gehen, Hüpfen und Springen sollen sich abwechseln.

Beispiel für eine Gruppenbehandlung:

Einlaufen zur Erwärmung mit Wechsel von Gehen, Laufen, Rückwärtsgehen, Federn, auf einem Bein Hüpfen, Hüpfen und Laufen im rhythmischen Wechsel, Ausfallschritt, Gehen mit betonter Rumpfrotation, in der Hocke Gehen – auf den Zehenspitzen Gehen.

Hauptteil:

1. Entspannung in Rücken- oder Seitlage mit Durchdenken.
2. Wahrnehmung der Atembewegungen des Bauches gegen die Hände.
3. Sakkadierend einatmen.
4. Vierfüßlerstand. Vorsichtige Kyphosierung – Lordosierung.
5. Vierfüßlerstand. Mit Knie zur Stirn kommen, Bein nach hinten ausstrecken.
6. Vierfüßlerstand. Ellbogen und Knie diagonal zusammenkommen lassen und ausstrecken.
   4.–6. auch im Atemrhythmus möglich.
7. Schneidersitz, Hände auf den Bauch, stark mit „zzz" ausatmen, dabei klein werden.
8. Rückenlage. Beine sind angestellt, Lendenwirbelsäule auf die Unterlage drücken.
9. Mit der Hand auf das gegenüberliegende Knie kommen.
10. Mit beiden Händen über den Knien einen Kreis beschreiben.

11. Rückenlage. Arme in Schulterhöhe gestreckt auflegen, Handfläche zeigt nach unten. Die rechtwinklig angehobenen Beine zu den Seiten ablegen.
12. Sitz auf dem Pezzi-Ball. Federn.
13. Lateralflexion vom Becken aus.
14. Kyphosierung – Lordosierung.
15. Kreisbewegungen, Kombination von Punkt 13 und 14.
16. Sagitalschwung mit Beckenbewegungen und Federn, dabei mit den Händen über dem Kopf klatschen.
17. Fersensitz vor dem Ball. Oberschenkel gespreizt, Stirn auf dem Ball ablegen. Entspannung von Beckenboden- und Bauchmuskulatur. Sakkadierend einatmen.

Abschlußmöglichkeiten:

- Zusammenfassen der Übungen auf dem Pezzi-Ball, auch mit Musik.
- Seilspringen.
- Einstudieren eines kleinen Tanzes. Wegen der damit verbundenen intensiven Beckenbewegungen eignen sich besonders Elemente aus der Jazzgymnastik.
- Polonaise, evtl. mit Gesang.

10. Nierenerkrankungen

E. Ritz, A. Andrassy und H. Göhring

Glomerulonephritis

Ursache. Die Glomerulonephritis ist eine abakterielle, immunologisch bedingte, beide Nieren symmetrisch befallende Entzündung mit primärem Befall der Glomeruli (Filterkörperchen). Die durch Immunmechanismen bedingte Schädigung des Glomerulus ist gelegentlich reversibel (z. B. akute Poststreptokokken-Glomerulonephritis), meist jedoch chronisch progredient (chronische Glomerulonephritis).

Verlauf. Die Glomerulonephritis kann verschiedene Verlaufsformen aufweisen:

- akutes nephritisches Syndrom,
- nephrotisches Syndrom,
- sog. Latenzstadium, in welchem bei klinischer Beschwerdefreiheit lediglich pathologische Urinbefunde (Proteinurie und abnormes Sediment) oder Hypertonie nachweisbar sind,
- chronische Niereninsuffizienz.

Akutes nephritisches Syndrom

Symptome. Das akute nephritische Syndrom (akute Glomerulonephritis) ist gekennzeichnet durch drei Symptome: Hypertonie, generalisierte Ödeme, Hämaturie. Im Urin findet sich fast stets Eiweiß (Proteinurie) und ein pathologischer Sedimentbefund (Erythrozyturie und Erythrozytenzylinder, granulierte Zylinder, seltener Leukozyten und Leukozytenzylinder).

Das akute nephritische Syndrom wird vorwiegend beobachtet bei der Poststreptokokken-Glomerulonephritis (typischerweise 7–10 Tage nach Streptokokkenangina auftretend) und bei Systemerkrankungen (Schoenlein-Henoch-Purpura, Lupus erythematodes).

Verlauf. Bei Poststreptokokken-Glomerulonephritis ist unter adäquater Therapie praktisch keine Mortalität im akuten Stadium zu erwarten; Nierenversagen bei Krankheitsbeginn ist meist reversibel. In wenigen Prozent wird ein subakuter Verlauf mit irreversibler Niereninsuffizienz innerhalb von Wochen bis Monaten beobachtet. Die Langzeitprognose ist bei Kindern wesentlich besser als bei Erwachsenen.

Bei Erwachsenen tritt eine Großzahl der Fälle in ein Latenzstadium mit Proteinurie und/oder Hypertonie ein. Die terminale Niereninsuffizienz kommt in diesen Fällen nach Jahren bis Jahrzehnten.

Komplikationen. Als Komplikationen der *akuten Glomerulonephritis* mit akutem nephritischen Syndrom können beobachtet werden: Niereninsuffizienz, Hochdruckkomplikationen wie hypertensive Enzephalopathie (entsprechend einer Eklampsie verlaufend) oder akute Links-Herzinsuffizienz sowie exzessive Ödemeinlagerung (periphere Ödeme und Lungenödem).

Als Komplikationen der *chronischen Glomerulonephritis* werden Hochdruckfolgen (Apoplex, Herzinsuffizienz, Myokardinfarkt) und chronische Niereninsuffizienz (s. Urämie, S. 248) gesehen.

Eine *spezielle krankengymnastische Behandlung* ist beim akuten nephritischen Syndrom nicht erforderlich.

Nephrotisches Syndrom

Ursachen. Das nephrotische Syndrom ist gekennzeichnet durch hohe *Urineiweißverluste* infolge des Übertritts von Serumproteinen in den Urin. Dies ist auf eine Störung der Durchlässigkeit des glomerulären Filters zurückzuführen, wie sie im Prinzip bei jeder die Glomeruli befallenden Erkrankung auftreten kann. Der resultierende Abfall der Serumeiweißkonzentration bewirkt, daß die Niere vermehrt Kochsalz retiniert. Die Kochsalzretention führt zum Auftreten von Ödemen.

Symptome. Die wesentlichen Symptome des nephrotischen Syndroms sind:

- Erniedrigung des Serumeiweißes (Hypoproteinämie) und Verschiebung der Serumeiweißfraktionen (Dysproteinämie);
- Ödeme, ggf. mit Aszites (Flüssigkeitseinlagerung in die Bauchhöhle), Pleuraerguß und generalisierter Flüssigkeitseinlagerung in alle Gewebe (Hydrops anasarca);
- Erhöhung der Blutfette (Hyperlipoproteinämie).

Verlauf. Bei einigen Patienten werden lichtoptisch normale Glomeruli gefunden (Minimal-change-Glomerulonephritis); bei diesen Patienten kann sich das nephrotische Syndrom spontan oder unter Therapie mit Steroiden zurückbilden; dies ist bei Kindern häufiger als bei Erwachsenen. Liegt dem nephrotischen Syndrom eine Glomerulonephritis oder eine sonstige glomeruläre Erkrankung zugrunde (diabetische Glomerulosklerose, Amyloidose usw.), so ist die Nierenerkrankung in der Regel nicht rückbildungsfähig.

Komplikationen. Als Komplikationen werden Infekte (erworbenes Antikörpermangelsyndrom durch Verlust von Immunglobulinen in den Urin), gehäufte Thrombosen (Ursache unbekannt), ferner Hochdruck (falls eine Glomerulonephritis u. ä. zugrunde liegt) und fortschreitende Niereninsuffizienz gesehen.

Therapie. Die Therapie ist symptomatisch und besteht darin,

- die gesteigerte Durchlässigkeit des glomerulären Filters zu vermindern (Behandlung mit Steroiden bei Minimal-change-Glomerulonephritis) und
- die Folgen des Urineiweißverlustes (Eiweißmangel, Antikörpermangelsyndrom, Retention von Kochsalz mit Ödembildung) zu beseitigen.

Zur Vermeidung des Eiweißmangels müssen in der Diät reichlich Eiweiße hoher biologischer Wertigkeit (1,5–3 g Protein/kg Körpergewicht/Tag) zugeführt werden. Außerdem muß die Joule-Kalorien-Zufuhr (125–150 kJ ≈ 30–35 kcal/kg/Tag) ausreichend hoch sein.

Wegen der Tendenz zur Kochsalzretention muß in der Diät die Zufuhr von Natrium streng eingeschränkt werden (unter 2 g Kochsalz täglich). Ggf. müssen natriumausschwemmende Medikamente (Diuretika) gegeben werden.

Eine *spezielle krankengymnastische Behandlung* ist beim nephrotischen Syndrom nicht erforderlich.

Harnwegsinfekte und Pyelonephritis

Ursachen. Die ableitenden Harnwege sind beim Gesunden steril. Infektion der ableitenden Harnwege durch Eindringen von Darmkeimen durch die Urethra (meist Escherichia coli) oder instrumentelle Einschleppung exogener Keime (häufig Proteus und Pseudomonas) können eine Entzündung der Blase (Zystitis) mit oder ohne gleichzeitige Entzündung des Nierenbeckens (Pyelitis) hervorrufen.

Prädisponierende Faktoren sind stets sorgfältig auszuschließen: subvesikales Abflußhindernis (Prostatahypertrophie, Sphinktersklerose, Urethralklappen), Zystozele bei Descensus uteri mit Streßinkontinenz, neurogene Blase, Mißbildungen der ableitenden Harnwege (Ektopie, Hufeisenniere, Doppelnierenbildung usw). Die häufigsten exogenen Ursachen sind Katheterismus und Instrumentation.

Bei der Frau (kurze Urethra!) kommen Harnwegsinfekte sehr häufig auch ohne prädisponierende Ursachen vor.

Bei Vorliegen entsprechender prädisponierender Ursachen (vesikoureteraler Reflux, d. h. Rückstrom von Urin in das Nierenbecken bei Blasenentleerung, Harnabflußstörung, Nierensteine, Phenazetinabusus) können Harnwegsinfekte zum Untergang von Nierenparenchym durch eine unspezifisch-chronische Entzündung (chronische Pyelonephritis) führen. Es ist derzeit unklar, ob Harnwegsinfekte auch ohne solche prädisponierenden Ursachen zur chronischen Pyelonephritis führen können.

Symptome. *Akute Zystitis:* Dysurie (Brennen bei der Miktion), Nachschmerz und terminale Hämaturie, Pollakisurie, Blasentenesmen. Kein Fieber, kein Flankenschmerz.

Akute Pyelitis bzw. *Pyelonephritis:* zusätzlich zu zystitischen Beschwerden Flankenschmerz, Klopfschmerz im Nierenlager, Fieber (ggf. mit Schüttelfrost bei Urosepsis). Im letzten Schwangerschaftsdrittel häufig Schwangerschaftspyelitis (meist rechtsseitig auftretend).

Chronische Pyelonephritis. beschwerdearm, nicht immer anamnestische Episoden von Harnwegsinfekten nachweisbar, Hypertonie und schleichende Niereninsuffizienz.

Therapie. Antibiotische Behandlung für 1–10 Tage. Symptomatisch: lokale Wärme, Spasmolytika, Diuresesteigerung (über 2 l Trinkmenge täglich), häufige Miktionen.

Bei rezidivierenden Harnwegsinfekten nach Ausschluß prädisponierender Ursachen (s. oben), welche eine urologische Behandlung erfordern, prophylaktische Harnwegsdesinfektion mit Mandelamine, Nitrofurantoin oder Trimethoprim/Sulfamethoxazol.

Eine *spezielle krankengymnastische Behandlung* ist bei Harnwegsinfekten nicht erforderlich.

Chronische Niereninsuffizienz

Ursachen. Bei Ausfall funktionstüchtigen Nierengewebes kommt es wegen der gestörten Ausscheidungsfunktion der Niere zur Retention harnpflichtiger Substanzen im Serum (Harnstoff, Kreatinin, Harnsäure, Phosphat, Säureäquivalente) und wegen der gestörten Stoffwechselfunktion der Niere zu endokrinen Ausfällen (Anämie durch Ausfall von Erythropoetin, Osteopathie durch Ausfall aktiver Vitamin-D-Metaboliten). Die Niereninsuffizienz endet in der Urämie. Diese ist auf eine Störung des Hirnstoffwechsels durch unbekannte urämische Retentionsprodukte, welche durch Dialyse beseitigt werden können, zurückzuführen.

Symptome. Die Beschwerden bei chronischer Niereninsuffizienz sind weitgehend unabhängig von der zugrundeliegenden Nierenerkrankung; die wichtigsten zur chronischen Niereninsuffizienz führenden Nierenerkrankungen sind Glomerulonephritis, Zystennieren, Mißbildung der ableitenden Harnwege mit Pyelonephritis, Phenazetinabusus, diabetische Glomerulosklerose.

Meist schleichender Beginn mit „Leistungsknick“, Müdigkeit, Durst, vermehrter Urinausscheidung (Polyurie) und nächtlicher Urinausscheidung (Nykturie). Später Anämie, schmutziggraues Hautkolorit, trockene schuppende Haut, Kopfschmerzen und Schlafstörungen.

Das Stadium der Intoxikation, d. h. der Urämie, kündigt sich durch Wesensveränderung, Apathie, Verwirrtheit, Übelkeit, Appetitlosigkeit, Erbrechen, Aufstoßen (Singultus) und Foetor uraemicus an.

In der Urämie werden zentralnervöse Symptome (Somnolenz bis Koma, Krampfanfälle), gastrointestinale Symptome (Übelkeit, Erbrechen; hämorrhagische Stomatitis, Gastritis, Kolitis) und kardiale Symptome (Perikarditis) beobachtet. Unbehandelt sterben die Patienten im urämischen Koma.

Komplikationen. Die wichtigsten Komplikationen der Urämie sind Hochdruck, Ödeme, Anämie, Knochenerkrankung (urämische Osteopathie), Elektrolytstörungen (metabolische Azidose, Hyperkaliämie).

Muskelkrämpfe. Diesen können verschiedene Ursachen zugrunde liegen:

- Hyponatriämie oder Natriummangel mit konsekutiver Vermehrung des Muskelzellwassergehaltes. Eine derartige Störung wird vorzugsweise bei Verwendung einer zu niedrigen Dialysat-Natrium-Konzentration beobachtet.
- Starke Ultrafiltration (Abpressen von Plasmaflüssigkeit während der Dialyse); die durch Natriummangel oder Ultrafiltration bedingten Muskelkrämpfe treten vorzugsweise während der Dialyse auf.

Im Dialyseintervall auftretende Muskelkrämpfe sind auf

- Polyneuropathie, seltener auf
- Tetanie zurückzuführen. Trotz Hypokalzämie werden bei Niereninsuffizienz nur selten tetanische Muskelkrämpfe beobachtet. Sie treten fast nur unter Alkalitherapie nach zu rascher Beseitigung der metabolischen Azidose auf.

Restless legs. Unter Restless legs („ruhelose Beine“) wird der durch Mißempfindungen hervorgerufene Zwang verstanden, die Beine (insbesondere nachts) in ständiger Bewegung zu halten. Dieses Symptom ist wahrscheinlich auf die urämische Polyneuropathie zurückzuführen.

Für die krankengymnastische Behandlung wichtig sind die Komplikationen: Polyneuropathie, Myopathie und Muskelatrophie.

Polyneuropathie mit distal symmetrischen Sensibilitätsstörungen, vorwiegend an der unteren Extremität; seltener motorische Ausfälle.

Myopathie, gekennzeichnet durch Muskelschwäche ohne Muskelschmerzen oder Muskelatrophie mit vorwiegendem Befall der proximalen stammnahen Muskulatur; auf Störungen des Vitamin-D-Stoffwechsels zurückzuführen.

Häufig *Muskelatrophie* infolge Eiweißmangels durch verminderte Nahrungszufuhr (Übelkeit und gastrointestinale Beschwerden) oder Fehlernährung (Eiweißmangeldiät).

Prognose. Siehe Dialyse, unten.

Therapie. Senkung des Serumharnstoffspiegels durch ausreichende Flüssigkeitszufuhr (Trinkmenge 2–3 l/Tag; falls ausreichendes Trinken wegen gastrointestinaler Beschwerden unmöglich ist, intravenöse Infusionen) und diätetisch Eiweißrestriktion (40 g/Tag; zur Vermeidung eines Eiweißmangelsyndroms ist hierbei die Zufuhr biologisch hochwertiger Proteine notwendig). Bei Vorliegen von Ödemen oder Hypertonie muß die diätetische Kochsalzzufuhr eingeschränkt werden.

Dialyse und Transplantation

Dialyse

Unter Hämodialyse verstehen wir die Entfernung harnpflichtiger Substanzen (Harnstoff, Kalium usw.) durch Bespülen eines blutgefüllten Zellophanschlauches mit einer Spüllösung, dem sog. Dialysat.

Der Zugang zum Blutgefäßsystem des Patienten erfolgt entweder mit Hilfe eines chirurgisch implantierten, Arterie und Vene verbindenden Kunststoffschlauchsystems (Scribner-Shunt, Abb. **1**) oder durch Punktion der sog. Cimino-Fistel (subkutane Anastomose zwischen A. radialis und einer Hautvene, Abb. **2**). Durch eine etwa sechsstündige Dialyse dreimal wöchentlich gelingt es, die Mehrzahl der Patienten weitgehend zu rehabilitieren. Jährlich geraten etwa 40 Patienten auf 1 Million Einwohner in die terminale Niereninsuffizienz. Die Einjahresüberlebensrate beträgt unter optimalen Bedingungen über 95%. Die Dialyse kann in Form der Zentrumsdialyse, der Heimdialyse oder der Selbstdialyse (Limited-care-Dialyse) erfolgen.

Die Diät der Dialysepatienten soll wegen der Aminosäurenverluste ins Dialysat eiweiß- und kalorienreich sein. Nur bei Hypertonie ist eine diätetische Natriumbeschränkung notwendig. Hingegen kann auf eine diätetische Kaliumbeschränkung wegen der Gefahr des hyperkaliämischen Herzstillstandes nicht verzichtet werden.

Die wesentlichen Probleme bei Dauerdialyse sind Hypertonie, renale Anämie, Hepatitis, Osteopathie, Unterdialyse (mit der Gefahr des

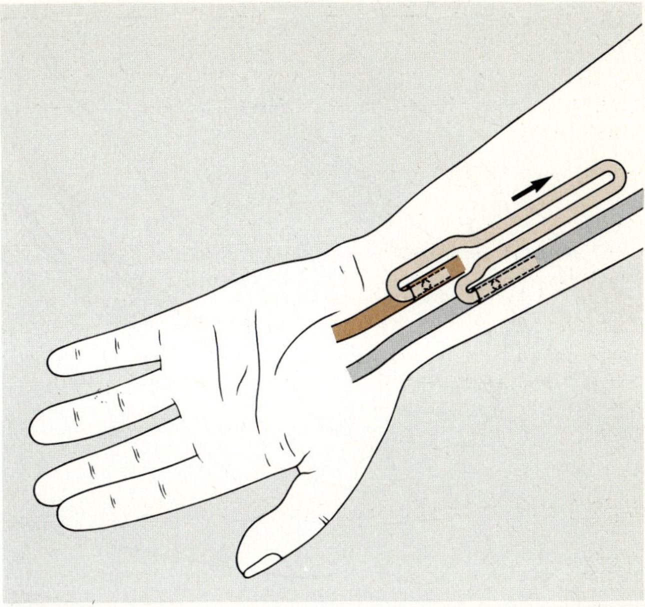

Abb. 1 Scribner-Shunt.

Auftretens von Polyneuropathie oder Perikarditis), psychologische Probleme sowie Probleme der familiären und beruflichen Rehabilitation.

Shunt- und Fistelpflege. Nach operativem Anlegen eines Scribner-Shunts oder einer Cimino-Fistel ist die vorübergehende (5–20 Tage) Ruhigstellung der entsprechenden Extremität (Hoffmann-Schiene oder Gipsschale) indiziert.

Nach Anlegen eines Scribner-Shunts ist die Belastungsfähigkeit der Extremität im Bewegungsablauf beeinträchtigt. Nachteile des Scribner-Shunts sind ständige Infektionsgefahr, Thrombosegefahr, Behinderung beim Baden und Schwimmen.

Aus diesem Grunde wird für die Dauerdialyse heute fast ausschließlich eine Cimino-Fistel verwandt. Zur Ausbildung einer gut laufenden Fistel hat sich nach Rückbildung des postoperativen Wundödems und der Wundschmerzen das intermittierende Stauen der Fistel mit einem Stauschlauch bewährt; hierdurch soll es infolge der intravasalen Druckerhöhung zur Erweiterung des Gefäßlumens kommen. Möglicherweise ist auch die Anregung der Muskelpumpe förderlich.

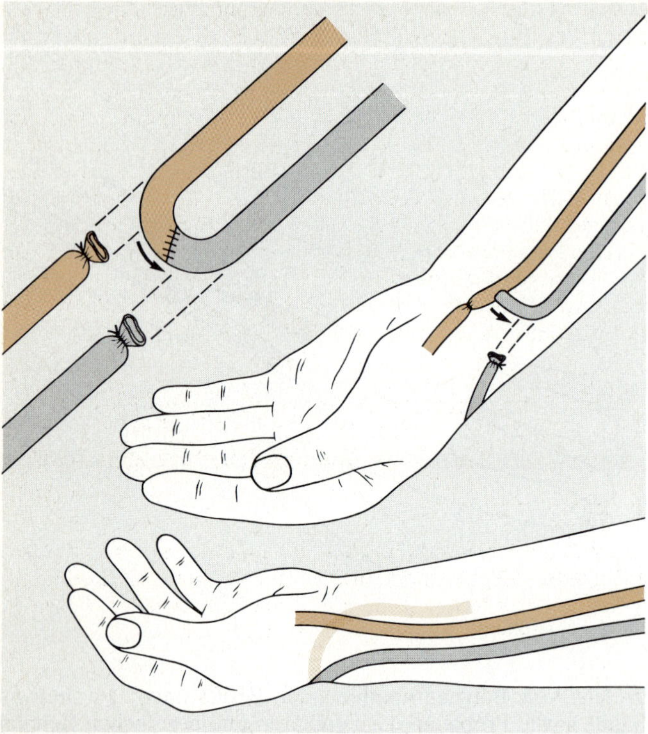

Abb. **2** Cimino-Fistel. (Wir danken Herrn *Magasi,* Heidelberg, für die freundliche Überlassung der Schemazeichnungen.)

Dem Krankengymnasten sollte das sog. Steal-Phänomen bekannt sein. Durch direktes Abfließen des arteriellen Blutes in die venöse Fistel können distal der Anastomose gelegene Gewebsbezirke (z. B. Hand des Fistelarmes) ischämisch werden. Dies ist insbesondere dann zu beobachten, wenn die Gewebedurchblutung durch Blutdruckabfall, starke Anämie, Orthostase (Erheben der Arme) oder intensive Muskeltätigkeit abfällt.

Transplantation

Bei der Nierentransplantation wird die Niere eines verwandten Lebendspenders oder nicht verwandten Leichenspenders in die kontralaterale Fossa iliaca des Empfängers implantiert (Anastomosierung der A. renalis mit der A. iliaca, der V. renalis mit der V. iliaca und

Einpflanzung des Spenderureters in die Empfängerblase). Der Langzeiterfolg des Nierentransplantats wird bestimmt durch den Verlauf einer durch Antigendifferenzen zwischen Spender und Empfänger ausgelösten immunologischen Entzündung, der sog. Abstoßung. Zur Vermeidung der Abstoßung ist die lebenslängliche Durchführung einer immunsuppressiven Therapie mit Azathioprin (Imurek) und Prednison unumgänglich. Die akute Abstoßungskrise spricht auf die hochdosierte Gabe von Prednison meist gut an. Die immunsuppressive Therapie ist mit einer gewissen Nebenwirkungsquote behaftet (Komplikationen der Prednisontherapie: gastrointestinale Blutung; Infektionen, vorwiegend der ableitenden Harnwege oder Lungen; Steroiddiabetes; Osteoporose; Hüftkopfnekrose. Komplikationen der Azathioprinttherapie: Knochenmarkaplasie und Lebertoxizität).

Krankengymnastische Behandlung

Chronische Niereninsuffizienz, Dialyse, Transplantation

Befund

Die körperliche Leistungsfähigkeit ist meist eingeschränkt, was in erster Linie auf die Anämie zurückgeführt werden muß. Die Muskulatur ist häufig atrophisch; als Ursache hierfür kommen in Frage Polyneuropathie, Eiweißmangelzustand, Trainingsmangel.

Gesichtspunkte

Die krankengymnastische Behandlung verfolgt folgende Ziele:

- Erhalten oder Verbessern der körperlichen Leistungsfähigkeit;
- Vermeiden der Muskelatrophie bzw. Unterstützen einer positiven Eiweißbilanz (Muskeleiweißsynthese bei anaboler Stoffwechsellage).

Maßnahmen

Die krankengymnastische Behandlung setzt ihre Schwerpunkte zu gleichen Teilen auf das Training des Kreislaufs und auf das Training der Muskulatur.

Da die Patienten häufig hypertensiv und kardial vorgeschädigt sind (Herzinsuffizienz als Folge langjährigen Hochdrucks; Koronarerkrankung als Folge einer Arteriosklerose), ist dem Blutdruckverhalten und der kardialen Leistungsreserve besondere Aufmerksamkeit zu schenken.

Das Auftreten von „Muskelkater“ ist Hinweis darauf, daß der Patient sein Trainingsmaximum erreicht hat.

Wegen der meist bestehenden Anämie ist die Fähigkeit des Patienten, bei Arbeit die Sauerstoffversorgung der Gewebe aufrechtzuerhalten, beeinträchtigt. Außerdem besteht bei Niereninsuffizienz eine metabolisch bedingte Muskelerkrankung (urämische Myopathie). Diese beiden Störungen führen zu einer Reduktion der maximalen Leistungsfähigkeit.

Folgende krankengymnastische Techniken haben sich bewährt:

- PNF.
- Gymnastik mit Geräten in verschiedenen Ausgangsstellungen, vor allem Geräte, die statische Muskelarbeit erfordern wie Stab, Medizinball usw. Diese sind günstiger als Geräte, die dynamische Bewegungen abverlangen, z. B. Reifen, Ball, Keule. Die Bevorzugung statischer Beanspruchung erscheint auch aus muskelphysiologischen Gründen sinnvoll. Bei Niereninsuffizienz schwinden teilweise die weißen Muskelfasern, welche vorwiegend glykolytisch Energie gewinnen und für schnelle Bewegungsabläufe verantwortlich sind (z. B. Sprint). Hingegen bleiben die roten Muskelfasern erhalten, welche aufgrund des hohen Myoglobingehaltes und der dadurch bedingten großen Sauerstoffspeicherkapazität auch bei relativem Durchblutungsmangel noch arbeiten können (z. B. bei Haltearbeit).
- Gymnastik in der Gruppe. Die Möglichkeit der Aufnahme sozialer Kontakte, die Eingliederung des Patienten in eine Gruppe und die Aufnahme zwischenmenschlicher Beziehungen sind gerade bei *Dialysepatienten* wertvoll. Bei ihnen werden infolge der krankheitsbedingten Frustationen nicht selten soziale Isolierung, Reduktion sozialer Kontakte und Störung zwischenmenschlicher Beziehungen beobachtet.

Allgemein erscheint die krankengymnastische Behandlung dieser Patienten auch deshalb sinnvoll, weil sich bei Dialysepatienten, die in ihrer körperlichen Befindlichkeit beeinträchtigt sind, häufig Störungen des Körperbildes nachweisen lassen. Diese können durch körperliche Übungen mit bewußtem Vollzug körperlicher Funktionen günstig beeinflußt werden.

Die krankengymnastische Behandlung von Patienten nach *Nierentransplantation* folgt den Gesichtspunkten, die nach schweren allgemeinchirurgischen Eingriffen gültig sind.

Akutes Nierenversagen

Ursachen. Unter akutem Nierenversagen wird ein ohne vorbestehende Nierenschädigung im Gefolge eines Schocks, einer Intoxikation oder einer allergischen Reaktion akut auftretender Funktionsausfall der

Niere verstanden. Dieser ist nach wechselnd langer Zeit (Tage bis mehrere Wochen) spontan reversibel mit meist vollständiger Wiederherstellung der ursprünglichen Nierenfunktion. Während des Funktionsausfalls der Niere kommt es zur vorübergehenden Urämie.

Symptome. Klinisches Leitsymptom ist die verminderte Harnausscheidung (Oligurie, d. h. tägliche Harnmenge unter 500 ml). Die Unfähigkeit der Niere, adäquate Harnmengen auszuscheiden, hat folgende Konsequenzen:

- Das Unvermögen, Natrium und Wasser zu eliminieren, führt zur Ödembildung (periphere Ödeme oder Lungenödem).
- Das Unvermögen der Niere, Kalium zu eliminieren, führt zur Hyperkaliämie (Gefahr des hyperkaliämischen Herzstillstandes).
- Das Unvermögen der Niere, harnpflichtige Substanzen zu eliminieren, führt zum Anstieg von Serumharnstoff, Kreatinin, Harnsäure usw. und damit zum Auftreten einer akuten Urämie.

Komplikationen. Lungenödem (bei zu hoher Flüssigkeitszufuhr; bei Oligurie tägliche Aufnahme auf 500 ml limitieren), hyperkaliämischer Herzstillstand, gastrointestinale Blutung, Infektionen.

Prognose. Die Mortalität des akuten Nierenversagens beträgt 40% (bei Patienten mit medizinischen Vorerkrankungen) bis 80% (bei Patienten mit chirurgischen Grundleiden).

Therapie. Restriktion der Flüssigkeitszufuhr (bei Oligurie Flüssigkeitszufuhr 500 ml/Tag; Kontrolle durch Prüfung des Körpergewichts); kaliumarme Diät; Infektionsprophylaxe.

Die Therapie der Wahl ist die Hämodialyse.

Krankengymnastische Behandlung: Atemgymnastik (Verhütung einer Pneumonie); Bewegungsübungen (Verhinderung einer Muskel(Inaktivitäts)-atrophie).

Wanderniere

Als Wanderniere bezeichnen wir den Befund einer abnormen Beweglichkeit der Niere (Tiefertreten der Niere um mehr als 2 Wirbelkörperhöhen beim Übergang vom Liegen zum Stehen), wie er gelegentlich bei asthenischen Individuen gefunden wird. Ein solcher Befund hat an sich noch keinen Krankheitswert und kann öfters nachgewiesen werden, ohne daß sich hierauf spezielle Beschwerden zurückführen ließen.

Eine Minderzahl derartiger Patienten gibt jedoch lageabhängige Rükkenschmerzen (Schmerzen in der Nierengegend im Stehen, welche im Liegen sofort schwinden) oder (selten) vermehrten Harndrang nach längerem Stehen und anschließendem Übergang in die liegende Körperhaltung an.

Falls eindeutig lageabhängige Beschwerden bestehen und sich durch geeignete Untersuchungen (Funktionsszintigraphie) eine von der Körperhaltung abhängige Abflußstörung der Niere nachweisen läßt, sind urologisch-operative Eingriffe (Nephropexie) indiziert.

Krankengymnastische Behandlung

Der krankengymnastischen Behandlung kommt eine unterstützende Rolle (Erhöhung des allgemeinen Muskeltonus und allgemeine Muskelkräftigung) zu.

Nierensteine

Steinkoliken werden beobachtet, wenn ein Nierenstein in den Harnleiter eintritt und das enge Harnleiterlumen verlegt. Durch weiterlaufende Urinproduktion kommt es zu intensiver Druckerhöhung des gestauten Nierenbeckens und Dehnungsschmerz (Nierenkolik).

Neben medikamentösen Maßnahmen (Schmerzbekämpfung, medikamentöse Verminderung des Gewebeödems, ggf. Spasmolytika) und forcierter Diurese (reichliche Flüssigkeitszufuhr) haben sich krankengymnastische Maßnahmen bewährt.

Krankengymnastische Behandlung

Durch Hüpfen, Treppenabwärtsgehen (ohne abzufedern!) und andere Übungen, die mit intensiver Erschütterungswirkung einhergehen, kann möglicherweise das Abwärtswandern des Steins begünstigt werden.

Orthostatische Proteinurie

Unter orthostatischer Proteinurie wird eine bei aufrechter Körperhaltung und/oder Hyperlordosierung vorzugsweise bei Jugendlichen auftretende Proteinurie verstanden, die erhebliche Ausmaße erreichen kann (über 500 mg/100 ml Urineiweißkonzentration), jedoch prognostisch gutartig ist und zu keiner bleibenden Funktionseinschränkung der Niere führt.

Die Diagnose wird gestellt durch negativen Urineiweißbefund im Nachtharn (liegend) bei positivem Eiweißbefund im Tagharn (Orthostase).

Krankengymnastische Behandlung

Spezielle krankengymnastische Maßnahmen zur Behandlung dieses harmlosen Befundes erübrigen sich. Es kann versucht werden, mit Hilfe eines Haltungstrainings die Hyperlordose auszugleichen.

11. Hämophilie

K. Schimpf und T. Eberspächer

Definition und Vorkommen. Es handelt sich um hereditäre plasmatische hämorrhagische Diathesen mit X-chromosomal rezessivem Erbgang. Die X-chromosomale Bindung bedingt die im Vergleich zu sonstigen hereditären rezessiven Krankheiten relative Häufigkeit. Sie beträgt weltweit 7–10 pro 100000 der Bevölkerung. Bei 25–35% der Patienten hat sich die Krankheit in der Familie zum ersten Mal manifestiert, d. h., es besteht eine erhebliche Neumutationsrate.

82% der Betroffenen leiden an Hämophilie A (Gerinnungsfaktor-VIII-Aktivitätsmangel), 18% an Hämophilie B (Gerinnungsfaktor-IX-Aktivitätsmangel). In bezug auf die Schweregrade findet sich die Verteilung, wie sie Tab. **1** zeigt.

Nur die Patienten mit schweren und mittelschweren Formen leiden unter den pathognomonischen Spontanblutungen in Gelenke und Muskeln.

Pathophysiologie. Wegen des angeborenen Mangels an Faktor-VIII- bzw. Faktor-IX-Aktivität können notwendige Gerinnungsvorgänge nur sehr stark verzögert ablaufen: Viel zu langsam entsteht ein strukturgestörtes Gerinnsel. Wunden werden nicht oder nur unzureichend verschlossen. Die Gerinnungszeit ist verlängert, nicht jedoch die Blutungszeit, so daß die Patienten aus Schrunden und ähnlichen kleinen Wunden nicht auffällig bluten.

Klinisches Bild und Pathologie. Klinisch sind die Hämophilien A und B nicht zu trennen. Sie müssen laboratoriumsdiagnostisch unterschieden werden.

Tabelle **1** Verteilung der verschiedenen Schweregrade unter den diagnostizierten Hämophilien

Schweregrad	Faktor-VIII- oder Faktor-IX-Aktivität	Anteil
Schwere Hämophilie	unter 1%	55%
Mittelschwere Hämophilie	1– 5%	20%
Milde Hämophilie	6–15%	20%
Subhämophilie	16–45%	
Nicht klassifiziert		5%

Die Schweregrade verhalten sich innerhalb der Hämophiliefamilien konstant.

Patienten mit schweren und mittelschweren Formen bluten ohne besonderes Trauma unter alltäglichen Belastungen oder aus dem Schlaf heraus vor allem in Gelenke und Muskeln (sog. Spontanblutungen). Patienten mit schweren Hämophilien bluten durchschnittlich 10- bis 40mal pro Jahr, und zwar nach außen (einschließlich innere Schleimhäute) zu 6%, in die Gelenke zu 70–80% und die Muskeln zu 10–15%. Sie benötigen deshalb schon ab dem 1. Lebensjahr einen Arzt. 70–80% aller Blutungen sind Spontanblutungen. Patienten mit milden Hämophilien und Subhämophilien erleiden fast nur traumatische Gelenk- und Muskelblutungen und bluten bedrohlich nur bei größeren Operationen oder Verletzungen. Haut- und subkutane Blutungen sind im allgemeinen ohne klinische Bedeutung.

Aus den Gelenk- (vor allem Knie-, Ellenbogen-, Sprunggelenk-) und Muskelblutungen entwickeln sich ohne sofortige Behandlung reaktive Schäden am Bewegungsapparat. Während noch vor 20 Jahren die Patienten durch die Ausbildung einer massiven Gelenkblutung Tage, manchmal Wochen an das Bett oder den Stuhl gebunden waren, dauert diese Phase heute oft nur noch Stunden, oder sie führt überhaupt nicht mehr zu einer merklichen zusätzlichen Einschränkung der Motilität. Dies gilt dann, wenn sofort mit dem Beginn der Symptome die Weiterblutung durch Faktoreninjektionen gestoppt wurde. Trotzdem ausgetretene kleine Blutmengen können aber weiterhin einen Entzündungsreiz auf die Gelenkschleimhaut ausüben. Besonders, wenn es sich der Patient angewöhnt hat, geringe Beschwerden zu mißachten oder wenn die chronisch veränderte Schleimhaut weniger Beschwerden empfinden läßt und dadurch keine Substitutionstherapie veranlaßt wird, unterhalten die unterschwelligen Blutungen eine chronische Gelenkentzündung. Aus diesem Mechanismus resultiert offensichtlich der hohe Prozentsatz affizierter Blutergelenke unter den heutigen Hämophilengenerationen trotz besserer Beherrschung der akuten Symptome. In einem Alter von 1–5 Jahren haben z. Z. noch 10% der Patienten ein affiziertes Gelenk, mit 16 Jahren leiden darunter bereits 100%, wobei im Durchschnitt schon drei Gelenke pro Patient befallen sind. Fünf Jahre später ist diese Zahl auf 4½ Gelenke angestiegen, um dann kaum noch zuzunehmen.

Erste Symptome der Gelenkblutung sind Kribbeln, Fremdkörper- oder Druckgefühl. Werden nicht schnell und ausreichend Gerinnungsfaktorenkonzentrate substituiert, entwickeln sich Reizzustände, die zu chronischer Synovitis und sekundär zu chronischer Arthropathie mit Schädigung des umgebenden Bandapparates und der umgebenden Muskulatur führen. Es kommt zu schmerzbedingten Schonhaltungen, Muskelatrophien, Kontrakturen und über reaktive Entzündungsvorgänge zu Knorpel- und Knochenusuren (bei Kindern zusätzlich zu Wachstumsstörungen) und schließlich zu erheblicher Verminderung der Gelenkmobilität. Nach jahrelangem Bestehen solcher „Blutergelenke“ findet man oft Veränderungen im Sinne einer beginnenden Arthrose. Beim Hämophilen tritt sie also wesentlich früher ein als bei der Durchschnittsbevölkerung.

Therapie. Bei ersten Anzeichen von Gelenk- und Muskelblutungen (selbstverständlich auch bei anderen ernsthafteren Blutungen) müssen sofort Gerinnungs-Faktor-VIII- (bei Hämophilie A) bzw. -Faktor-IX-Konzentrate (bei Hämophilie B) substituiert werden. Etwa ¾ der Patienten mit schwerer Hämophilie sind durch ein Hämophiliezentrum in der Selbstinjektion von Gerinnungsfaktorenkonzentraten ausgebildet und in der Selbstdiagnostik beginnender Gelenk- und Muskelblutungen geschult. Sie führen Gerinnungsfaktorenkonzentrate mit sich und melden die durchgeführten Injektionen auf Kontrollbögen an den sie betreuenden Arzt bzw. an das Hämophiliezentrum, das rund um die Uhr telefonisch zu erreichen ist („kontrollierte Selbstbehandlung“). Die Mindestdosen bei beginnenden Gelenk- oder Muskelblutungen oder bei Schleimhautblutungen und leichten Verletzungen betragen pro Injektion 25 Einheiten Faktor-VIII- oder Faktor-IX-Konzentrat pro kg Körpergewicht, bei Verdacht auf Blutungen in das zentrale Nervensystem, die Weichteile der Hals- und Kopfregion, bei sonstigen inneren Blutungen und bei schweren Verletzungen 50 Einheiten. Unter Umständen muß für bestimmte Perioden auf eine Dauerbehandlung übergegangen werden mit wöchentlich 3 Injektionen bei Hämophilie A und 2 Injektionen bei Hämophilie B oder mehr.

Nach Operationen und größeren Verletzungen darf die Substitutionstherapie erst mit Abschluß der Wundheilung beendet werden. Die Injektionsabstände richten sich dann nach den Halbwertszeiten der Gerinnungsfaktoren und sind nicht größer als 24 Stunden.

Hochkonzentrate der Gerinnungsfaktoren stehen seit 15 Jahren, in genügender Menge seit 10 Jahren zur Verfügung, so daß die Gefahr des Verblutungstodes, auch nach aufwendigen Operationen oder schweren Verletzungen, praktisch aus der Welt geschafft wurde. Ein Rückgang des Grades der eintretenden geschilderten Körperbehinderung wird erhofft, nachdem sich innerhalb der letzten 10 Jahre die von den Bluterzentren kontrollierte Selbstbehandlung ausgebreitet hat. Es sind bereits einzelne Kinder und Jugendliche beobachtet worden, die unter konsequenter Frühbehandlung mit Injektionen von Gerinnungsfaktorenkonzentraten trotz ihrer Gelenk- und Muskelblutung ohne sichtbare Körperbehinderung das Erwachsenenalter erreicht haben.

Da diese Frühbehandlung allen in der Selbstbehandlung Geschulten nun möglich ist, wird ein deutlicher Rückgang sich manifestierender Körperbehinderungen erwartet.

Auswirkungen der körperlichen Behinderung. Es gibt viele Patienten, die Wanderungen von mehreren Stunden unternehmen können, doch treten häufig nach Gehstrecken von 4–5 km Beschwerden am Bewegungsapparat auf. Zahlreiche Bluter haben Gehstrecken von nur 2–3 km und einige von ihnen unter 2 oder 1 km. Treppensteigen kann gelegentlich Schwierigkeiten bereiten, entweder weil Knie- und Hüftgelenkbeweglichkeit auf einer oder zwei Seiten eingeschränkt sind oder Quadrizepsatrophien das Stufennehmen erschweren. Die volle Streckung der Ellenbogen ist oft um bis zu 30 Grad eingeschränkt, die Beugefähigkeit häufig ebenfalls in geringem Ausmaß, was sich meist aber nicht störend auswirkt. Hand-, Finger- und Schultergelenke werden in geringem Prozentsatz störend betroffen, auch die Hüftgelenke. Im allgemeinen kann der Bluter trotz der geschilderten verschiedengradigen Behinderungen bis auf Ausnahmen als selbständig im häuslichen und in ⅘ der Fälle auch im außerhäuslichen Bereich angesehen werden.

Medizinische Rehabilitationsmaßnahmen. Da das Leiden von Geburt an besteht, Blutungen wie oben geschildert lebenslang ständig neu auftreten, muß die kurative und die rehabilitative Behandlung dadurch verursachter Funktionsstörungen am Bewegungsapparat lebenslang betrieben werden. Bei sehr häufigen Blutungen wird der Patient zeitweise mit erhaltender Substitution durch 2–7 Injektionen der Gerinnungsfaktoren wöchentlich dauerbehandelt. Der Patient befindet sich also bis auf Ausnahmen in ständigem Kontakt mit einem betreuenden Bluterzentrum, ohne räumlich an es gebunden zu sein.

Im Vordergrund der rehabilitativen Therapie, die neben der Substitutionsbehandlung immer auch präventiv-rehabilitativ betrieben werden muß, stehen krankengymnastische Übungsprogramme und sportliche Betätigungen wie Schwimmen und Radfahren (zur Erhaltung oder Verbesserung der Beweglichkeit und muskulären Gelenkstabilität). Falls therapieresistente, schmerzhafte, chronische Gelenkentzündungen oder Fehlstellungen bestehen, die bei Belastung unerträglich werden, müssen orthopädische rehabilitative Operationen durchgeführt werden wie Synovektomie, Korrekturosteotomien, Arthrodesen und in Einzelfällen Gelenkersatz. Ob vorher Hilfen wie Absatzerhöhungen bei Spitzfuß, orthopädische Schuhe, anschnallbare Schienen bei muskulär schlecht gehaltenen Gelenken oder Handstöcke benutzt werden müssen, hängt jeweils vom Einzelfall ab und muß dann individuell beurteilt werden.

Ziel der gesamten Therapie ist es, den Patienten frei von Blutungen oder zumindest frei von Blutungsfolgen zu halten, bei einer vorhandenen Körperbehinderung keine Verschlimmerung eintreten zu lassen und, wenn der Trainingszustand und die Funktion des Bewegungsapparates unzureichend sind, beide soweit wie erreichbar zu verbessern.

Krankengymnastische Behandlung

Die krankengymnastische Behandlung ist neben der Substitutionstherapie eine der wichtigsten Maßnahmen zur Vermeidung von schweren Behinderungen durch rezidivierende Gelenk- und Muskelblutungen. Nur wenn schon im Kindesalter konsequent und mit den richtigen Mitteln nach funktionellen Gesichtspunkten behandelt wird, lassen sich die schweren Gelenkdeformierungen, wie man sie heute bei älteren Blutern sieht, vermeiden oder wenigstens in Grenzen halten. Es muß dem Patienten oder dessen Eltern, wenn es sich um ein Kind handelt, klargemacht werden, daß es um eine jahrelange Behandlung geht, die nur bei entsprechender Motivation und Konsequenz aller Beteiligten zum Erfolg führt.

Eine genaue Befundaufnahme ist unbedingt erforderlich und muß regelmäßig überprüft werden.

Befund

Optische Beobachtung/Messen:

Schwellungen im Bereich von Gelenken und Muskeln werden gemessen und müssen bei Blutungen 1- bis 2mal täglich überprüft werden, einmal, um eine Umfangszunahme durch neue Blutungen festzustellen, zum anderen, um die Rückresorptionszeit dokumentieren zu können.

Rechts-links-Vergleichsmaße von Muskelumfang und Extremitätenlänge sind ebenso selbstverständlich wie Gelenkmaße. Dazu kommen muß aber eine genaue Beschreibung der sichtbaren Fehlstellungen der Gelenke, z. B. Varus-Valgus-Deformitäten.

Taktile Beobachtung:

Durch sorgfältige Palpation lassen sich Blutungen oft schon im Anfangsstadium feststellen. Zwar spüren die meisten erwachsenen Hämophilen Blutungen in Gelenke sehr frühzeitig, bei motorisch sehr aktiven Kindern funktioniert dieses Frühwarnsystem jedoch oft nicht.

Seitenvergleichende Palpation zur Feststellung von hypertoner und hypotoner Muskulatur sollte nicht vergessen werden. Ist z. B. die Glutäalmuskulatur einseitig atrophiert und hypoton und die Gegenseite hyperton, so deutet das auf eine Fehlbelastung der schwächeren Extremität hin.

Aus dem Gangbild bei langsamem Gehen lassen sich solche Ausweichmechanismen meist nicht ersehen. Läßt man die Patienten (es handelt sich meist um Kinder) laufen oder schneller gehen, sieht man erst, daß nur der Vorfuß aufgesetzt wird, weil das Knie wegen Muskel- und

Bänderschwäche nicht in voller Streckung gehalten werden kann. Sie laufen mit leicht gebeugtem Knie- und Hüftgelenk.

Tonuserhöhung und Druckempfindlichkeit des M. iliopsoas ist *oft* das erste Zeichen einer Hüft- und Psoasblutung.

Wärme und teigige Beschaffenheit am Knie und tanzende Patella sind ebenfalls durch Palpation festzustellen.

Funktionsbeurteilung:

Eine genaue Beobachtung und Beschreibung von Gangbild und Bewegungsabläufen mit Analyse der jeweiligen Fehlhaltungen sind besonders nach multiplen rezidivierenden Blutungen in verschiedene Gelenke die wichtigste Voraussetzung für eine gezielte Behandlung zur Verhütung von weiteren Schäden.

Muskeltests sind, wenn es sich um Inaktivitätsatrophien nach Ruhigstellung und durch Kontrakturen handelt, wenig sinnvoll. Es handelt sich zwar um deutliche Muskelschwächen, die aber häufig nur beim Seitenvergleich auffallen. Mit dem Muskeltest werden sie oft nicht erfaßt. Bei längerem Ausfall und zunehmender Schwäche eines Muskels ist aber an eine Parese durch Kompressionsschädigung des Nerven zu denken. Das ist bei ausgedehnten Muskelblutungen nicht selten. Elektrodiagnostik oder EMG geben genauere Auskunft über das Ausmaß des Schadens.

Gesichtspunkte

- *Erreichen und Erhalten eines optimalen Trainingszustandes der Gesamtmuskulatur*. Die Muskelgruppen der Gelenke, die funktionell und statisch den größten Belastungen ausgesetzt sind (Knie, Fuß, Ellenbogen und Hüfte), sind dabei besonders wichtig. Es darf aber nie die Gesamtstatik aus den Augen verloren werden. Auch kurzdauernde Bewegungseinschränkungen, hauptsächlich der Gelenke der unteren Extremität, verursachen Fehlhaltungen und Überbeanspruchung der benachbarten und/oder kontralateralen Gelenke. Das stellt nun wieder für diese ein hohes Blutungsrisiko dar. Die Erfahrung zeigt, daß bei gut trainiertem Muskelapparat die Blutungshäufigkeit in Gelenke abnimmt. Ein straff geführtes Gelenk läßt wenig Scher- und Torsionsbewegungen zu, die zu einem Großteil für Blutungen, vor allem in vorgeschädigten Gelenken, verantwortlich sind. Diese unkontrollierten Rotationsbewegungen sind höchstwahrscheinlich auch der Auslösemechanismus für die häufigen nächtlichen Blutungen ins Knie.

  Es handelt sich also bei jeder Behandlung von Blutungsfolgen schon um eine Präventivmaßnahme zur Vermeidung neuer Blutungen.

- *Verhinderung von Muskelatrophien* nach Blutungen in Gelenke und Muskeln.
- *Kontrakturenverhütung*. Bei schon bestehenden Bewegungseinschränkungen wird natürlich eine weitgehende Wiederherstellung der Funktion angestrebt. Dabei geht aber immer Stabilität vor Mobilität. Ein nur passiv erreichtes Bewegungsausmaß, das aktiv und unter Belastung nicht gehalten werden kann, schafft die Voraussetzung für immer neue Blutungen.
- *Resorptionsförderung* des Ergusses durch frühzeitige Mobilisation.
- *Schmerzlinderung*.

Die Behandlung folgt im großen und ganzen den Regeln, wie sie auch bei anderen orthopädischen Maßnahmen mit traumatischen Gelenkblutungen und Kontrakturen gelten.

Einige Besonderheiten müssen darüber hinaus aber unbedingt beachtet werden:

- Fast alle Bewegungen werden gegen gut dosierten Widerstand ausgeführt.
- Keine Stoß-, Hüpf- und Sprungübungen.
- Übungen mit langem Hebelarm ohne ausreichende Fixierung meiden.
- Kein Vierfüßler- oder Kniestand.
- Keine Partnerübungen.
- Keine Massage (außer vielleicht weichen Lockerungsgriffen auf sehr verspannter Muskulatur).
- Keine Wärmeanwendungen.
- Passive Bewegungen nur, wenn sie auch ganz sicher aktiv gehalten werden können und dann nur unter Substitutionsschutz.
- Niemals beim Üben plötzliches Nachlassen des Widerstandes, vor allem, wenn der Patient das nicht erwartet. Das ist gefährlich, da es dabei zu einem Ruck im Gelenk kommt.
- Bei schwerer Hämophilie (unter 1%) Vorsicht bei schlecht gepolsterten Behandlungstischen, besonders an den Kanten, oder ungepolsterten Schlingen (Gefahr von Haut- und Muskelblutungen).

Bei Beachtung dieser Kriterien ist die Blutungsgefahr bei gut dosierten und gezielten Übungen in der richtigen Ausgangsstellung auch ohne Substitution geringer als z. B. bei unkontrollierten Bewegungen bei entspannter Muskulatur im Schlaf.

Maßnahmen

Maßnahmen bei Gelenk- und Muskelblutungen in der Reihenfolge ihrer Häufigkeit:

Blutungen *ins Knie* als dem meistbelasteten Gelenk sind am häufigsten. Das Ausmaß kann von leichten Ergüssen bis zu schwersten ballonartigen Auftreibungen variieren. Die Lagerung wird anfänglich vom Schmerz und der Spannung im Gelenk diktiert.

Bei Flexion von 25 Grad (Normal-0-Methode) ist die größtmögliche Entspannung der bindegewebigen Anteile des Gelenkes gegeben. Sie ist die am wenigsten schmerzhafte Gelenkstellung.

Eine Lagerung in voller Extension ist am Anfang meist nicht möglich, sollte aber, sobald es die Schmerzen erlauben, angestrebt werden. Auch nach nur leichter Beugestellung über längere Zeit (2–3 Wochen) ist später oft kaum mehr eine volle *aktive* Streckung zu erreichen. Die vollständige Extension ist aber ausschlaggebend für eine straffe Führung des Gelenkes in Belastung. Wenn nach 2–3 Tagen – immer vorausgesetzt, der Patient wird substituiert – die Resorption des Ergusses fortgeschritten ist, kann die anfänglich nur statisch geübte Streckmuskulatur auch wieder in der Bewegung geübt werden.

Kann der Quadrizeps nicht mehr spontan kontrahiert werden (reflektorisch bedingt durch Reizvorgänge in der Gelenkkapsel, wie sie bei Prallfüllung gegeben sind), so stimuliert man mit einem Eiswürfel im Muskelverlauf. Eisbehandlungen haben sich auch bei Schmerzen bewährt. Man streicht mit einem Eiswürfel ohne Druck über das gelenknahe Gebiet, bis es zu einer Analgesie kommt. Danach muß sofort geübt werden, da die analgetische Wirkung nicht lange anhält. Nicht bewährt haben sich feuchte Eispackungen und die handelsüblichen Eisbeutel, da die reaktive Hyperämie zu intensiv ist.

Nach 3–4 Tagen wird meist mit der Wiederbelastung begonnen. Wikkelt man das Knie straff mit einer elastischen Binde und untergewikkelter Autosana Kreussler (Schaumgummi), gibt das einen guten Halt, läßt Bewegungen in der Sagittalebene zu und schützt vor Rotations- und Seitbewegungen. Eine intensive Übungsbehandlung schließt sich an. Besonders wichtig für die vollständige Streckung ist der Vastus medialis des Quadrizeps. Ist das Üben mit der betroffenen Extremität zu schmerzhaft oder der Patient sehr ängstlich, was meist bei Kindern zutrifft, kann man eine Kontraktion der Extensionsmuskulatur durch Üben mit der kontralateralen Extremität erreichen. PNF hat sich auch hier bewährt, weil alle das Gelenk stabilisierenden und bewegenden Muskelgruppen einbezogen werden. Beim Knie sind das besonders auch Muskeln, die das Gelenk durch Straffung der Bänder stabilisieren (Mm. gracilis, semitendinosus, sartorius, biceps femoris). Ist das Knie schon sehr geschädigt, Bandapparat und Kapsel gelockert und eine volle Extension aktiv nicht mehr zu erreichen, sollte sicherheitshalber nur achsengerecht in der Sagittalebene geübt werden. Die PNF-Muster mit flektiertem Knie sind kontraindiziert, da die Rotationskomponente bei gebeugtem Knie für das Gelenk ungünstig ist. Traktion und Approximation sowie Anwendung des Dehnungsreflexes

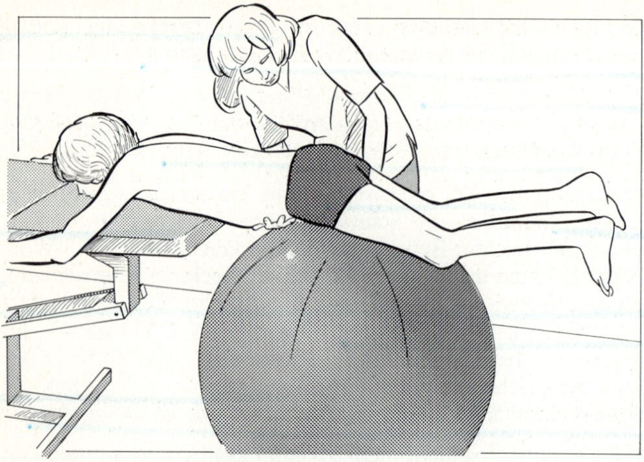

Abb. **1** Aktive Hüftstreckung bei gleichzeitiger Stabilisation des Rumpfes. Widerstand vom Ball: Die Krankengymnastin hat die Möglichkeit, mit feinsten Bewegungen des Balles die gewünschte statische Muskelkontraktion zu erreichen. Der Patient wird aufgefordert, keine Bewegung des Balles zuzulassen.

(Stretch), sonst wichtige Bestandteile der PNF, sind auch problematisch und nur mit viel Vorsicht und bei ganz exakter Technik anzuwenden. Flexion darf nie auf Kosten der Extension geübt werden!

Gehäuft auftretende Blutungen ins Knie haben oft ein Gangbild mit Kniebeugung, Spitzfußstellung und *Hüftbeugung* zur Folge. Der Glutäalmuskulatur ist deshalb besondere Beachtung zu schenken. Als gutes Übungsgerät hat sich dabei der große Therapieball erwiesen (Abb. **1**).

Auch Einspannungen im Schlingentisch mit guter Führung der Gelenke und evtl. abgepolsterten Schlingen haben sich bewährt. Läßt sich die Streckhemmung in Knie und Hüfte nicht in kurzer Zeit ganz beseitigen, sollte der Schuh soweit erhöht werden, daß mit dem ganzen Fuß aufgetreten wird. Beim Aufsetzen der Ferse wird der normale Haltungstonus mit Stimulation aller Strecker in Hüfte und Knie gefördert und die erzwungene Spitzfußstellung des Fußes und Beugehaltung der Hüfte vermieden, die sonst wieder zu neuen Blutungen Anlaß geben könnten. Es handelt sich bei dieser Maßnahme nicht um ein orthopädisches Hilfsmittel wie etwa Einlagen, Schuhranderhöhung usw., denn es soll in diesem Fall keine Fehlstellung korrigiert werden, die schon über längere Zeit bestanden hat. Es ist vielmehr eine Präventivmaßnahme zur Vermeidung einer Fehlstatik im Becken-Bein-Bereich, an deren Folge unweigerlich der gesamte Haltungs- und Bewegungsapparat leiden würde.

Bei rezidivierenden Knieblutungen, bei denen zum Großteil auch eine Synovitis besteht, sollte das Wickeln mit elastischen Binden und Autosana beibehalten werden, vor allem auch bei Nacht.

Bei Übungen im Bewegungsbad, das sich für Bluter aus den allgemein bekannten Gründen besonders anbietet, ist eine elastische Binde ausreichend. Die entspannende Wirkung des Wassers besonders bei 28–32 Grad ist auch bei sehr ängstlichen Patienten günstig und bei Kindern sehr beliebt.

Das *obere Sprunggelenk* steht in der Blutungshäufigkeit an 2. Stelle nach dem Knie. Nicht behandelt ergeben sich auch hier schwere Fehlstellungen. Es gelten außer den schon genannten allgemeinen Vorsichtsmaßnahmen die Gesichtspunkte, nach denen jede „normale" Gelenkblutung nach Distorsion oder nach Fraktur behandelt wird, allerdings immer mit einem wachsamen Auge auf unkontrollierte Torsions- und Seitbewegungen des Kniegelenkes.

Muskelblutungen der unteren Extremität betreffen außer M. iliopsoas noch häufig M. quadriceps und M. triceps surae. Ausgedehnte Blutungen, die nicht rechtzeitig substituiert werden konnten, müssen oft operativ ausgeräumt werden, vor allem wenn Verdacht auf Kompressionsschädigung eines Nerven besteht.

Nach Blutungen in die Wadenmuskulatur ist eine tendogene Spitzfußstellung nicht selten. Sobald es die oft enorme Spannung in der Wade zuläßt, muß mit vorsichtigen Dehnungen des M. triceps surae begonnen werden, ohne dabei die Kräftigung des Muskels außer acht zu lassen (Abb. **2**).

Ist die *Hüfte* betroffen, so ist es für die Behandlung von sekundärer Bedeutung, ob es sich um eine Muskelblutung des M. iliopsoas oder um eine Gelenkblutung handelt. In beiden Fällen kommt es zu einer Beugehaltung, und die Hüftstreckung sollte baldmöglichst wieder erreicht werden. Passive Dehnungen, z. B. Bauchlage oder Rückenlage mit gebeugtem nichtbetroffenen Bein und über die Kante hängender befallener Extremität, sind ungeeignet. Anfänglich sollte man Hüftstreckung und Abduktion nur aus Seitlage mit unterstütztem Bein gegen Widerstand üben. Bei Verdacht einer Iliopsoasblutung ist sehr genau zu prüfen, ob keine Druckschädigung des N. femoralis vorliegt. Die Schwächung oder gar der Ausfall des vom N. femoralis innervierten M. quadriceps hätte eine komplette Instabilität des Kniegelenkes zur Folge. Selbst bei vorher intaktem Knie würden mit großer Wahrscheinlichkeit Blutungen daraus resultieren.

Zwar sind Übungen im Bewegungsbad bei allen Blutungsfolgen günstig, aber in ganz besonderem Maß trifft das auf die blutungsbedingte Beugehaltung der Hüfte zu. Der Auftrieb des Wassers ist die mildeste Form von Dehnung. Allerdings reicht die Wasserbehandlung allein

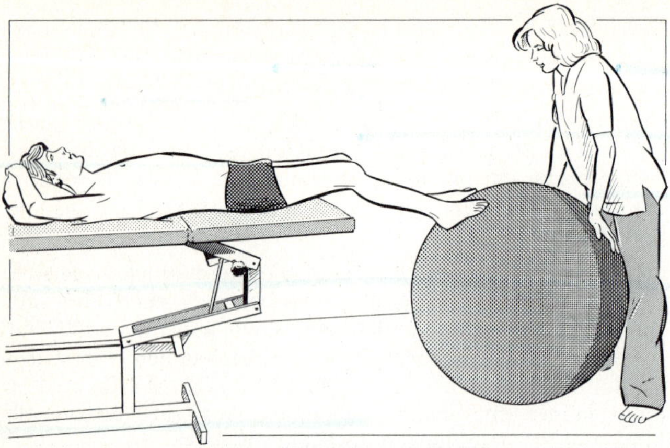

Abb. **2** Je nach Ausmaß der Spitzfußstellung werden die Füße des Patienten am Ball aufgesetzt. Bei maximaler Spannung der Knie- und Hüftstrecker wird versucht, durch Annäherung des Balles den M. triceps surae vorsichtig zu dehnen. Kräftigung des Muskels durch aktives Wegdrücken des Balles durch Plantarflexion; zur Sicherung des Kniegelenkes immer mit maximaler Anspannung der Knie- und Hüftstrecker.

meist nicht aus. Neben Einspannungen im Schlingentisch (z. B. Walking, mit Widerstand nur gegen Hüft- und Kniestreckung) ist auch hier wieder der große Therapieball und die Rolle von Vorteil (Abb. **3**).

Obere Extremität. Die häufigsten hämorrhagischen Ergüsse sieht man im Ellenbogengelenk. Durch frühzeitige Mobilisation und im Initialstadium, wenn wegen starker Spannung und Schmerzen noch keine Bewegung möglich ist, durch richtige Lagerung, wird die Voraussetzung für eine schnelle Wiederherstellung der Funktion geschaffen. Analog zum Knie sollte auch hier so bald wie möglich volle Extension angestrebt werden. Zwischen Supination und Pronation wird häufig gewechselt. Da die Patienten bei Ellenbogenblutungen meist nicht liegen, muß man ihnen verständlich machen, daß der Arm auch im Sitzen und Stehen gestreckt werden soll. Ein durch längere Beugestellung gedehnter M. triceps brachii ist später sehr schwer wieder zur vollen Funktion gegen die sowieso viel kräftigeren Antagonisten zu bringen. Der M. biceps brachii verkürzt sich zusätzlich, und oft ist dieser Lagerungsfehler im Anfangsstadium der Blutung für spätere irreversible Kontrakturen verantwortlich zu machen.

Versuche, die verkürzten Beuger des Oberarmes durch Gewichte (Tasche tragen) zu dehnen, bewirken das genaue Gegenteil. Der M. biceps arbeitet gegen die Dehnung, und es kann unter Umständen zu neuen Blutungen kommen. Im Vordergrund steht also eindeutig die

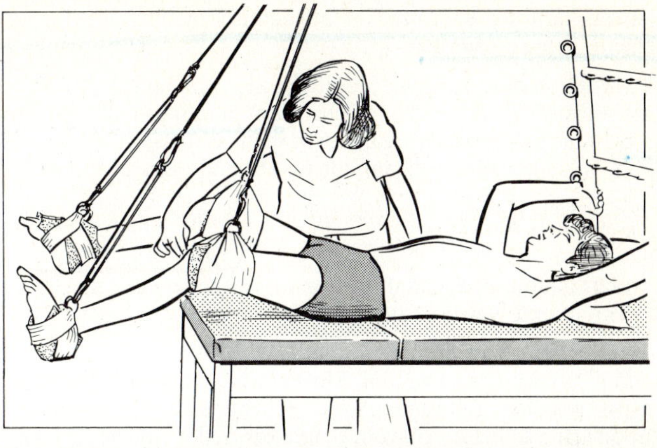

Abb. **3** Einspannung im Schlingentisch. Modifiziertes „Walking" mit Expanderwiderstand nur gegen Hüft- und Knieextension. Bei Kniebeugekontraktur müssen die Beine überhängen, um eine optimale Streckung der Hüftgelenke zu gewährleisten.

Kräftigung der Ellenbogenstrecker. Übungen im Sinne von PNF sind dafür bestens geeignet. Ist an einem Ellenbogen nach 12–20 Behandlungen kein weiterer Fortschritt zu verzeichnen, sollte man eine Behandlungspause einlegen. Die Erfahrungen haben gezeigt, daß beim Ellenbogen normale Gebrauchsbewegungen nachher oft mehr Erfolg bringen als gezieltes Üben.

Bei ausgedehnten Muskelblutungen in den Unterarmen, besonders an der Beugeseite, ist eine genaue Prüfung der Handfunktion wichtig. Der N. medianus ist für eine Kompression durch ein großes Hämatom besonders disponiert. Aber auch auf ischämische Kontrakturen durch hohen Druck auf A. ulnaris, radialis und brachialis ist zu achten.

Blutungen ins Schultergelenk sind seltener und werfen auch bezüglich der krankengymnastischen Behandlung keine besonderen Probleme auf.

Orthopädisch-chirurgische Eingriffe, die unter hoher Substitution vorgenommen werden, können hier nicht alle aufgezählt werden. Nur eine Besonderheit sei erwähnt:

Synovektomien werden bei rezidivierenden Blutungen jetzt zunehmend durchgeführt, um die Ursache der Blutungshäufung, die hypertrophierte und sehr gefäßreiche Synovia, zu beseitigen. Dabei hat sich gezeigt, daß es trotz ausreichender Substitution zu Nachblutungen kommt, wenn man postoperativ sofort mit der Mobilisation beginnt, wie man es z. B. beim rheumatischen Knie machen würde. Ca. 4 Tage sollten deshalb die Kniestrecker nur statisch geübt und das Bein in Extension gelagert werden.

Eine Mobilitätssteigerung im Vergleich zur präoperativen Beweglichkeit ist meist nicht zu erwarten. Das Bewegungsausmaß bleibt unverändert. Manchmal erreicht man etwas mehr Extension auf Kosten der Flexion, was aber für die Stabilität funktionell ein Gewinn ist.

Sport

Die früher geübte Zurückhaltung, ja das absolute Verbot aller sportlichen Aktivitäten wurde in neuerer Zeit revidiert.

Was anfänglich über die Zusammenhänge zwischen Blutungshäufigkeit und Trainingszustand der Muskulatur gesagt wurde, legt eine intensive sportliche Betätigung nahe. Selbstverständlich kommen nicht alle Sportarten in Frage, obwohl es immer wieder Jugendliche gibt, die z. B. begeistert Fußball spielen und Ski laufen, ohne viel unter Gelenk- und Muskelblutungen zu leiden. Das dürften aber doch die Ausnahmen sein.

Günstige Sportarten sind *Schwimmen* und *Radfahren. Bogenschießen* wäre an sich zu empfehlen, nur müssen dabei besondere Armpolsterungen getragen werden, da es sonst durch die zurückschnellende Sehne zu Haut- und Muskelblutungen kommen kann. Es können Lederpolster bis zu 1 cm Stärke angefertigt werden. Außerdem gibt es einen handelsüblichen Armschutz, der Unterarm und Oberarm bedeckt.

Der Übungsleiter muß auf einwandfreie Armhaltung des Bogenarmes achten: Ulna und Radius sollten untereinander stehen.

Die bei dieser Sportart überwiegend statische Kontraktion der Muskulatur des Rumpfes und der Beine in guter Haltung sind ein Gewinn für die Gesamtstatik.

Eine Besonderheit beim Schwimmen, der Sportart, die jeder Bluter beherrschen sollte, muß beachtet werden, um Blutungen zu vermeiden:

Der Beinschlag beim Brustschwimmen ist besonders für Bluter mit vorgeschädigtem Knie mit schlaffer Kapsel, Muskelatrophie und instabilem Bandapparat ungeeignet. Bei flektiertem Knie und Adduktion in der Hüfte kommt es zu vermehrter Rotation im Kniegelenk, die durch den Druck des Wassers auf den Unterschenkel noch verstärkt wird. Dadurch können Mikrotraumen und neue Blutungen ausgelöst werden.

Es sollte gleich mit Rückenschwimmen und Kraulbeinschlag begonnen werden.

Bei allen Sportarten, die Sprung-, Stauch- und Stoßbelastungen mit sich bringen, sowie bei Kampfspielen besteht eine zu große Verletzungsgefahr. Sie sollten daher gemieden werden.

Je bewegungsaktiver der Hämophile in vernünftigen Grenzen ist, und je weniger er von den Aktivitäten Gesunder ferngehalten wird, um so besser wird seine physische und psychische Verfassung sein und ihm sein unheilbares Grundleiden erträglich machen. Die schweren Verkrüppelungen der heute Erwachsenen sollten der Vergangenheit angehören.

12. Erkrankungen aus dem rheumatischen Formenkreis

J. K. HILLENBRAND und H. GÖHRING

Einleitung

Im gesamten Patientengut der Sprechstunde eines Arztes stellen Patienten mit rheumatischen Beschwerden einen nicht unerheblichen Anteil dar. Es wurde errechnet, daß ca. 10 Millionen Tage Arbeitsunfähigkeit pro Jahr auf das Konto „Rheumatismus" gehen. Die Behandlung diesbezüglicher Erkrankungen sowie die Rehabilitationsmaßnahmen und Rentenverfahren verschlucken unvorstellbare Summen. Deshalb hat auch in letzter Zeit die Bedeutung sämtlicher rheumatischer Erkrankungen das Interesse von Wissenschaft und Öffentlichkeit geweckt und den Kampf gegen dieses Krankheitsbild verstärkt.

Es handelt sich hierbei um eine Erkrankung des Bindegewebes, das überall in unserem Körper als verbindendes und stützendes Gewebe vorkommt. Es setzt sich aus den Bindegewebszellen, den sog. Fibroblasten, welche die eigentlichen Fasern (das kollagene Gewebe sowie die elastischen Fasern) und die Grundsubstanz (Mukopolysaccharideiweiß-Komplexe) produzieren. Zusammensetzung und Menge der einzelnen Komponenten wechseln mit dem Aufgabenbereich des Bindegewebes. Beispielsweise ist die Zusammensetzung im Knorpel anders als in der Gelenkkapsel, in der Sehne oder in der Muskulatur.

Degenerativer Rheumatismus = Arthrosen. Mit zunehmendem Alter verliert das Bindegewebe an Elastizität und Wassergehalt. Ein Abnutzvorgang, der vor allem Gelenkflächen und Bandscheiben betrifft.

Entzündlicher Gelenkrheumatismus. Das Bindegewebe reagiert sehr empfindlich auf innere und äußere Reize, wodurch der Stoffwechsel verändert wird und eine Beeinflussung der Zusammensetzung, Grundsubstanz und Faserelemente im negativen Sinn hervorgerufen werden kann. Beispielsweise lockern Hormone das Bindegewebe auf (Schwangerschaft), während Bakterientoxine, Kältereize oder Überanstrengungen Entzündungsreaktionen auslösen können.

Weichteilrheumatismus. Umwelteinflüsse wie Klima, Fehlbelastungen oder reflektorische Verspannungen führen zum Weichteilrheumatismus.

Die vielfältige Verbreitung des Bindegewebes in unserem Körper und die vielfachen Reize, die das Bindegewebe treffen können, machen es

Tabelle **1** Nomenklatur und Einteilung der Arthritis- und Rheumatismusformen in Anlehnung an die Einteilung des American Rheumatism Association (ARA)

Polyarthritis unbekannter Ätiologie
- Chronische Polyarthritis (rheumatoide Arthritis), juvenile rheumatoide Arthritis (Still-Krankheit)
- Spondylitis ancylopoetica
- Arthritis psoriatica
- Morbus Reiter
- sonstige

Kollagenosen
- Erythematodes disseminatus
- Panarteriitis nodosa
- Sklerodermie
- Polymyositis und Dermatomyositis
- sonstige

Rheumatisches Fieber

Degenerative Gelenkerkrankungen (Arthrosen)
- primäre
- sekundäre

Extraartikulärer Rheumatismus (Weichteilrheumatismus)
- Fibrositis
- Diskopathien und Krankheiten im Lumbosakralbereich
- Myositis und Myalgie
- Tendinitis und Peritendinitis (Bursitis)
- Tendosynovitis (Tendovaginitis)
- Fasziitis
- Karpaltunnelsyndrom
- sonstige

Krankheiten, die häufig mit Arthritis einhergehen
- Sarkoidose
- rezidivierende Polychondritis
- Schoenlein-Henoch-Syndrom
- Colitis ulcerosa
- Ileitis regionalis
- Morbus Whipple
- Sjögren-Syndrom
- familiäres Mittelmeerfieber
- sonstige

Bekannte Erreger, die häufig in einem pathologischen Zusammenhang mit dem rheumatoiden Symptomenkomplex stehen
- Bakterien
- Rickettsien
- Viren
- Pilze
- Parasiten

Fortsetzung nächste Seite

Tabelle **1** (Fortsetzung)

Traumatische und/oder neurogene Krankheiten
- traumatische Arthritis (Traumafolge)
- tertiäre Syphilis (Lues III)
- Diabetes mellitus
- Syringomyelie
- Schulter-Arm-Syndrom
- mechanische Gelenkschädigung
- sonstige

Mit (bekannten) biochemischen oder endokrinen Störungen in Zusammenhang stehende Krankheiten
- Gicht
- Hämophilie
- Hämoglobinopathien (Sichelzellanämie)
- Agammaglobulinämie
- Morbus Gaucher
- Hyperparathyreoidismus
- Akromegalie
- Hypothyreose
- sonstige

Tumoren und tumorähnliche Störungen
- Synovialom
- pigmentierte villonoduläre Synovitis
- Riesenzelltumor der Sehnenscheide
- primär gelenknahe Knochentumoren
- Metastasen
- Leukämie
- Plasmozytom (multiples Myelom)
- benigne Tumoren des zum Gelenk gehörenden Gewebes
- sonstige

Allergie- und Arzneimittelnebenwirkungen
s. entsprechende Kapitel der „inneren Medizin“

Erbliche und kongenitale Erkrankungen
- Marfan-Syndrom
- Ehlers-Danlos-Syndrom
- Pfaundler-Hurler-Krankheit
- kongenitale Hüftgelenkdysplasie
- sonstige

Verschiedene Krankheiten
- Amyloidose
- aseptische Knochennekrosen
- Chondrokalzinose
- Erythema nodosum
- Osteochondrosis juvenilis und dissecans
- Tietze-Syndrom
- sonstige

verständlich, daß die rheumatischen Erkrankungen oft ein sehr buntes und von Mensch zu Mensch wechselndes klinisches Erscheinungsbild zeigen.

Eine strenge Einteilung ist oft nicht möglich, jedoch lassen sich die rheumatischen Erkrankungen in größere Gruppen und besonders geprägte Untergruppen einteilen (Tab. **1**).

Diese Tabelle stellt nahezu sämtliche Erkrankungen dar, die einen Einfluß auf den Bewegungsapparat haben bzw. haben können. Im folgenden werden jedoch nur die wichtigsten Bezüge zum rheumatischen Formenkreis behandelt; die Tabelle soll lediglich einen Überblick darstellen und auch an andere Möglichkeiten erinnern, die zur Differentialdiagnose wesentlich sein können.

Chronische Polyarthritis (CP) (progredient-chronische Polyarthritis – PCP, rheumatoide Arthritis – RA)

Im allgemeinen handelt es sich hierbei um eine chronische Krankheit, die durch eine unspezifische Entzündung der peripheren Gelenke charakterisiert ist, gewöhnlich gekennzeichnet durch symmetrischen Befall ohne Bevorzugung einer Körperseite und schließlich zur progressiven Zerstörung der gelenkeigenen und periartikulären Gewebe führend.

Ätiologie und Pathogenese. Die Ätiologie ist unbekannt. Es erkranken ca. 1% der Bevölkerung, wobei Frauen 2- bis 3mal häufiger als Männer betroffen sind. Oft beginnt die Krankheit nach körperlichen oder psychischen Streßsituationen. Die chronische Polyarthritis ist die klassische Erscheinungsform des entzündlichen Rheumatismus.

Pathologie. Die befallenen Gelenke weisen eine Synovialis auf, die von Lymphozyten und Plasmazellen infiltriert ist. Diese Zellen findet man zunächst in der Umgebung von kleinen Venen, später bilden sich Lymphfollikel mit Keimzentren. Diese Zellen synthetisieren den Rheumafaktor RF und andere Immunglobuline in großen Mengen. Diese sog. Hyperplasie der vermehrt vaskularisierten Synovialis geht mit lokaler Erosion des Knorpels, des subchondralen Knochens, der Gelenkkapsel und der Bänder einher. Die dabei entstehende Gelenkflüssigkeit weist segmentkernige Leukozyten auf, die in der normalen Gelenkflüssigkeit nur spärlich vorhanden sind.

Als charakteristische pathologische Veränderungen kommen *Rheumaknötchen* (Tophi) vor. Vorwiegend findet man diese im subkutanen Gewebe an den Stellen, die besonders Verletzungen ausgesetzt sind.

Es handelt sich um unspezifische Granulome, bestehend aus einer zentralen Nekrose, die von Epitheloidzellen umgeben ist. Um diese wiederum liegt eine Schicht von Lymphozyten und Plasmazellen. In schweren, fortgeschrittenen Fällen der chronischen Polyarthritis findet man bei der Sektion in vielen inneren Organen Granulome, die jedoch klinisch nur in wenigen Fällen Bedeutung erlangt haben.

Klinisches Bild. Die Krankheit kann sowohl akut als auch schleichend beginnen. Ein genaues Befallsmuster kann nicht angegeben werden. Sie manifestiert sich jedoch vorwiegend zuerst in den Finger- und Handgelenken beider Hände, wobei die Fingerendgelenke meist nicht betroffen sind. Schubweise treten in Wochen und Monaten mehrere Gelenke hinzu, wie z. B. Fußgelenke, Ellenbogengelenke, Schulter-, Knie- und Hüftgelenke. Vorübergehend werden auch Veränderungen in den Kiefergelenken sowie in den Sternoklavikulargelenken und der oberen Halswirbelsäule beobachtet.

Als empfindlichstes Symptom findet man Druckschmerzhaftigkeit in fast allen beteiligten Gelenken. Der eigentliche charakteristische klinische Befund ist die Verdickung der Synovialis, die mit einer kolbigen Auftreibung der Gelenkanteile einhergeht. Regelmäßig (in 97% der Fälle) tritt morgens oder nach längerer Inaktivität eine Gelenksteifigkeit auf. Die Entwicklung von Deformitäten, vor allem von Beugekontrakturen, tritt sehr schnell ein. Sie können als Folge von Spasmen der Flexoren über entzündeten Gelenken bei gleichzeitiger reflektorischer Tonusabnahme und Atrophie der antagonistischen Extensoren gedeutet werden.

Typisch sind charakteristische Erscheinungsbilder, vor allem der Hände (Abb. **1**):

- kolbige, spindelförmige Auftreibung der Fingermittelgelenke;
- Überwärmung, Schwellung und gelegentlich Lividverfärbung der betroffenen Gelenke;
- muskuläre Atrophie, vorwiegend der Mm. interossei;
- Veränderungen der Haut im Sinne von Einlagerung eines bräunlichen Pigments;
- erhebliche Einschränkung der Beweglichkeit, Deformitäten verschiedensten Ausmaßes (Schwanenhalsdeformität, Knopflochdeformität, Strecksehnenrupturen aufgrund einer Tendosynovitis, 90/90-Deformität);
- Ulnardeviation.

Die beschriebenen Erscheinungsbilder treten durch fortschreitende Entzündung auf, die zur Zerstörung der Gelenkflächen, Sehnen, Sehnenscheiden und Bänder führt. Letzten Endes kommt es zu knöchernen Versteifungen (Ankylosierung von Gelenken im Endstadium).

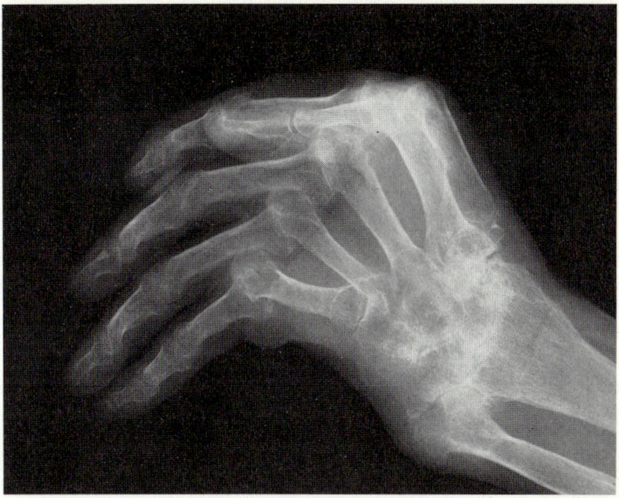

Abb. 1 Rheumatoide Arthritis, Spätstadium. Versinterung der Handwurzelknochen, Zerstörung der Hand- und Fingergrundgelenke mit irreversibler Fehlstellung der Finger (aus *K. Vossschulte, H. G. Lasch, F. Heinrich:* Innere Medizin und Chirurgie, 2. Aufl. Thieme, Stuttgart 1981).

Diagnose. Die chronische Polyarthritis präsentiert sich häufig – zu 60% – in atypisch verschleierter, maskierter Form oder mit unvollständiger, rudimentärer Symptomatik. Dies trifft besonders auch auf die Frühfälle zu. Hierzu hat die American Rheumatism Association (ARA) Kriterien für die Diagnosestellung einer „möglichen", einer „wahrscheinlichen", einer „sicheren" und einer „klassischen" CP festgelegt. Der einzelne Fall läßt sich in der Regel aufgrund des klinischen Verlaufs entsprechend den ARA-Kriterien diagnostizieren.

1. Morgensteife der Finger- und Fußgelenke von mindestens 15 Minuten Dauer (Symmetrie nicht immer vorhanden, spiegelbildliche Symmetrie selten).
   Auf frühere und gegenwärtige Beschwerdebilder achten.
2. Druck- und Bewegungsschmerz in mindestens einem Gelenk (kein Unterschied zwischen großem und kleinem Gelenk).
3. Schwellung in mindestens einem Gelenk (Weichteilschwellung mit und ohne Rötung sowie mit und ohne Erguß).
4. Befall weiterer Gelenke mit Symptomfreiheit von maximal 3 Monaten bis zur nächsten Gelenkattacke. Gleichzeitige Nackenschmerzen schließen eine CP nicht aus, *Rückenschmerzen sprechen gegen CP.*

5. Bilateral symmetrische Gelenkschwellung der Finger- und Zehenmittel- und Grundgelenke.
6. Rheumaknotenbildung an gelenknahen Bezirken, Sehnen und Streckseiten der Extremitäten.
7. Bandförmige Osteoporosen, besonders an Fingern und Zehen.
8. Nachweis von Rheumafaktoren (Rheuma-Latex-Test, Waaler-Rose-Test).

Eine chronische Polyarthritis liegt vor,

- wenn mindestens 7 der obengenannten Symptome vorhanden sind (klassische CP),
- wenn mindestens 5 der obengenannten Symptome vorhanden sind (sichere CP),
- wenn mindestens 3 der obengenannten Symptome vorhanden sind (wahrscheinliche CP) und wenn diese bzw. einige dieser Symptomkombinationen mindestens 6 Wochen bestehen bleiben.

Eine weitere gute diagnostische Hilfe sind die subkutan liegenden Gewebsveränderungen, die als Rheumaknötchen bezeichnet werden. Sie können so klein sein, daß man sie eben noch tasten kann, als Rheumaknoten können sie Walnußgröße erreichen. Diese sind häufig mit der Unterlage fest verbacken und können somit leicht mit Exostosen verwechselt werden. Große Knoten findet man am häufigsten an den Streckseiten der Ellenbogen und der Arme, an den Schienbeinen, an den Hinterhauptsregionen und an anderen Stellen, die einem Druck oder einer Traumatisierung, wie bereits oben beschrieben, besonders ausgesetzt sind (Differentialdiagnose: Gichtknoten). Die Häufigkeit der Knoten wird mit zwischen 2 und 25% bei CP-Patienten angegeben.

Röntgenbefunde. Im sog. Prodromalstadium findet man keine radiologischen Veränderungen. Auch im Frühstadium versagt die Röntgendiagnostik häufig. Es fallen lediglich geringe, gelenknahe, im Bereich der Finger oft bandförmige Entkalkungen der Knochenstrukturen auf. Man nennt dies „gelenknahe Osteoporose“. Diese wird deutlicher, je länger der Entzündungsprozeß besteht. Erst in mäßig fortgeschrittenem Stadium lassen sich eindeutige röntgenologische Veränderungen objektivieren. Es treten sog. Usuren auf. Man versteht darunter einen geschwürartigen Substanzdefekt an Knorpel und Knochen. Diese Usuren entstehen durch das wuchernde synovitische Gewebe im Bereich der Gelenkflächen und der angrenzenden Teile. Außerdem ist eine deutliche Verschmälerung des Gelenkspaltes zu erkennen. Im fortgeschrittenen Stadium treten neben der Osteoporose und den Knorpel- bzw. Knochendestruktionen Subluxationen und Achsenabweichungen der Gelenke auf. Das Endstadium bietet im Röntgenbild neben den Gelenkdeformitäten Ankylosen. Der Gelenkspalt ist oft nicht mehr vorhanden. Im Bereich der Handwurzel z. B. kommt es zur Verschmelzung und Zusammensinterung der einzelnen Knochen.

Zusammengefaßt findet man im Röntgenbild:

- gelenknahe Osteoporosen,
- Usuren,
- Gelenkspaltverschmälerungen,
- Knorpel- und Knochenzerstörung,
- Subluxationen und Deviationen,
- Ankylosen.

Laborbefunde. Die chronische Polyarthritis zeichnet sich durch eine Reihe von allgemeinen, aber auch mehr oder weniger spezifischen Laborbefunden aus. Von den allgemeinen Befunden ist an erster Stelle die BSG zu nennen. In den entzündlich-aktiven Phasen der Erkrankung ist sie in der Regel stark beschleunigt. Werte zwischen 40 und 80 mm nach Westergreen nach der 1. Stunde sind typisch, nicht ungewöhnlich sind auch Werte über 80 mm. Die Höhe der BSG ist ein wichtiges Kriterium zur Beurteilung der Prozeßaktivität. Charakteristisch ist weiterhin eine hypochrome Anämie; das Hämoglobin und die Erythrozytenzahl sind erniedrigt. Auch das Serumeisen ist vermindert. Das weiße Blutbild ist meist nicht verändert, gelegentlich zeigt sich eine leichte Leukozytenvermehrung.

In der Elektrophorese sind die Albumine vermindert; die Globuline, vor allem die Alpha- und Gammaglobuline, als Ausdruck der Entzündung erhöht. Große Bedeutung kommt dem Nachweis des sog. Rheumafaktors zu. Hierbei handelt es sich um einen zu den Immunglobulinen gehörenden Antikörper, der bei ca. 80% aller Patienten mit einer chronischen Polyarthritis nachgewiesen werden kann. Dazu gibt es verschiedene Nachweismethoden. Am gebräuchlichsten sind der sog. Latex-Rheumafaktor-Test und der Waaler-Rose-Test. Wichtig ist, daß Rheumafaktoren auch bei anderen Krankheiten gefunden werden, so z. B. bei Lebererkrankungen, bei den sog. Kollagenosen, bei der Lues und auch bei gesunden Individuen, hier vor allem in höherem Alter (differentialdiagnostisch wichtig).

Bei 20% aller Polyarthritisfälle bleibt der Rheumafaktor im übrigen immer negativ. Bei seinem Fehlen kann also durchaus eine chronische Polyarthritis vorliegen. In den ersten Monaten nach Krankheitsbeginn ist der Rheumafaktor in der Regel ebenfalls negativ.

Es gibt noch eine Reihe weiterer immunologischer Untersuchungen, die in der Diagnostik der chronischen Polyarthritis eine Rolle spielen, jedoch zur Diagnosestellung nicht unbedingt erforderlich sind.

Der Vollständigkeit halber seien die antinuklearen Faktoren, die Kollagenantikörper und das Komplement erwähnt. Auch die Untersuchung der bei einer Punktion gewonnenen Gelenkflüssigkeit kann unter Umständen wesentliche diagnostische Hinweise liefern. Grundsätzlich soll aber noch einmal betont werden, daß neben den allgemeinen Laborbefunden (BSG, Hämoglobin, Erythrozyten, Serumeisen, Elektrophorese) dem Nachweis der Rheumafaktoren trotz der oben erwähnten Einschränkung die größte Bedeutung zukommt. Das sog. C-reaktive Protein (CRP) spielt eine ähnliche Rolle wie die Blutkörperchensenkungsgeschwindigkeit. Sein Nachweis ist in keiner Weise spezifisch für das Vorliegen einer chronischen Polyarthritis, in der Diagnostik ist es nahezu bedeutungslos. Der Antistreptolysintiter (AST) ist immer normal; wird er erhöht gefunden, so weist das auf einen vorangegangenen Infekt mit Streptokokken hin.

Im folgenden sind die wichtigsten Laborbefunde nochmals zusammengefaßt:

- BSG: beschleunigt;
- C-reaktives Protein: positiv;
- Elektrophorese: Albumine erniedrigt, Globuline (Alpha- und Gammaglobuline) erhöht;
- Erythrozyten: erniedrigt;
- Hämoglobin: erniedrigt;
- Serumeisen: erniedrigt;
- Leukozyten: normal, eventuell leicht erhöht;
- Rheumafaktoren: positiv in 80%;
- AST: negativ.

Hier sollte jedoch nochmals darauf hingewiesen werden, daß sowohl röntgenologische als auch labormäßige Veränderungen nicht allein zur Diagnosestellung beitragen, sondern die Diagnose der chronischen Polyarthritis auch heute noch vorwiegend durch den klinischen Verlauf über längere Zeit gestellt wird.

Differentialdiagnose. Die chronische Polyarthritis als häufigste und wichtigste entzündliche rheumatische Erkrankung ist im fortgeschrittenen Stadium und im Endstadium leicht zu diagnostizieren. Im Frühstadium dagegen müssen eine Reihe andere differentialdiagnostisch abzugrenzende Krankheitsbilder ausgeschlossen werden. Hierzu gehören in erster Linie:

- rheumatisches Fieber,
- Kollagenkrankheiten,
- Psoriasisarthritis,
- Spondylitis ankylopoetica (Morbus Bechterew),
- Morbus Reiter,
- Begleitarthritiden,
- Arthrosen (Heberden und Bouchard),
- Arthritis urica (Gicht).

Therapie. Ist die Diagnose einer chronischen Polyarthritis gesichert, so ergeben sich für den Patienten ebenso wie für den behandelnden Arzt oder die betreuende Pflegeperson eine Vielzahl von therapeutischen Konsequenzen. In kurzen Stichworten seien die folgenden Richtlinien angeführt.

Bei den allgemeinen, unterstützenden Maßnahmen sind die Aufklärung des Patienten über den Charakter seiner Erkrankung, der richtige Arbeitsplatz und die richtige Ernährung zu nennen. Bei der medikamentösen Basistherapie (Resochin, Goldsalze, D-Penicillamin, Zytostatika) wird der Versuch unternommen, chemisch in den Krankheitsprozeß einzugreifen.

Unter der symptomatischen Therapie versteht man eine Behandlung mit antirheumatisch wirkenden Medikamenten, unter Umständen mit Kortikosteroiden, die, in das Gelenk injiziert, häufig zu einer erheblichen Linderung der Beschwerden führen können.

Die physikalisch-balneologische Therapie ist nach wie vor von hoher Wertigkeit, insbesondere ist die krankengymnastische Therapie mit dem Ziel der Erhaltung von Gelenk- und Muskelfunktionen sehr wichtig (s. unten).

Die Ergotherapie, hier vor allem die Verordnung und Anpassung von Hilfsgeräten, nimmt ebenfalls einen wichtigen Platz in der Betreuung eines Polyarthritikers ein.

Schließlich haben gerade in den letzten Jahren chirurgische Maßnahmen, die sowohl in frühen Stadien der Erkrankung – z. B. als Synovektomie – wie auch in Spätstadien – z. B. als Osteotomie, Arthrodese und Gelenkersatz – angewandt werden, eine große Bedeutung gewonnen.

Zusammenfassend kann festgestellt werden, daß bei optimaler Ausnutzung aller therapeutischer Möglichkeiten sehr vielen Patienten in hervorragender Weise geholfen werden kann, so daß der vor noch nicht langer Zeit als schicksalmäßig empfundene Verlauf mit völliger Invalidisierung und Hilfsbedürftigkeit weitgehend verhindert werden kann.

Krankengymnastische Behandlung

während des akuten entzündlichen Schubes

Im Krankheitsverlauf lassen sich akute entzündliche Schübe und Ruhephasen von mehrwöchiger Dauer abgrenzen. Während des Schubes braucht der Patient Ruhe.

Befund

Die entzündeten Gelenke sind meist dick aufgequollen, heiß und rot.

Gesichtspunkte

- Größtmögliche Schmerzfreiheit,
- Erhaltung der Gelenkfunktion,
- Erhaltung des Kräftezustandes der Muskulatur,
- Kontrakturenprophylaxe und Kontrakturenbehandlung,
- Erhaltung der Selbständigkeit.

Maßnahmen

- Lagerung,
- passives Bewegen,
- statische Muskelarbeit nach Abklingen der akuten Phase,
- Eisbehandlung mit Vorbehalt.

Lagerung:

- Wirbelsäule: flach.
- Kopf: mit kleinem Kissen unterlagert.
- Arme: sämtliche Gelenke in Mittelstellung.
- Beine: Hüfte und Knie gestreckt.
- Sprunggelenke: 80 Grad Flexion mit elastischer Rolle an der Fußsohle.

Der Patient muß sich schonen, darf aber seine Alltagsbewegungen weiter ausführen. Die Lagerung soll erleichtern, nicht einengen! Die Abschirmung gegenüber physischen und psychischen Streßsituationen durch Bettruhe bei richtiger Lagerung in einem positiv gestimmten Milieu erzielt häufig eine Beruhigung der Prozeßaktivität.

Passives Bewegen. Da der rheumatische Gelenkprozeß zur Versteifung tendiert, ist in keiner Phase der Erkrankung, auch nicht im noch akuten Schub, eine völlige Ruhigstellung der Gelenke erlaubt. Die Beweglichkeit muß durch regelmäßiges, vorsichtiges passives Bewegen aller Gelenke im vollen Bewegungsbereich erhalten werden. Dreimaliges Bewegen bis zur Endstellung genügt, dabei wird ein leichter Zug ausgeübt, um durch die Entfernung der Gelenkflächen ein direktes Artikulieren zu vermeiden. Über die Intensität des Zuges wird zur Zeit viel diskutiert. Es ist möglich, daß durch zu starke Züge Mikrotraumen gesetzt werden oder daß die Synovia zu starken mechanischen Reizen ausgesetzt wird.

Statische Muskelarbeit. Nach Abklingen der akuten Phase kann der Patient im statischen Muskeltraining unterwiesen werden.

Eisbehandlung. In manchen Fällen, keineswegs immer, helfen kühlende Umschläge mit Alkohol oder Eispackungen, die entzündeten Gelenke abschwellen und die Schmerzen zurückgehen zu lassen. Der Mehrzahl der Patienten bekommt jedoch Eis schlecht, da rheumatisches Gewebe auf Kälte nicht immer so reagiert wie gesundes (reaktive Hyperämie). Man muß es daher von Fall zu Fall mit dem Patienten ausprobieren und besprechen.

Im entzündungsfreien Stadium

Ist der Schub abgeklungen, setzt eine vielseitige Behandlung ein, die sowohl für den Patienten als auch für den Krankengymnasten sehr zeitintensiv sein kann. Die Behandlung soll so früh wie möglich beginnen. Die Betonung liegt vorrangig auf der aktiven Bewegungstherapie und erst in zweiter Linie auf einer ergänzenden passiven Mitbehandlung, wie beispielsweise der Massage.

Hiervon müssen Arzt und Krankengymnast den Patienten überzeugen.

Ein schwieriger Faktor im Zusammenhang mit dieser Diagnose ist die Motivation des Patienten. Er soll vom „Behandelten“ zum „Handelnden“ erzogen werden. Familie und Gesundheitssystem zwingen jedoch gerade diese Patienten in ein passives Verhaltensmuster, so daß durch zuviel Fürsorge ein hoher Krankheitsgewinn erzielt wird, der jeden wahren Impuls zur Selbständigkeit hemmt. Wozu soll man selbständig sein, wenn man dadurch die Zuwendung und Aufmerksamkeit seiner Mitmenschen verliert? Nicht selten funktioniert z. B. eine Paarbeziehung in diesem Gefüge aus Helfen und Helfenlassen. So gesehen stört ein Krankengymnast mit seinem Ruf nach mehr Bewegungsfreiheit und Selbständigkeit. Am meisten interessiert sich der Patient zunächst für das Ziel der Schmerzfreiheit. Hier muß nun erklärt werden, daß ein größeres Bewegungsausmaß die Schmerztoleranz erhöht. Wir wissen, daß unsere Behandlungen zwar kontinuierliche, dennoch meist nur kleine Fortschritte bringen, welche für einen Laien nicht so leicht erkennbar sind. Deshalb muß jede Behandlung mit Messungen dokumentiert werden. Es empfiehlt sich, dafür Formulare und Tabellen anzufertigen (Abb. **2**). Auch ein kleiner Behandlungserfolg kann stolz machen und den Patienten zu neuen Anstrengungen motivieren. Kleine Ziele, die schnell zu erreichen sind, erweisen sich dafür nützlicher als unerreichbar scheinende Fernziele.

Meßblatt für Obere Gliedmaßen

(nach der Neutral-0-Methode)

NAME:

geb.: Untersuchungstag:

Aktenzeichen: Rechtshänder/Linkshänder

Schultergelenke:	Rechts			Links		
Arm seitw./körperw. (Abb. a)						
Arm rückw./vorw. (Abb. b)						
Arm ausw./einw. drehen (Oberarm anliegend) (Abb. c)						
Arm ausw./einw. (Oberarm 90° seitw. abgeh.) (Abb. d)						

Ellenbogengelenke:	Rechts			Links		
Streck./Beugg. (Abb. e)						

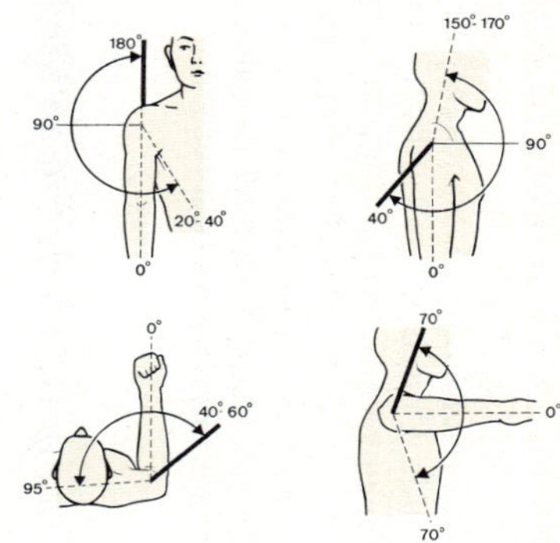

Abb. **2a** Gelenkmessung (aus *M. Jäger, C. J. Wirth:* Praxis der Orthopädie. Thieme, Stuttgart, in Vorbereitung).

Unterarmdrehung:

ausw./einw. (Abb. f)						

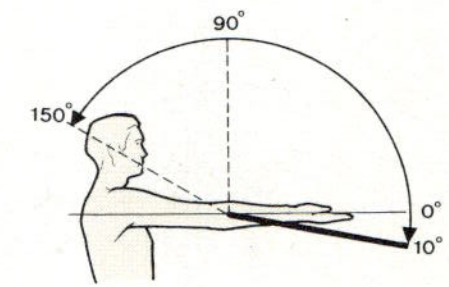

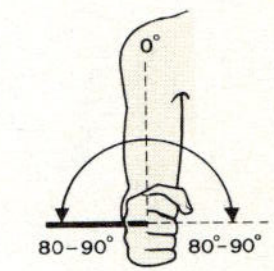

Handgelenke:

handrückenw./hohlhandw. (Abb. g)						
speichenw./ellenw. (Abb. h)						

Umfangmaße in cm:
(Hängender Arm)

15 cm ob. äußerem Oberarm-Knorren		
Ellenbogengelenk		
10 cm unt. äußerem Oberarm-Knorren		
Handgelenk		
Mittelhand (ohne Daumen)		

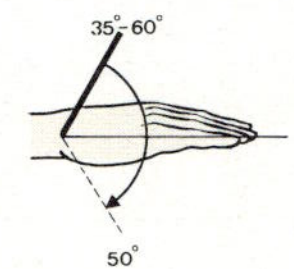

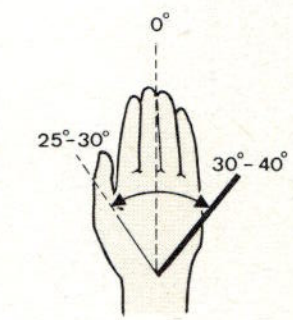

Armlänge in cm:

Schulterhöhe – Speichenende		

Stumpflänge in cm:

Schulterhöhe – Stumpfende		
Äuß. Oberarmknorren – Stumpfende		

Meßblatt für Untere Gliedmaßen

(nach der Neutral-0-Methode)

NAME:		
geb.:	Untersuchungstag:	
Aktenzeichen:	Standbein: Rechts/Links	

Hüftgelenke:	Rechts			Links		
Streck./Beugg. (Abb. a u. b)						
Abspreiz./Anführen (Abb. c)						
Drehg. ausw./einw. (Hüftgel. 90° gebeugt) .. (Abb. d)						
Drehg. ausw./einw. (Hüftgel. gestreckt) .... (Abb. e)						

Kniegelenke:	Rechts			Links		
Streck./Beugg. (Abb. f)						

Obere Sprunggelenke:	Rechts			Links		
Heben/Senken d. Fußes (Abb. g)						

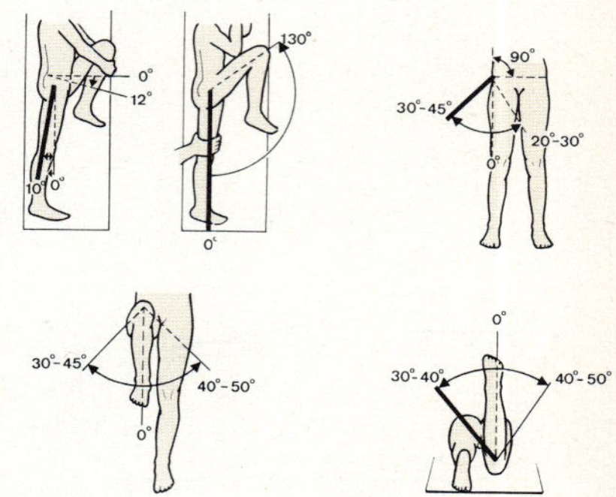

Abb. **2b** Gelenkmessung (aus *M. Jäger, C. J. Wirth:* Praxis der Orthopädie. Thieme, Stuttgart, in Vorbereitung).

Untere Sprunggelenke:

Ges.-Beweglichk. (Fußaußenr. heb./senk.) . (Abb. h/i) (in Bruchteilen der normalen Beweglichkeit)		

Zehengelenke: ....

(in Bruchteilen der normalen Beweglichkeit)

Zehengelenke		

Umfangmaße in cm:

20 cm ob. inn. Knie-Gelenkspalt		
10 cm ob. inn. Knie-Gelenkspalt		
Kniescheibenmitte		
15 cm unterh. inn. Gelenkspalt		
Unterschenkel, kleinster Umfang		
Knöchel		
Rist über Kahnbein		
Vorfußballen		

Beinlänge in cm:

Vord. ob. D-beinstachel – Außenknöchelsp.		

Stumpflänge in cm:

Sitzbein – Stumpfende		
Inn. Knie-Gelenkspalt – Stumpfende		

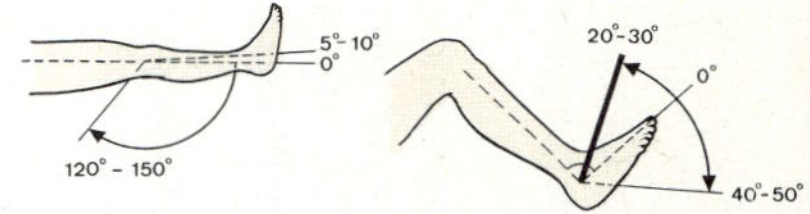

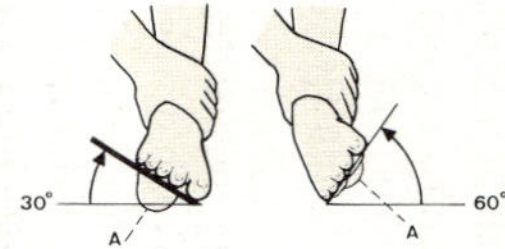

Befund

Dem üblichen allgemeinen Befundschema werden jetzt noch Gelenkmessungen hinzugefügt, welche in einem Befundbogen festgehalten werden müssen (Abb. **2**).

- Hand: Es kann zu spindelförmigen Auftreibungen der Fingergrund-, -mittel und -endgelenke kommen. Häufig zeigen die Finger eine typische Subluxation der Grundgelenke mit ulnarer Deviation (Abb. **3** u. **4**). Das Handgelenk kann in allen Bewegungsrichtungen endgradig eingeschränkt sein.
- Ellenbogen: Es ist eine Einschränkung sämtlicher im Ellenbogen möglicher Bewegungen zu erwarten. Schonhaltung und der überwiegende Tonus der Beuger begünstigen eine Beugekontraktur.
- Schulter: Hier ist es vor allem eine Adduktionskontraktur, die Bewegungen in Kopfhöhe erschwert oder unmöglich macht.
- Fuß: Längs- und Quergewölbe können abgeflacht sein. Die Zehenstrahlen sind nach fibular verschoben, die Zehengelenke subluxiert und die Zehen in Krallenstellung fixiert. Die Sprunggelenke sind in allen Bewegungsrichtungen eingeschränkt.
- Knie: Das Knie weist häufig Deformierungen auf. Es besteht die Tendenz zu einer Beugekontraktur.
- Hüfte: Auch hier droht die Gefahr der Beugekontraktur. Ebenso sind sämtliche Bewegungen endgradig eingeschränkt.
- Wirbelsäule: Die Beweglichkeit der Wirbelsäule kann in allen Abschnitten eingeschränkt sein. Besonders störend ist die man-

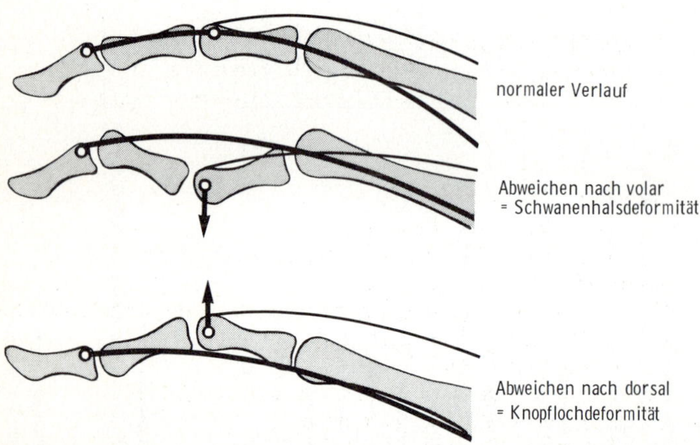

Abb. **3** Deformierung der Fingergelenke bei chronischer Polyarthritis (aus *U. Gerlach, N. van Husen, H. Wagner, W. Wirth:* Innere Medizin für Krankenpflegberufe. Thieme, Stuttgart 1981).

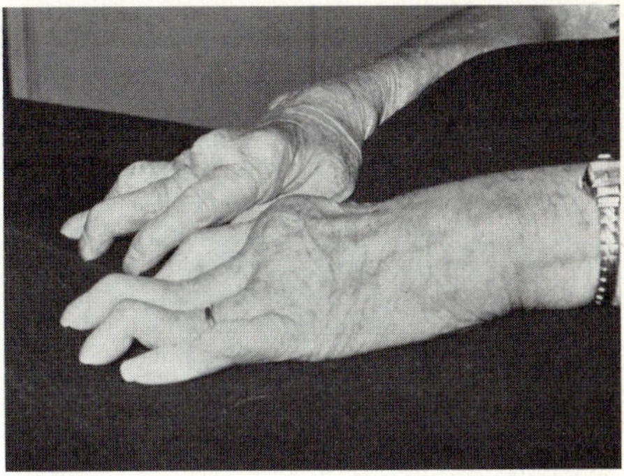

Abb. **4** Typische Handstellung bei chronischer Polyarthritis (aus *U. Gerlach, N. van Husen, H. Wagner, W. Wirth:* Innere Medizin für Krankenpflegeberufe. Thieme, Stuttgart 1981).

gelnde Rotationsfähigkeit in der HWS und im unteren Anteil der BWS. Durch mangelnde Flexion sind Alltagsbewegungen, wie etwa das Anziehen von Schuhen, schwer möglich.
- Thorax: Die Beweglichkeit der Zwischenrippengelenke nimmt ab. Die Atemmaße sind gering.
- Kopf: Das Kiefergelenk kann ebenfalls in allen Bewegungsrichtungen eingeschränkt sein. Das weite Öffnen des Mundes sowie die laterale Verschieblichkeit des Unterkiefers sind erschwert.

Trotz erheblicher Einschränkungen ist es dem Patienten möglich, mit Hilfe von Ausweichbewegungen bestimmte Alltagsverrichtungen dennoch zu vollbringen. Es wird daher geprüft:

- Aus dem Sitzen mit beiden Händen zu den Füßen kommen (Schuhe und Strümpfe anziehen).
- Mit beiden Händen an die LWS fassen (anziehen).
- Mit beiden Händen in Mundhöhe kommen (essen).
- Mit beiden Händen auf/hinter den Kopf fassen (kämmen).

Gesichtspunkte

- Größtmögliche Schmerzfreiheit,
- Erhaltung der Gelenkfunktionen,
- Erhaltung des Kräftezustandes der Muskulatur,
- Kontrakturenprophylaxe,
- Kontrakturenbehandlung, Erweiterung des Bewegungsausmaßes,
- Erhaltung und Förderung der Selbständigkeit,
- Verbesserung der Funktion der Hände,
- Verbesserung und Ökonomisierung des Gangbildes,
- Dehnung verkürzter Muskulatur,
- Mobilisation von Thorax und Wirbelsäule,
- Steigerung der Kondition,
- evtl. Schulung von Ersatzfunktionen.

Maßnahmen

Vorbereitende Maßnahmen:

- weiche Massage,
- Bindegewebsmassage,
- Heißluft/Lichtkasten,
- Teilbäder,
- Vollbäder mit Zusätzen, z. B. Salumin,
- Fangopackungen oder Bäder,
- Paraffin,
- Heuwickel,
- heiße Rolle im Segment,
- Elektrotherapie,
- Galvanisation,
- diadynamische Ströme,
- Ultraschall,
- Kurzwellentherapie,
- Eispackungen mit Vorbehalt,
- passives Bewegen der Gelenke unter Zug (Traktion).

Sämtliche vorbereitenden Maßnahmen verfolgen das Ziel einer aktiven oder reaktiven Hyperämie und sollen Verspannungen lösen und Schmerzen lindern. Das passive Bewegen der Gelenke dient der Vorbereitung auf das aktive Bewegen.

Aktive Maßnahmen:

- aktive Übungen gegen Widerstand,
- Techniken der PNF,
- Kontrakturenbehandlung,
- Eisbehandlung,
- aktive Übungen im warmen Wasser,
- Behandlung im Schlingentisch,
- aktive Übungen mit warmem Sand und anderen Hilfsmitteln für die Hände.

Bei der Auswahl der Maßnahmen muß zwischen einer vorbeugenden Behandlung und einer Behandlung schon bestehender Kontrakturen unterschieden werden. Es ist günstig, für einen Behandlungsablauf nur eine Funktionseinheit auszuwählen, z. B.:

- obere Extremität,
- untere Extremität,
- Wirbelsäule,
- Hand.

Das *passive Bewegen* geschieht unter Zug, wobei genau wie bei der Traktion die Fixation proximal und distal nahe am Gelenk ansetzen soll.

Es darf nur bis zur Schmerzgrenze und ein klein wenig darüber geübt werden. Die Schmerzen müssen spätestens eine Stunde nach der Behandlung abgeklungen sein, sonst ist Rücksprache mit dem Arzt erforderlich.

Die optimale Zunahme der Muskelkraft wird, nach dem derzeitigen Stand der Trainingsphysiologie, mit Hilfe von *Widerständen* erreicht. Es müssen vor allem die der Kontraktur entgegenwirkenden Muskeln gekräftigt werden.

Beispiel am Ellenbogen: Durch die Schonhaltung kann es zu einer Beugekontraktur kommen. Der M. biceps verkürzt. Man muß jetzt bestrebt sein, den Antagonisten des M. biceps, den M. triceps, besonders zu kräftigen, während der M. biceps vermehrt gedehnt wird. Dieses Prinzip läßt sich auf alle Gelenke anwenden.

Die Bewegungsmuster aus der PNF müssen entsprechend den Fehlstellungen abgewandelt werden, d. h., es wird immer nur der Weg aus der Fehlstellung heraus aktiv geübt. Aus der PNF eignen sich vor allem „Halten – Entspannen" mit anschließender „langsamer Bewegungsumkehr".

Wie schon bei der Behandlung des akuten entzündlichen Schubes erwähnt, erzielt man mit *Eisanwendungen* sehr unterschiedliche Erfolge. Grundsätzlich gilt hier: Es muß mit jedem Patienten ausprobiert werden. Bei Kälteunverträglichkeit sofort absetzen und durch Wärmemaßnahmen ersetzen.

Die aus Japan kommende Behandlung mit minus 180° C kalter Luft hat sich in Europa noch nicht durchsetzen können, da noch keine eindeutigen Untersuchungsergebnisse vorliegen.

Die *Behandlung im Wasser* ist eine zusätzliche Möglichkeit. Die mechanischen, thermischen und evtl. chemischen Wirkungsweisen erweitern das Therapiespektrum. Der Auftrieb bietet Erleichterung oder Widerstandskraft und die Möglichkeit, unter allgemeiner Entlastung zu üben. Die Temperatur soll zwischen 34 und 38° C liegen. Je wärmer das Wasser, desto anstrengender für den Kreislauf. Deshalb soll die Behandlungsdauer 20 Minuten nicht übersteigen.

Man beobachtet oft, daß Patienten gerade der Wasserbehandlung eine große Bedeutung zumessen. Das Wasser löst nicht nur in der Muskulatur, sondern beim ganzen Menschen eine erhöhte Bewegungsbereitschaft aus. Viele Bewegungen, welche er an Land nicht mehr vollbringen kann, sind ihm unter Abnahme der Körperschwere im Wasser ($^9/_{10}$ des Körpergewichts) ohne allzugroße Anstrengung möglich.

Das Entlastungsprinzip gilt auch für die Behandlung im *Schlingentisch*. Er ist eine wichtige Ergänzung der Therapiemöglichkeiten an Land.

Hilfsmittel, die unterschiedliche Ziele verfolgen, können zur unterstützenden Selbstbehandlung des Patienten empfohlen werden.

- Warmer Sand mit kleinen Steinen für die Greiffunktion wird in einer Emailschüssel oder in einem Topf erhitzt für Übungen mit den Händen (Wärme und Widerstand).

  Beispiele:
  - Sand von einer Hand in die andere rieseln lassen.
  - Finger spreizen, dabei Sand nach außen schieben.
  - Finger adduzieren.
  - Sand mit gestreckten Fingern wegschieben.
  - Sand bei fixiertem Handgelenk mit Radialduktion zur Seite schaffen.
- Handtrainer: Ein kleiner Doppelballon wird halbseitig aufgeblasen. Abwechselnd wird mit der einen Hand die Luft in den anderen Ballon hinübergedrückt und mit der anderen Hand wieder zurück.
- Knetmasse mit dem Handelsnahmen Reeduc hält immer den gleichen elastischen Zustand. Spielzeugknetmasse oder Kitt kann in Plastiksäcken verwendet werden, um ein Abfärben an den Händen zu vermeiden.
- Gummiband (Deuserband), gegen dessen Widerstand man in komplexer oder isolierter Form z. B. Hüft-, Bein-, Arm- und Rumpfmuskulatur trainieren kann.

Die Beschäftigungstherapie hat im Rahmen der Hilfsmittel noch eine Vielzahl von Möglichkeiten anzubieten.

Rheumatisches Fieber (akuter Gelenkrheumatismus)

Ätiologie und Pathogenese. Das rheumatische Fieber (RF) – synonyme Bezeichnungen sind akuter Gelenkrheumatismus, Streptokokkenrheumatismus, akute Polyarthritis – ist eine akute, häufig mit Fieber bis zu 40°C einhergehende Erkrankung, die vor allem Kinder und Jugendliche befällt. Die häufigsten Ursachen sind Racheninfekte (Tonsillitis, Pharyngitis, Rhinitis) mit betahämolysierenden Streptokokken der Gruppe A. Nach einer Latenzzeit von 2–3 Wochen treten bei 2–3% der Erkrankten rheumatische Folgekrankheiten auf, zu denen der akute Gelenkrheumatismus, die Chorea minor, rheumatische Hauterscheinungen und besonders die rheumatische Herzklappenentzündung gehören. Hierbei handelt es sich nicht um einen direkten Befall der Gelenke oder der Herzklappen mit Streptokokken, sondern um eine allergische Reaktion gegen Streptokokkentoxin (Antigen-Antikörper-Reaktion) an diesen Geweben, die die Entzündungsreaktion durch Freisetzen von Entzündungsstoffen auslöst. Es werden vorwiegend die großen Gelenke betroffen. Der Häufigkeitsgipfel des rheumatischen Fiebers liegt im Kindesalter bzw. im Schulkindesalter. Erwachsene und Säuglinge sind selten davon betroffen.

Pathologische Anatomie. Man findet ödematöse Schwellungen sowie fibrinoide Verquellung von Fasern im befallenen Bindegewebe. Häufig ist das Auftreten von rheumatischen Granulomen, den sog. Aschoff-Geipel-Knötchen, die vorwiegend am Herzen gefunden werden und dort zu folgenschweren Herzklappenfehlern führen.

Klinisches Bild und Diagnose. Das Erscheinungsbild des ursächlichen Streptokokkeninfektes reicht von geringfügigen Reizzuständen bis zur eitrigen Tonsillitis. Die Infekte im Halsbereich steigen bis zum Auftreten des rheumatischen Fiebers noch weiter an. Der Beginn ist unterschiedlich. Unterschwellige Verlaufsformen mit geringer Gelenkbeteiligung sind in den letzten Jahren häufig beobachtet worden, aber auch folgenschwere Herzklappenbeteiligung hat man diagnostiziert.

Vorwiegend befallen sind die großen Gelenke, besonders der unteren Extremitäten. Der Patient hat hohes Fieber und klagt über heftige Schmerzen in den Gelenken. Diese sind geschwollen, gerötet und in der Bewegung schmerzhaft eingeschränkt. Hinzu kommen Appetitlosigkeit, Kopfschmerzen, Bauchschmerzen sowie Übelkeit.

Im Punktat der entzündeten Gelenke werden vermehrt neutrophile Leukozyten angetroffen. Laborchemisch sind BSG und Leukozyten erhöht; die wichtigste Laboruntersuchung stellt der erhöhte Antistreptolysintiter (AST) dar. Der Rheumafaktor ist nicht nachweisbar.

Röntgenologisch sind nach langem Verlauf lediglich Weichteilschwellungen und Ergußbildungen erkennbar. Eine Zerstörung der Gelenkflächen bzw. des Knorpels ist nicht zu erkennen.

Die Krankheit heilt in der Regel bezüglich des Skelettsystems folgenlos aus.

Laborbefunde:

- BSG erhöht;
- Erhöhung des C-reaktiven Proteins im Serum, ein normalerweise nicht nachweisbares Protein, das mit dem C-Polysaccharid von Streptokokken ein Präzipitat bildet;
- Vermehrung der Alphaglobuline bei Verminderung der Albumine in der Serumelektrophorese;
- Fibrinogenerhöhung;
- Leukozytose mit Linksverschiebung;
- Erhöhung des Antistreptolysintiters (AST-ASL).

Therapie. Nach Erstellen eines Antibiogramms sollte eine spezifische hochdosierte Antibiotikatherapie eingeleitet werden.

Gegen den Entzündungsprozeß finden Salizylate (Aspirin – Beobachtung von Nebenwirkungen), Phenylbutazon und dessen Abkömmlinge (Butazolidin, Tanderil) sowie Antiphlogistika-Antirheumatika Anwendung; Glukokortikoide in den akuten Schüben, besonders bei Herzbeteiligung.

Als allgemeine und symptomatische Therapie sind strenge Bettruhe, körperliche Schonung, später, nach Abklingen des akuten Krankheitsbildes, operative Sanierung von eventuell auftretenden Klappenfehlern empfehlenswert.

Krankengymnastische Behandlung

Da die Erkrankung ausheilt, ist eine krankengymnastische Behandlung nicht unbedingt erforderlich. Die Anordnung der Bettruhe sowie die der körperlichen Schonung ist zu beachten.

Befund

Der Befund bietet neben allgemeinen Krankheitssymptomen die Zeichen akuter Gelenkentzündungen: Rötung, Schwellung, Schmerz, Funktionsstörungen.

Im abklingenden Stadium können die Muskelkraft, die Gelenkbeweglichkeit und die Leistungsfähigkeit des Patienten reduziert sein.

Gesichtspunkte

Im akuten Stadium:
- Linderung der Schmerzen,
- Hemmen der Entzündungszeichen,
- Erhalten der Gelenkfunktion.

Im abklingenden Stadium:
- Kräftigen der Muskulatur,
- Mobilisieren aller Gelenke,
- Steigern der Leistungsfähigkeit.

Maßnahmen

Da die Patienten vor allem im akuten Stadium sehr schmerz- und berührungsempfindlich sind, ist bei sämtlichen Maßnahmen Vorsicht geboten.

Im akuten Stadium:
- Lagern in funktionsgerechter Stellung,
- Eisbehandlung oder kalte Wickel am betroffenen Gelenk.

Im abklingenden Stadium:
- freies Bewegen der übrigen Gelenke,
- statische Muskelkontraktionen oder Bewegungen gegen leichten Widerstand,
- weiche Muskelmassage,
- Bewegungsbad.

Lagerung. Sämtliche Gelenke können mit weichen Kissen in Mittelstellung gelagert werden. Man sollte hierbei jedoch bedenken, daß eine Lagerung auch einengen kann und somit das Auftreten von Kontrakturen begünstigt. Der Patient soll vor allem der gleichmäßigen Bettwärme ausgesetzt werden und die Alltagsbewegungen (Buch halten beim Lesen, Drehen, Essen, zur Toilette gehen, Waschen...) selbständig ausführen.

Kälteanwendungen richten sich immer nach dem Empfinden des Patienten.

Sämtliche *aktiven Techniken* sollen möglichst keine ruckhaften Bewegungen enthalten.

Die *Muskelmassage* darf nur aus weichen, detonisierenden Maßnahmen bestehen.

Für das *Bewegungsbad* gelten die gleichen Richtlinien wie bei der chronischen Polyarthritis.

Sonderformen der chronischen Polyarthritis

Abweichend von dem klassischen Verlauf der chronischen Polyarthritis, aber auf der Grundlage des selben rheumatischen Geschehens werden besondere Verlaufsformen beobachtet.

Rheumatoide Arthritis des Kindes (Still-Krankheit, CP des Kindes, Still-Syndrom).

Klinisches Bild. Die rheumatoide Arthritis des Kindes ähnelt weitgehend der chronischen Polyarthritis des Erwachsenen, befällt jedoch vorwiegend die großen Gelenke und führt zu Wachstums- und Entwicklungsstörungen. Im Vordergrund jedoch steht die Beteiligung der inneren Organe und des lymphatischen Systems. Splenomegalie und generalisierte Lymphknotenschwellungen sind häufig. Außerdem treten Perikarditis und Pleuraergüsse häufig auf. Charakteristisch ist das sog. Vogelgesicht. Dieses entsteht durch die Wachstumsverzögerung der Mandibula.

Laborbefund. Außer einer hohen Senkung zeigt sich ein negativer Rheumafaktor.

Prognose. Die Prognose ist günstiger als bei der chronischen Polyarthritis der Erwachsenen. Vollständige Remissionen gibt es bei 75–80% der Patienten.

Therapie. Diese entspricht in der Regel der Behandlung der chronischen Polyarthritis. Die akuten Phasen erfordern eine monatelange Behandlung mit Kortison und sog. Immunsuppressiva. In dieser Altersgruppe darf mit dem Einsatz von Kortikoiden weniger zurückhaltend als bei Erwachsenen begonnen werden, da Remissionen häufig sind und Kortikoide besser vertragen werden (wichtig wegen der auftretenden Iridozyklitis). Außerdem sind passive und aktive Bewegungsübungen sowie Ruhigstellung mit Schienen zur Verhinderung von in der Regel auftretenden Beugekontrakturen erforderlich.

Felty-Syndrom

Hierunter versteht man einen Krankheitsverlauf im Sinne der chronischen Polyarthritis beim Erwachsenen, jedoch mit deutlicher Milzvergrößerung und ausgeprägter Granulozytopenie. Auch Leber und Lymphknoten können geschwollen sein. In der Regel lassen sich Rheumafaktoren nachweisen. Neben der antirheumatischen sowie antiphlogistischen Behandlung sollte vor allem bei schweren Fällen die Splenektomie in Erwägung gezogen werden.

Spondylarthritis ankylopoetica (Morbus Bechterew)

Ätiologie, Pathogenese und Häufigkeit. Es handelt sich um eine chronische, progredient verlaufende Erkrankung der kleinen Wirbelgelenke, die aus genetischen, epidemiologischen, pathologischen, klinischen und serologischen Gründen von der rheumatoiden Arthritis als eigenes Krankheitsbild abzutrennen ist. Die histologischen Veränderungen an den kleinen Wirbelgelenken gleichen denen, die man bei der chronischen Polyarthritis an den distalen Gelenken sieht. Auffällig bei der Geschlechtsverteilung ist, daß 90% der Erkrankten, vorwiegend jüngere Patienten, Männer sind. Im Gegensatz zur chronischen Polyarthritis, die die Stabilität der kleinen Gelenke erheblich beeinträchtigt, führt die Spondylitis ankylopoetica zu Ankylosenbildung. Folge ist die Versteifung der Wirbelsäule. Die thorakalen Respirationsbewegungen sind während des Einsteifungsprozesses erheblich beeinträchtigt, weil die Costovertebralgelenke in erheblichem Maße mitbeteiligt sind und die Lendenwirbelsäule abgeflacht ist. In etwa 20% der Fälle wird eine Mitbeteiligung der peripheren Gelenke registriert. Vorwiegend handelt es sich um Schulter- und Hüftgelenke. Die Wirbelsäule selbst, die im Vordergrund der Erkrankung steht, neigt zur Verkalkung der Bänder und der äußeren Bandscheibenanteile. Über die Ursache ist nichts bekannt. Eine Vererbung der Anlage wird jedoch heute für sicher gehalten (familiäre Häufungen). Bei Bechterew-Patienten läßt sich ein Zellantigen (HLAB 27: Antigen der Zelloberfläche von Leukozythen) bei 90% der Erkrankungsfälle nachweisen. Bei der Normalbevölkerung tritt dieses Zellantigen in etwa 5–6% auf.

Klinisches Bild und Diagnose. Der Beginn der Erkrankung ist schleichend. Es wird zunächst lediglich über nächtliche Ruheschmerzen sowie lumbalgiforme Beschwerden mit Ausstrahlung in Oberschenkel und Leiste geklagt. Häufig kommen auch Hüftgelenk- und Kniegelenkschmerzen sowie Fersenschmerzen hinzu. Zusätzlich wird eine allgemeine Abgeschlagenheit und Gewichtsabnahme festgestellt. Später treten auch Husten-, Nies- und Erschütterungsschmerzen im gesamten Wirbelsäulenverlauf auf. Einseitige Iridozyklitiden sind ebenfalls häufig beobachtet worden. In der Spätform ist die Spondylarthritis ankylopoetica bereits an der Körperhaltung und am Gangbild des Patienten erkennbar (Abb. **5**).

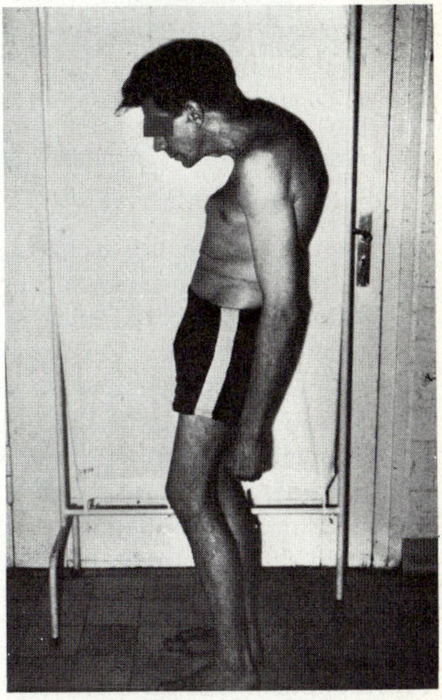

Abb. **5** Typische Haltung eines Patienten mit Morbus Bechterew (aus *U. Gerlach, N. van Husen, H. Wagner, W. Wirth:* Innere Medizin für Krankenpflegeberufe. Thieme, Stuttgart 1981).

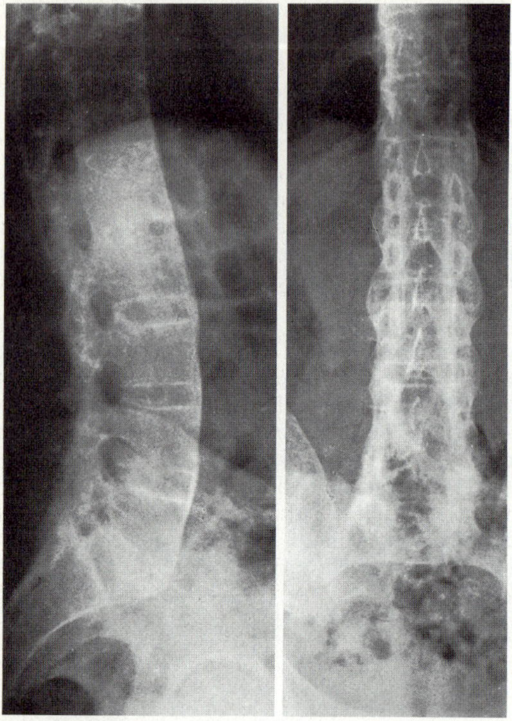

Abb. **6** Lendenwirbelsäule a.–p. und seitlich bei fortgeschrittener Spondylitis ankylopoetica (sog. Bambusstab) (aus *H. Hornbostel, W. Kaufmann, W. Siegenthaler:* Innere Medizin in Praxis und Klinik, Bd. II, 2. Aufl. Thieme, Stuttgart 1978).

Als wichtigstes diagnostisches Zeichen ist der röntgenologische Nachweis doppelseitiger erosiver Veränderungen sowie eine Sklerosierung der Kreuz-Darmbein-Gelenke, an denen sich gewöhnlich auch die ersten nachweisbaren Veränderungen finden, zu nennen. Es handelt sich hier um unscharfe und häufig gezähnelte Gelenkkonturen. Später treten dann röntgenologische Veränderungen an den kleinen Wirbelgelenken auf. Schließlich verknöchern die vorderen und seitlichen Längsbänder der Wirbelsäule. Hierzu kommt im Spätstadium eine Entkalkung der Wirbelkörper. Es imponiert dann das charakteristische Bild der Bambusstabwirbelsäule (Abb. **6**).

Laborbefund. Die serologischen Rheumatests sind negativ. Der aktive Krankheitsprozeß beginnt mit erhöhter BSG (bei 80% der Patienten beschleunigt). Bei etwa 90% ist der HLAB 27 positiv.

Die Krankheit verläuft schubweise und kann zur völligen Versteifung der Wirbelsäule führen. Das Manifestationsalter liegt zwischen 20 und 30 Jahren.

Nennenswert sind einige Untersuchungsmethoden, die den Grad der vorliegenden Bewegungseinschränkung festlegen.

- Hinterhaupt-Wand-Abstand,
- Kinn-Brustbein-Abstand,
- Finger-Boden-Abstand,
- Atembreite,
- Schober-Zeichen (Auseinanderweichen der Dornfortsätze beim Vorbeugen),
- Mennel-Handgriff (Schmerzauslösung im Iliosakralgelenk).

Im Laufe der Zeit, während der Versteifungsprozeß fortschreitet, kommt es zu erheblichen Muskelatrophien. Durch die Atonisierung bilden sich Fehlhaltungen der Wirbelsäule und entsprechende Versteifungen aus, denen krankengymnastisch unbedingt entgegengewirkt werden muß. Durch die Thoraxstarre kann es zu Emphysembronchitiden mit nachfolgender Rechtsherzinsuffizienz kommen. Als weitere Komplikation werden Nierenamyloidosen beobachtet.

Im jugendlichen Alter beginnt die Erkrankung meist an den großen Gelenken der unteren Extremitäten. Häufig werden auch nur die Iliosakralgelenke betroffen. Im frühen Jugendalter kann die Erkrankung auch zum Stillstand kommen, was auch bei Frauen beobachtet wurde.

Therapie:
- Salizylate sowie Phenylbutazon und Indometacin;
- Haltungsschulung, Erhaltung der Beweglichkeit durch krankengymnastische Maßnahmen;
- Anwendung von Wärme;
- Atemtherapie;
- gegebenenfalls operative Korrektur gekrümmter Wirbelsäulenabschnitte.

Krankengymnastische Behandlung

Befund

- Wirbelsäule: zunehmende Bewegungssenkungseinschränkung in allen Abschnitten. Die Lendenwirbelsäule ist vermehrt aufgerichtet, die Brustwirbelsäule kyphotisch, die Halswirbelsäule verstärkt lordotisch.

Das Bücken schmerzt mehr als das Aufrichten. Finger-Boden-Abstand und Hinterkopf-Wand-Abstand können gemessen werden, haben aber für den funktionellen Status wenig Bedeutung.
- Becken: Die Beckenstellung ist vermehrt extendiert. Die Beweglichkeit der Iliosakralgelenke kann je nach Stand der Erkrankung aufgehoben sein.
- Thorax: Die Atemmaße sind oft schon frühzeitig eingeschränkt. Diese Brustkorbstarre wird vom Patienten als Atembehinderung empfunden. Häufig werden hinter dem Sternum Schmerzen angegeben. Die Beweglichkeit des Sternoklavikulargelenks muß überprüft werden.
- Atmung: Aufgrund der Versteifung der Zwischenwirbelgelenke verschiebt sich die Atembewegung nach diaphragmal. Je weiter die Einschränkung der Beweglichkeit des Thorax fortgeschritten ist, desto größer ist die Gefahr für Lungen- und Herzveränderungen. Messung von Vitalkapazität, Herzfrequenz und Blutdruck gehören zur Befundaufnahme.
- Gelenke: In einigen Fällen können Hüft- oder Kniegelenke beteiligt sein, u. U. auch weitere Gelenke. Deshalb empfehlen sich auch hier wie bei der chronischen Polyarthritis neben den Funktionsprüfungen Gelenkmessungen.
- Muskulatur: Durch Schmerzen und Schonhaltung entstehen Verspannungen an typischer Stelle: am Schulter-Nacken-Gebiet und im Bereich der unteren BWS/LWS. Verkürzt sind vor allem der M. pectoralis major, die Mm. ischiocrurales und die seitlichen Thoraxabschnitte, vor allem der M. quadratus lumborum.

Gesichtspunkte

- Linderung der Schmerzen,
- Detonisierung der hypertonen Muskelstränge,
- Erhaltung der Thoraxbeweglichkeit,
- Erhaltung der aufrechten Stellung der BWS,
- Dehnung verkürzter Muskulatur (nur bei Kortisontherapie).

Maßnahmen

Der Zeitpunkt für den Beginn der Behandlung liegt noch im abklingenden entzündlichen Stadium.

Maßnahmen im abklingenden entzündlichen Stadium

- Lagerung,
- weiche Muskelmassage,
- Wärme mit Vorbehalt,
- Wahrnehmung der Atembewegungen,

- statische Muskelkontraktionen,
- Dehnungen und Dehnlagerungen.

Die *Lagerung* muß in Rückenlage ganz flach sein, der Kopf kann mit einem dünnen Kissen unterlagert werden. Wenn möglich, soll der Patient in Bauchlage schlafen.

Mit der *Massage* wird versucht, die verspannten Stellen am Schulter-Nacken-Gebiet und am Kreuz-Lenden-Bereich zu detonisieren. Da die Entzündung nicht gereizt werden soll, kommen nur ganz weiche Knetungen, leichte Friktionen und Vibrationen in Frage. Das Ausstreichen der Interkostalräume wird meist als besonders wohltuend empfunden.

Wärme. Zur Vorbereitung der Massage kann ein Lichtkasten dienen. Nehmen die Beschwerden danach zu, muß er abgesetzt werden.

Wahrnehmung der Atembewegungen. Die Beweglichkeit des Thorax kann mit großen Atemexkursionen geübt werden. Besonders wichtig sind hierbei die mittleren und unteren Thoraxabschnitte. Es ist günstig, den Patienten gegen seine eigenen Hände atmen zu lassen, damit er diese Übung möglichst oft am Tag für sich selbst ausführen kann.

Beispiel:
- Erspüren der Hände auf den seitlichen Thoraxabschnitten, Atembewegungen nachspüren, vergrößern.
- Wie oben, durch sakkadierendes Einatmen (schnüffeln durch die Nase) die Atembewegungen vergrößern.

Für sämtliche Muskelgruppen, vor allem für die Extremitäten und für die aufrichtende Muskulatur am Rumpf werden *statische Muskelkontraktionen* gezeigt.

Beispiele (alle aus Rückenlage):
- Beide Arme in Richtung Fußspitzen schieben, Hinterkopf und Arme auf die Unterlage drücken.
- Füße hochziehen, Fersen herunterdrücken, Schultern und Kopf zurückdrücken.
- Hände auf den Kopf (Scheitel), Ellenbogen nach hinten drücken.

Dehnungen und Dehnlagerungen. Wird mit Kortison behandelt, so kann schon etwa 3 Tage nach der ersten Einnahme mit starken Dehnungen begonnen werden, da durch das Kortison die Dehnfähigkeit des Gewebes kurzfristig zunimmt. Gedehnt werden müssen vor allem M. pectoralis major, die lateralen Thoraxabschnitte und die Mm. ischiocrurales.

Beispiel:
- Drehdehnlagerung.
- Aus Rückenlage ein Bein anheben, mit hochgezogenem Fuß Ferse in Richtung Zimmerdecke schieben.

Je früher die Diagnose gestellt wird, um so besser sind die Behandlungserfolge, da lediglich die entzündlichen Veränderungen, nicht aber die Ankylosen rückbildungsfähig sind. In jedem Stadium kann es zu einem Stillstand der Erkrankung kommen.

Maßnahmen im entzündungsfreien Stadium

Vorbereitende Maßnahmen:
- Massage,
- Heißluft,
- Fango,
- Thermalbäder,
- Rotlicht,
- heiße Rolle,
- Einreibungen mit durchblutungsfördernden Mitteln.

Aktive Maßnahmen:
- Kräftigung aufrichtender Muskulatur durch Üben gegen Widerstand (M. erector trunci, aufgelagerte Rückenmuskulatur, M. glutaeus maximus), auch mit PNF-Technik;
- Dehnungen,
- Übungen mit Koppelung der Atembewegung,
- Übungen auf dem Pezzi-Ball,
- Übungen im Wasser.

Ist auf dem Röntgenbild eine Ankylosierung zu erkennen, werden Mobilisationsübungen sinnlos. Man beschränkt sich dann auf die Dehnung und Kräftigung der Muskulatur.

Zu den *Spannungsübungen* können jetzt zusätzlich Übungen mit starken *Widerständen* angegeben werden. Es ist jedoch noch sinnvoller, Übungen auszuwählen, die der Patient auch für sich allein ausführen kann.

Beispiel (Böhm u. Lück 1979):
- Rückenlage. Beide Arme hinter den Kopf, Ellenbogen auf die Unterlage drücken, die angebeugten Beine bohren mit den Fersen in die Unterlage und ziehen gegen diesen Widerstand in Richtung Gesäß. Es kommt dabei zu einer unwillkürlichen Streckung der HWS (Abb. **7**).
- Rückenlage. Arme seitlich ausstrecken, linkes Bein gestreckt über das rechte legen. Während die Arme gestreckt fest auf die Unterlage gedrückt werden, erfolgt eine Drehung des Körpers nach links, der Kopf schaut nach rechts (Abb. **8**).
- Drehdehnlagerung. Aus der Rückenlage werden beide Arme hinter den Kopf genommen, die Ellenbogen auf die Unterlage gedrückt und die angebeugten Beine nach rechts/links fallen gelassen. Die Knie sollen genau aufeinanderliegen. Diese Stellung wird mindestens 1 Minute eingehalten (Abb. **9**).

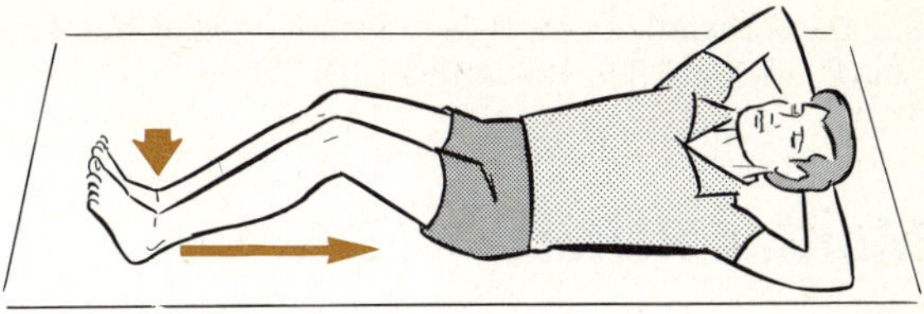

Abb. **7**

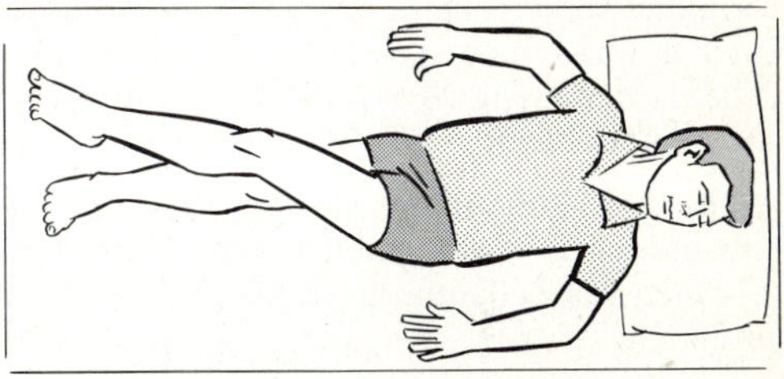

Abb. **8**

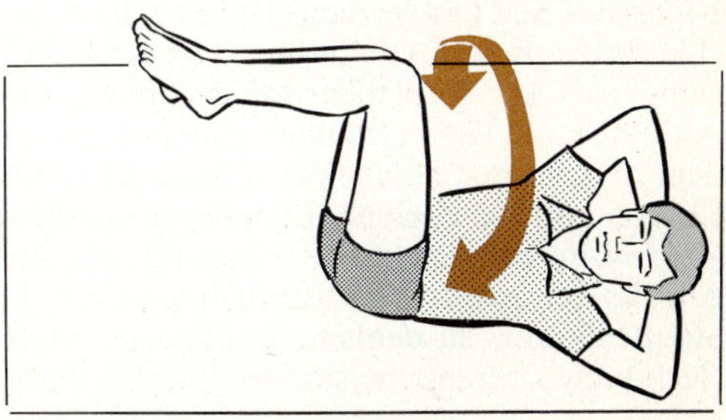

Abb. **9**

Sämtliche *Atembewegungen* können unter *Koppelung* der Bewegungen ausgeführt werden.

„Schnellender Thorax“: Der Patient liegt auf dem Bauch und atmet aus. Die Hände des Krankengymnasten liegen auf dem Thorax und geben bei der nun folgenden Einatmung starken Widerstand. Unmittelbar vor dem Ende der Einatmungsphase gleiten die Hände ruckartig ab. Die Kraft, mit welcher der Patient gegen den Widerstand geatmet hat, läßt den Thorax weiter in eine Spreizstellung der Rippen schnellen. Diese manipulatorische Maßnahme darf nur so lange angewendet werden, wie keine Spangenbildungen auf dem Röntgenbild erkennbar sind.

Der *Pezzi-Ball* ist für den noch nicht versteiften Patienten ein ideales Gerät, um selbst zu üben. Das leichte Federn unterstützt die Streckimpulse der aufrichtenden Muskulatur. Das Becken als mobiler Punkt erlaubt eine weitere Mobilisation von der Lendenwirbelsäule aus.

Für die Behandlung im *Wasser* gelten die gleichen Gesichtspunkte wie bei der chronischen Polyarthritis (S. 291).

Morbus Reiter

Beim Reiter-Syndrom wird ein vorwiegend junge Männer befallendes Krankheitsbild vom Morbus Bechterew abgegrenzt, bei dem außer einer Arthritis eine Harnröhrenentzündung (Urethritis) und eine Bindehautentzündung (Konjunktivitis) auftreten. Die gemeinsame Ursache ist unbekannt.

Auffallend häufig findet man bei Reiter-Patienten abgelaufene Darmentzündungen sowie rezidivierende Harnwegsinfekte in der Anamnese. Auch das Zellantigen HLAB 27 wird bei diesen Patienten häufiger gefunden.

Klinisches Bild und Verlauf. Die einzelnen oben genannten Symptome (Urethritis, Konjunktivitis und Gelenkerkrankung) treten nicht gleichzeitig auf. In Abständen von mehreren Tagen bis Wochen, unter Auftreten von Fieberschüben, manifestieren sich die Gelenkbeschwerden. Vorwiegend befallen sind die mittleren Gelenke (Sprunggelenk, Kniegelenk, Handgelenk, Ellenbogen). Differentialdiagnostisch ist bei gleichzeitig auftretenden Fersenschmerzen und einseitigen Iliosakralgelenkbeschwerden bei zusätzlich positivem HLAB 27 an einen Morbus Bechterew zu denken. Übergänge des Reiter-Syndroms in eine Bechterew-Erkrankung sind beobachtet worden.

In der Regel heilt die Krankheit bei konsequenter Behandlung spontan aus. Ein Teil der Fälle verläuft chronisch und geht, wie bereits erwähnt, in eine Spondylitis ankylopoetica über. Die Behandlung gleicht im wesentlichen der der chronischen Polyarthritis.

Psoriasisarthritis

Ätiologie, Pathogenese und Häufigkeit. Bei Patienten mit einer Schuppenflechte (Psoriasis vulgaris) findet man gehäuft – nach manchen Autoren bis zu 30% – eine der chronischen Polyarthritis oft sehr ähnliche Gelenkentzündung. Dabei muß das Ausmaß der Hautveränderungen nicht unbedingt dem Ausmaß des Gelenkbefalls parallel gehen, mit anderen Worten, es können schwerste polyarthritische Bilder mit Befall kleiner und großer Gelenke bei nur bescheidenen Hautveränderungen vorkommen. Auch werden solche Arthritiden bereits als Psoriasisarthritiden bezeichnet, wenn nicht unmittelbar beim Erkrankten, sondern familiär eine Psoriasis vulgaris bekannt ist.

Im Gegensatz zur echten chronischen Polyarthritis zeigt die Psoriasisarthritis einige Besonderheiten. Außerordentlich häufig erkranken auch die Fingerendgelenke. Typisch ist ein sog. Strahlbefall mit Beteiligung des Grund-, Mittel- und Endgelenkes eines Fingers. Man spricht dann von einem „Wurstfinger". Nicht ungewöhnlich ist auch der Befall der Iliosakralgelenke. Er erinnert im Rahmen einer Psoriasisarthritis an denjenigen bei einer Spondylitis ankylopoetica. Rheumaknoten kommen bei der Psoriasisarthritis nie vor, und auch der Rheumafaktor im Blut ist in der Regel nicht nachweisbar. Das Psoriasisexanthem kann der Arthirits auch jahrelang vorausgehen (sehr häufig) oder gleichzeitig mit der Arthritis auftreten (seltener). Beobachtet wurden auch Fälle, bei welchen die Hauterscheinungen nachfolgten.

Die *Gelenkerscheinungen* zeichnen sich durch ein besonderes Befallsmuster aus, welches dieses Krankheitsbild auch ohne deutliche Hauterscheinungen von anderen Arthropathien unterscheidet. Jedoch die Ähnlichkeit der Beschwerden mit der chronischen Polyarthritis erschweren die Diagnose (Morgensteife, subakuter bis akuter Beginn sowie Rezidivierung und Gelenkergüsse). Der Befall der Fingerendgelenke ist jedoch ein wichtiges diagnostisches Merkmal gegenüber der chronischen Polyarthritis.

Laborbefunde: Diese sind durch ein Fehlen der Rheumafaktoren charakterisiert. Sind solche nachzuweisen, handelt es sich nicht um eine Psoriasisarthritis, sondern um eine Psoriasis mit einer zugleich auftretenden Arthropathie, möglicherweise ohne jeglichen Zusammenhang.

Röntgenbefunde von Fingern und Zehen sowie Iliosakralgelenken zeigen nahezu typische Besonderheiten. Es handelt sich um unregelmäßige Erosionen mit sekundären Proliferationen, Osteolysen an den peripheren Hand- und Fußphalangen und an den Metatarsalgelenken. Das Auftreten von zusätzlichen ossären Destruktionen und Appositionen ist typisch.

Therapie. Im wesentlichen verhält man sich wie bei der Behandlung der rheumatoiden Arthritis, wobei aber Medikamente, die Hauterscheinungen auslösen können, wie Goldsalze und Antimalariamittel, vermieden werden sollten. Indometacin hat sich als wertvoll erwiesen. Lang anhaltende Remissionen konnten durch sorgfältig durchgeführte Kortikosteroidbehandlungen erzielt werden. Die Anwendung von Zytostatika sollte trotz beobachteter Erfolge wegen der Nebenwirkungen (Leberzirrhose), wenn möglich, vermieden werden.

Außerdem sollte die Psoriasis ständig kontrolliert und behandelt werden. Ein Aufenthalt in einer warmen Klimazone scheint einen günstigen Einfluß auf die Erkrankung zu haben. Für therapeutische Maßnahmen wird auf die Dermatologie verwiesen.

Gicht (Arthritis urica)

Es handelt sich um eine rezidivierende, akute Arthritis der peripheren Gelenke; diese kann in ein chronisches, deformierendes Stadium übergehen. Männer werden Frauen gegenüber bevorzugt befallen. Verursacht wird die Krankheit durch Ablagerung von Mononatriumkristallen aus harnsäureübersättigten Körperflüssigkeiten in den Gelenken und Sehnen und deren Umgebung. Dennoch entwickelt sich nicht bei allen hyperurikämischen Personen eine Gicht. Die Wahrscheinlichkeit des Ausbruchs der Erkrankung hängt von Grad und Dauer der vermehrten Harnsäuresubstanz ab. Je höher der Grad und je länger die Dauer, desto wahrscheinlicher ist die Ablagerung von Kristallen in den Gelenken und somit desto größer die Häufigkeit der auftretenden Gichtattacken.

Ätiologie, Pathogenese und Häufigkeit. Die Gicht ist, wie bereits erwähnt, eine Stoffwechselstörung, bei der die Harnsäure im Blut erhöht ist. Der typische Gichtanfall wird durch Ablagerung von Harnsäurekristallen in einem Gelenk hervorgerufen. In den meisten Fällen ist die Hyperurikämie alimentär bedingt. In über der Hälfte aller Fälle ist beim ersten Anfall ein Großzehengrundgelenk betroffen. Dieses schwillt plötzlich an, das Gelenk ist gerötet und überwärmt, der Patient klagt über stärkste Schmerzen. Dieser klassische Verlauf ist zwar häufig, aber nicht unbedingt die Regel. Es gibt auch Fälle, bei denen gleichzeitig mehrere Gelenke die Zeichen einer Entzündung zeigen. Diese Form und vor allem die chronische Gicht können der chronischen Polyarthritis sehr ähnlich sein.

Klinisches Bild. Häufig sind die Zeichen der akuten Gichtarthritis so typisch, daß eine Diagnose gewöhnlich bei der ersten Untersuchung gestellt werden kann. Der Nachweis einer Hyperurikämie und die innerhalb von 24 Stunden eintretende therapeutische Wirkung von Kolchizin sichert die Diagnose. Jedoch sollte man dennoch an andere Ursachen denken.

Uratkristalle aus Körperflüssigkeit lassen sich in polarisiertem Licht negativ doppelbrechend darstellen. Dieses Phänomen ist ebenfalls pathognomonisch für Gicht. Außerdem können Uratkristalle den sog. Tophi entnommen werden, die sich vorwiegend an der Ohrmuschel oder über einem Gelenk oder einer Sehne ausbilden. Mit dem Erscheinen dieser Tophi werden die symptomfreien Intervalle immer kürzer, was für eine Chronifizierung spricht. Bei chronischen Fällen sind Uratablagerungen auch in den Wänden der Bursae und in Sehnenscheiden häufig nachweisbar. Die Hauptbeschwerden sind Schwellung, Rötung und schmerzhafte Bewegungseinschränkung der befallenen Gelenke; vorwiegend, wie bereits erwähnt, werden die Großzehengelenke initial befallen.

Im Röntgenbild sieht man in ausgeprägten Fällen an den peripheren Gelenken – häufig Großzehengrundgelenke – subchondrale Knochenaufhellungen, die wie ausgestanzt wirken. Uratkristallablagerungen können röntgenologisch erst ab einer bestimmten Größe (5 mm ∅) dargestellt werden; jedoch sind diese Zeichen nicht pathognomonisch, da lytische Zonen im Knochen, die denen bei Gicht ähneln, bei anderen Krankheiten vorkommen können. Weitere röntgenologische Zeichen sind erst im Spätstadium nach längerer Einschränkung der Beweglichkeit im Sinne arthrotischer Veränderungen erkennbar.

Therapie:

- Dem akuten Anfall sollte durch Anwendung von entzündungshemmenden Medikamenten entgegengewirkt werden.
- Vorbeugen bei bekannter Erkrankung durch Gabe von Kolchizin.
- Senkung des Serumuratspiegels auf den normalen, ungesättigten Wert.
- Präventives Dauerprogramm durch Medikamente.
- Indometacingaben, ebenfalls im akuten Fall.
- Bettruhe, reichlich Flüssigkeit und entsprechende Diät.
- Im akuten Stadium Ruhigstellung der Gelenke mit anschließender krankengymnastischer Mobilisierung nach Abschluß des Anfalls.
- Gegebenenfalls Hemmung der Harnsäurebildung durch Allopurinol.
- Gegebenenfalls operative Maßnahmen zur Korrektur schwergeschädigter Gelenke bzw. Entfernung von Tophi zwecks Remobilisierung von Sehnen und Gelenken oder aus kosmetischen Gründen.

Krankengymnastische Behandlung s. S. 274, 290.

Begleitarthritiden

Bei nicht wenigen Infektionskrankheiten, z. B. bei Grippe, Hepatitis, Röteln, Mumps, Scharlach und Gonorrhoe, können teilweise vor Ausbruch, teilweise während der Krankheit schmerzhafte, meist flüchtige Gelenkschwellungen auftreten. Diese auch als Rheumatoid bezeichneten Arthralgien heilen folgenlos aus. Bei nichtinfektiösen Krankheiten, vor allem bei Patienten mit einer Colitis ulcerosa oder einem Morbus Crohn sowie bei malignen Prozessen und bei allergischen Reaktionen werden entzündliche Gelenkerscheinungen beobachtet, die dann entsprechend der Ursache therapeutisch anzugehen sind.

Kollagenosen

Unter dem Begriff der Kollagenkrankheiten werden verschiedene, durch bestimmte immunpathologische Vorgänge gekennzeichnete Erkrankungen des Bindegewebes zusammengefaßt.

Lupus erythematodes disseminatus

Am bekanntesten ist der Lupus erythematodes disseminatus (LED). Dabei handelt es sich um eine entzündliche, häufig fieberhafte, nichtinfektiöse, vorwiegend jüngere Frauen befallende Allgemeinerkrankung mit Beteiligung verschiedenster Organsysteme. Die Gelenkbeteiligung ist bei 90% der Erkrankten zu beobachten und ist manchmal dem Bild einer chronischen Polyarthritis sehr ähnlich; es bestehen meistens jedoch nur flüchtige Gelenkschwellungen und Gelenkschmerzen. Etwa 50% der Kranken weisen ein rötlich-violettes Exanthem über Wangen und Nasenrücken auf (Schmetterlingsexanthem). Pleuraergüsse, Lungeninfiltrate, Endokarditiden, Myokarditiden und Perikarditiden sind weitere Organbeteiligungen. Prognostisch ungünstig ist eine Nierenbeteiligung mit Ausbildung eines nicht selten tödlich verlaufenden Nierenversagens.

Im Blutbild fallen neben einer beschleunigten BSG eine Anämie sowie erniedrigte Leukozyten- und Thrombozytenzahlen auf. In der Elektrophorese sind die Gammaglobuline stark erhöht. Im Serum lassen sich die sog. LE-Zellen, Anti-DNA-Antikörper und antinukleare Faktoren nachweisen.

Therapie. Hier werden unter anderem Antimalariamittel (Resochin), Kortikosteroide und immunsuppressive Medikamente (z. B. Imurek oder Endoxan) gegeben. Die Prognose ist ungünstig. Neben in wenigen Wochen zum Tode führenden Fällen gibt es chronische und über Jahrzehnte gutartig verlaufende Formen.

Andere Kollagenkrankheiten

Ebenfalls zu den Kollagenerkrankungen gehören die *Sklerodermie,* die *Dermatomyositis* sowie die *Panarteriitis nodosa.* Bei der Sklerodermie stehen Hautveränderungen, vor allem an den Händen und im Gesicht im Vordergrund des klinischen Bildes. Die Dermatomyositis und die Polymyositis befällt neben der Haut die quergestreifte Muskulatur, bei der Panarteriitis nodosa handelt es sich um eine generalisierte Erkrankung der mittleren und kleinen Blutgefäße.

Therapie. Diese muß je nach Lokalisation und Schwere der entzündlichen Reaktionen individuell variiert werden. Eine spezifische Therapie ist nicht bekannt. Kortikoide sind bei Kollagenosen in jedem Krankheitsstadium wirksam. Auf Gefäße wirkende Medikamente sowie die Sympathektomie beheben vasomotorische Störungen meist nicht. Ebenso sind Digitalisierungseffekte im positiven Sinn nicht zu erzielen bei Herzinsuffizienz, die durch progressive Systemsklerose bedingt ist; jedoch sollte ein Versuch unternommen werden.

Krankengymnastische Maßnahmen helfen oft die Muskelkraft zu erhalten und Kontrakturen zu verhindern.

Über die Behandlung der Panarteriitis nodosa s. Kap. 4, S. 176.

Krankengymnastische Behandlung

Sklerodermie

Befund

Optische Beobachtung:

Anfänglich sieht man häufig Durchblutungsstörungen der Finger im Sinne eines Raynaud-Syndroms (s. dort), dann Hautverdickungen, Risse über den Gelenken und „rattenbißartige“ Nekrosen an den Fingerspitzen (Abb. **10**).

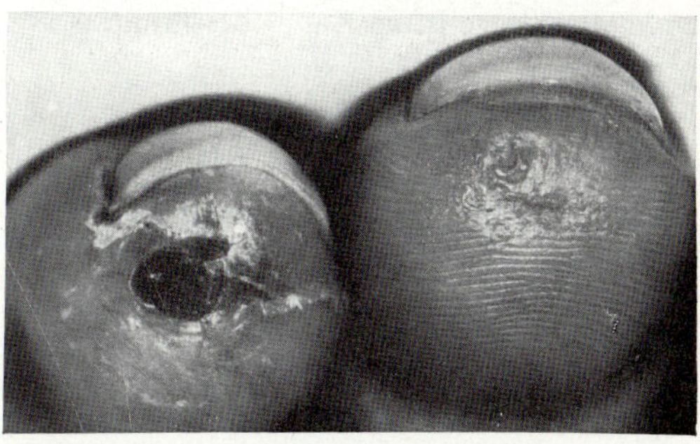

Abb. **10** Rattenbißartige Fingerkuppenveränderungen bei Sklerodermie (aus *K. Vossschulte, H. G. Lasch, F. Heinrich:* Innere Medizin und Chirurgie, 2. Aufl. Thieme, Stuttgart 1981).

Der Gesichtsausdruck ist starr, oft reicht die Oberlippe nicht mehr über die Zähne und die Augenlider können nicht mehr ganz geschlossen werden.

Taktische Beobachtung:

Die Haut kann zunächst teigig und gedunsen sein, nimmt aber bald eine bretthartе Konsistenz an, ist trocken und läßt sich nicht mehr abheben.

Funktionsbeurteilung:

Die Finger versteifen in Beugestellung.
Die Vitalkapazität kann bei bestehender Lungenfibrose reduziert sein.

Gesichtspunkte

- Kontrakturenverhütung,
- Kontrakturenbehandlung,
- Durchblutungsverbesserung,
- Verbesserung der Vitalkapazität.

Maßnahmen

- Aktives Bewegen;
- Kontrakturenbehandlung, manuelle Therapie;
- Techniken der PNF;
- Bürstungen mit weicher Bürste oder mit Schwamm;
- Ölbäder;
- häufige Einreibungen mit Öl oder Salbe, die die Haut elastisch halten;
- Massage mit vielen dehnenden Griffen und Hautverschiebungen.

Die Behandlung der Lunge ist im Kap. 1 beschrieben.

Weichteilrheumatismus

Hierbei handelt es sich um eine Krankheitsgruppe mit akuten, subakuten oder chronischen Schmerzsyndromen im Bereich sämtlicher Weichteile, angefangen vom Körperstamm bis zu den Gliedmaßen reichend. Es sind ausschließlich extraartikuläre Bereiche befallen. Schmerzphänomene und Funktionseinschränkungen lassen sich auf bestimmte Körperregionen so lokalisieren, daß von sog. Trigger-Punkten aus diese Erscheinungen reproduzierbar werden. Diese Druckpunkte stellen meist eine palpable subkutane Konsistenzvermehrung dar. Bei dieser Erkrankung können einerseits die parenchymatöse, stark durchblutete Skelettmuskulatur, andererseits das zellarme, spärlich durchblutete kollagene Bindegewebe der Sehnen, Sehnenscheiden, Gelenkkapseln und Bursae oder auch beide Gewebsarten gleichzeitig betroffen sein. Dabei spricht man dann, je nach Befall, von Muskelrheumatismus bzw. Fibrositis. Es handelt sich bei diesen Erscheinungsbildern nicht um entzündliche, sondern wahrscheinlich um morphologische Vorgänge unterschiedlicher Auswirkungen von Störungen der lokalen Sauerstoffversorgung, wobei deren Ursache verschiedenartig sein kann. Klinisch faßbare Formen sind Myogelosen, Hartspann, subkutane Knoten, Kapselverdickungen, Kontrakturen sowie Schrumpfungsprozesse an Sehnen. Die Erkrankung selbst spielt in der Praxis eine wichtige Rolle, da sie als Haupterkrankung bezüglich sämtlicher rheumatischen Erkrankungen auftritt. Es wird von ca. 90% der rheumatischen Erkrankungen gesprochen.

Die Erkrankung selbst bietet für den Träger keine große Gefahr, falls nicht andere Grundleiden damit einhergehen, jedoch beeinträchtigt sie das Allgemeinbefinden oft erheblich. Müdigkeit, Abgeschlagenheit, Schwächegefühl, Schlaflosigkeit, Kopfschmerzen, Verstimmungszustände zeigen, daß es sich nicht nur um eine Lokalerkrankung handelt, auch wenn einzelne Körperregionen isoliert befallen sind. Regelrechte Leitsymptome wie bei den übrigen rheumatischen Erkrankungen fehlen, jedoch gibt es beispielsweise charakteristische Hinweise, die für das Vorliegen eines Weichteilrheumatismus sprechen; wenn auch die Leitsymptome fehlen, können besondere Prädilektionsstellen genannt werden. Schulter-Nacken-Bereich, die Innenseiten der Kniegelenke, Muskulatur des M. gastrocnemius sowie die schmerzhaften Cristae iliacae. Außerdem ist es typisch, daß das Schmerzbild bezüglich der Intensität großen Schwankungen ausgesetzt ist. Oft wird von psychisch labilen Menschen übertrieben, starke Schmerzreaktionen sind nicht zu objektivieren. Der Schmerz selbst wird häufig als stumpf oder spitz, brennend, schneidend oder bohrend beschrieben.

Die auftretenden Gewebsveränderungen können sehr umfangreich sein und zeigen, wie bereits beschrieben, Ausdehnungen im gesamten Stamm- und Extremitätenbereich. Morgensteifigkeit wie bei der chronischen Polyarthritis tritt ebenfalls häufig auf. Da das Krankheitsbild nicht unterschätzt werden soll, darf die Diagnose nur nach Ausschluß anderer Krankheiten gestellt werden, insbesondere muß absolut sicher sein, daß die „Fibromyositis" kein Symptom einer Kollagenose oder einer malignen Erkrankung ist.

Prophylaxe und Therapie. Der gesicherte Weichteilrheumatismus sollte mit einfachen Mitteln wie Ruhe, Wärme, Massagen, Salizylaten und Chloroformsalben behandelt werden. Gelegentlich kann die Verwendung einer Schiene zur Ruhigstellung zu Erfolgen führen.

Myogelotische Veränderungen können mit Injektionen von 1%igem Procainhydrochlorid angegangen werden, wobei günstige Wirkungsmechanismen erzielt worden sind.

Arthrosen

Dieses Krankheitsbild soll nur aus differantialdiagnostischen Gründen noch kurz gestreift werden.

Es handelt sich um eine Gruppe von Krankheiten mit folgenden Gemeinsamkeiten: Gelenkknorpeldefekte sowie Fissuren der Gelenkoberfläche, Sklerose des subchondralen Knochengewebes und Hypertrophie der randständigen Knorpelanteile, die später im Falle der Verkalkung sog. Osteophyten bilden. Häufig werden leichte Begleitsynovitiden beobachtet.

Ätiologie. Als Ursache nimmt man Verschleiß durch fortgeschrittenes Lebensalter an, Übergewicht sowie Traumen sind anamnestisch häufig zu erheben. Das Bild tritt mehr bei Frauen als bei Männern auf. Hier werden Zusammenhänge mit dem Klimakterium diskutiert, da die ersten Symptome häufig in dieser Zeit erstmals auftreten. Auch werden familiäre Häufungen beobachtet.

Pathologie. Durch Zerstörung des Hyalinknorpels und der dadurch bedingten Knochenwucherung kommt es zu röntgenologisch nachweisbaren Bildungen von Osteophyten. Außerdem ist eine deutliche Verschmälerung des Gelenkspaltes durch Knorpelschwund sowie eine Sklerosierung des angrenzenden Knochens festzustellen. Als Frühsymptome werden Randwulstbildungen und Spornbildungen an den Gelenkrändern beobachtet. Die sog. Heberden-Knötchen an den Fingergelenken werden als pathologische Form der Arthrose betrachtet. Die entsprechenden Deformierungen an den proximalen Fingergelenken bezeichnen wir als Bouchard-Knötchen. Dies ist oft eine diagnostische Hilfe zur Differenzierung bezüglich der chronischen Polyarthritis.

Symptomatik und Laborbefund. Die Krankheit manifestiert sich nur selten vor dem 40. Lebensjahr. Meist beginnt sie schleichend und tritt besonders nach Belastung auf (im Gegensatz zur chronischen Polyarthritis). Hinzu kommen Muskelspasmen und Gelenkergüsse, während periartikuläre Gewebe nicht betroffen sind und subkutane Knoten fehlen. Häufig ist die Wirbelsäule mitbefallen, wobei röntgenologische Veränderungen selten mit dem klinischen Bild übereinstimmen. Bei Verengungen der Foramina intervertebralia können Nervenwurzeln komprimiert werden und so zu radikulären Beschwerden führen. Dies findet man häufig in der Halsregion, da hier die Beweglichkeit besonders groß ist und die Foramina relativ klein sind.

Die Blutsenkungsgeschwindigkeit kann leicht erhöht sein, ist in der Regel jedoch normal. Das Röntgenbild selbst zeigt Osteophyten sowie Gelenkspalt- und Bandscheibenverschmälerungen und Sklerosierungen.

Serologische Rheumabefunde werden nicht beobachtet (negativ). Die Leukozytenzahl liegt im Normbereich.

Therapie. Hier werden Azetylsalizylsäure oder Natriumsalizylat gute Dienste leisten. Indometacin wirkt schmerzlindernd und verbessert in vielen Fällen, vor allem bei der Coxarthrose, die Beweglichkeit. Ansonsten ist bei adipösen Patienten Gewichtsreduktion zur Entlastung der betroffenen Gelenke anzuraten. Wärmebehandlung, heiße Packungen und Krankengymnastik führen oft zu einer vorübergehenden Besserung. Bei Fortbestehen der Beschwerden und fortgeschrittenen Gelenkveränderungen sind orthopädische Behandlungen in Form eines Débridements angezeigt.

Nervenkompressionen können durch Traktionen oder im HWS-Bereich durch gut sitzende Halskrawatten gebessert werden. Erst bei sekundären Veränderungen durch Druck auf die Nervenwurzel sind operative Entlastungen angezeigt. Bei schwersten Veränderungen sind intraartikuläre Injektionen von Kortikosteroiden schmerzlindernd und führen zu erheblichen Besserungen von unterschiedlicher Dauer.

Die *krankengymnastische Behandlung* ist im Band 5, Orthopädie, beschrieben.

13. Vegetative Regulationsstörungen

P. Christian und H. Göhring

Einleitung

Vegetative Regulationsstörungen (vegetative Dystonie, psychovegetatives Syndrom) sind Fehlregulationen einzelner Organe oder ganzer Organsysteme ohne nachweisbare Oganschädigung. Charakteristisch ist die enge Beziehung zur individuellen Reaktionsart, zur Umwelt und zur Persönlichkeit. Folglich sind psychosomatische Gesichtspunkte und Umweltbedingungen in Diagnose und Therapie zu berücksichtigen. Etwa 20–30% aller Patienten, gemittelt aus Klinik und Praxis, gehören ganz oder teilweise zum Formenkreis der vegetativen Dystonie. Betroffen sind vor allem jüngere und mittlere Altersklassen.

Einteilungsprinzipien. Man unterscheidet Fehlregulationen *ganzer* Organsysteme, z. B. des Kreislaufs (neurozirkulatorische Dystonie, orthostatisches Syndrom), der Atmung (nervöses Atmungssyndrom, Atmungstetanie) oder die gastrointestinale Dystonie mit einer funktionellen Symptomatik im Bauchraum. Davon sind die mehr *umschriebenen* Symptomenkomplexe abzugrenzen, wie Migräne und Cephalea vasomotorica oder funktionelle Herzrhythmusstörungen. Eine besondere Gruppe sind die *krisenhaft* ablaufenden Regulationsstörungen, wie der sympathikovasale Anfall, die vagovasale Synkope oder der Hyperventilationsanfall.

Pathophysiologie. Durch die vegetativen Funktionen werden Kreislauf, Atmung, Stoffwechsel und Endokrinium als Ganzes reguliert nach dem Prinzip der biologischen *Steuerung* und *Regelung*. Die Organsysteme und deren Regelung sind wiederum untereinander „vermascht". Diese innige Verflechtung garantiert nicht nur eine Integration von Zentral- und Erfolgsorganen, sondern führt auch dazu, daß durch eine Störung an irgendeiner Stelle das autonome System meistens als Ganzes betroffen und dann unter Umständen instabil wird. Die Störung kann vom Affektverhalten und dessen zentralnervöser Organisation im limbischen System ausgehen, von einer Überbelastung durch exogene Reize oder durch Eingriffe in die natürliche Periodik des Organismus, z. B. durch chronischen Schlafmangel (Auswirkung an den retikulären Formationen des ZNS).

Die teilweise noch gebräuchliche Einteilung der vegetativen Regulationsstörungen entsprechend einem Antagonismus von Sympathikus und Parasympathikus (Sympathiko- und Vagotonie) läßt sich nicht aufrechthalten: Der gespannte und erregte Mensch hat neben seiner sympathikotonen Kreislauflage gleichzeitig eine parasympathische Erregung seines Darmes, des Pankreas und der Blase. Extreme Typen einer polaren vegetativen Einstellung sind überdies selten, die Mischformen überwiegen, und schließlich hat die Biochemie die ältere Vorstellung vom antagonistischen Schema „Sympathikus-Parasympathikus“ widerlegt. Für das Verständnis pathophysiologischer Zusammenhänge und auch für die Einteilung der klinischen Formen hat sich das Prinzip der *biologischen Regelung* bewährt: In Analogie zu stabilen und instabilen Regelungen der Technik können vegetative Regulationsstörungen folgendermaßen interpretiert werden: Die orthostatische Hypotonie ist z. B. eine Regelstörung, bei der die venösen und arteriellen Stellglieder des Blutdrucks beim plötzlichen Aufrichten eine Rückführung des Blutdrucks auf den Ausgangswert nicht mehr garantieren (statische Labilität der Blutdruckregelung). Umgekehrt ist die Überregelung mit laufenden Schwingungen des Blutdrucks Zeichen einer mangelnden Dämpfung und führt zu einer sog. überschießenden Kreislaufregulation (dynamische Labilität der Blutdruckregelung). Wie ebenfalls regeltheoretisch leicht erklärbar ist, kommt es bei der hypotonen Regulationsstörung bzw. statischen Labilität zum orthostatischen Kollaps, bei der dynamischen Labilität der Blutdruckregelung hingegen zum sympathikovasalen Anfall.

Die Pathogenese der mehr isolierten vegetativen Organsyndrome läßt sich nicht einheitlich darstellen, sondern muß im Zusammenhang der verschiedenen klinischen Bilder abgehandelt werden.

Hypotone Regulationsstörung

Eine Hypotonie liegt vor, wenn der systolische Druck dauernd unter 110 mmHg beim Mann und unter 100 mmHg bei der Frau liegt, der diastolische Druck unter 60 mmHg. Derartige Werte finden sich als physiologische Variante bei trainierten Sportlern, sonst handelt es sich um eine hypotone Regulationsstörung. Bei der *konstitutionellen* Hypotonie besteht auch im Liegen ein abnorm niedriger Blutdruck, meist findet sich ein leptosomer Habitus und häufig auch zusätzlich ein *orthostatisches Syndrom.* Das orthostatische Syndrom kann auch bei normotoner Ruhelage auftreten.

Symptomatische Hypotonien müssen differential-diagnostisch ausgeschlossen werden (Hypotonie durch Blutverlust, Aortenstenose, Nebenniereninsuffizienz usw.).

Symptomatologie. Leitsymptome sind eine körperliche und geistige Ermüdbarkeit (Adynamie), ferner Schwindelgefühl, Neigung zu Ohnmachten, besonders bei längerem Stehen. Häufig besteht ein Druck- und Beklemmungsgefühl in der Herzgegend. Bei der konstitutionellen Hypotonie besteht schon in Ruhe ein abnorm niedriger Blutdruck; die hypotone Regulationsstörung im engeren Sinne ist normoton und wird erst im Belastungs- bzw. Stehversuch erkennbar. Weiter kommen Hautblässe, Schläfendruck, Leeregefühl im Kopf sowie Akrozyanose der Hände und Füße und Neigung zu Ohnmachten mit Übelkeit und

Schwäche hinzu. Nach längerem Stehen kann es zu einer generalisierten Muskelschwäche kommen mit Flimmern und Schwarzwerden vor den Augen. In schweren Fällen kommt es zu einer kurzfristigen Bewußtlosigkeit, wobei die Patienten zu Boden stürzen. Nach wenigen Sekunden kommen sie wieder zu sich. Dieser orthostatische Kollaps beruht auf einem Versagen des venösen Rückflusses in aufrechter Körperhaltung. Der verminderte venöse Rückfluß führt zu einer Abnahme des Schlagvolumens des Herzens, dadurch kommt es zu einem weiteren Absinken des Blutdrucks, was zu einer Verminderung der Gehirndurchblutung und schließlich zur Ohnmacht führen kann. In horizontaler Lage, z. B. nach Hinlegen oder Kollaps, ist der Rückfluß des Blutes aus der unteren Körperhälfte wieder gewährleistet, das Herz bekommt wieder mehr Blutvolumen angeboten, das Schlagvolumen des Herzens nimmt zu, der Blutdruck steigt an und die zerebrale Durchblutung wird somit wieder normalisiert, d. h. Schwindel und eventuelle Ohnmacht schwinden.

Sowohl bei der konstitutionellen Hypotonie als auch beim orthostatischen Syndrom zeigt sich bei definierten Arbeitsleistungen (Ergometrie) eine verringerte Arbeitsökonomie und eine Einschränkung der Leistungsbreite des Kreislaufs: so ein ungenügender Blutdruckanstieg bei Belastung, eine hohe Pulsfrequenz schon bei niedrigen Wattstufen und ein mangelndes Durchstehvermögen. Die kritische Herzfrequenz von 160–170 Schlägen/min wird in der Regel nicht erreicht und der Arbeitsversuch wegen subjektiver Beschwerden abgebrochen.

Eine einfache Prüfung der orthostatischen Toleranz ist der Stehversuch: geringfügiger Abfall des systolischen Drucks im Stehen und Anstieg des diastolischen Drucks bei Steigerung der Pulsfrequenz um 10–20% (Abb. **1**).

Bei der *labilen* oder gar *insuffizienten* Kreislaufregulation engt sich die Blutdruckamplitude auf 10 mmHg und weniger ein, die Pulsfrequenz ist extrem erhöht. Gelegentlich kommt es dabei infolge der abnehmenden zirkulierenden Blutmenge zum *orthostatischen* Kollaps („faint“) (Abb. **2**).

Diagnostik. Wichtiges Merkmal zur Objektivierung der anamnestisch gewonnenen Verdachtsdiagnose einer orthostatischen Dysregulation ist das Verhalten von Blutdruck und Herzfrequenz unter Stehbelastung. Um das Blutdruckverhalten beim Wechsel vom Liegen zum Stehen zu erfassen, genügt in den meisten Fällen der Schellong-Test, bei dem Blutdruck und Puls im Liegen und nach 10–15 Minuten im Stehen gemessen werden. Nach Schellong hat als normal zu gelten (s. Abb. **1**): gleichbleibender oder um höchstens ± 15 mmHg sich ändernder systolischer und um 5 mmHg ansteigender diastolischer Druck sowie eine Erhöhung der Herzfrequenz um 17 Schläge/min. Bei hypotonen Regulationsstörungen kommt es im Stehen zu einem systolischen Druckabfall von 20 mmHg und mehr, der diastolische Druck

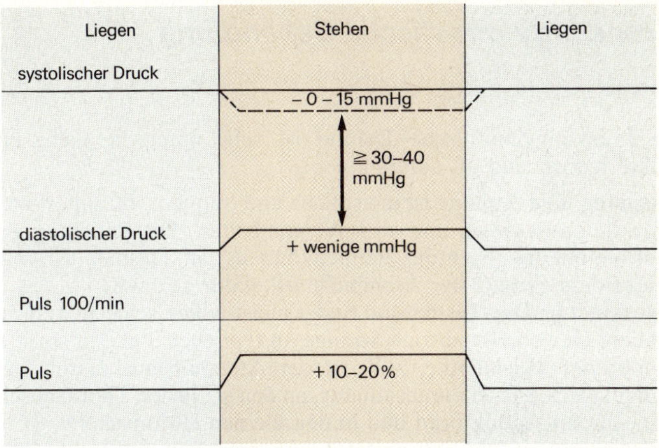

Abb. **1** Normale Kreislaufregulation.

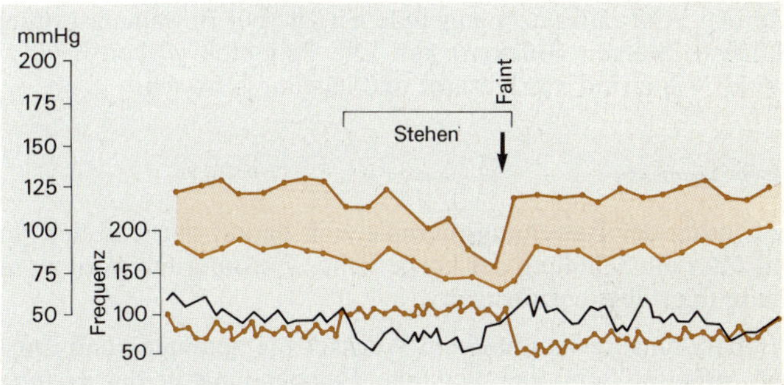

Abb. **2** Orthostatische Labilität mit Kollaps (Faint). Oben Blutdruck. Braune Linie = Pulsfrequenz, schwarze Linie = Atmung.

steigt um 15 mmHg oder mehr an, die Herzfrequenzsteigerung kann 25–30 Schläge/min betragen.

Therapie. Ein systematisches körperliches Training ist wichtiger als eine medikamentöse Behandlung und vermag die Kreislaufsituation oder wenigstens das subjektive Befinden zu verbessern. Bestehen zusätzlich Krampfadern, sollten elastische Binden getragen werden. Eine medikamentöse Behandlung der hypotonen Regulationsstörungen sollte nur bei ausgeprägten Beschwerden eingeleitet werden. Hierbei haben sich Medikamente mit allgemeiner gefäßkontrahierender Wirkung, wie z. B. Dihydroergotamin, gut bewährt.

Krankengymnastische Behandlung

Befund

Der krankengymnastische Befund ist sehr unterschiedlich; einige Punkte jedoch sind oft auffällig:

- Atmung: Die Atmung ist meist flach und frequent, oft unterbrochen von tiefen Seufzern und vom Atemanhalten. Die Patienten geben das Gefühl des „Nichtdurchatmenkönnens" an. Deshalb wird häufig unter dem Einsatz der Atemhilfsmuskulatur geatmet.
- Muskulatur: Der Tastbefund findet meist neben schlecht verschieblichem Gewebe hypertone Stränge an typischer Stelle in sonst eher hypotoner Muskulatur, z. B. in der Atemhilfsmuskulatur, in der aufgelagerten Rückenmuskulatur, an den seitlichen Thoraxabschnitten, in den Adduktoren und in den kleinen Hüftmuskeln.
- Durchblutung: Die Extremitäten sind meist kalt und feucht, besonders Hände und Füße. Bei der Prüfung der Durchblutung nach Ratschow werden normale Werte gefunden.
- Motorik: Oft fällt der mangelnde Einsatz bei Bewegungsprüfungen (Laufen, Steigen, Bücken) auf. Die Patienten wirken lustlos und müde. Viele sind antriebsarm und leistungsschwach.

Gesichtspunkte

Der Einsatz der Bewegungstherapie zielt darauf hin, daß der Patient lernt, über die Schulung der körperlichen Leistungsfähigkeit zu seiner Gesundung selbst beizutragen.

Im Behandlungsverlauf muß ein Wechsel von Spannung und Entspannung enthalten sein, bei dem die Entspannung in der ersten, die körperliche Belastung jedoch in den weiteren Behandlungen überwiegen muß. In der Einzelbehandlung soll individuell auf den Patienten und seine Probleme eingegangen werden, indem bestimmte Unausgeglichenheiten der Muskelkraft und Bewegungseinschränkungen ausgeglichen und korrigiert werden. Der Krankengymnast muß dabei auch den Tagesablauf mit dem Patienten durchsprechen: langsames Aufstehen morgens, wechselwarmes Duschen, kräftiges Abfrottieren, Bürstungen, Kaffeetrinken, häufiger Wechsel zwischen Sitzen – Stehen – Gehen, Spazierengehen an der frischen Luft, Sport, regelmäßiges Leben.

Durch die Anwendung dieser Übungen und Maßnahmen soll er an Unabhängigkeit gewinnen und aus seiner Adynamie herausgeholt werden. Da zuviel individuelle Beachtung den Patienten zu regressivem Verhalten führen kann, z. B. sich auf den Krankengymnasten als

Reiz zur Aktivität zu verlassen, hilft hier vor allem das Üben in der Gruppe. Die Arbeit in kleinen und großen Gruppen belebt und gestaltet die Gymnastik abwechslungsreich. Gemeinsames Bewegen spornt an, führt zum Leistungsvergleich und lenkt von Beschwerden und Bewegungsunsicherheit ab.

Maßnahmen

- Schüttelungen, Vibrationen oder Dehnungen sowie Techniken der klassischen Massage zur Lösung der verspannten Muskulatur;
- Dehnlagerungen (Streckdehnung, Dehnlagerung, C-Lagerung) zur Entspannung, zur Mobilisation des Thorax und zur Anregung der Atembewegungen;
- statisches Muskeltraining;
- Techniken der PNF;
- Gefäßtraining mit Umlagerungen, Anwendungen aus der Hydrotherapie sowie Bürstungen zur Verbesserung der Durchblutung;
- sämtliche Formen aktiver Bewegungsübungen bis hin zum Sport, die zur Leistungssteigerung führen können, vor allem Schwimmen, aber auch Gymnastik auf dem Hocker, auf dem Pezzi-Ball oder durch den Einsatz verschiedener Geräte wie Ball, Stab, Keule, Reif, Seil, Gymnastikbänder usw.

Hypertone Regulationsstörung

Bei der hypertonen Regulationsstörung ist die Leistung des Herzens schon in Ruhe gesteigert, vor allem ist der systolische Blutdruck leicht erhöht, bei normalem oder nur wenig erhöhtem peripherem Strömungswiderstand. Oft ist die Tachykardie mit einer hohen Blutdruckamplitude kombiniert. Es besteht ein *erethisches* Kreislaufbild („überschießende bzw. hyperkinetische Kreislaufeinstellung"). Auch bei der hypertonen Regulationsstörung sind Ökonomie und Leistungsbreite des Kreislaufs eingeschränkt: Der Patient kann eine Arbeitsbelastung von 100 Watt mit einem systolischen Blutdruckanstieg bis über 200 mmHg und einem diastolischen Anstieg bis auf 130–150 mmHg beantworten.

Pathogenetisch spielen emotionale Einflüsse, physikalische Reize, Konflikte aus individuellem oder sozialem Bereich eine wesentliche Rolle. Die sog. Situationshypertonie (Examen, Krankenhausaufnahme) ist charakteristisch für eine vorübergehende hypertone Reaktionslage. Fortlaufende Messungen des Blutdrucks zeigen charakteristische wellenförmige Blutdruckschwankungen (Hering-Traube-

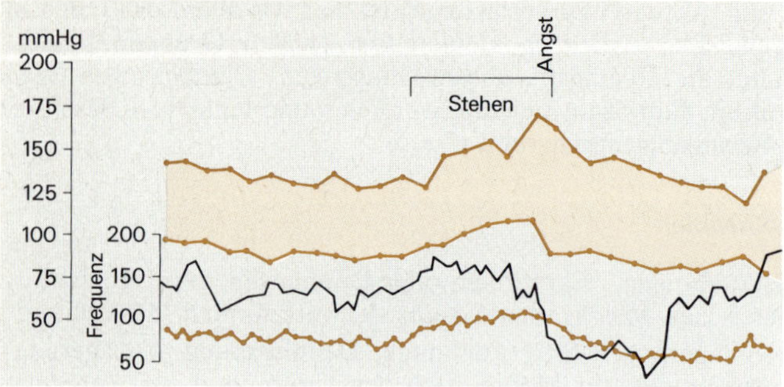

Abb. **3** Sympathikovasaler Anfall mit typischer Angstkrise auf dem Höhepunkt des Anfalls. Oben Blutdruck. Braune Linie = Pulsfrequenz, schwarze Linie = Atmung.

Mayer-Wellen). Man spricht daher auch von einer dynamischen Labilität der Blutdruckregelung bzw. von einer mangelnden Dämpfung des Blutdruckregelsystems. Die krisenhafte Entgleisung aus der hypertonen Regulationslage ist nicht der orthostatische Kollaps, sondern der sog. sympathikovasale Anfall (Abb. **3**). Der sympathikovasale Anfall erzeugt Angst und ist nicht selten Auslöser der sog. Herzphobie.

Klinisches Bild. Die überschießende Kreislaufregelung mit entsprechender Labilität des Blutdrucks beruht auf einer vermehrten Aktivität des sympathischen Systems. Entsprechend klagen die Patienten über Spannungsgefühle, Bewegungsdrang und Schlafstörungen; abendliche Erhöhungen der Körpertemperatur sind nicht ungewöhnlich. Genußmittel (Kaffee) führen zur verstärkten Unruhe. Häufig besteht ein vasomotorischer Kopfschmerz, eine vermehrte Reizempfindlichkeit und eine Affektlabilität mit dem Akzent auf einer inneren, ängstlich getönten Spannung.

Therapie. Ärztlich werden entspannende Medikamente (Tranquilizer und Betablocker) verordnet.

Krankengymnastische Behandlung

Befund

Der krankengymnastische Befund kann vor allem in der Muskulatur typische Verspannungen zeigen, so z. B. findet man verspannte und schmerzhafte Punkte über den Kiefergelenken, am Ansatz des M. erector trunci am Hinterhaupt, im Verlauf des M. trapezius und in den Mm. rhomboidei sowie im weiteren Verlauf des M. erector trunci.

Gesichtspunkte

- Entspannung;
- vegetative Umstimmung;
- Motivationstraining, damit die verordneten therapeutischen Maßnahmen vom Patienten auch konsequent eingehalten werden;
- Ausdauertraining zur Senkung des Blutdrucks.

Maßnahmen

Entspannung. Es bieten sich Möglichkeiten aktiver und passiver Entspannung an. Unter „aktiver Entspannung" verstehen wir eine Spannungsherabsetzung einzelner Muskelgruppen oder eine allgemeine Entspannung als ein aktives, steuerbares Geschehen.

Entspannung ist nur möglich, wenn sich der Übende von persönlichen Erlebnissen und Ärgernissen befreit und sich ganz auf den Entspannungsvorgang einstellt. Es kann, von der muskulären Entspannung ausgehend, eine psychische Entspannung erreicht werden, oder umgekehrt können über die psychische Beeinflussung muskuläre Spannungen gelöst werden.

So wird die Entspannung mit zweifacher Absicht betrieben:

- um Muskelspannungen zu beseitigen,
- um psychische Spannungen zu lösen.

Die muskuläre Entspannung setzt den Spannungsgrad der Muskulatur bis auf den Ruhetonus herab. Dabei wird mit verschiedenen Bewegungsformen ein normotoner Zustand angestrebt. Möglichkeiten der aktiven Entspannung sind neben dem autogenen Training, welches nur vom Arzt ausgeführt werden darf, z. B. die Dehnlagerungen, Tastarbeit nach Schaarschuch, statische Muskelarbeit mit betonter Entspannung, aber auch lockernde Bewegungen in spielerischer Form, etwa in einer Gruppe, gegebenenfalls mit Musik (s. hypotone Regulationsstörungen).

Übungsbeispiele

Bei der Arbeit in der Gruppe können Übungen enthalten sein, welche eine Aggressionslösung unterstützen, z. B. Übungen mit stark akzentuierter Rhythmik.

Übungen mit Keulen:

- Langsitz. Mit den Keulen neben dem Körper auf den Boden schlagen, neben den Knien auf den Boden schlagen und über dem Kopf leicht zusammenschlagen.

- Beide Keulen tippen rechts vom Körper auf, werden über dem Kopf zusammengeschlagen und tippen anschließend links neben dem Körper auf (Rotation).
- Partnerübung aus dem Stand: Aus einem Sagittalschwung schlagen die Keulen in der Mitte zusammen.

Übungen mit Bällen:
- Den Ball stark prellen; rechts und links vom Körper, um den Körper herum, mit weitem Abstand zum Partner prellen.
- Den Ball über weite Abstände zum Partner werfen.

Übungen mit dem Seil:
- Das doppelt genommene Seil schlägt man abwechselnd rechts und links neben dem Körper auf den Boden. Dabei soll ein peitschender Knall entstehen.
- Vorwärtslaufen mit armbetontem Seilschwung.

Übungen mit dem Pezzi-Ball:
- Pezzi-Ball in rhythmischem Wechsel schnell und langsam prellen.
- Auf dem Ball federn, dabei vor dem Körper in die Hände klatschen, über dem Kopf klatschen und fest auf den Ball schlagen.

Kopfschmerzen

Vaskuläre Kopfschmerzen (Cephalea vasomotorica, tension headache)

Der vasomotorische Kopfschmerz ist als die häufigste Kopfschmerzform („common migraine") ein meist diffuser Schmerz von dumpfem, gelegentlich pulsierendem Charakter. Er nimmt beim Bücken oder Pressen zu, auslösend wirken oft Wetterwechsel, Schlafentzug, Alkoholabusus, psychosomatische Belastungen. Nicht selten ist der vaskuläre Kopfschmerz Teil einer allgemeinen vegetativen Regulationsstörung.

Echte Migräne

Bei mehr als der Hälfte der Patienten treten die Migränen familiär gehäuft auf. Frauen erkranken häufiger als Männer; bei Kindern sind Jungen und Mädchen gleich stark betroffen. Am häufigsten treten die ersten Symptome zwischen dem 10. und 30. Lebensjahr auf. Charakteristische Merkmale sind die Halbseitigkeit, die begleitende Übelkeit bis zum Erbrechen, vasospastische Begleiterscheinungen (Flimmerskotome).

Das Migränekopfweh ist allerdings nur bei der Hälfte der Migräniker wirklich „hemikraniell“. In der Regel besteht ein typisches Ausbreitungsgebiet von der Stirngegend gegen die ganze Schädelhälfte.

Auslöser sind Alkohol, Nikotin, Lichtreize, hormonelle Faktoren, Hunger, körperliche Anstrengung, Entspannung (Sonntagsmigräne) und Witterungseinflüsse mit Druckschwankungen. Auch bestimmte Nahrungsmittel können Anfälle auslösen: Käse, Schokolade, Zitrusfrüchte, Paprika. Es gibt jedoch keinen allgemein verbindlichen Diätplan für Patienten mit Migräne.

Tabelle **1** Differentialdiagnose der häufigsten Kopfschmerzen

	Migräne	Vasomotorischer Kopfschmerz	Zervikalmigräne
Häufigkeit	mehrmals pro Woche oder Monat	je nach Wetterlage periodisch fast täglich	häufig bei älteren Patienten
Schmerzeintritt	plötzliches Einsetzen	langsames Einsetzen	bewegungs- und haltungsabhängig (Kopfvorwärtsbeugen, -drehen)
Lokalisation	meist einseitiger Schläfenschmerz	beidseitig, zum Hinterkopf ausstrahlend	Hinterkopf, kapuzenförmig
Schmerzcharakter	anfangs pulsierender, später dumpfer Schmerz	anhaltend dumpfer Schmerz	mehr in der Kopfschwarte („Schwielenkopfschmerz“)
Vorausgehende Symptome (Prodrome)	Lichtscheu, Schwindel, Flimmerskotom, evtl. Parästhesien	fehlen meist	Kopfhaltung und -drehung
Begleitsymptome	Übelkeit, Erbrechen, Bauchschmerzen, Schwindel, Polyurie bei Abklingen der Schmerzen	selten vorhanden	selten
Auslösende Faktoren	Menstruation, Alkohol, psychische Belastung	vorwiegend meteorologische Einflüsse, psychische Anspannung	einseitige Kopfhaltungen, z. B. berufsbedingt
Erbliche Belastung	wird häufig angegeben	wird seltener angegeben	selten

Die Anfallsdauer beträgt einige bis viele Stunden. Der Anfall löst sich nicht selten mit einer Harnflut.

Spondylogene Kopfschmerzen und Migraine cervicale

Ursache sind degenerative Veränderungen der Halswirbelsäule (Spondylarthrose) mit Irritation der austretenden Nervenwurzeln und deren Beeinflussung der A. vertebralis. Die typisch spondylogenen Kopfschmerzen sind vorwiegend im Nacken lokalisiert und strahlen kapuzenförmig von okzipital nach frontal aus. Die Patienten machen bei der Beschreibung die Bewegung des „Helmabstreifens". Typisch ist auch die Auslösung durch Kopfseitwärtsdrehen (Rückwärtsfahren im Auto). Bei den meist älteren Patienten besteht eine Druckdolenz der Halswirbelsäule und der paravertebralen Nackenmuskulatur (Tab. **1**).

Krankengymnastische Behandlung

Befund

- Muskulatur: Es gibt bei allen Formen des Kopfschmerzes Verspannungen an typischer Stelle, am häufigsten im Schulter-Nacken-Bereich, vor allem im M. trapezius, im M. rhomboideus und entlang des M. erector trunci. Häufig sind auch der M. sternocleidomastoideus und der M. pectoralis major hyperton. Bei Patienten, die zum Erbrechen neigen, findet sich auch in den entsprechenden Muskelzonen über dem Magen und der Leber Hartspann.
- Haltung: Während eines Anfalls sinkt der Patient auffällig in sich zusammen. Die Bewegungen sind langsamer als sonst und vorsichtiger. Oft greift er mit der Hand an den Kopf oder in den Nacken. In der anfallfreien Zeit ist die Haltung dem Typ entsprechend normal. Die Bewegungen sind dann meist sehr lebhaft.
- Bindegewebe: Häufig findet man neben auffallenden Kopfzonen noch eine deutliche Leber-Gallen-Zone und eine Hypomenorrhoezone.

Gesichtspunkte

- Herabsetzung der Anfallbereitschaft durch vegetative Umstimmung,
- Entspannung der hypertonen Muskelstränge,
- allgemeine Entspannung,
- Verbesserung der Kondition.

Maßnahmen

Es muß bei jedem Patienten ausprobiert werden, welche der folgenden Maßnahmen ihm am besten helfen:

- HWS-Behandlung;
- Entspannung durch Tastarbeit und Wahrnehmung;
- Ausdauertraining in der Gruppe;
- Bindegewebsmassage;
- Muskelmassage des Nackens und des Rückens.

Die *Behandlung der Halswirbelsäule* besteht in diesem Fall aus manuellen und aktiven Traktionen, abwechselnd mit detonisierenden Maßnahmen für die Nackenmuskulatur, wie Streichungen abwärts und Vibrationen.

Die günstigste Ausgangsstellung dafür ist die Rückenlage, wobei u. U. der Kopf des Patienten auf dem Schoß des Therapeuten gelagert werden kann, so daß eine nuancierte Einstellung des Kopfs möglich ist (Abb. **4**).

Entspannung (s. Hypertonie). Es gibt Migräneformen, welche erst unter Entspannungsbedingungen auftreten, die sog. Wochenend- oder Sonntagsmigräne. Der Schwerpunkt der Behandlung liegt bei diesen Patienten auf der Anregung durch Aktivitäten, vor allem Sport, wobei

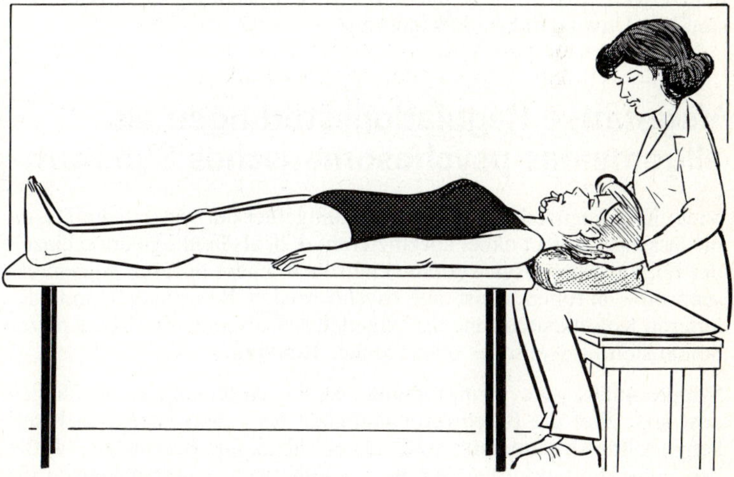

Abb. **4** Lagerung auf dem Schoß bei HWS-Behandlung.

sich das Schwimmen auch in diesem Zusammenhang als die günstigste Sportart erweist.

Ausdauertraining in der Gruppe s. Kreislauftraining.

Bei der *Bindegewebsmassage* können nach dem großen Aufbau noch die Striche am Bauch und am Thorax dazugenommen werden, bevor der Kopf angehakt wird. Bei niedriger Blutdrucklage empfiehlt es sich, die Behandlung im Liegen auszuführen. Die Verträglichkeit ist sehr unterschiedlich.

Die *Muskelmassage* soll sanft, leicht und beruhigend sein, mit vielen Vibrationen, abwärtsgerichteten Streichungen und weichen Knetungen. In dem Gebiet zwischen den Schulterblättern wird nicht massiert (Kopfzone!). Harte, durchgreifende Griffe mit Friktionen und starke Knetungen können u. U. einen Anfall auslösen. Massage während eines Anfalls ist kontraindiziert, sie führt häufig zum Erbrechen. Während einer Massage kann sich bei einem Gespräch die Gelegenheit bieten, dem Patienten zu helfen, die Einstellung zu seiner Krankheit zu korrigieren: Er muß lernen, mit diesem Zustand zu leben, ohne darüber zu verzweifeln. Das Verhältnis zu seinen Mitmenschen kann gestört sein, da er wegen der immer wiederkehrenden Anfälle auf Skepsis, Unverständnis und Ablehnung stößt („Der ist ja dauernd krank!"). Die Leistungsfähigkeit ist während eines Anfalls reduziert. Deshalb sollte den Patienten Mut gemacht werden, sich in diesen Stunden zurückzuziehen und die gewohnten Medikamente zu nehmen. Mit viel Geduld, Ruhe und Mut ist es möglich, seine Umgebung zu überzeugen, daß Mitleid und allzugroße Beachtung genauso falsch sind wie Unverständnis und Ignoranz.

Vegetative Regulationsstörungen als allgemeines psychosomatisches Syndrom

Viele Krankheitsbilder aus dem Gesamtgebiet der vegetativen Dystonie lassen sich nicht näher spezifizieren, d. h. als Fehlregulation einzelner Organe oder Organsysteme einordnen. Diese diffusen Allgemeinsyndrome beruhen meist auf psychosozialen Belastungen und/oder inneren Konfliktsituationen. Es handelt sich also um eine Tendenz zur Somatisierung seelischer oder sozialer Konflikte.

Symptomatik. Die Symptomatik ist in diesem Fall gewöhnlich unscharf; über die Beschwerdehäufigkeit bei einem klinischen Krankengut ohne Organbefund unterrichtet Tab. **2**. Die Beschwerdehäufigkeit hat ihren Gipfel bei den 30- bis 40jährigen. Untersuchungen bei gesunden Populationen ergeben bei gezielten Fragen ähnliche

Tabelle **2** Explorierte Beschwerdehäufigkeit bei 2000 Patienten ohne Organbefund in einem Krankenhaus (nach *Schnabl*)

– Schlafstörungen	35%
– Kopfschmerzen*	34%
– Herzbeschwerden*	29%
– Allgemeine Schwäche, Mattigkeit	23%
– Magen-Darm-Beschwerden*	23%
– Angstzustände	21%
– Schwindel, Ohnmacht	21%
– Sexualstörungen	15%
– Depressive Verstimmungen	12%
– Atembeschwerden*	12%
– Kreuz- und Rückenschmerzen*	10%

* Körperliches Beschwerdeangebot

Beschwerden. So wie es bei der Neurose fließende Übergänge vom Normalen zum Gesunden gibt, so ist offenkundig, daß es auch im Rahmen des allgemeinen psychosomatischen Syndroms Übergänge im Bereich der Somatisierung einer psychosozialen Konfliktsituation gibt.

Pathogenese. Es ist bekannt, daß die Häufigkeit derartiger Beschwerdeangaben mit einem Persönlichkeitsfaktor korreliert. Er wird nach EYSENCK als „Neurotizismus" bezeichnet und mit einer Labilität der psychophysischen Regulation des vegetativen Nervensystems in Verbindung gebracht. Diese Labilität ist weniger als Ursache, sondern als Resonanzboden eines gestörten seelischen Befindens aufzufassen. Signifikant korreliert das allgemeine psychosomatische Syndrom mit bestimmten ungünstigen Einflüssen der frühen Kindheit und der frühkindlichen Sozialisation. Von Einfluß sind Belastungen der gegenwärtigen Berufs- und Lebenssituation, Konflikte in Familie und Ehe sowie andere Anlässe.

Diagnose. Die Diagnose ist aus dem zeitlichen und inneren Zusammenhang des Auftretens der Beschwerden mit einer äußeren Belastung und/oder inneren Konfliktsituation zu stellen. Oft hat der Gang zum Arzt den Stellenwert eines „Krankheitsangebotes" (BALINT), d. h., eine im psychosozialen Störungsfeld begründete Mißbefindlichkeit wird somatisiert und als Krankheitsangebot beim Arzt artikuliert. Die Chiffre „vegetative Dystonie" wäre in diesem Fall unzureichend und eine Verkürzung des Eigentlichen. Ohne Verständnis und Verbalisierung der Konfliktsituation sind darum auch körperliche Behandlungsmaßnahmen nur Stückwerk.

Therapie. Erst nach einem Verständnis der Konfliktsituation und ihrer Durcharbeitung sind körperliche Behandlungsmaßnahmen wie Umstellung, Ruhephasen, Psychopharmaka usw. angebracht.

Krankengymnastische Behandlung

Die krankengymnastische Behandlung richtet sich zunächst mit dem Befund und der Behandlung nach dem Krankheitsangebot. Der weitere Verlauf und die Zielsetzung der Behandlung müssen in Zusammenarbeit mit dem Arzt festgelegt werden und sind in den vorausgegangenen Kapiteln speziell beschrieben.

14. Grundlagen der klinischen Psychologie und der psychosomatischen Medizin

P. Christian und W. Rapp

In der patientenzentrierten Krankenversorgung und im Bereich der Gesundheitsvorsorge ist der Krankengymnast wie auch jeder andere Vertreter eines Heilberufes ein wichtiger Partner im Behandlungsteam und ein unersetzbares Glied in der Versorgungskette. Eine wichtige Voraussetzung für die Zusammenarbeit am Patienten sind gemeinsame Sprache und Behandlungsstrategie. Häufig kommt es in den Heilberufen zu Mißverständnissen und Fehlleistungen, weil jeder Berufsstand, insbesondere Ärzte, klinische Psychologen und Psychotherapeuten eine Fachsprache verwenden, die zwar für den Alltag des spezifischen Faches erforderlich ist, jedoch die Kommunikation mit Patienten und Mitarbeitern erschwert. Aus diesem Grunde sollen in den folgenden Abschnitten die wichtigsten Grundbegriffe der klinischen Psychologie und der psychosomatischen Medizin erklärt werden.

Der klinische Alltag und die praktische ärztliche Tätigkeit zeigen immer wieder, daß der Krankengymnast in seinem unmittelbaren sprachlichen und motorisch-kinästhetischen Kontakt mit dem Patienten eine Fülle von Informationen über seine Persönlichkeit, Probleme, Konflikte und Eigenarten erhält. Diese Informationen sind für den Arzt unter diagnostischem, aber auch therapeutischem Aspekt von besonderer Bedeutung. Wie wir in den folgenden Abschnitten zeigen werden, entsteht gerade in der Krankengymnastik und der physikalischen Therapie zwischen Patienten und Therapeuten eine Partnerschaftsbeziehung („Bipersonalität"), die eine besondere Rolle für den psychotherapeutischen Prozeß spielen kann. Im optimalen Falle wird der Bewegungstherapeut zum Kotherapeuten.

Entwicklung der gesunden und kranken Persönlichkeit

Unter der Persönlichkeit des Gesunden und des Patienten verstehen wir die Gesamtheit der erfaßbaren und erlebbaren Merkmale und Haltungen, mit denen wir den Menschen in seiner Individualität, aber auch gleichzeitig als Mitglied seiner Gruppe und Gesellschaft zu erfassen und beschreiben versuchen. Die Persönlichkeit geht aus einem komplexen Entwicklungs- und Reifungsprozeß hervor, dessen Gesetzmäßigkeiten und Phasen die *Entwicklungspsychologie* zu unterscheiden versucht. In diese Entwicklung und Reifung gehen genetische, biologische, soziale, individuelle und kulturelle Faktoren ein. Es handelt sich hierbei um ein komplexes Zusammenspiel von Kind, Eltern, Gruppe und Gesellschaft. Wenngleich die frühen Entwicklungsphasen für die Prägung der Persönlichkeit von ganz besonderer Bedeutung sind, vollziehen sich weitere Entwicklungs- und Reifungsschritte bis zum Lebensende. Unter besonderer Berücksichtigung der klinischen Psychologie unterscheiden wir folgende Entwicklungsphasen:

1. Phase (1. Lebensjahr): Oralität und erste Objektbeziehungen. Beim Neugeborenen dominieren Instinkte und Reflexe sowie die vegetativen Funktionen des Wach- und Schlafrhythmus. Das wichtigste Ziel des völlig auf sich bezogenen Kindes (primärer Narzißmus) ist die orale Befriedigung des Hungers, wobei es erstmals zum Auftreten von Lust- und Unlustgefühlen kommt. Mit der Mutter besteht ein intensiver kinästhetischer Kontakt, den man häufig als „symbiotische Verschmelzung“ oder als „Kind-Mutter-Identität“ beschreibt. Es besteht eine völlige Abhängigkeit von der Pflegeperson. Bei intakter Beziehung zur Mutter bzw. zur Pflegeperson („Nestwärme“) entsteht das Grunderlebnis der Geborgenheit und des Vertrauens. Mit dem Ende des 1. Lebensjahres wird die Mutter durch die Auflösung der Verschmelzungssituation als Objekt erlebt und das Kind empfindet damit erstmals das Gefühl der Angst. In der ersten Phase beobachten wir den Beginn der Sensomotorik wie Saugen, Greifen, Kriechen, Sitzen und Stehen. Es erfolgt der Aufbau und die Prägung des Körperschemas. Störung in dieser Beziehung zu den „frühen Objekten“ bzw. der „Primärgruppe“ können zu erheblichen Störungen des Ichs, des Selbstgefühls, des Körperschemas und der späteren psychischen Gesundheit führen.

2. Phase (2.–3. Lebensjahr): Körperbeherrschung und Analität. In dieser Phase kommt es zur Entwicklung der Sprache. Die gesteuerte Motorik verfeinert sich; durch Blickbewegungen und motorischen Zugriff wird der psychische und physische Raum erschlossen. Gleichzeitig besteht eine überschießende erprobende motorische Aktivität sowie ein Interesse für den eigenen Körper. Ziel der Reinlichkeitserziehung ist die willentliche Sphinkterkontrolle, wobei das Kind erstmals die Grundstrukturen des Gebens und Behaltens erlebt.

3. Phase (3.–5. Lebensjahr): Trotzalter, phallisch-ödipale Phase. Denken und Phantasie des Kindes sind von der magisch-animistischen Welt beherrscht. Erstmalige, nicht immer erfolgreiche Manifestation von Selbständigkeit und Eigenmacht („Hänschen klein ging allein…"), Trotz und Konflikte mit den Eltern und der Mitwelt sind natürliche Faktoren und Ausdruck divergierender und ambivalenter Strebungen. Es kommt zu einem spielerischen Erleben der Geschlechtsrolle und der geschlechtlichen Unterschiede („Doktorles-Spiele"). Bestand bisher eine intensive Beziehung zur Mutter, so kommt es jetzt langsam zur Beschäftigung mit dem Vater. Das Kind tritt aus der „Zweier-" in die „Dreierbeziehung" ein. Die intensive Beziehung des Knaben zu der Mutter wurde von FREUD analog zur Ödipus-Sage als ödipale Beziehung umschrieben. In dieser Phase erfolgt die allmähliche Verdrängung von eigenen Wünschen und Strebungen durch den Einfluß der Mitwelt, wobei sich durch die Identifizierung mit den Autoritätspersonen das sog. Über-Ich ausbildet. Gleichzeitig wird somit das Grundmuster der menschlichen Gefühlsambivalenz gelegt.

4. Phase (6 bis ca. 11. Lebensjahr): Spiel- und Schulalter, sog. Latenzperiode. Spielerische Einübung von sozialen Rollen, Erweiterung des sozialen und motorischen Raumes. Endgültige Auflösung (im normalen Fall) der frühkindlichen Objektbeziehungen zu anderen Personen.

5. Phase (ca. 12.–16. Lebensjahr): Pubertät. In der ersten puberalen Phase kommt es zu der Ausreifung der sekundären Geschlechtsmerkmale, bei Mädchen ca. 1½ Jahre früher als bei Knaben. Beginn der psychosexuellen Reifung. Weitere Differenzierung der psychischen Geschlechtsmerkmale, die sich in der vorhergehenden Phase bereits angebahnt haben. Expressive, überschießende, ungeordnete, z. T. aggressive Motorik. Disharmonie und Vergröberung der Körperproportionen. Ausbruch der in der ödipalen Phase angelegten Gefühlsambivalenz, Auflehnung gegen Autoritätspersonen und oft extreme Verhaltensweisen. Gleichgeschlechtliche Gruppenbildung. Mit der Menarche bzw. der Erstpollution wird die zweite, eigentliche puberale Phase eingeleitet. Überschießende Motorik und Aggression klingen ab. Wechsel zwischen Introversion und Extraversion, zwischen identitätsfindung und Identitätskrise. Aufbau der Beziehungen zum gegengeschlechtlichen Partner.

Die Entwicklungs- und Reifungsphasen der Persönlichkeit sind mit Beginn des Erwachsenenalters keineswegs abgeschlossen. So ist das *frühe Erwachsenenalter* durch die Situation von Partner- und Berufsfindung, Einleben in Familie, Beruf und Gesellschaft gekennzeichnet.

Im *mittleren Lebensalter* erfolgt in der Beziehung zum Ehepartner und mit der Erziehung der eigenen Kinder eine Neuauflage der eigenen frühkindlichen Entwicklungsphasen. Nach einer Stabilisierung der beruflichen und menschlichen Situation kommt es in der Lebensmitte zu einer ersten „psychosozialen" Bilanz, die neuerdings als „midlife crisis“ eine Phase der besonderen psychosomatischen Gefährdung darstellt. Die Probleme der zweiten Lebenshälfte, die Leistungsproblematik, Klimakterium, Altern und Sterben deuten sich an.

Das *höhere Lebensalter* „troisième age“ ist zunächst geprägt durch die Umstellung von Aktivität auf Passivität (unbewältigt = „Pensionsschock“), durch brachliegende Motorik und Intellektualität. Zu einem späteren Zeitpunkt kommt es zum Nachlassen der Vitalität, zum Ausbruch von Alterskrankheiten und letztlich zur Konfrontation mit dem Tod.

Die hier aufgezeichneten frühkindlichen Entwicklungsphasen bis zum 6. Lebensjahr sind für die Entstehung der „Basisstruktur der Persönlichkeit“ und für eine Vielzahl von psychosomatischen Erkrankungen, Neurosen und Psychosen von Bedeutung („traumatische Urszenen“).

Für die präventive Medizin und für die Gesundheitserziehung ist von Bedeutung, daß die Störungen des sog. Gesundheitsverhaltens wie pathologische Eß-, Bewegungs- und Trinkgewohnheiten sowie Störungen des Körperschemas und der Körperempfindungen, Rauchen als Stil der oralen Konfliktverarbeitung bzw. Selbstwertsteigerung u. a. in den frühen Entwicklungsphasen maßgebend geprägt werden.

Als *Regression* bezeichnet man die zeitweilige oder dauernde Rückkehr zu den kindlichen Verhaltens- und Erlebnisweisen früherer Entwicklungsphasen. Die Regression kann ein psychohygienisch oder therapeutisch notwendiger Prozeß sein, den auch der Krankengymnast bei der Anwendung von physikalischen Maßnahmen wie Massagen, passiver und aktiver Bewegungstherapie beobachten oder induzieren kann.

Zugang und Beschreibung der Persönlichkeit

Die primäre Aufgabe der ärztlichen Kunst und der Heilberufe ist die Verhütung, Erkennung, Therapie und Rehabilitation von Krankheiten. Dabei wird in der modernen Medizin der aufgeklärte und kritische Patient immer mehr zum Partner, dessen Mitarbeit für den Erfolg des Gesundungsprozesses erforderlich ist. Eine möglichst umfassende Erkenntnis der Persönlichkeit des „Partner-Patienten“, seiner der durch die Krankheit ausgelösten Ängste, Empfindungen und Gefühle ist nicht nur für die Erfassung psychosozialer Komponenten bei der Krankheitsentstehung, sondern auch für die Durchführung der Therapie erforderlich. So braucht der in seiner Aggression und motorischen

Expansion gehemmte Patient mit einer primär chronischen Polyarthritis ein elementares Vertrauensverhältnis, das ihm erlaubt, die von ihm als überfordernd und schmerzhaft erlebten Bewegungsübungen zu akzeptieren. Gleichzeitig werden Arzt und kotherapierender Krankengymnast zum zu Bewegungsübungen ermahnendes Über-Ich, bis der Patient über seine ausgereiften Ich-Funktionen selbständig die ihm übertragenen Übungen vollzieht.

Bei der Erkennung der Persönlichkeit lassen sich verschiedene Phasen und Methoden unterscheiden:

Der erste Eindruck. Dieser ist unmittelbar und um so aussagekräftiger, je weniger Vorurteile der Beobachter mitbringt. Er wird durch die weitere Beobachtung, durch die Eigenart der Verhaltensweise des Patienten und durch seinen motorischen Ausdruck vertieft und erweitert. Eine weitere, häufig vernachlässigte Informationsquelle über den Patienten ist dessen *Ausdrucksverhalten.* Dies hängt damit zusammen, daß menschliche Existenz letztlich immer Koexistenz von Leib und Seele und damit von Erleben und Ausdruck ist. Das bedeutet, daß wir über den Ausdruck auf den inneren Zustand eines Menschen schließen können. In das Ausdruckverhalten gehen zahlreiche Faktoren wie Mimik, Pantomimik, Fein- und Grobmotorik, Eigenarten des Bewegungsablaufes, muskuläre Spannungs- und Verspannungszustände, vegetative Reaktionen wie Atmung, Schwitzen, ferner Sprachablauf und zahlreiche, vom Beobachter nicht immer analysierbare und verbalisierbare Phänomene mit ein.

Für den Bewegungstherapeuten ist von besonderer Wichtigkeit die Tatsache, daß durch bestimmte Übungen und Bewegungsspiele das Ausdrucksverhalten eines Menschen provoziert und weiter vertieft werden kann. Man unterscheidet beim Bewegungsablauf den sog. Handlungsteil (physiologisch-anatomisch, funktionell und zweckhaft) und den sog. Ausdrucksanteil (Persönlichkeit, Eigenschaften und Verhaltensstil). Je freier und spontaner die Übungssituation und die Bewegungsabläufe in der Einzelbehandlung oder innerhalb der Gruppe sind, um so mehr können Persönlichkeitseigenschaften zum Ausdruck kommen. Selbst elementare Bewegungsabläufe und Spielformen wie freies Gehen im Raum, freies Spielen und Üben mit und ohne Gerät, Entspannungsübungen, Partnerübungen, Übersetzung verbaler Aufgaben in einfache Bewegungsabläufe, rhythmische Übungen und rhythmische Aufgaben lösen individuelles Ausdrucksverhalten aus. Aus den verschiedenen Bewegungsabläufen und Verhaltensstilen sind Schlußfolgerungen auf Antrieb, Aufgabenverständnis (sensomotorische Intelligenz), Bewegungsphantasie, Entspannungsfähigkeit, Affektivität, Aggressivität, Ängste, Stimmungslage, Anpassungsfähigkeit an Gruppe und Partner u. a. möglich.

Im *Interview* oder dem diagnostisch orientierten *ärztlichen Gespräch* erfolgt eine persönliche Aussprache mit dem Patienten, wobei in einer Atmosphäre des absoluten Vertrauens und der Zuwendung der Arzt eine möglichst passive, beobachtende und zuhörende Rolle einnimt.

Im *diagnostischen Gespräch* bzw. Interview werden behutsam die im Vordergrund stehenden Leiden, Beschwerden, Sorgen, Probleme, Ängste, Wünsche, spezifische Krankheits- und Lebenssituationen angesprochen. Bei zunehmend entstehendem Vertrauens- und Geborgenheitsgefühl des Patienten können weitere Beziehungen zu Eltern, Geschwistern, Kindheitserlebnisse, Geschlechtsrolle und Geschlechtsbeziehungen, Arbeits- und Leistungsbereich, frühere und jetzige Bezugspersonen, Familienprobleme, auslösende psychosoziale Krankheitsursachen und Tabus angesprochen werden. Grundsätzlich ist zu beachten, daß das diagnostische Gespräch bereits einen psychotherapeutischen Eingriff darstellt.

Der *Fragebogen* („Questionaire") wird ohne Hinzuziehung des Untersuchers vom Patienten mit Alternativantworten ausgefüllt. Er läßt sich für statistische und vergleichende Untersuchungen verwenden.

Diagnostische Testuntersuchungen. Durch den Einsatz eines psychologischen Tests wird versucht, eine Situation hervorzurufen, die ein diagnostisch relevantes Verhalten der zu untersuchenden Person hervorruft. Im klinischen Bereich sind überwiegend die sog. projektiven Tests und die Persönlichkeitsfragebogen in Gebrauch.

Projektive Tests bestehen aus formal und inhaltlich ausdeutungsfähigen Vorlagen, die z. B. im Rorschach-Test aus schwarzen und farbigen symmetrischen Tintenklecksen bestehen, deren Deutung einen allgemeinen Einblick in die Struktur und Dynamik der verschiedenen Persönlichkeitsbereiche erlaubt.

Der thematische *Apperzeptionstest* (TAT) stellt eine Serie von Bildern mit affektiv-emotional ansprechenden Szenen dar, zu denen der Patient möglichst dramatische Geschichten erzählen soll. In diesem Text projiziert und spiegelt sich die Struktur der Persönlichkeit, ihre verbale Intelligenz, die im Vordergrund stehenden Ängste, Phantasien, das Wunschdenken sowie vor- und unbewußte Konflikte.

Persönlichkeitsfragebogen (Persönlichkeitsinventare). Bei diesen Testverfahren handelt es sich um standardisierte Fragen und Aussagen, über die auf Selbsteinschätzungen, Einstellungen, Konflikte und Persönlichkeitsbereiche geschlossen werden kann.

Grundsätzlich stellen alle psychologischen Testverfahren in der Klinik lediglich diagnostische Hilfsmittel dar, die nur Teilbereiche der Persönlichkeit annäherungsweise erfassen und eine Ergänzung durch Gespräch und Beobachtung des Patienten erfordern.

Aufbau und Struktur der Persönlichkeit

Die Psychologie der Persönlichkeit versucht die komplexe Vielfalt der erfaß- und meßbaren konstanten Eigenschaften, Verhaltensweisen, Funktionen, Faktoren und Bereiche des Menschen in Modellen zu erfassen und zu gliedern. Je nach Schulen, Ländern und philosophisch fundierten Bezugssystemen gibt es hier eine Vielzahl von Modellen (vertikale und horizontale Schichtmodelle, Verhaltens-, Lern- und Feldmodelle), die bei kritischer Benutzung wertvolle Hilfsmittel für den klinischen Alltag und für die Erfassung der Persönlichkeitsstruktur der Patienten darstellen.

Die charakterologisch orientierte Persönlichkeitspsychologie versucht die besondere Einmaligkeit und Individualität einer Person zu umschreiben.

Aufbau der Person

Die tiefenpsychologisch orientierte Persönlichkeitspsychologie unterscheidet den Bereich des *Es,* der die primären Triebe und Bedürfnisse umfaßt.

Das *Über-Ich* ist die Repräsentanz der in der frühkindlichen Entwicklung übernommenen und einverleibten Gebote, Verbote, Moral und Verhaltensnormen von Familie, Gesellschaft und des Kulturbereiches.

Dem *Ich* obliegt die vermittelnde Funktion zwischen Es und Über-Ich und andererseits zwischen der Person und ihrer Um- und Mitwelt.

Unter dem *Unbewußten* versteht man die psychischen Kräfte, Vorstellungen und Konflikte, die unter dem Einfluß des Über-Ichs aus dem Bewußtsein verdrängt oder abgespalten sind. Die Inhalte des Unbewußten können sich auf Umwegen in den Träumen („via regia"), den Fehlleistungen („Versprecher") sowie in den psychosomatischen und psychoneurotischen Erkrankungen äußern. Das Unbewußte ist nicht nur ein negativer Bereich, denn es umfaßt überindividuelle kollektive Vorstellungen der Menschheit (Archetypen) und spielt eine erhebliche Rolle in der Kommunikation. Der Überführung von Inhalten des Unbewußten in das Bewußtsein stehen häufig erhebliche *Widerstände* entgegen, die meist ebenfalls unbewußt sind.

Unter dem Begriff der *Libido* verstand man früher nach Freud die sexuelle, nach modernen Vorstellungen jedoch die Gesamtheit der psychischen Energie der Person.

Beschreibung und Struktur der Persönlichkeit

Erfaßbare Bereiche der Persönlichkeit, die uns im klinischen Alltag begegnen, werden im folgenden abrißartig aufgeführt. Hierbei ist zu beachten, daß in den einzelnen Bereichen formale, inhaltliche und klinisch-pathologische Ausprägungen zu unterscheiden sind. Diese einzelnen Bereiche stehen untereinander in einem komplexen Zusammenhang. Sie sind phasenspezifisch sowie abhängig von genetischen, psychosozialen, somatischen und kulturellen Faktoren.

Beispiele für psychologisch erfaßbare und beschreibbare Grundeigenschaften der Persönlichkeit:

1. *Intelligenz und Begabung* (komplexe Funktion von 2, 3, 5, 7, 12):
   Formen: abstrakt-theoretisch, konkret-praktisch, verbal, sozial.
   Pathologie: Oligophrenie (angeboren), Demenz (erworben).
   Es gehen ein: Schulbildung, Sprachbegabung, Raumvorstellung, Umgang mit Zahlen und Störungen von 2, 5, 7, 12.

2. *Denkprozeß* (Teilprozesse sind Gedächtnis und Merkfähigkeit):
   Formale Unterschiede: Gedächtnis, Vorstellungsraum, Zeitform; vorwiegend visuell oder auditiv.
   Pathologischer Inhalt: inkohärent, Haften, Perseveration, Ixothymie. Ideenflucht, Ideenhemmung, Produktionsschwäche, Imaginationsschwäche, Zwang, Wahnvorstellung.
   Pathologischer Defekt: Amnesie (Gedächtnisausfall), Merkstörung (z. B. beim Korsakow-Syndrom), Paramnesien, Konfabulationen, Hemmungen.

3. *Wahrnehmungen* (Auffassungsvermögen, Aufmerksamkeit, Konzentration):
   Formen: Ablenkbarkeit, Suggestibilität, Beständigkeit, Faszination.
   Inhalt: Illusion, Halluzination (alle Sinneseindrücke), Pseudohalluzinationen (Unwirklichkeit erkannt).
   Pathologische Abweichung: Verlangsamung, Schwäche, Block, Teildefekte.

4. *Stimmung* („individuelle Klangfarbe des Lebensgefühls“):
   Formen: stabil-labil, normal sind leichte Oszillationen.
   Inhalt: manisch, euphorisch, heiter-lustig, ausgeglichen, ernst, traurig, mißmutig, schwermütig, depressiv.

5. *Affektivität* (Gefühlsansprechbarkeit, Eindrucksfähigkeit, Emotionalität, „Nervosität“, Temperament):
   Formen: Stabilität, Tenazität, Rigidität, Inkontinenz, Übererregbarkeit, Unansprechbarkeit.
   Typ: cholerisch-sanguinisch, phlegmatisch, Hypersensitivität, Apathie, Torpidität.
   Ist überwiegend konstitutionsmäßig angelegt, beeinflußt zahlreiche weitere psychologische Funktionen und spielt eine große Rolle bei der Auslösung psychosomatischer Störungen.

6. *Gemüt* (affektive Teilnahme und psychosoziale Erlebnisfähigkeit und Anteilnahme):
   Formen: defekt, stumpf, kalt, reserviert, warmherzig, überschießend, reich.
7. *Antrieb* (Vitalität, durchgehender Antrieb aller psychischen Vorgänge und Verhaltenseigenschaften):
   Form: explosiv-stetig, locker-verkrampft, konstant-inkonstant.
   Typ: energisch, kraftvoll, schwungvoll, schwunglos, kraftlos, schwach, antriebslos.
   Pathologie: Akinesie, Stupor, Katalepsie, Mutismus, Hyperkinesie, Raptus.
8. *Bewußtseinslage* (komplexe Funktion von 2, 3, 4, 5, 7):
   Pathologie: Benommenheit, (Somnolenz, Sopor, Koma), Trübung (Verwirrtheit, Delir).
   Orientierungsfähigkeit: eigene Person, Beziehungspersonen, Zeit, Ort.
9. *Eigenmachtsgefühle* (subjektives Erleben der eigenen Körperlichkeit und Vitalität), Abhängigkeit von der somatischen und klinischen Funktionsfähigkeit.
10. *Selbstwertgefühl* (mitbestimmt durch 9, 7, 4 und soziale Erfahrung):
    Deskription: echt-unecht, prahlerisch, selbstbewußt, bescheiden, unsicher, verkümmert, minderwertig.
11. *Soziales Verhalten und Angepaßtheit* (Einordnung in die Mit- und Umwelt, mitmenschliche Beziehungen, Übereinstimmung mit den Forderungen und Normen der Gesellschaft):
    Deskription: angepaßt, unangepaßt, verwahrlost, asozial, kriminell.
12. *Soziales Durchsetzungsvermögen* (komplexe Funktion):
    Deskription: dominant-nachgiebig, Position in der Gruppe, Führungsansprüche, Status.
13. *Aggressionsverhalten und Frustrationsfähigkeit* (komplexe Funktion):
    Deskription: normales Aggressionsverhalten, Aggressionshemmungen durch Ich, Über-Ich, Gesellschaft und Kulturbereich. Störungen in diesem Bereich sind für die Entstehung von Psychoneurosen, psychosomatischen Erkrankungen und Psychosen von besonderer Bedeutung.
14. *Konversionsfähigkeit:* Wie reagiert der Patient körperlich auf seelische Inhalte wie Konflikte, Spannungen, Frustrationen, Aggression und Angstzustände.
15. *Psychosomatische Organwahl* („somatischer Resonanzboden"): Welches Organ bzw. welcher Funktionsbereich reagiert bei psychischen Störungen mit und wird ggf. zum somatischen Ausdruck einer primär psychosozialen Störung: Herz, Magen-Darm, Atmung, Bewegungsapparat u. a.

Persönlichkeitstypologien

Die Persönlichkeitstypologien versuchen, idealtypisch unter pragmatischem Aspekt Orientierungshilfen zur Einordnung der Vielfalt der Individuen zu geben. Bei allen diesen Typologien ist zu berücksichtigen, daß sie nur partielle Aspekte erfassen und in den meisten Fällen Mischtypen darstellen. Vorwissenschaftlich deskriptive Typen finden sich in der Dichtung aller Zeiten (Antike, Hippokrates, La Bruyère u. a.).

Die tiefenpsychologisch orientierten Typologien sehen im Typus die Fixierung, Sublimierung oder Reaktionsbildung von Verhaltenszügen der frühkindlichen Entwicklungsphasen. Typische Begriffe sind oral-kaptativ, narzißtisch, anal-sadistisch, phallisch-urethral. In Anlehnung an die Neurosenlehre sind die vier idealtypischen Formen des hysterischen, zwangshaften, schizoiden und depressiven Typus zustandegekommen.

Die *Konstitutionstypen* gehen aus dem Versuch hervor, einen psychophysiologischen Zusammenhang vom Körperbau, der überwiegenden Affektivität und Tendenz zu bestimmten neuropsychiatrischen Erkrankungen herauszuarbeiten. Nach Kretschmer unterscheidet man folgende Typen: leptosom-asthenisch (schizothym, zwiespältig, verschlossen), athletisch (viskös, bedächtig, zähflüssig) und pyknisch (zyklothym, rascher Stimmungswechsel, affektive Ansprechbarkeit).

Ein an der Embryonalentwicklung orientiertes typologisches System wurde in den USA von Sheldon aufgestellt: Endomorphie (Viszerotonie, schlaffe Haltung und Bewegung, bequem, Freude am Essen und Geselligkeit), Mesomorphie (Somatotonie, stramme Körperhaltung, straffer Bewegungsablauf, aggressiv und rechthaberisch) und Ektomorphie (Zerebrotonie, gehemmte und verkrampfte Bewegungen, starke Gefühlserregbarkeit, soziale Hemmungen, emotionale Zurückhaltung).

Persönlichkeit und Krankheitsverhalten

Jede Krankheit, selbst der banale Infekt bis zur lebensbedrohenden Krebserkrankung, stellt einen massiven Eingriff in das psychosoziale Gleichgewicht der Persönlichkeit dar. Die Aufgabe des Arztes besteht zunächst darin, die Krankheit in einem naturwissenschaftlich orientierten System unter Berücksichtigung von Diagnose, Therapie und Rehabilitation einzuordnen. Der Patient jedoch erlebt die Krankheit als persönlich existentielle Bedrohung. Entsprechend seiner Persönlichkeitsstruktur, Entwicklung und Einstellungen zeigt der Patient unterschiedliche Reaktionen und Erlebnisweisen gegenüber der Krankheit und den ihn umgebenden Personen. Das subjektive Krankheitsgefühl kann sich in zahlreichen Formen äußern. Immer wieder beobachten wir die Bedürfnisse nach Genesung, emotionaler Zuwendung, nach Information, Sinn und Schuld. Die Krankheit kann unterschiedliche Bewertungen (Über-, Unterbewertung, Verdrängung) erfahren. Bei den psychosomatischen und psychoneurotischen Erkrankungen kann die Krankheit im Rahmen des sog. Krankheitsgewinnes der Befriedigung bestimmter Bedürfnisse dienen (primär: Flucht vor der Realität in die Krankheit; sekundär: manipulativer Einsatz der Symptome im Sinne narzißtischer Befriedigungen).

Für den Erfolg der Therapie ist die Intelligenz und Mitarbeit des Patienten, sein Gesundungswille, der mögliche Krankheitsgewinn, bewußte oder unbewußte Widerstände und Todeswünsche von besonderer Bedeutung.

Die Krankheit stellt einen erheblichen Störfaktor in den komplexen psychosozialen Beziehungen dar, die für den Gesundungsprozeß herausgearbeitet werden müssen (Stellung in Familie und Berufsleben, materielle und soziale Voraussetzungen für den Genesungs- und Rehabilitationsprozeß, Umschulungsmöglichkeiten, erforderliche Berentung).

Bei den chronischen und bösartigen Erkrankungen sowie bei den Erkrankungen des höheren Lebensalters, wo von vornherein ein Gesundungsprozeß ausgeschlossen ist, können sich seitens des Patienten Fragen stellen nach Lebenssinn, Schicksal, Sühne und Tod, die immer mehr ein Anliegen der Pastoralanthropologie darstellen. Die Zukunft des therapeutischen Handelns wird immer mehr von einem neuen umfassenden Krankheitsbegriff geprägt werden, in den die naturwissenschaftlich objektivierende, die psychosoziale und anthropologische Betrachtungsweise eingehen.

Ursache und Entstehung psychosomatischer und psychoneurotischer Erkrankungen

Die psychodynamische Betrachtung versucht, das komplexe Wechselspiel psychologischer Funktionen zu umschreiben, die zu den psychogenetischen Erkrankungen und Störungen führen. Trotz der verschiedenen Theorien gibt es allgemeingültige Gesetzmäßigkeiten, die für den klinischen Alltag ausreichen und die wir im folgenden stichwortartig aufführen.

Es steht fest, daß die frühkindlichen Beziehungen zur Primärgruppe (orale Phase) in der Auseinandersetzung von Kleinkind mit den Bezugspersonen für die Entwicklungen des Ichs und seiner Funktionen maßgeblich sind. Sehr früh bilden sich Verhaltens- und Erlebnisweisen aus, die als „Gefühlsklischees und soziale Schablonen" während des gesamten weiteren Lebens und auch in der Krankheit fortwirken.

Unter dem Einfluß der verschiedensten Faktoren können sehr früh Bestandteile des Ichs abgetrennt und in das Unbewußte verdrängt werden. Neben den typischen Verhaltensweisen werden in den frühkindlichen Phasen das Körperschema und der psychomotorische Verhaltensstil geprägt.

Konflikte kommen durch widerstrebende Triebe und Gefühle gegenüber Ich- und Über-Ich-Instanzen sowie durch widerstrebende Ansprüche des Individuums in seiner Um- und Mitwelt zustande. Konflikte finden sich beim Gesunden in allen Lebensphasen und beinhalten häufig Neuauflagen ungelöster Probleme aus der Kindheit und spiegeln den Einfluß früherer Beziehungsformen wider.

Unter dem Druck der erforderlichen Anpassung an die Mitwelt und aus Angst vor Liebesverlust kommt es sehr früh in der Entwicklung zu einer Neutralisierung der Konflikte und Reduktion ihrer Spannungen durch eine Reihe von Abwehrmechanismen: Regression auf den Verhaltensstil einer früheren Entwicklungsstufe mit Rückzug auf sich selbst (sekundärer Narzißmus), Identifizierung mit einer normativen Strebung (z. B. Verbot) und dadurch Erweiterung des Über-Ichs, Projektion nicht akzeptierter Triebe auf andere Personen, Ungeschehenmachen, Verleugnung oder Übersehen, Verdrängung in das Unbewußte. Unter dem Einfluß von Konfliktabwehr kann es durch Verstärkung und Identifizierung einer entgegengerichteten Triebkraft zu bestimmten Charakterstrukturen kommen („der geborene Abstinenzler").

Nicht jeder Konflikt wird durch Abwehrmechanismen verarbeitet. Viel häufiger im Alltag sind die bewußten Verarbeitungsmechanismen wie Sublimierung, Neutralisierung, Akzeptieren und Synthetisieren durch das Ich (Verzicht oder angenommenes Leiden) sowie die Änderung der Konfliktauslösung verursachenden Situation.

Für die Gesundheitserziehung und Krankheitsverhütung sind die sog. Ersatzhandlungen (letztlich Abwehrmechanismen) wie übermäßiges Essen, Trinken und Rauchen von ganz besonderer Bedeutung.

Unter moderner anthropologischer Betrachtungsweise sind die verschiedenen Formen der Abwehrmechanismen keineswegs pathologisch, sondern stellen für die Ökonomie der Psyche und für das soziale Miteinander erforderliche „Austauschmechanismen" dar.

Brechen die innerpsychischen Gleichgewichte und Regulationsmechanismen zusammen, dann kann es zum Ausbruch der psychoneurotischen oder psychosomatischen Krankheit kommen. Ursachen hierfür können äußere Anlässe wie somatische Erkrankungen, aktuelle Belastungs- und Konfliktsituationen, reaktivierte frühkindliche Konflikte und Verhaltensweisen („traumatische Urszene") sein.

Man muß sich vergegenwärtigen, daß der Mensch in seiner Entwicklung, die von der Symbiose innerhalb der Primärgruppe bis zu der freien, angepaßten kreativen Persönlichkeit führt, eine Reihe von Bewährungsproben zu bestehen hat. In seiner Kindheit ist er permanent bedroht durch den kontinuierlichen Liebesverlust. Er muß sich aus der symbiotischen Zweierbeziehung mit der mütterlichen Bezugsperson lösen und in der ödipalen Auseinandersetzung über die Dreierbeziehung zu einem sozialen Wesen werden. Das Kind muß früh in der Lage sein, auf Bedürfnisse und Triebe zu verzichten, ein erforderliches Maß an Frustrationsfähigkeit zu entwickeln und auch darüber hinaus in der Lage sein, seine Aggressionen adäquat einzusetzen und zu verarbeiten. Während des psychologischen Entwicklungsprozesses ist von besonderer Wichtigkeit die Stärke und die synthetische Integrationsfähigkeit des Ichs, das in der Lage sein muß, innerhalb der verschiedenen Entwicklungsphasen widerstrebende Konflikte, Gefühle und Forderungen adäquat zu verarbeiten.

Psychosomatische Erkrankungen

Als psychosomatisch bezeichnet man jene Erkrankungen von Organ- und Funktionssystemen, bei denen psychische Faktoren in der Auslösung und Chronifizierung eine bedingende Rolle spielen. Beispiele für psychosomatische Erkrankungen sind: Magen- und Zwölffingerdarmgeschwüre, chronische Entzündungen des Dünn- und Dickdarms (Colitis ulcerosa, Morbus Crohn), Eß- und Appetitstörung bis zur Anorexia nervosa (psychogene Magersucht), ferner allergische Erkrankungen und Asthma bronchiale. Im Bereich des Urogenitalsystems finden wir die Enuresis (Bettnässen), funktionelle Blasenstörungen, Vaginismus und Dysmenorrhö. Im Bereich des Bewegungsapparates sind Beispiele gewissse Formen des sog. Weichteilrheumatismus und zahlreiche, nicht weiter abklärbare diffuse Mißempfindungen. Weiterhin sind funktionelle Herz- und Kreislaufstörungen sowie der essentielle Hochdruck, vasomotorische Kopfschmerzen (Migräne), bestimmte Rhythmusstörungen des Herzens und die neurozirkulatorische Asthenie Beispiele typischer psychosomatischer Erkrankungen. Selbst hormonelle Störungen wie Überfunktion der Schilddrüse und Fettsucht sind psychosomatisch geprägt. Es gibt kein klinisches Fach, in dem nicht psychosomatische Störungen und Krankheiten eine Rolle spielen.

Bevor wir uns im einzelnen mit den psychosomatischen Erkrankungen und den zugrunde liegenden Gesetzmäßigkeiten beschäftigen, ist eine *Abgrenzung* zu den sog. *Psychoneurosen* erforderlich.

Unter Neurosen verstehen wir psychische Störungen, die durch eine Dekompensation der innerpsychischen Konfliktverarbeitung zwischen den Ansprüchen von Es, Ich und Über-Ich zustande kommen. Klassische Neurosen sind die Hysterie, die Phobie und die Zwangsneurose.

Die *Hysterie* geht mit einer Vielzahl von Symptomen auf motorischem, sensorischem und vegetativem Gebiet einher (neurologisch-anatomisch nicht erklärbare Lähmungen oder Schwächen im Bereich des Bewegungsapparates, Stimmlosigkeit, Gefühlsstörungen, Blindheit, Taubheit, Amnesie, Erbrechen, Appetitlosigkeit, Genitalblutungen, psychovegetative Stigmen). Vereinfacht kann man die Psychogenese der Hysterie wie folgt umschreiben: schwache, ungesicherte frühe Objektbeziehung – Kompensation von Liebesverlust durch Leiden im Sinne von Krankheitsgewinn – Umsetzen von Affekten in körperliche Symptome (Konversionsfähigkeit).

Die *Phobie* ist ausgezeichnet durch eine übermäßige, konstante Furcht, die an bestimmte Objekte, Situationen oder Tätigkeit gebunden ist (Überqueren von Straßen und Plätzen, „Agoraphobie"; Raumangst „Klaustrophobie"; Angst auf Brücken und Hochhäusern, Angst vor Errötung, Krebs, Krankheiten u. a.). Die auslösenden Mechanismen sind Abwehr von triebhaften Impulsen, Schuldgefühlen und Vorstellungen in das Unbewußte; von dort aus Projektion auf die Umwelt. Hierbei spielen traumatische Urszenen eine bahnende Rolle.

Die *Zwangsneurose* besteht in der zwanghaften Durchführung stereotyper, unsinniger ritualer Handlungen und Gedanken, die von den Patienten selbst als unsinnig erlebt werden (Wasch-, Reinigungszwang, rituelle Durchführung von Alltagshandlungen, ständige Wiederholung von Gedanken und Gedankenabläufen; „Grübelsucht"). Beim Zwangsneurotiker liegen ambivalente Grundeinstellungen mit ausgeprägten Aggressionen vor. Schwere Schuldgefühle und ein ausgeprägtes Über-Ich neutralisieren jede Triebregung durch die an magische Zeremonien erinnernde zwangsneurotische Symptombildung.

Neurotische Fehlentwicklungen, die nicht in das Vollbild einer Neurose einmünden, können zu zahlreichen psychischen Störungen wie Kontaktschwierigkeiten, Selbstunsicherheit, Arbeitsstörung, neurotische Depression, Perversion, Homosexualität und Verwahrlosung führen. Typisch für die neurotischen Erkrankungen und Symptome sind die ausgesprochene Ich-Schwäche, das sich gegen die widerstrebenden Ansprüche des Es, des Über-Ichs und der Realitätsanforderungen der Außenwelt nicht mehr im Sinne einer Koordination und Synthese durchsetzen kann.

Zur Theorie der psychosomatischen Medizin

Die psychosomatische Medizin verfolgt die psychischen Einflüsse und die Auswirkungen von bewußten und unbewußten Affekten und Konflikten auf die Funktionen des Körpers und auf die Entstehung von organischen Erkrankungen. Durch methodische Analyse der Persönlichkeitsstruktur und der Psychodynamik will sie Wesentliches zum Verständnis der Pathogenese und zur Therapie von organisch Kranken beitragen. Insofern sind die psychosomatischen Krankheiten von den durch erhebliche psychische und Verhaltensstörungen geprägten Neurosen abzugrenzen, wiewohl die psychosomatische Medizin ihre Erfahrung und Methodik wesentlich von der Behandlung der Psychoneurosen herleitet.

Bei der Beschäftigung mit psychosomatischen Krankheiten darf nicht vergessen werden, daß sich ein philosophisch-anthropologisches Grundproblem der abendländischen Philosophie, nämlich das Leib-Seele-Problem andeutet. Während im Dualismus ein Parallelismus oder eine Wechselwirkung zwischen Leib und Seele gesehen wird, ist im Monismus unter materialistischer Sicht die Seele nur ein Ausdruck der Materie oder unter spiritualistischem Ansatz das Leibliche als ein Ausdruck der Seelensubstanz. Weder das dualistische noch das monistische Modell ist für die moderne biologisch-physiologische Forschung ausreichend. Sowohl in der modernen Anthropologie als auch im klinischen Alltag erleben wir die faktische Einheit von Leib und Seele, wobei die letzte Umsetzung des psychischen in das körperliche Geschehen oder umgekehrt für uns wissenschaftlich nicht zugänglich ist. Somit ist letztlich jede rein somatische oder psychologische Beschäftigung mit dem Patienten ein Annäherungsverfahren, das uns nur Teilerkenntnisse vermittelt. Die ärztliche und therapeutische Haltung innerhalb der psychosomatischen Medizin ist somit ein permanentes Hin- und Her zwischen den verschiedenen Bezugssystemen von Leib und Seele, das ganze eingebettet in das „bipersonale“ Verhältnis von Arzt und Patient.

Das älteste Konzept, die körperliche Funktionsstörung als Folge einer pathologischen Konfliktverarbeitung zu begreifen, ist die *hysterische Konversion* (Verlagerung psychischer Konflikte in das Körperliche): Leicht einsehbar spielen sich konversionshysterische Entäußerungen vornehmlich in solchen Körperbereichen und -funktionen ab, die schon natürlicherweise dem Ausdrucksverhalten zur Verfügung stehen, z. B. in den willkürlich-neuromuskulären und in den sensorisch-sensiblen Systemen unter Einbeziehung vegetativer Begleitreaktionen. Das psychosomatische Modell der Konversion wurde erstmals von S. FREUD in seinen „Studien zur Hysterie“ entwickelt. Ein Konversionssymptom ist ein symbolischer Ausdruck eines emotional-affektiv geladenen verdrängten psychologischen Inhaltes: Ein Versuch, außerhalb der normalen Beziehung zwischen Ich und Es die emotionale Spannung zu entladen. Es kommt zu einer „libidinösen Abfuhr“, bei der unbewußte, verdrängte Vorstellungsenergien dadurch von der Bewußtwerdung abgehalten werden, daß sie in somatische Innervationsenergie umgewandelt werden. Körperliche Symptome drücken somit symbolisch etwas aus, was als Resultante unbewußter Phantasie (Triebrepräsentanten) und verdrängender zensurierender Einwirkungen des Über-Ichs verstanden werden kann. Damit unterliegen diese körperlichen Symptome dem Ausdrucksverhalten und sind somit einer sinnvollen Deutung und therapeutischen Behandlung zugänglich.

Diese Modellvorstellung der Konversionshysterie ist aber nicht mehr anwendbar auf Störungen jener Funktionsbereiche, die nicht im Dienste des Ausdrucksverhaltens stehen, z. B. die glatte Muskulatur der

Bronchiolen (Asthma bronchiale), der Entzündungsablauf (Gastritis, Colitis ulcerosa), die Gefäßinnervation (Migräne), der Stoffwechsel (Mager- Fettsucht), obgleich wir eingangs diese Erkrankungen als psychosomatisch bezeichnet haben.

Man hat deswegen die Konversionstheorie bei diesen Erkrankungsformen verlassen und die Vorstellung entwickelt, daß die pathologisch funktionelle Störung dieser psychosomatischen Erkrankungen Komponente eines *emotional-somatischen Gesamtverhaltens* ist, d. h., das körperliche Symptom hat für sich selbst keinen Symbol- oder Ausdruckscharakter, sondern ist somatischer Bestandteil einer abnormen emotionellen Haltung bzw. Verhaltensweise. Im folgenden hierzu Beispiele:

Der *hohe Blutdruck* (essentielle Hypertonie) ist z. B. „vegetative Antwort" einer nicht zur Lösung gekommenen chronischen Gefühlsspannung, über deren Entstehungsweise und Psychodynamik die psychosomatische Medizin durchaus präzise Vorstellungen entwickelt hat. Eine wesentliche Voraussetzung ist jedoch, daß bei der Pathogenese solcher und ähnlicher sog. psychosomatischer Krankheiten ein Angebot und eine Entsprechung im Körperlichen besteht („somatopsychische – psychosomatische Entsprechung" nach Engel, „somatisches Entgegenkommen" nach Freud).

Psychodynamisch kann hinter dieser Funktionsstörung eine chronisch gehemmte Aggressität verursachend stehen, die den Wunsch nach Selbstbehauptung zwar mobilisiert, aber zugleich dessen Realisierung verbietet. Der Konflikt tritt sozusagen auf der Stelle, und die psychisch induzierte Situationshypertonie enthält nunmehr die Tendenz, sich zu wiederholen. Eine Perpetuierung kommt in Gang, die zwangsläufig eine Reihe von Körperreaktionen anstößt und schließlich zur Fixierung des Hypertonus aus somatischen Ursachen führt. Wodurch und wann letztlich dieser Sprung von der rein funktionellen Verursachung in die rein morphologisch-biochemische Dimension erfolgt, wissen wir noch nicht.

Ein weiteres typisches psychosomatisches Krankheitsbild, das uns Eindruck in die Pathogenese und Psychodynamik vermittelt, ist das *Asthma bronchiale.* Der allergische Symptomenkomplex kann als ein Mechanismus gesteigerter Immunabwehr nach vorausgegangener spezifischer Sensibilisierung durch Allergene aufgefaßt werden. Dieser Prozeß ist geweblich und genetisch verankert und besitzt bei entsprechender Reizexposition die Neigung zum gleichförmigen physiologischen Ablauf und zu Wiederholungen: Freisetzung von H-Substanzen, Verengung der Bronchiolen, Schwellung der Bronchialschleimhaut und Hypersekretion mit typischer Störung des Atemmechanismus bei gleichzeitig subjektiv erlebter Atemmnot, Angst und existentieller Bedrohung. Das ursprünglich rein somatisch angelegte Funktionsmuster des Asthmaanfalls kann nun Komponente und Ausdrucksorgan eines emotionalen Gesamtverhaltens werden. Bedeutungshafte Situationen können bei der Auslösung des Asthmaanfalls eine Rolle spielen. Es kommt zu vorstellungshaften Ersatzbildungen und Stellvertretungen der ursprünglich stofflichen Reizsituation („imaginäres Allergen"). Ein altbekanntes Beispiel ist, daß bei einem Pollenasthma später beim Betrachten eines Diapositivs von einer blühenden Wiese (also durch einen psychischen Reiz) ebenfalls ein Anfall ausgelöst werden kann. Eine ursprünglich genetisch-somatisch ausgelöste Funktionsstörung, wie es das Asthma darstellt, kann schließlich zu einer fast ausschließlich psychologisch besetzten Reaktionsform werden und zu schwersten Asthmaanfällen mit tödlichem Ausgang führen.

Beim chronischen Asthmatiker finden wir die bereits früher erwähnten psychodynamischen Störungen in der Entwicklung der Persönlichkeit. So können wir beobachten, daß das manifeste Verhalten und die Persönlichkeit des Asthmatikers durch eine Reaktionsbildung mit Abwehr emotionaler, vor allem agressiver Regungen charakterisiert sind (typische Aggressionshemmung des Asthmatikers). Hier zeigt sich deutlich die Verzahnung einer somatischen Reaktionsweise mit einer konflikt- und haltungsspezifischen Entwicklung.

Die ursprüngliche Annahme, daß bestimmte psychische Traumen bestimmte psychosomatische Erkrankungen auslösen könnten, kann heute nicht mehr aufrechterhalten werden. Desgleichen ist es nicht möglich, den verschiedenen psychosomatischen Erkrankungen verschiedene genau definierbare Persönlichkeitsbilder zuzuordnen (also keine strenge Konflikt- und Persönlichkeitsspezifität). Dennoch gibt es so etwas wie vergleichbare Merkmale und Verhaltensweisen des psychosomatischen Kranken. Während bei der Psychoneurose, z. B. der Phobie, eine Einsicht in die mögliche Psychogenese und ein offensichtlich psychologisch determinierter Leidensdruck vorliegen, ist der Zugang zum Seelischen bei den psychosomatisch Kranken viel schwieriger. Er ist häufig nicht in der Lage, seine Gefühle, Erlebnisse, Phantasien zu formulieren. Ausbildung und Handhabung der therapeutischen Übertragungssituation ist ganz anders als beim Neurotiker.

Der psychosomatisch Kranke wirkt auf uns regrediert. Er besitzt affektlabile Wesensmerkmale, welche in durchbruchsartige Reaktionen körperlichen Charakter annehmen können. So können in bestimmten psychotherapeutischen Situationen beim Patienten mit Colitis ulcerosa verstärkt Durchfälle, beim Asthmatiker unter Umständen ein Status asthmaticus auftreten. Häufig finden wir bei der psychosomatisch kranken Persönlichkeit zwanghafte Verhaltensweisen als Abwehrmechanismen gegenüber ausgeprägten Triebtendenzen.

Anstelle von sprachlicher Entäußerung und offenem Ausdrucksverhalten finden wir beim psychosomatisch Kranken körperliche Verarbeitung seiner Konflikte. Dennoch ist es möglich, daß z. B. unter atemtherapeutischer und gymnastischer Behandlung ein abwehrender, in sich gekehrter, ganz von seiner Atmung „beschlagnahmter" Asthmatiker plötzlich zu sprechen („verbalisieren") beginnt. Häufig äußert er spontan konfliktbesetzte Inhalte, die einen Einstieg in die Psychodynamik seiner Krankheit ermöglichen. Eine derartige psychische Entäußerung eines primär als somatisch eingestuften Patienten hat jeder erfahrene Krankengymnast erlebt.

Prinzipien der Psychotherapie

Ziel jedes psychotherapeutischen Prozesses ist: Wiederherstellung der seelischen Gesundheit, Erweiterung des Bewußtseins durch Schaffung von Einsicht und Integration bisher unbewußter Bestandteile, Stärkung des Ich- und Realitätsbewußtseins. Der Mensch soll letztlich wieder in den uneingeschränkten Besitz seiner Arbeits- und Genußfähigkeit gelangen. Der gezielte Einsatz der vielfältigen psychotherapeutischen Maßnahmen setzt eine genaue Diagnose und die Erfüllung bestimmter Kriterien wie Alter, Krankheitseinsicht, Bereitschaft zur Mitarbeit, Intelligenz sowie reale Möglichkeiten der Realisierung von Psychotherapie voraus.

Die Vielzahl der heute zur Verfügung stehenden psychotherapeutischen Methoden, die von der klassischen Psychoanalyse bis zu den verschiedensten Formen der Gruppen- und Verhaltenstherapien reichen, beruhen auf einer Reihe von heute unbestrittenen therapeutischen Gesetzmäßigkeiten:

- Die elementare Voraussetzung für jede Psychotherapie ist die Atmosphäre des absoluten Vertrauens, des Mitgefühls und des Verstehens („Empathie“), die durch den Psychotherapeuten geschaffen wird. Der Patient wird als Partner respektiert, uneingeschränkt und voll akzeptiert. Schließlich kommt es zu einer nicht alltäglichen tragfähigen mitmenschlichen Beziehung, in deren Geborgenheit der Patient entlastet und frei wird („sekundäre Nestwärme“). Durch Erziehung angelegte und in der Realität vorhandene Verbote und Gebote werden auf ein ertragbares Maß und die Ängste des Patienten auf ein Minimum reduziert.
- Durch den Versuch der sprachlichen und symbolischen Entäußerung von Gefühlen, Ängsten und Konflikten werden meistens frühkindliche, unbewältigte Situationen angesprochen. Hierbei tritt ein allmählicher Lernprozeß ein, und die gegen das Bewußtsein gerichteten Widerstände können langsam im Schutz der therapeutischen Atmosphäre („Übertragung“) abgebaut werden. Das Typische der psychotherapeutischen Situation ist ein erlebtes, jedoch nicht voll realisiertes „Probehandeln“, das nicht durch die hemmenden Verbote und Gebote des Über-Ichs eingeschränkt wird.
- Das „Bearbeiten“ und die „Durcharbeitung“ früherer psychischer Traumen und aktueller Konflikte setzen neue Kräfte frei, die für den erforderlichen Wachstums- und Integrationsprozeß der gesunden Persönlichkeit erforderlich sind. Der Erfolg der Psychotherapie ist letztlich gewährleistet durch Lernen durch Erleben, das in der spezifischen Situation zwischen Patienten und Psychotherapeuten bzw. der Gruppe zustande kommt.

Die heute zur Verfügung stehenden psychotherapeutischen Methoden sind noch weitgehend historisch geprägt. Es ist damit zu rechnen, daß es in den kommenden Jahren nach einer weiteren wissenschaftlichen Überprüfung des Gehaltes der einzelnen Methoden zu einer exakten Indikation für die einzelnen Therapiemöglichkeiten kommen wird.

Die *klassische Psychoanalyse* sowie ihre Weiterentwicklungen in der analytischen und dynamischen Psychotherapie stellen nach wie vor die „Hohe Schule" des Psychotherapeuten dar. In der klassischen Psychoanalyse fördert das Liegen des Patienten regressive Tendenzen und damit das Nacherleben früherer kindlicher Reaktionen. Typisch sind freies Assoziieren, spontanes Aussprechen von Träumen, Phantasien, Vorstellungen und Ängsten. Im Zentrum dieser Therapieform steht die „Übertragung", wobei es zu einem wünschenswerten Auftreten früher kindlicher Reaktionen, Gefühle und Verhaltensweisen gegenüber dem Analytiker kommt.

Die verschiedenen psychoanalytischen Techniken unterscheiden sich durch theoretische Unterschiede, Begriffe, durch Zeitdauer und unterschiedliche Arbeitstechniken.

Eine besondere Form der Psychotherapie stellt die *komplexe Psychologie* nach C. G. Jung dar, die sich besonders für Patienten des mittleren und höheren Lebensalters in aktuellen Konflikten und Lebenskrisen eignet. Über die Traumdeutung wird der Weg zum individuellen und kollektiven Unbewußten geöffnet, dadurch werden neue Kräfte und Einsichten geweckt (Amplifikation).

Weitere Formen von Psychotherapie, die sich auf Erfahrungen der klassischen Psychoanalyse, der klassischen Psychologie und Psychophysiologie aufbauen, sind die *Transaktionsanalyse,* die *Gestalttherapie* sowie die verschiedenen Formen der *Verhaltenstherapie.*

Die ältere Form der psychotherapeutischen Behandlung stellt ohne Zweifel die *Gruppentherapie* dar. Hierzu gehören die analytische Gruppentherapie, das Psychodrama nach Moreno, die Familientherapie, die Selbsterfahrungsgruppen (Balint-Gruppen, Encounter-Gruppen). Durch die Eigenart und Gesetzmäßigkeiten der Gruppen kommt es zu einer Verstärkung der Intensität der Gefühle, der Erlebnisse und der Konflikte. Die Gruppe reproduziert noch mehr als der Arzt in der Einzeltherapie die frühkindlichen Erfahrungen innerhalb der sog. Primärgruppe. Die aktive Darstellung und Bewältigung der Konflikte fällt leichter und es besteht eine erhebliche Verstärker- und Übungswirkung. Gleichzeitig stellt die Gruppe einen Teil der sozialen Wirklichkeit dar und ist im Gegensatz zur Einzeltherapie für einen größeren Teil der Patienten zugänglich.

Anthropologische Grundlagen der Bewegungstherapie

Die Bewegung ist eine „fundamentale Dimension", die das Verhalten und Handeln der Person ermöglicht. Somit ist Bewegungstherapie im Grunde mehr als eine rein trainierende, übende Behandlung im Sinne einer physiologisch-mechanistischen Übung wie etwa zur besseren Förderung der Durchblutung und Aufbau der Muskulatur. Der Bewegungsablauf ist zielgerichtetes, angepaßtes und erfolgreiches Handeln der Person. Unter dem rein physiologischen Aspekt ist das mechanistische Reiz-Reaktions-Schema früherer Jahrzehnte verlassen worden. In der modernen Sprache der Bewegungsforschung ist die menschliche Bewegung ein „sensomotorisches Afferenz-Reafferenz-System" das mit „Feedback"-(„Rückerlebnis"-) Eigenschaften ausgestattet ist (UNGERER). Wir erleben zwar im Alltag die Bewegung unreflektiert als einen selbstverständlichen Vorgang, der sich jedoch in der modernen Bewegungsforschung als komplexes Geschehen von „Regelung", „Rückkopplung", „Steuerung", „Bewegungsentwurf", „informative Verarbeitung", „Störgrößen", eingebettet in individual- und kulturpsychologische Bezüge der menschlichen Existenz erweist.

Der anthropologisch-psychologische Aspekt des Bewegungsablaufes zeigt sich in der Deutung der sensomotorischen Erlebnisse in den frühkindlichen Entwicklungsphasen, wobei über Kontakt und Bewegung die Grunderfahrung mit sich selbst und mit dem anderen zustande kommt. Diese frühkindlichen Erlebnisbereiche können in der Bewegungstherapie reaktiviert werden und dem Patienten die Gefühle eines inneren und äußeren Befreitseins mit einer positiven Rückwirkung (Feedback) auf sein Eigenmacht- und Selbstwertgefühl ermöglichen. Die Bewegungstherapie vermag somit die Elementarbereiche vitaler Grundstimmungen beim Kranken zu stärken.

Der Bewegungsablauf ist ein wesentlicher Teil bewußter und unbewußter menschlicher *Kommunikation.* Wir haben gezeigt, wie ausdruckspsychologisch die Bewegung nicht einen neutralen Akt, sondern eine Tätigkeit darstellt, die etwas zeigt und zu etwas führt. Bewegung ist darüber hinaus Lernen und Erfahrung von Mit- und Umwelt. Sie ist somit weniger ein Beobachtungsgegenstand wie in der Physik oder in der Physiologie, sondern Mittel und Voraussetzung gegenständlicher Erfahrung und psychologischer Reifung. So vermag sich das Kind aus dem kinästhetischen Kontakt mit der Primärgruppe nur durch ablösende Bewegung der Welt zuzuwenden. Dinge und Vorgänge außerhalb der Person kann man nur dann lernen, wenn man mit ihnen umgeht und sie mobilisiert. Man muß zugreifen, um zu wissen, wie und was es ist. So erscheint der Gegenstand durch Bewegung und erfährt durch Bewegung seine Gestalt.

Die Bewegung prägt und realisiert Affekte und Intentionen. Sie führt dadurch zu einer Prägung der Um- und Mitwelt. Hierbei zeigt sich deutlich das Prinzip des Gestaltkreises von Viktor von Weizsäcker in dem Wahrnehmen und Bewegen, Gestalten und Erkennen zusammengehören.

Die Bewegung geht mit dem Erlebnis von Erfolg oder Mißerfolg einher. Hierbei kommt es zur Entstehung von Wertbewußtsein und Wertstufen (CHRISTIAN). So werden in dem erfolgreichen oder weniger erfolgreichen Bewegungsablauf Wertstufen zwischen „besser“ und „schlechter“, Stufen der Prägnanz des Bewegungsablaufes zwischen „deutlich“ und „undeutlich“, primäre Erfolgs- und Mißerfolgserlebnisse zwischen „gekonnt“ und „nicht gekonnt“ erlebt. In der erfolgreichen Bewegungsform kann es zu einer Steigerung des Wertbewußtseins im Tun kommen.

Diese erst durch die moderne anthropologische und kybernetische Betrachtungsweise entdeckten Dimensionen in der Bewegung können in der Bewegungstherapie gezielt eingesetzt werden: So sind aktive bewegungstherapeutische Maßnahmen und Interventionen bei mehr regressiv bestimmten Erkrankungsformen (phobisch-hypochondrische Entwicklung), bei bestimmten regressiv orientierten Patienten mit Ulcus duodeni u. a. indiziert.

Andererseits sind die mehr entspannenden, relaxierenden Bewegungsübungen dann angebracht, wenn es darum geht, über die Entspannung hinaus das frühkindliche Geborgenheitserleben (Urszene des Vertrauens und der Geborgenheit), des „Nicht-leisten-Müssens“ hervorzurufen. Diese Behandlungsweisen spielen insbesondere bei überkompensierten Formen der Regressionstendenz eine Rolle. Beispiele hierfür sind der überkompensierte ehrgeizige Typ des Ulkusträgers, der aggressionsgehemmte Hypertoniker, der sich permanent über sein Über-Ich herausfordernde, sozial überangepaßte Herzinfarktgefährdete.

Wir haben gezeigt, daß in der anthropologisch komplexen Dimension des Bewegungsablaufes der Innenraum des einzelnen gesprengt wird, so daß ein soziales, in der Therapie ein bipersonales Verhältnis konkret zur Geltung kommt. Dies bedeutet für die Krankengymnastik, daß hier nicht nur der „Zweck“ (eine therapeutische Zielsetzung zur Herstellung der Funktion) zwei Personen an eine gemeinsame Sache bindet, sondern daß ein entsprechendes Partnerschaftsverhältnis mit psychotherapeutisch relevanten Fakten zustande kommt. So bedeutet das sich einfühlende, vorsichtige Herangehen des Bewegungstherapeuten von der passiven zur aktiven Form für den Patienten eine Möglichkeit der regressiven Entspannung, nämlich ein zunehmendes Nachlassen möglichen Widerstandes, ein bewußtes oder unbewußtes Sicheinfügen an die an ihn herangetragenen Aufgaben. Kurzum, es besteht zwischen Bewegungstherapeuten und Patienten eine bipersonale Beziehung, wie sie auch in anderen therapeutischen und psychotherapeutischen Prozessen zustande kommt.

Beispiele für krankengymnastische Möglichkeiten bei psychosomatischen Erkrankungen

Der Bewegungstherapeut hat zu beachten, daß bei hysterischen Lähmungen und Störungen oder sonstigen vorwiegend motorischen Syndromen davon auszugehen ist, daß im Sinne des „Gestaltkreises" (V. VON WEIZSÄCKER) Bewegung und Wahrnehmung eine sensomotorische Einheit darstellen, die darüber hinaus Ausdrucks- und Krankheitswert besitzen. Dies gilt nicht nur für die Stufe der gestörten sensomotorischen Regelungen und Steuerungen im neurophysiologischen Sinn, sondern auch für die Einheit von Bewegung und Wahrnehmung auf der Ebene der Intentionalität (z. B. Krankheitsgewinn) und des subjektiven Erlebens des Sichbewegens. Die therapeutische Bedeutung ist dabei die Grundtatsache, daß bei beweglichem Abfühlen eines Gegenstandes, den es zu erkennen gilt, wirklicher Zugriff und entsprechende Wahrnehmung sich gegenseitig in zunehmender Weise fördern können, bis es auf der Stufe eines „Aha-Erlebnisses" zum Erkennen eines Gegenstandes oder aber auch einer pathologischen Verhaltensstörung kommt. Die Tatsache des „psychomotorischen Gestaltkreises" und die Intentionalität und Ausdruckshaftigkeit der meisten natürlichen Bewegungsformen kann man therapeutisch ausnutzen: also im Falle der Hysterie weniger abstraktes Üben im Sinne eines Kräftigens, sondern Einbau der hysterisch geblockten Muskelgruppen in übergreifende Sinn- und zweckhafte Bewegungsformen. Dabei kommen meist hysterisch unterdrückte Muskelaktionen wieder in Gang, auf die der Patient im Sinne einer Gesamttherapie hingewiesen werden kann. Oder man kann averbal durch eine bestimmend-bestätigende, nichtsprachliche Geste den Patienten von seiner im Grunde intakten motorischen Fähigkeit überzeugen. Man übt z. B. einen fortlaufenden Händedruck beidseits und legt dabei überraschend die Arme überkreuz, so daß der Patient entdeckt, daß die paretische Extremität ebenso zufaßt wie die gesunde. Aus diesem Verschränktsein von Aktion und Erlebnis gehen im Rahmen der Bewegungstherapie manchmal überraschend schnelle Erfolge hervor. Ein derartiges Vorgehen kann man ergänzen durch verhaltenstherapeutische bzw. lerntheoretische Prinzipien: Erwünschte Reaktionen werden belohnt, belobigt, unerwünschten Reaktionen wird dagegen die Belohnung verweigert. Mit der schrittweisen Annäherung an die erwünschte Verhaltensweise erfolgen solche Belohnungs- bzw. Bekräftigungszeichen in Form der betonten Zuwendung durch den Bewegungstherapeuten. Dieses „Lernen am Erfolg“ sowie die von dem Patienten dadurch erlebte Wertsteigerung der erfolgreichen Handlung ist eine unterstützende Therapie bei hysterischen Symptombildungen.

Eine Vielzahl von psychosomatisch Erkrankten ist nicht in der Lage, ihre Gefühle, Konflikte und Ängste hinreichend differenzierend wahrzunehmen und zu verbalisieren. Durch die „bewegungstherapeutische Beschäftigung mit dem Leib“ kommt ein Prozeß in Gang, den man in der Sprache der Psychosomatik „Desomatisierung“ nennt. Durch die leibnahe krankengymnastische Behandlung und die spezifische Hinwendung durch den Therapeuten kommt ein Kommunikationsprozeß in Gang, der dem zuvor „stummen“ Patienten die Möglichkeit gibt, sich auszusprechen oder auszudrücken. So läßt sich z. B. deutlich bei dem durch starke Über-Ich-Funktionen in seiner Aggression gehemmten Asthmatiker zeigen, daß er durch die bewegungstherapeutische Behandlung in die Lage versetzt wird, seine Abwehrmechanismen zu besprechen und sein Leiden darzustellen und zu erleben. Zahlreiche psychosomatisch Kranke sind in der frühkindlichen Entwicklung geschädigt („narzißtisch gekränkt“), sie besitzen häufig ein labiles Selbstwertgefühl, verstärkte Abhängigkeitswünsche bei gleichzeitigen Regressionswünschen. Für diese Patienten ist es von unschätzbarer Bedeutung, von einem anderen Menschen, dem Therapeuten, „berührt und angerührt“ zu werden. Dieses „toucher et être touché“ ist in der frühkindlichen ersten Entwicklungsphase der symbiotischen Verschmelzung mit der primären Bezugsperson ein notwendiges Wesenselement für die Kontaktbildung, die Entdeckung des Leibes und der Sozialisation. Hier wird der Patient in einer frühkindlichen Entwicklungsstufe angesprochen, in der zahlreiche Ursachen für psychosomatische Krankheiten und Neurosen angelegt wurden (therapeutische Regression in der präverbalen Phase).

Durch einen optimalen Einsatz bewegungstherapeutischer und krankengymnastischer Übungen in der Strategie der Gesamtbehandlung eines Patienten kann der Bewegungstherapeut zum Kotherapeuten werden und wichtige psychotherapeutische Aktivitäten entfalten.

Literatur

Berg, A., J. Keul: Körperliche Aktivität bei Gesunden und Koronarkranken. Forum Galenius Mannheim 4. Witzstrock, Baden-Baden 1980

Brusius, O. A., H. Weber: Handbuch der Koronargruppenbetreuung. Perimed, Erlangen 1980

Buchwalsky, R.: Arteriographischer Verlauf der peripheren arteriellen Verschlußkrankheit unter dreijährigem körperlichem Training. Verh. dtsch. Ges. Kreisl.-Forsch. 40 (1974) 239–242

Bühlmann, A. A., P. H. Rossier: Klinische Pathophysiologie der Atmung. Springer, Berlin 1970

Gross, R., P. Schölmerich: Lehrbuch der inneren Medizin, 6. Aufl. Schattauer, Stuttgart 1982

Halhuber, C.: Rehabilitation in ambulanten Koronargruppen. Springer, Berlin 1980

Hegglin, M., W. Siegenthaler: Differentialdiagnose innerer Krankheiten, 14. Aufl. Thieme, Stuttgart 1980

Hess, H.: Krankheiten der Arterien. In H. Hornbostel, W. Kaufmann, W. Siegenthaler: Innere Medizin in Praxis und Klinik, Bd. I, 2. Aufl. Thieme, Stuttgart 1977

Hild, R., F. P. Nobbe: Angiologie. In G. Schettler: Taschenbuch der praktischen Medizin, 9. Aufl. Thieme, Stuttgart 1980

Hollmann, W., Th. Hettinger: Sportmedizin – Arbeits- und Trainingsgrundlagen, 2. Aufl. Schattauer, Stuttgart 1980

Hopf, R., M. Kaltenbach, P. Petersen: Bewegungstherapie für Koronarkranke. Urban & Schwarzenberg, München 1977

Kappert, A.: Lehrbuch und Atlas der Angiologie, 10. Aufl. Huber, Bern 1981

Krayenbühl, H. P., W. Kübler: Kardiologie in Klinik und Praxis, 2 Bde. Thieme, Stuttgart 1981

Matthes, D., K.-D. Hüllemann: Arterielle Verschlußkrankheiten. In K.-D. Hüllemann: Leistungsmedizin – Sportmedizin, 2. Aufl. Thieme, Stuttgart 1983

May, R.: Varikose. In H. Hornbostel, W. Kaufmann, W. Siegenthaler: Innere Medizin in Praxis und Klinik, Bd. I, 2. Aufl. Thieme, Stuttgart 1977

Schettler, G.: Taschenbuch der praktischen Medizin, 9. Aufl. Thieme, Stuttgart 1980

Schoen, R., A. Böni, K. Miehlke: Klinik der rheumatischen Erkrankungen. Springer, Berlin 1970

Schoop, W.: Praktische Angiologie, 3. Aufl. Thieme, Stuttgart 1975

Wolff, G.: Atmung und Beatmung, 2. Aufl. Springer, Berlin 1978

Klinische Psychologie und psychosomatische Medizin

Alexander, F.: Psychosomatische Medizin, 3. Aufl. de Gruyter, Berlin 1977

Balint, M.: Der Arzt, sein Patient und die Krankheit, 4. Aufl. Klett-Cotta, Stuttgart 1976

Bräutigam, W.: Reaktionen, Neurosen, abnorme Persönlichkeiten, 4. Aufl. Thieme, Stuttgart 1978

Bräutigam, W., P. Christian: Psychosomatische Medizin, 3. Aufl. Thieme, Stuttgart 1981

Buytendijk, F. J. J.: Allgemeine Theorie der menschlichen Haltung und Bewegung. Springer, Berlin 1956

Buytendijk, F. J. J.: Prolegomena einer anthropologischen Physiologie. Müller, Salzburg 1967

Christian, P.: Medizinische und philosophische Anthropologie. In: Handbuch der allgemeinen Pathologie, Bd. I. Springer, Berlin 1969

Cremerius, J.: Freuds Konzept über die Entstehung psychogener Körpersymptome. Psyche 11 (1957) 125

Delay, J., P. Pichot: Medizinische Psychologie, 6. Aufl. Thieme, Stuttgart 1981

Erikson, E. H.: Kindheit und Gesellschaft, 5. Aufl. Klett-Cotta, Stuttgart 1974

Freud, S.: Gesammelte Werke in Einzelbänden, Bd. 1–18. Fischer, Frankfurt/M. 1964ff.

Hofstätter, P. R.: Psychologie, 22. Aufl. Fischer Taschenbuch Verlag, Frankfurt/M. 1975

Jung, C. G.: Psychologische Typen, 13. Aufl. Walter, Olten 1978

Kretschmer, E.: Körperbau und Charakter, 26. Aufl. Springer, Berlin 1977

Lersch, Ph.: Der Aufbau der Person, 11. Aufl. Springer, Berlin 1970

Rothacker, E.: Die Schichten der Persönlichkeit, 8. Aufl. Bouvier, Bonn 1969

Schmidbauer, W.: Der Weg weiter. Hoffmann-La Rosche, Grenzach-Wyhlen 1975

Sheldon, W. H., S. S.Stevens: The Varieties of Temperament. Harper, New York 1942

Uexküll, Th. v.: Grundlagen der psychosomatischen Medizin. Rowohlt. Reinbeck 1976

Ungerer, D.: Einführung in die Theorie der Leibeserziehung, 2. Aufl. Hoffmann, Schorndorf 1970

Weizsäcker, V. v.: Der Gestaltkreis (Theorie der Einheit von Wahrnehmen und Bewegen), 4. Aufl. Thieme, Stuttgart 1950

Weizsäcker, V. v.: Studien zur Pathogenese, 2. Aufl. Thieme, Wiesbaden 1946

Sachverzeichnis

I

M

N

O

P